塑料
加工
技术
解惑 系列

塑料配方与改性实例
疑难解答

刘西文　田志坚　编著

化学工业出版社
·北京·

随着塑料应用领域的不断扩大，对塑料材料的性能要求越来越高，塑料配方与改性技术在目前塑料加工工业中的应用也越来越广泛和重要。本书是作者根据多年的实践经验和教学、科研经验，用众多企业生产中的具体案例为素材，以问答和生动工程实例的形式，以塑料配方与改性为主线，分别对塑料原料的选用、塑料配方设计、塑料材料改性、塑料共混改性以及塑料功能改性具体工艺过程与工程实例进行了重点介绍，详细解答了塑料配方与改性技术大量疑问与难题。

　　本书立足生产实际，侧重实用技术及操作技能，内容力求深浅适度，通俗易懂，结合生产实际，可操作性强。本书主要供塑料加工、生产企业一线技术人员和技术工人、技师及管理人员等相关人员学习参考，也可作为企业培训用书。

图书在版编目（CIP）数据

　　塑料配方与改性实例疑难解答/刘西文，田志坚编著. —北京：化学工业出版社，2015.3（2025.1重印）
　　（塑料加工技术解惑系列）
　　ISBN 978-7-122-22821-5

　　Ⅰ.①塑… Ⅱ.①刘…②田… Ⅲ.①塑料制品-配方-改性-问题解答 Ⅳ.①TQ320.4-44

　　中国版本图书馆 CIP 数据核字（2015）第 014451 号

责任编辑：朱　彤	文字编辑：王　琪
责任校对：王素芹	装帧设计：王晓宇

出版发行：化学工业出版社（北京市东城区青年湖南街 13 号　邮政编码 100011）
印　　装：北京虎彩文化传播有限公司
787mm×1092mm　1/16　印张 15¾　字数 390 千字　2025 年 1 月北京第 1 版第 4 次印刷

购书咨询：010-64518888　　售后服务：010-64518899
网　　址：http://www.cip.com.cn
凡购买本书，如有缺损质量问题，本社销售中心负责调换。

定　　价：85.00 元

前 言

FOREWORD

随着中国经济的高速发展，塑料作为新型合成材料在国计民生中发挥了重要作用，我国塑料工业的技术水平和生产工艺得到很大程度提高。为了满足塑料制品加工、生产企业最新技术发展和现代化企业生产工人的培训要求，进一步巩固和提升塑料制品、加工企业一线操作人员的理论知识水平与实际操作技能，促进塑料加工行业更好、更快发展，化学工业出版社组织编写了这套《塑料加工技术解惑系列》丛书。

本套丛书立足生产实际，侧重实用技术及操作技能，内容力求深浅适度，通俗易懂，结合生产实际，可操作性强，主要供塑料加工、生产企业一线技术人员和技术工人及相关人员学习参考，也可作为企业培训教材。

本分册《塑料配方与改性实例疑难解答》是该套《塑料加工技术解惑系列》丛书分册之一。随着塑料应用领域的不断扩大，对塑料材料的性能要求也越来越高。塑料配方与改性的意义就在于合理选择树脂和助剂，优化并确定助剂的用量，通过化学或物理方法使塑料材料高性能化、功能化，既能满足制品的使用要求和经济要求，又能满足成型加工的需要，因此塑料配方与改性技术在目前塑料加工工业中的应用越来越广泛。因此，为了帮助广大注塑成型加工从业人员尽快掌握塑料配方与改性的最新技术、最新工艺，使广大工程技术人员和生产操作人员具有较为系统的相关理论知识、熟练的操作技术及丰富的实践经验，作者编写了这本《塑料配方与改性实例疑难解答》。

本书是作者根据多年的实践经验和教学、科研经验，用众多企业生产中的具体案例为素材，以问答和生动工程实例的形式，以塑料配方与改性为主线，分别对塑料原料的选用、塑料配方设计、塑料材料改性、塑料共混改性以及塑料功能改性具体工艺过程与工程实例进行了重点介绍，详细解答了塑料配方与改性技术大量疑问与难题。

本书由刘西文、田志坚编著，由长期在企业从事塑料成型加工的技术人员刘浩、王剑、阳辉剑、杨中文等参编。在本书编写过程中还得到了李亚辉、冷锦星等许多企业工程技术人员的大力支持与帮助，在此谨表示衷心感谢！

由于作者水平有限，书中难免有不妥之处，恳请同行专家及广大读者批评指正。

编著者
2014 年 12 月

目 录

CONTENTS

第3章 塑料材料改性实例疑难解答 …………………………………………………… 117

第1章

塑料原料的选用实例疑难解答

1.1 常用塑料性能疑难解答

1.1.1 聚乙烯有哪些类型？不同类型聚乙烯的性能如何？

（1）聚乙烯的类型

聚乙烯类型有很多，其分类方法也有多种。通常根据聚乙烯分子的支链多少及密度大小可分为低密度聚乙烯（LDPE，密度 $0.910\sim0.925g/cm^3$）、高密度聚乙烯（HDPE，密度 $0.941\sim0.965g/cm^3$）、中密度聚乙烯（MDPE，密度 $0.926\sim0.940g/cm^3$）以及线型低密度聚乙烯（LLDPE，密度 $0.918\sim0.960g/cm^3$）；根据聚乙烯聚合过程中聚合压力的大小又可分为高压聚乙烯、中压聚乙烯和低压聚乙烯；根据分子量大小的不同，聚乙烯又可分为普通分子量聚乙烯、高分子量聚乙烯（HMWHDPE）、超高分子量聚乙烯（UHMWPE）及低分子量聚乙烯（LMPE）等。普通分子量聚乙烯通常分子量为 1.5 万～30 万，LDPE 一般不超过 7 万，HDPE 一般不超过 30 万；高分子量聚乙烯分子量一般为 30 万～100 万，超高分子量聚乙烯分子量一般在 100 万以上，低分子量聚乙烯分子量为 1000～12000。另外，聚乙烯聚合过程中，采用茂金属催化剂催化可制得茂金属聚乙烯（mPE）以及添加有交联剂的交联聚乙烯（PE-CL）。

（2）不同类型聚乙烯的性能

① LDPE　LDPE 的分子链柔顺，玻璃化温度（T_g）较低，具有透明性好、耐寒、柔韧性好、耐冲击、质轻、高频绝缘性优异、易于成型加工等优良性能。LDPE 对 O_2、N_2、CO_2 等的透过率较大，但对水蒸气的透过率低。LDPE 的化学稳定性优良，在室温下它能耐酸、碱和盐类的水溶液，如盐酸、氢氟酸、磷酸、甲酸、乙酸、氨、氢氧化钠、氢氧化钾以及各类盐溶液（包括具有氧化性的高锰酸钾溶液和重铬酸盐溶液等）。

LDPE 存在许多优异性能的同时也存许多不足：一方面，其使用温度不高，一般连续使用温度在 60℃ 以下，在受力情况下，即使很小的载荷，热变形温度也会很低；另一方面，LDPE 的拉伸强度也比较低，硬度不足，耐蠕变性较差，在负荷作用下随着时间的延长会连续变形产生蠕变，而且蠕变随着负载增大、温度升高而加剧。同时 LDPE 的耐老化性较差，在大气、阳光和氧的作用下易发生老化，伸长率和耐寒性降低，力学性能和电性能下降，并且逐渐变脆、产生裂纹，最终丧失使用性能。另外，LDPE 属于化学惰性材料，其抗静电性差，印刷性与黏合性也较差，为增加油墨与其表面的结合牢度，可对制品表面进行电晕处理或火焰处理。

② HDPE　HDPE 的平均分子量较高，支链短而少，因此密度高，结晶度也较高。HDPE 的拉伸强度、刚度和硬度优于 LDPE，有利于制品的薄壁化和轻量化。同时，HDPE 的耐热性、气体阻隔性和化学稳定性也好于 LDPE。在常温下，HDPE 的断裂伸长率小，延展性差，但在适当的温度条件下具有较大的拉伸倍数，利用这一点可获得高度取向的制品。取向后，制品的力学性能可大大提高。在正常成型加工条件下，HDPE 可以经受多次加热和机械作用，通常可以反复加工 10 次而基本上不损坏其性能，因而这对废旧制品的加工和回收利用具有明显的经济和环保价值。

③ LLDPE　LLDPE 具有线型结构，大分子链上短支链多，几乎没有长支链，LLDPE 的分子量较大，分布较窄。LLDPE 具有比 LDPE 和 HDPE 的拉伸强度和冲击强度高，硬度和刚性大，耐热性、耐油性、耐穿刺性、透明性和耐环境应力开裂性优良，以及纵横收缩均衡、不易翘曲等特点。但 LLDPE 的熔体黏度大，其加工性能要比 LDPE 和 HDPE 差。

④ HMWHDPE　HMWHDPE 的分子量高，密度为 0.940～0.960g/cm³，其高分子量和高密度的综合使它具有优异的耐环境应力开裂性，拉伸强度高，耐冲击，以及良好的刚性、高的湿气阻隔性、耐磨性和耐化学药品性，可延长恶劣环境情况下制品的使用寿命。HMWHDPE 高的熔体强度使它可以有较高的拉伸比，从而使制品薄壁化，在制造高强度、高阻隔性的大型容器方面得到开发应用，尤其是在塑料燃油箱方面近年来发展迅速。与金属燃油箱相比，塑料燃油箱具有质轻、有效容积大、耐冲击、耐化学腐蚀、安全、易成型加工等优点。

⑤ UHMWPE　UHMWPE 的分子量一般均超过 100 万，密度为 0.930～0.940g/cm³，具有极高的耐磨性、自润滑性，优异的耐冲击性和耐疲劳性等。当分子量超过 150 万后，大分子的缠结和分子间力都增大到了有碍于大分子形变和伸展的程度，导致了冲击强度的降低。UHMWPE 的耐磨性优异，而且摩擦因数很低，即使在无润滑条件下与钢或黄铜进行表面滑动摩擦，也不会因为发热而引起凝胶现象，可大大降低设备的能耗。UHMWPE 还具有优异的耐低温性，即使在 -40℃ 时仍能保持较高的冲击强度。把 UHMWPE 制成的薄膜放置在液氮瓶中（-196℃），并且使薄膜在液氮中反复折叠 100 次，而没有发生脆裂。另外，UHMWPE 的长期力学性能、化学性能和耐环境应力开裂性也优于 LDPE 和 HDPE。但 UHMWPE 的刚性和硬度不高，大致与 HDPE 相当。

由于 UHMWPE 的熔体黏度很高，熔体流动性极差，难以用一般的热塑性塑料成型设备进行成型加工。此外，其熔体的临界剪切速率较低。通常，挤出成型的剪切速率范围为 $10～10^3 s^{-1}$，注塑成型为 $10^2～10^5 s^{-1}$。而 UHMWPE 在剪切速率很低时（$0.02s^{-1}$）就会发生熔体破裂现象，给成型加工带来了很大困难。UHMWPE 的加工主要采用类似粉末冶金的方法进行冷压烧结成型。

⑥ mPE　mPE 分子量分布窄，大分子的组成和结构非常均匀。分子结构规整性高，具有较高的结晶度，而且形成的晶体大小均匀，具有较高的透明性，以及较高的冲击强度和抗穿刺强度，尤其是低温韧性优异。另外，mPE 起始热封温度低，热封强度高。

但由于 mPE 分子量分布窄，熔体对剪切速率的敏感性下降，在相同剪切速率下熔体黏度较高，成型加工性能差。在一般 PE 的生产线上加工 mPE 会使设备扭矩升高，电流加大，而且易出现熔体破裂等问题。为改善 mPE 的成型加工性能，一种方法是对 mPE 进行长链支化；另一种方法是加入加工助剂，如含氟弹性体类加工助剂、酰胺类润滑剂等来降低熔体黏度，增加流动性；再一种方法是在成型加工过程中加入一定量的 LDPE 或 HDPE 等进行共混改性。

⑦ PE-CL　PE 分子经辐射和化学方法处理后，可形成网状或体型结构的 PE-CL。辐射交联法最常用的辐射源为 γ 射线，也可使用电子射线、α 射线和 β 射线，交联度取决于辐照的剂量和温度。辐照剂量可通过控制辐照时间和辐照强度来控制，辐照剂量相同时，温度升高可使交联度增加。PE 在一定剂量的射线作用下，其分子结构中会产生一定数量的自由基，这些自由基彼此结合形成交联链，使 PE 分子结构由线状转变成网状大分子结构。化学交联法是将有机过氧化物和硅烷等交联剂加入 PE 中，再加热到一定温度，使过氧化物或硅烷交联剂引发 PE 分子进行接枝交联。

由于 PE-CL 形成了网状体型大分子，具有热固性，使其受热以后不再熔化。与普通聚乙烯相比，PE-CL 具有卓越的电绝缘性、更高的冲击强度及拉伸强度、突出的耐磨性、优良的耐应力开裂性和耐蠕变性及尺寸稳定性，耐热性好，使用温度可达 140℃，用于绝缘材料甚至可达 200℃，而且耐低温性、耐老化性、耐化学腐蚀性和耐辐射性也有所提高。

1.1.2　聚丙烯有哪些类型？不同类型聚丙烯的性能如何？

（1）聚丙烯的类型

工业上生产的聚丙烯（PP）有多种类型，作为塑料用的 PP 主要是等规 PP、间规 PP、茂金属 PP（mPP）、无规 PP（PP-R）以及抗冲击 PP 等。

（2）不同类型聚丙烯的性能

① 等规 PP　PP 是线型碳氢聚合物，分子主链的碳原子上交替存在甲基。等规 PP 是指分子主链上的甲基排列在主链构成的平面的一侧，又称为全同立构 PP。由于 PP 分子主链上的甲基全部排列在大分子链的一侧，空间位阻效应大，分子链比较僵硬而呈螺旋形构象，但分子链具有高度的立构规整性，很容易结晶，具有较高的机械强度，是目前工业生产的主要品种，其产量占 PP 总产量的 95% 左右。

等规 PP 树脂大多为乳白色粒状物，无味、无臭、无毒，透明性好，其密度为 0.89～0.91g/cm³，是常用树脂中密度最小的一种。等规 PP 具有良好的综合力学性能。一方面，具有优良的耐弯曲疲劳性，把 PP 薄片直接弯曲成铰链或注塑成型铰链，能经受几十万次的折叠弯曲而不损坏。另一方面，在室温以上等规 PP 有较好的抗冲击性，但低温冲击强度较 PE 低，对缺口较敏感。等规 PP 的刚性和硬度比较高，而且随等规度和熔体流动速率（MFR）的增加而增大。在同一等规度时，熔体流动速率大的 PP 刚性和硬度大。PP 的耐环境应力开裂性良好，当分子量越大，熔体流动速率越小时，耐环境应力开裂性越好。

等规 PP 的耐热性良好，它是通用塑料中耐热性最好的塑料品种。其熔点为 164～170℃，长期使用温度可达 100～120℃，无负载时使用温度可高达 150℃，是通用塑料中唯一能在水中煮沸并能经受 135℃ 高温消毒的品种。PP 的耐热性随其等规度和熔体流动速率的增大而提高。

等规 PP 具有优良的化学稳定性，在 100℃ 以下，大多数无机酸、碱、盐的溶液对 PP 无破坏作用，如 PP 对浓磷酸、盐酸、40% 的硫酸以及它们的盐溶液等在 100℃ 时都是稳定的，但对于强氧化性的酸，如发烟硫酸、浓硝酸和次磺酸，在室温下也不稳定，对次氯酸盐、过氧化氢、铬酸等，只有在浓度较小、温度较低时才稳定。另外，还有较好的耐溶剂性。能耐大多数极性有机溶剂，如醇类、酚类、醛类、酮类和大多数羧酸都不易使其溶胀，但芳香烃和氯代烃在 80℃ 以上对它有溶解作用，酯类和醚类对它也有某些侵蚀作用。非极性有机溶剂如烃类等会使 PP 溶胀或溶解，而且随着温度升高，溶胀程度增加。

PP 的熔体黏度低于 HDPE，具有较好的流动性，因而成型加工性能良好。PP 具有很强的结晶能力，结晶速率极快。一般认为，PP 结晶速率最大时的温度在 120～142℃之间。成型加工条件对 PP 的结晶度和结晶形态有较大影响，而结晶也影响制品的最终性能。

但等规 PP 耐光、热、氧的老化性较差，当受到光和热的作用时，其性能会逐渐下降，特别是有二价或二价以上的金属离子存在时，如 Cu^{2+}、Mn^{2+}、Mn^{3+}、Fe^{2+}、Ni^{2+} 和 Co^{2+} 等离子，很容易引发或加速 PP 的热氧老化。一般为了提高 PP 的光稳定性和抗热氧老化能力，在成型加工或使用过程中必须添加抗氧剂和光稳定剂。另外，其低温脆性大，而且随熔体流动速率的增大，脆化温度显著升高，因而高熔体流动速率的 PP 在使用上受到限制。

② 间规 PP　间规 PP 是指 PP 分子主链上的甲基交替排列在由主链构成的平面两侧，具有间同立构。间规 PP 分子结构较为规整，但不如等规 PP，有一定的结晶能力，属于低结晶聚合物。分子链的柔韧性好，是高弹性热塑性聚合物。

③ mPP　mPP 是指采用茂金属催化剂聚合的 PP。茂金属催化剂聚合的聚丙烯均聚物可生成近似无规的低立构规整性到高立构规整性的茂金属聚丙烯，低立构规整性的 mPP 具有较高韧性和透明性，高立构规整性的 mPP 具有高刚性。使用茂金属催化剂聚合的间规 PP 密度低，结晶度低，球晶尺寸小，透明度高，韧性好。

④ PP-R　PP-R 是在 PP 主链上无规则地插入不同的单体分子而制得，最常用的共聚单体是乙烯，含量为 1%～7%。乙烯单体无规地嵌入阻碍了 PP 的结晶，使其性能发生变化。无规共聚 PP 具有较好的透明性、耐冲击性和低温韧性，熔融温度降低有利于热封合，但刚性、硬度有所降低。

⑤ 抗冲击 PP（共聚聚丙烯）　抗冲击 PP 是丙烯与其他单体共聚制得。最常用的单体是乙烯，通常共聚物中乙烯单体含量可高到 20%。抗冲击 PP 共聚物克服了等规 PP 和间规 PP 韧性不足的缺点，而又保留了其易加工和优良物理性能的特点，具有良好的抗冲击性、耐疲劳性、化学稳定性、耐低温性得到提高等。

1.1.3　PVC 树脂有哪些类型？ PVC 树脂有哪些性能？

（1）PVC 树脂的类型

工业生产的 PVC 树脂类型有很多，一般根据合成方法的不同可把树脂分成悬浮法树脂、乳液法树脂、本体法树脂和溶液法树脂等几种类型。而目前工业上则以悬浮法生产的 PVC 为主，约占 PVC 总产量的 80% 以上。工业生产的悬浮法 PVC 树脂为白色或略带黄色的粉状物料，称为粉状树脂。由于在聚合过程中所采用的分散剂不同，按其颗粒的结构又可分为疏松型树脂和紧密型树脂两种。通常疏松型树脂表面粗糙、多孔，呈棉花球状，断面结构疏松，粒子直径大，一般为 50～150μm，在成型过程中易吸收增塑剂及其他助剂，塑化快，有利于成型，因此是成型加工中最常用的树脂。紧密型 PVC 树脂则刚好相反，表面光滑，呈玻璃球状的无孔实心结构，粒子直径小，一般为 20～100μm，吸油慢，塑化慢，不利于成型，故成型加工一般较少应用。工业上根据悬浮法生产 PVC 树脂的分子量大小（以黏数来表征），又将 PVC 树脂分成不同的型号。我国标准 GB/T 5761—2006 根据黏数的大小将疏松型通用 PVC 树脂（SG）分为 0～9 共 10 个型号，每个型号都分为三个等级，如表 1-1 所示。

乳液法树脂大多数是糊状物，常称为糊状树脂。乳液法 PVC 树脂可与增塑剂及其他助剂进行混合制成糊状料，多用于涂刮、浸渍或搪塑等成型加工方法，制成人造革、涂塑窗纱、玩具及电气用具等。与悬浮法 PVC 树脂一样，乳液法 PVC 树脂根据其溶液的黏度来划分成不同的型号。我国乳液法 PVC 树脂按其稀溶液绝对黏度及树脂增塑糊黏度分为 RH-1-Ⅰ、RH-2-Ⅱ和 RH-3-Ⅲ三种型号，各型号对应的黏度和用途如表 1-2 所示。

表 1-1　悬浮法通用型聚氯乙烯树脂国家标准（GB/T 5761—2006）

项　目	SG-0	SG-1			SG-2			SG-3			SG-4		
		优等品	一等品	合格品	优等品	一等品	合格品	优等品	一等品	合格品	优等品	一等品	合格品
黏数/(mL/g)	>156	144～156			136～143			127～135			119～126		
K 值	>77	75～77			73～74			71～72			69～70		
平均聚合度	>1785	1536～1785			1371～1535			1251～1370			1136～1250		
杂质粒子数/个　≤		16	30	80	16	30	80	16	30	80	16	30	80
挥发物(包括水)质量分数/%　≤		0.30	0.40	0.50	0.30	0.40	0.50	0.30	0.40	0.50	0.30	0.40	0.50
表观密度/(g/mL)　≥		0.45	0.42	0.40	0.45	0.42	0.40	0.45	0.42	0.40	0.47	0.45	0.42
筛余物质量分数/% 250μm 筛孔　≤		2.0	2.0	8.0	2.0	2.0	8.0	2.0	2.0	8.0	2.0	2.0	8.0
63μm 筛孔　≤		95	90	85	95	90	85	95	90	85	95	90	85
"鱼眼"数/(个/400cm²)　≤		20	40	90	20	40	90	20	40	90	20	40	90
100g 树脂的增塑剂吸收量/g　≥		27	25	23	27	25	23	26	25	23	23	22	20
白度(160℃,10min)/%　≥		78	75	70	78	75	70	78	75	70	78	75	70
水萃取液电导率/(μS/cm)　≤		5	5		5	5		5	5				
残留氯乙烯含量/(μg/g)　≤	30	5	10	30	5	10	30	5	10	30	5	10	30
外观	白色粉末												

项　目	SG-5			SG-6			SG-7			SG-8			SG-9
	优等品	一等品	合格品	优等品	一等品	合格品	优等品	一等品	合格品	优等品	一等品	合格品	
黏数/(mL/g)	107～118			96～106			87～95			73～86			<73
K 值	66～68			63～65			60～62			55～59			<55
平均聚合度	981～1135			846～980			741～845			650～740			<650
杂质粒子数/个　≤	16	30	80	16	30	80	20	40	80	20	40	80	
挥发物(包括水)质量分数/%　≤	0.40	0.40	0.50	0.40	0.40	0.50	0.40	0.40	0.50	0.40	0.40	0.50	
表观密度/(g/mL)　≥	0.48	0.45	0.42	0.48	0.45	0.42	0.50	0.45	0.42	0.50	0.45		
筛余物质量分数/% 250μm 筛孔　≤	2.0	2.0	8.0	2.0	2.0	8.0	2.0	2.0	8.0	2.0	2.0	8.0	
63μm 筛孔　≤	95	90	85	95	90	85	95	90	85	95	90	85	
"鱼眼"数/(个/400cm²)　≤	20	40	90	20	40	90	30	50	90	30	50	90	
100g 树脂的增塑剂吸收量/g　≥	19	17		15	15		12			12			
白度(160℃,10min)/%　≥	78	75	70	78	75	70	75	70	70	75	70	70	
水萃取液电导率/(μS/cm)　≤													
残留氯乙烯含量/(μg/g)　≤	5	10	30	5	10	30	5	10	30	5	10	30	30
外观	白色粉末												

注：SG-0、SG-9 项目指标除残留氯乙烯单体项目外，由供需双方协商确定。

表 1-2　乳液法 PVC 树脂的型号、黏度和用途

型　号	绝对黏度/Pa·s	糊黏度/Pa·s	主要用途
RH-1-Ⅰ	0.00201～0.00204	<3	泡沫塑料、手套、人造革
RH-2-Ⅱ	0.00181～0.002	3～7	人造革、日用品、壁纸
RH-3-Ⅲ	0.0016～0.0018	7～10	窗纱、玩具

PVC 树脂根据其卫生性又可分为普通级（有毒 PVC）和卫生级（无毒 PVC）两种类型。卫生级 PVC 中氯乙烯单体的含量低于 $10\mu g/g$，可用于食品及医学等方面用材料。

（2）PVC 树脂的性能

① 热性能　PVC 是无定形聚合物，热稳定性差，无论受热还是日光都能引起变色，从黄色、橙色、棕色直到黑色，并且伴随着力学性能和化学性能的降低。在氧、臭氧、力以及某些金属离子（如铁离子、锌离子）的存在下，降解会大大加速。PVC 的 T_g 为 $80\sim85℃$，长期使用温度不宜超过 $65℃$。PVC 的耐寒性较差，尽管其脆化温度低于 $-50℃$，但低温下即使软质 PVC 也会变硬、变脆。

PVC 树脂的熔化速度慢，熔体强度低，易引起熔体流动缺陷，成型加工比较困难，往往需加入加工改性剂来加快树脂凝胶化速度，提高熔体的流动性，改善制品质量。常用的加工改性剂主要有 ACR、氯化聚乙烯、乙烯-乙酸乙酯共聚物、甲基丙烯酸甲酯-丁二烯-苯乙烯共聚物等。

② 化学性能　PVC 具有良好的化学稳定性。它自身的溶度参数（δ）为 $19.1\sim22.1$ $(MJ/m^3)^{1/2}$，因而在溶度参数较低的普通有机溶剂中的溶解度甚低；PVC 耐大多数油类、醇类和脂肪类的侵蚀，但不耐芳香烃、氯代烃、酮类、酯类、环醚等有机溶剂；环己酮、四氢呋喃、二氯乙烷、硝基苯等是 PVC 的良溶剂。除浓硫酸（90%以上）和 50%以上的浓硝酸以外，无增塑的 PVC 耐大多数无机酸、碱、盐溶液。PVC 的耐化学药品性随温度的升高而降低，当温度超过 $60℃$ 以后，它耐强酸的性能明显下降。

③ 电性能　PVC 的电性能良好，是体积电阻率和介电强度较高、介电损耗角正切较小的电绝缘材料之一，其电绝缘性可与硬橡胶相媲美。但由于它的热稳定性差，分子链具有极性，因而随环境温度的升高电绝缘性降低，随频率的升高体积电阻率下降，介电损耗角正切增大。鉴于以上原因，PVC 塑料一般只能作为低频绝缘材料使用。但其电性能还取决于配方设计，不同配方制得的 PVC 绝缘材料适宜于不同的应用场合。

④ 卫生性能　由于 PVC 树脂中残留的氯乙烯单体，另外，PVC 塑料中需使用的许多助剂，尤其是热稳定剂大都具有不同程度的毒性，因此 PVC 塑料的卫生性差。但当 PVC 树脂中氯乙烯单体的含量在 $5\mu g/g$ 以下，同时通过无毒助剂的选用、合理的配方，可以制得满足卫生要求的 PVC 制品。如无毒 PVC 透明片材、热收缩薄膜等，已广泛应用于食品包装行业。

⑤ 力学性能　由于 PVC 的力学性能与所添加塑料助剂的种类及数量有关，尤其是增塑剂的用量。通常根据增塑剂的用量，把 PVC 塑料分为硬质 PVC（UPVC 或 PVC-U）、软质 PVC（SPVC 或 PVC-P）和半硬质 PVC。一般来说，UPVC 中增塑剂的用量在 5 份以下，软质 PVC 中增塑剂的用量大于 25 份，介于两者之间为半硬质 PVC。UPVC 的拉伸强度、刚度、硬度等机械强度较高；软质 PVC 具有较高的断裂伸长率，柔韧性好。

1.1.4　常用的聚苯乙烯有哪些类型？聚苯乙烯有哪些特性？

（1）常用的聚苯乙烯的类型

工业生产的聚苯乙烯（PS）树脂有多种类型，常用的 PS 主要有三类：通用 PS（GPS）、高抗冲击 PS（HIPS）和可发性 PS（EPS）。GPS 根据分子量和所加助剂不同，分为耐热型、中等流动型和高流动型三种类型。

（2）聚苯乙烯的特性

① 物理性能　PS 的密度为 $1.05g/cm^3$，吸水率约为 0.05%。一般为无毒、无色透明粒料。质硬似玻璃，落地或敲打时发出金属般的清脆声音。易燃，燃烧时软化、起泡，有浓黑烟，并且伴有苯乙烯单体的甜香味。

② 力学性能　PS 制品在使用中常表现出较低的机械强度。PS 的冲击强度较低，在常温下脆性大，并且在成型加工中容易产生内应力，在较低的外力作用下即产生应力开裂，但 PS 在拉伸过程中常表现出硬而脆的性质，它的拉伸弹性模量和弯曲强度较高，刚性较大，抗弯能力较强。

③ 热性能　PS 的热稳定性好，熔体黏度适中，熔体流动性好，具有良好的热性能。PS 的 T_g 为 80～105℃，脆化温度约为 -30℃，熔融温度为 140～180℃。PS 的热导率较低，为 0.04～0.15W/(m·K)，而且几乎不随温度而变化，因而具有良好的隔热性。由于 PS 的力学性能与制件所承受载荷大小和承载时间有关，并且随温度的升高明显下降，因而 PS 其使用温度不宜超过 80℃。

④ 化学性能　PS 具有较好的化学稳定性。PS 耐各种碱、盐及其水溶液，对低级醇类和某些酸类（如硫酸、磷酸、硼酸、10%～30% 的盐酸、1%～25% 的乙酸、1%～90% 的甲酸）也是稳定的，但是浓硝酸和其他氧化剂能破坏 PS。许多非溶剂物质，如高级醇类和油类，可使 PS 产生应力开裂或溶胀。PS 的溶度参数 (δ) 为 $(1.74～1.90)×10^3 (J/m^3)^{1/2}$，它能溶于许多与其 δ 相近的溶剂中，如四氯乙烷、苯乙烯、异丙苯、苯、氯仿、二甲苯、甲苯、四氯化碳、甲乙酮、酯类等；PS 不溶于某些脂肪烃类（如己烷、庚烷等）、乙醚、丙酮、苯酚等，但能被它们溶胀。

⑤ 耐老化性能　PS 的耐老化性较差，在热、氧及大气条件下易发生老化现象，尤其是在 PS 中含有微量的单体、硫化物等杂质情况下，更易造成大分子链的断裂和显色，使 PS 在长期使用中会出现变黄、变脆。

⑥ 电性能　PS 的体积电阻率和表面电阻率高，分别为 $10^{16}～10^{18}\Omega·cm$ 和 $10^{15}～10^{18}\Omega·cm$；介电损耗角正切极低，在 60Hz 时为 $(1～6)×10^{-4}$，并且不受频率和环境温度的影响，是优异的电绝缘材料。此外，由于 PS 在 300℃以上开始解聚，挥发出的单体能防止其表面炭化，因而还具有良好的耐电弧性。但由于 PS 的耐热性差，限制了它在电气方面的某些应用。

⑦ 光学性能　PS 的折射率为 1.59～1.60，透光率达 88%～92%，具有优良的光学性能和透明性，在塑料中其透明性仅次于丙烯酸类聚合物。但 PS 受阳光、灰尘作用后，会出现浑浊、发黄等现象，因而用于光学部件可加入 1% 的不饱和脂肪酰胺、环胺或氨基醇类化合物，以改善 PS 的耐候性，制得高透明度的制品。

1.1.5　ABS 有哪些类型？ABS 有何特性？

（1）ABS 的类型

ABS 是丙烯腈、丁二烯、苯乙烯的三元共聚物，ABS 随各组分的含量不同以及共聚物中加入的助剂不同会有不同的性能，这使得工业生产中的 ABS 品种、牌号有很多。常用的 ABS 树脂品种主要有通用型、挤出型、高流动型、耐热型、耐寒型、阻燃型和电镀型等。

（2）ABS 的特性

ABS 组成比较复杂，各组分的含量不同，在性能上差别较大，但通用型 ABS 一般都具有以下几方面的性能。

① 物理性能　由于具有各组分所赋予的综合性能，所以 ABS 具有质硬、刚性好且坚韧等良好的力学性能，而被广泛地用于通用工程塑料。纯净的 ABS 树脂呈浅象牙色、不透明、无毒、无味，相对密度在 1.05 左右，吸水率为 0.2%～0.7%。ABS 燃烧缓慢，离火后继续燃烧，火焰呈黄色，有黑烟，燃烧后塑料软化、焦化，伴有橡胶燃烧气味，无熔融滴落现象。

② 热性能　ABS 的耐热性一般，在 1.86MPa 压力下的热变形温度在 85℃左右，制品

经热处理后，热变形温度可提高 10℃。ABS 的使用温度范围为－40～85℃，最高一般不超过 100℃。ABS 的热导率为 0.16～0.29W/(m·K)，线膨胀系数为（6.2～9.5）×$10^{-5}K^{-1}$，其线膨胀系数在热塑性塑料中属于较小的品种，易制得尺寸精度较高的制品。

ABS 为无定形聚合物，无明显熔点，黏流温度在 160℃左右，分解温度达 250℃以上，属于成型加工性能良好的材料。

③ 力学性能　ABS 属于硬而韧的热塑性材料，ABS 中橡胶组分对外界冲击能的吸收和对银纹发展的抑制，使 ABS 具有良好的抗冲击性。大多数 ABS 在－40℃时仍具有一定的冲击强度，表现较好的低温韧性。ABS 还具有优良的耐蠕变性，ABS 管材在承受 7.2MPa 载荷作用下，即使长达两年时间，尺寸也不会发生明显变化。

④ 耐化学品性能　ABS 能耐水、无机盐、碱及弱酸和稀酸，但不耐氧化性酸，如浓硫酸和浓硝酸；大多数烃类、醇类、矿物油、植物油等化学介质与 ABS 长期接触时会引起应力开裂，但对无应力制品影响不大；酮、醛、酯及氯代烃会使 ABS 溶解或形成乳浊液。

⑤ 耐候性能　ABS 的耐候性较差，在紫外线和热氧的作用下易发生氧化降解，出现变硬、发脆。例如，ABS 制品在室外暴露于大气中半年，其冲击强度降低 45%。一般来说，变硬、发脆是 ABS 在紫外线和热氧作用下发生老化的特征。为了提高 ABS 的耐候性，常加入炭黑和酚类抗氧剂等提高其耐候性。尤其是炭黑，成本低，稳定效果好，是 ABS 常用的稳定剂兼着色剂。

⑥ 电镀性能　ABS 材料表面的黏结力强，最适宜表面电镀，电镀制品的表面硬度、耐热性、耐磨性、耐腐蚀性等提高，并且可增加美观性。

1.1.6　MBS 有何特性？

（1）物理性能

MBS 树脂是甲基丙烯酸甲酯（M）、丁二烯（B）和苯乙烯（S）的共聚物，MBS 粒料呈浅黄色，密度为 1.09～1.11g/cm³，透光率达 90%，可任意着色成为透明、半透明或不透明制品。

（2）力学性能

MBS 制品具有一定的韧性、较高的冲击强度，MBS 的悬臂梁缺口冲击强度达 100～150J/m，即使在－40℃仍有好的韧性。

（3）耐热及耐老化性能

MBS 具有良好的热稳定性，其热变形温度为 75～80℃，制品在 85～90℃仍能保持足够的刚性。分解温度在 280℃以上，但成型温度高于 260℃时会出现发黄、变色现象。

但因其含有丁二烯的不饱和结构，易受氧和紫外线的作用而老化，故耐候性差，不适用于制作室外长期使用的制品。

（4）光学性能

MBS 具有良好的透明性，主要用于制造透明、耐光和装饰性产品，如电视机外壳、仪表罩、包装材料、汽车零件、家具、文具、装饰品等。此外，MBS 作为硬质 PVC 的抗冲改性剂可制得透明片材、管材及注塑制品。由于 MBS 的溶度参数、折射率与 PVC 相近，故两者有很好的相容性，两者共混熔融以后，容易达到均一的折射率，可作 PVC 的抗冲改性剂，而且不会影响 PVC 的透明性，同时还可以改善制品的耐寒性和加工流动性，因此，MBS 是 PVC 制取高抗冲透明制品的最佳材料。

1.1.7　聚甲基丙烯酸甲酯有哪些类型？有哪些特性？

（1）聚甲基丙烯酸甲酯的类型

聚甲基丙烯酸甲酯（PMMA）按聚合方法不同可分为本体聚合、悬浮聚合、溶液聚合和乳液聚合四种类型。其中乳液聚合树脂主要用于注塑成型和挤出成型，有时又称为模塑PMMA树脂。

（2）聚甲基丙烯酸甲酯的特性

PMMA是无毒、无味的无定形热塑性塑料，其最大的特点是具有优异的光学性能，俗称"有机玻璃"。

① 光学性能　PMMA具有良好的光学性能，高度透明，透光率达92%，而且具有均一的折射率（1.49），透光率比无机硅酸盐玻璃还高，其透明性是常用塑料中最好的。PMMA可透过大部分紫外线和部分红外线，透过光波波长极限为2600nm。

② 力学性能　PMMA具有较高的拉伸强度和弹性模量，具有一定的脆性，冲击强度为$12\sim14kJ/m^2$，在较高冲击能的作用下会破裂。PMMA的表面硬度不足，易于被硬物擦伤、擦毛而失去光泽，不过，细微的划痕可用抛光膏打磨除去。PMMA的弯曲强度和压缩强度在T_g以下受温度影响较小，低温时基本保持不变，但在接近T_g时有明显下降。

③ 热性能　PMMA属于易燃材料，点燃离火后不能自熄，火焰上端呈浅蓝色，下端呈白色。燃烧时起泡、熔融滴落，分解产生甲基丙烯酸甲酯等单体，并且伴有腐烂水果、蔬菜的气味。PMMA的T_g为105℃，维卡软化点为100～102℃，脆化温度在－60℃以下。通常，PMMA可在－60～65℃范围内长期使用，短时使用温度不宜超过105℃。PMMA的比热容［1465J/(kg·K)］比大多数热塑性塑料低，这有利于它快速受热塑化；其热导率为0.14～0.20W/(m·K)，是热的不良导体，在型材的二次加工中应注意防止局部过热而造成材料损伤；它的线膨胀系数约为一般金属的10倍，并且随温度的变化而变化，从－50℃至50℃，其值从$4.4\times10^{-5}℃^{-1}$上升到$9.5\times10^{-5}℃^{-1}$。

PMMA开始流动的温度约为160℃，开始分解的温度高于270℃，在成型加工的温度范围内熔体的黏度较高，具有较明显的非牛顿流体特性，熔体黏度随剪切速率增大会明显下降，熔体黏度对温度的变化也很敏感。

④ 化学性能　PMMA耐水溶性盐、弱碱和某些稀酸。但不耐氧化性酸和强碱，如氢氰酸、铬酸、王水、浓硫酸和硝酸等均能使其受到侵蚀。同时，介质的浓度和温度对其化学稳定性也有很大影响，一般来说，浓度增大，温度升高，其稳定性下降。PMMA不耐短链的烷烃、醇、酮等。能溶于芳香烃、氯代烃等有机溶剂中，如四氯化碳、二氯乙烷、四氯乙烷、甲酸、苯、丙酮、二甲基甲酰胺等。制品接触有机溶剂时会产生银纹，甚至开裂现象。

⑤ 耐候性能　PMMA的耐候性较好，在室外大气条件下使用，其拉伸强度和透光率下降不明显，而且重量基本保持不变，无裂纹、翘曲、起泡等现象，但外观色泽泛黄。

⑥ 电性能　PMMA具有较高的表面电阻率，一般大于$10^{16}\Omega$，而且在一定的范围内不受气候和温度的影响。同时，它还具有良好的耐电弧性，具有减弧能力，但由于PMMA分子链上带有极性的酯基，其介电常数较高，介电常数（60Hz）约为3.7。

1.1.8　聚对苯二甲酸乙二醇酯有何性能特点？

（1）物理性能

PET为无色具有一定光泽的透明物质（无定形），或不透明乳白色物质（结晶性），密度分别为1.30～1.33g/cm^3、1.33～1.38g/cm^3，难以着火和燃烧，但一经燃烧后，离火后仍能继续燃烧，燃烧时会爆成碎片并呈黄色火焰，边缘为蓝色，有小滴落下，冒黑烟，放出带微甜味、有刺激性的气体。聚对苯二甲酸乙二醇酯（PET）是线型聚合物，易于取向，能结晶。

（2）力学性能

PET 的综合力学性能表现出较大的刚性，具有良好的耐蠕变性、耐疲劳性及耐磨性，但韧性较差，抗冲击性较差，具有一定的脆性。缺口冲击强度为 $4 \sim 5 kJ/m^2$，拉伸强度在 73MPa 左右。但玻璃纤维增强后，其拉伸强度、冲击强度可提高 1 倍以上，30％玻璃纤维增强 PET 的拉伸强度为 $140 \sim 160MPa$，缺口冲击强度达 $8kJ/m^2$。

（3）热性能

PET 的玻璃化温度（T_g）为 80℃，熔点（T_m）为 250～265℃，脆化温度为 -70℃，长期使用温度为 120℃，短期使用温度可达 150℃，在 -40℃ 的超低温仍具有一定的韧性。PET 的热变形温度为 85℃，玻璃纤维增强后可达 210℃以上。

PET 的熔点约为 265℃，成型加工温度范围较窄，一般为 270～290℃。当温度达 295～300℃时，熔料会由液态逐渐变成胶状，最后可能形成交联，熔体会出现发黑现象。当温度超过 300℃时，则发生分解，放出 CO、CO_2、乙醛、对苯甲酸等。

（4）电性能

PET 的电性能优良，即使在高频率下，仍能保持很好的电性能。25℃的体积电阻率为 $10^{18} \Omega \cdot cm$，25℃、$10^6 Hz$ 的介电常数为 3.0，但在作为高电压材料使用时，PE 的耐电晕性较差。

（5）化学性能

PET 不耐浓硫酸、浓硝酸、浓盐酸等。酯基对碱性溶液敏感，特别是氨水，容易发生水解。在高温下长期与水接触，也会由于水解而使力学性能急剧下降。加热可溶于某些极性溶剂，如苯酚、三甲酚、苯甲醇等。对于一般无极性的有机溶剂稳定，在室温下也可耐某些极性溶剂。

（6）结晶性能

PET 具有一定的结晶性，但结晶速率小，最大结晶速率温度为 190℃，结晶度最大可达到 40％。

1.1.9 聚对苯二甲酸丁二醇酯有何性能特点？

聚对苯二甲酸丁二醇酯（PBT）外观为乳白色或淡黄色，表面有光泽，密度为 $1.31 \sim 1.55 g/cm^3$，一般分子量为 3 万～4 万。PBT 树脂本身的力学性能较低，但玻璃纤维增强改性后 PBT 的则具有较高的拉伸强度、弯曲强度。但对缺口敏感性较大，缺口冲击强度较低。玻璃纤维增强 PBT 具有良好的耐热性，长期使用温度为 130℃，30％玻璃纤维增强 PBT 的热变形温度可达 203℃，短期使用温度可达 200℃，但未增强的 PBT 在载荷下，其热变形温度较低，在 60℃左右。PBT 还具有较好的耐磨性，摩擦因数小。PBT 对有机溶剂有很强的抵抗力，但不耐强酸、强碱及苯酚类等化学药品。PBT 还具有突出的电绝缘性，即使在潮湿、高温、高频率及恶劣环境中工作，仍具有良好的电绝缘性，这使其在电子、电气工业中具有重要的应用价值。

玻璃纤维增强 PBT 的熔点（T_m）在 225℃左右，熔体较易结晶，结晶速率较快。PBT 的熔体黏度较低，熔体流动性好，具有足够的流动长度，适合于成型薄壁、形状复杂、长流道的各类制品。

1.1.10 聚酰胺有哪些类型？聚酰胺类塑料有何性能特征？

（1）聚酰胺的类型

聚酰胺（PA、尼龙）的品种很多，按其主链结构可分为脂肪族 PA、半芳香族 PA、全芳香族 PA、含杂环芳香族 PA 等。目前塑料工业中常用的是脂肪族 PA，脂肪族 PA 根据合成原料单体的不同，又可分为聚酰胺 X（PAX）型、聚酰胺 XY（PAXY）型及 PAX$_1$Y$_1$/PAX$_2$Y$_2$ 型。PAX 型由氨基酸或相应的内酰胺合成聚酰胺，X 为氨基酸或内酰胺分子中的碳原子数；PAXY 型由二元胺和二元酸缩聚成聚酰胺，X 表示二元胺中的碳原子数，Y 表示二元酸中的碳原子数；PAX$_1$Y$_1$/PAX$_2$Y$_2$ 型由多种二元胺、二元酸或内酰胺进行共缩聚制得聚酰胺，如 PA66/PA610（50∶50）。

（2）聚酰胺类塑料的性能特征

脂肪族 PA 是典型的线型结构热塑性聚合物，分子量不高，一般不超过 5 万。PA 分子中由于含有极性酰氨基，使分子链之间易形成氢键，使 PA 具有较高的机械强度、吸水率和熔点等。

① 物理性能　PA 无毒、无味、不霉烂，具有自熄性，外观为半透明或不透明的乳白色或淡黄色粒料。密度一般为 1.02～1.36g/cm^3，吸水率为 0.3%～9.0%，随着链节中碳原子数的增加，密度和吸水率下降。

② 结晶性能　由于 PA 大分子链中极性的酰氨基团空间排列规整，分子间作用力强，因而具有较高的结晶能力，结构对称性越高，越易结晶。由多种二元胺、二元酸或内酰胺进行共缩聚的 PAX$_1$Y$_1$/PAX$_2$Y$_2$ 型，因分子链规整性和氢键遭到较大程度的破坏，结晶能力大大下降，结晶度低，具有较好的韧性和透明性。

③ 力学性能　PA 是典型的硬而韧聚合物，具有优良的耐疲劳性、耐磨性，PA 对钢的摩擦因数通常为 0.1～0.3。常用 PA 的几种力学性能如表 1-3 所示。PA 的拉伸强度、弯曲强度和硬度随温度和吸水率的增大而降低，冲击强度则明显提高。

表 1-3　PA 的力学性能

性　能	PA6	PA66	PA610	PA1010	PA11	PA12
拉伸强度/MPa	63	80	60	55	55	43
拉伸弹性模量/MPa	—	2900	2000	1600	1300	1800
伸长率/%	130	60	200	250	300	300
弯曲强度/MPa	90	—	90	75	70	—
弯曲模量/MPa	2650	3000	2200	1300	1000	1400
冲击强度（缺口）/(kJ/m^2)	3.1	3.9	4.0	4.5	4.1	11.3

④ 热性能　PA 分子间作用力大，熔点较高。PA 的熔点通常在 180～280℃之间，但不同 PA 的熔点与分子链中所含连续亚甲基的数量及甲基的奇偶数有关，即形成氢键数目有关。PA 的长期使用温度不宜超过 100℃，一般在 80℃左右。若在 100℃ 以上的温度下长期与氧接触会引起其表面缓慢热氧降解，使制品逐渐呈现褐色，丧失使用性能。PA 的线膨胀系数较大，约为 12×10^{-5}K^{-1}，是金属的 5～7 倍。热导率较低，约为碳钢的 1/200、黄铜的 1/400，因而作为耐磨材料使用时，考虑到摩擦热的排除，一般宜与金属配合使用，或采用油润滑，以避免热量的聚集。此外，加入铜粉或石墨可提高 PA 的散热能力。

⑤ 化学性能　PA 在室温下耐稀酸、弱碱和大多数盐类，但强酸和较高浓度的酸及强氧化剂会使其明显受到侵蚀。PA 的耐溶剂性、耐油性优良，能耐烃类、油类及一般溶剂，如四氯化碳、乙酸甲酯、环己酮、苯、四氢呋喃等。但水和醇及其类似的化合物能使 PA 产生溶胀，在常温下能与某些溶剂形成氢键而被溶解，如 PA 溶于甲酸、冰醋酸、苯酚、甲酚及氯化钙的甲醇溶液等。

⑥ 耐候性能　PA 的耐候性一般。PA 制品在室内或不受阳光照射的地方使用，其性能随时间的延长变化不大，但直接暴露在大气中或在热氧的作用下则易于老化，导致制品表面变色，力学性能下降。通常加入炭黑、胺类和酚类稳定剂可明显提高其耐候性，并且使耐热

性也能得到改善。

⑦ 电性能　PA 的体积电阻率达 $1 \times 10^{13} \sim 8 \times 10^{14} \Omega \cdot cm$，在低温及低湿度条件下是较好的电绝缘体，但温度及湿度增加时，绝缘性恶化，因此，PA 不适合作为高频和在潮湿环境下工作的电绝缘材料。

1.1.11　聚碳酸酯有哪些类型？双酚 A 型聚碳酸酯有何特性？

(1) 工业生产的聚碳酸酯的类型

聚碳酸酯（PC）是一类主链链节含有碳酸酯基的聚合物，通常根据结构单元的组成可分为芳香族、脂肪族和脂肪-芳香族三类。用于工程塑料的品种主要是双酚 A 型的芳香族 PC。

(2) 聚碳酸酯的特性

① 物理性能　PC 是一种无味、无嗅、无毒、透明的无定形热塑性聚合物，密度为 $1.2 g/cm^3$，吸水率小于 0.2%。燃烧缓慢，离火自熄，燃烧时熔融、起泡，伴有腐烂花果臭气味。PC 可制成透明、半透明和不透明制品。

② 力学性能　PC 的力学性能优良，具有韧性好、强度高、蠕变值低的特性。特别是具有突出的冲击强度，高出 PA 类塑料的 3 倍，是典型的硬而韧聚合物。但疲劳强度和耐磨性较差，摩擦因数大，而且 PC 的刚性大，对缺口较敏感，较易产生内应力而引起应力开裂。

③ 热性能　PC 的耐热性好，T_g 较高（约 150℃），熔融温度为 $220 \sim 230$℃，T_d 在 320℃以上，长期工作温度可高达 120℃，短时使用温度可达 140℃。同时它也具有良好的耐寒性，脆化温度低达 -100℃，甚至在 -180℃ 的低温下，也不会像玻璃那样破碎。

熔体黏度高（$240 \sim 300$℃，黏度为 $10^4 \sim 10^5 Pa \cdot s$），其熔体黏度受剪切速率的影响较小，但对温度变化敏感。PC 的刚性大，流动性差，在成型过程中制品易产生内应力，因此，成型后的制品通常需热处理，以减小 PC 制品的内应力。同时还可提高其尺寸稳定性和耐环境应力开裂性，提高其拉伸强度、弯曲强度、硬度和热变形温度等。

④ 化学性能　PC 在室温下能耐无机和有机的稀酸溶液、食盐溶液、饱和的溴化钾溶液，耐脂肪烃、环烷烃及大多数醇类和油类。尤其是耐油性优良，在 123℃ 的润滑油中浸泡 3 个月，尺寸和重量不发生变化。但是，它不耐碱液、浓硫酸、浓硝酸、王水和糠醛等。PC 易于和极性有机溶剂作用。溶解于四氯乙烷、二氯甲烷、1,2-二氯乙烷、三氯甲烷、吡啶、四氢呋喃等溶剂中。PC 对于热、氧、大气和紫外线均有良好的稳定性。但长期在室外使用或受强烈光照下，其表面会变暗、失去光泽、泛黄，甚至产生龟裂。

⑤ 电性能　PC 的电性能优良，在室温下其介电常数（$10^6 Hz$）约为 3.05，体积电阻率为 $4 \times 10^{16} \Omega \cdot m$，介电强度为 $15 \sim 22 kV/mm$。

⑥ 光学性能　纯净的 PC 外观呈无色透明，具有良好的透过可见光的能力，透光率为 85% ~ 90%，折射率为 $1.585 \sim 1.587$，其透光率与光线的波长、制件厚度有关。2mm 厚度的薄板，可见光透过率可达 90%，制件厚度减小，透光率增大。透光率还与制品的表面光洁度有关，若表面磨毛，透光率降低。

1.1.12　聚甲醛有哪些类型？聚甲醛的性能如何？

(1) 聚甲醛的类型

聚甲醛（POM）有均聚甲醛和共聚甲醛两种类型。均聚甲醛是甲醛或三聚甲醛的均聚体，共聚甲醛是三聚甲醛和少量共聚单体（常用 1,3-二氧五环）的共聚物。均聚甲醛的结晶度、密度、机械强度较高，但其热稳定性不如共聚甲醛，而且共聚甲醛合成工艺简单、易成型，所以，目前工业生产以共聚甲醛为主。

(2) 聚甲醛的性能

① 物理性能　聚甲醛（POM）外观呈淡黄色或白色，为粉状或粒状固体物，密度大，约为 1.42g/cm³，吸水率小于 0.25%。POM 易燃，阻燃性较差，燃烧时，火焰上端呈黄色，下端呈蓝色，有熔融滴落现象，并且伴有刺激性甲醛气味和鱼腥臭味。

② 力学性能　POM 的硬度大、模量高，而且冲击强度、弯曲强度均较优异，是坚而韧的塑料。POM 具有良好的耐磨性，动态摩擦时具有自润滑作用，无噪声。POM 的耐蠕变性较好，在 25℃、21MPa 负荷下，经过 3000h 后，其蠕变值仅为 2.3%；POM 的耐疲劳强度也很高，在反复的冲击负荷下，保持较高的冲击强度，环境温度对 POM 力学性能的影响比较平缓，冲击强度随温度的变化不大，在 -40℃ 仍能保持 23℃ 时冲击强度的 5/6；拉伸强度、弯曲强度、弹性模量、耐蠕变性随温度上升下降得比较缓慢。

③ 热性能　POM 是结晶聚合物，均聚甲醛熔点为 175℃，共聚甲醛熔点为 165℃。POM 具有较高的热变形温度，在 0.46MPa 负荷下，均聚甲醛和共聚甲醛的热变形温度分别为 170℃ 和 158℃。但 POM 的使用温度不宜过高，通常，长期使用温度不超过 100℃。若在受力较小的情况下，短时使用温度可达 140℃。

POM 属于热敏性聚合物，在成型温度下的热稳定性差，易分解，一般在造粒时加入 0.1% 的双氰胺和 0.5% 的抗氧剂 2246 作为稳定剂。

④ 化学性能　POM 有良好的耐溶剂性，特别是能耐非极性有机溶剂（如烃类、醇类、醛类、酯类和醚类等），对油脂类（如汽油、润滑油）也有较好的稳定性。尤其是均聚甲醛耐有机溶剂的性能更为突出，在 70℃ 以下还没有发现有效的溶剂，在温度高于 70℃ 以后，能被某些酚类（如卤代酚）、酰胺（如甲酰胺）等有效溶解。

均聚甲醛只能耐弱碱，共聚甲醛耐强碱及碱性洗涤剂，但它们都不耐强酸和强氧化剂；POM 的吸水性比 PA、ABS 要低，一般为 0.2%～0.25%。即使在潮湿的环境中，仍能保持较好的尺寸稳定性。

⑤ 耐候性能　POM 的耐候性不理想，经大气环境和日光暴晒会使分子链降解，表面粉化、变脆、变色。由此可见，POM 如用于室外，一般需加入适当紫外线吸收剂或抗氧剂，以提高它的耐候性。

⑥ 电性能　POM 具有优良的电性能，介电损耗角正切小，击穿电压高，介电常数几乎不受温度和湿度影响，但高频电性能较差，随着温度的升高，介电常数及介电损耗角正切急剧增大，因此在高频电子工业，特别是超高频电子工业方面使用时，应予以注意。

1.1.13　聚苯醚有何性能特点？

聚苯醚（PPO），化学名称为聚 2,6-二甲基-1,4-苯醚，在日本称为 PPE。PPO 是一种综合性能优良的热塑性工程塑料，其突出的是电绝缘性和耐水性优异、尺寸稳定性好。PPO 的密度小，无定形状态密度（室温）为 1.06g/cm³，熔融状态密度为 0.958g/cm³，是工程塑料中最轻的，而且为无毒品种。

PPO 分子链中，含有大量芳香环结构，分子链刚性较强。树脂的机械强度较高，耐蠕变性优良，温度变化影响甚小。

PPO 的力学性能与 PC 较为接近，拉伸强度、弯曲强度和冲击强度较高，刚性大，耐蠕变性优良，在较宽的温度范围内均难保持较高的强度，湿度对冲击强度的影响也很小。

PPO 突出的性能特点之一是收缩率小，尺寸稳定性好。改性聚苯醚为非结晶性热塑性塑料，与聚甲醛、聚酰胺等结晶性热塑性塑料相比，其成型收缩率要小得多，几乎不发生由于结晶取向引起的应变、翘曲，以及由于成型后的再结晶所引起的尺寸变化。

PPO 具有较高的耐热性，玻璃化温度高达 211℃，熔点为 268℃，加热至 330℃ 有热分解倾向，改性聚苯醚（MPPO）的热性能略低于未改性聚苯醚，基本上与聚碳酸酯相同，PPO 产品因品牌不同，其热变形温度为 90~140℃。MPPO 中 PPO 含量对其热性能有显著影响，随着 PPO 含量增加，热变形温度即升高，反之则降低，玻璃化温度及软化点温度的变化也是如此。

PPO 的阻燃性良好，具有自熄性，其氧指数为 29%，是自熄性材料，而高抗冲聚苯乙烯的氧指数为 17%，是易燃性材料，两者合一则具有中等程度可燃性，制造阻燃级 MPPO 时，不需要添加含卤素的阻燃剂，加入含磷类阻燃剂即可以达到 UL94 阻燃级，可减少对环境的污染。

MPPO 树脂分子结构中无强极性基团，电性能稳定，可在广泛的温度及频率范围内保持良好的电性能。

但 PPO 的耐光性差，其制品长时间在阳光或荧光灯下使用会产生变色，颜色发黄，原因是紫外线能使芳香族醚的链结合分裂所致。另外，PPO 制品容易发生应力开裂，疲劳强度较低，而且熔体流动性差，成型加工困难，价格较高，所以多使用改性聚苯醚（MPPO）。由于改性聚苯醚具有优良的综合性能和良好的成型加工性能，所以在电子电气、家用电器、汽车、仪器仪表、办公机器、纺织等工业部门得到广泛的应用。

1.1.14　聚苯硫醚有哪些类型？有何特性？

（1）聚苯硫醚的类型

聚苯硫醚（PPS）是最简单的含硫芳香族聚合物。PPS 按分子结构分，有线型、支链型和体型等类型，我国生产的主要是线型 PPS，它在 350℃ 以上交联后成为体型热固性 PPS。支链型 PPS 是新型的热塑性塑料，其热变形温度较低，一般在 101℃ 左右，没有明显熔点，熔体黏度大，通常需冷压烧结成型，但其耐氧化性、弹性、化学稳定性均优于热固性 PPS，而且废料可以回收利用。PPS 按组成分，有聚苯硫醚的增强材料、无机物及矿物质填充增强聚苯硫醚以及聚苯硫醚合金等。聚苯硫醚的增强材料有玻璃纤维（GF）、碳纤维（CF）、石墨纤维、聚芳酰胺纤维、金属纤维等，但以玻璃纤维为主。矿物质主要是指滑石粉、高岭土等，无机物主要是指 $CaCO_3$、SiO_2、MoS_2 等，填充后的制品可极大地降低成本，同时还可提高 PPS 的物理力学性能和电性能。聚苯硫醚合金主要是指 PPS/PTFE、PPS/PA、PPS/PPO 等合金。

（2）聚苯硫醚的特性

聚苯硫醚是综合性能优异的工程塑料，但其强度仅属中等水平，因此，常利用其与纤维和无机填料等有良好的亲和性，对其进行增强改性，以此显著地提高 PPS 的物理力学性能和耐热性。

① 直链型 PPS 一般为白色颗粒，高结晶速率的为白色或浅黄色颗粒，受热后其颜色变深。交联或半交联型聚苯硫醚为浅褐色粉末，经加热变为深褐色。

② 强度高，抗蠕变性高，坚韧、质硬，无冷流变性，力学性能随温度升高而降低。

③ 热稳定性极好，热变形温度为 260℃，熔点为 290℃，在 400~500℃ 热空气和氮气中仍稳定，交联后可耐 600℃ 高温，可在 350℃ 以上长期使用。

④ 耐磨，阻燃性优良，有自熄性，对玻璃、陶瓷、金属的粘接性好。

⑤ 电绝缘性优良，高温、高湿的影响小，耐电弧性好。

⑥ 成型收缩率小，尺寸稳定性好，熔体黏度小，易成型加工。

⑦ 化学稳定性优异，耐稀酸、碱，在 204℃ 以下耐任何溶剂。

⑧ 对炭黑、石墨、玻璃纤维、MoS_2、PTFE 等填料有特别好的润湿作用。

1.1.15　聚酰亚胺有何特性?

聚酰亚胺（PI）有热固性聚酰亚胺、热塑性聚酰亚胺、改性聚酰亚胺三种类型。热固性聚酰亚胺为深褐色不透明固体，耐疲劳性好，有良好的自润滑性、耐磨耗性，摩擦因数小且不受湿度、温度的影响，冲击强度高，但对缺口敏感，耐热性优异，可在$-269\sim300℃$长期使用，热变形温度高达343℃。PI耐辐射，不冷流，不开裂，电绝缘性优异，阻燃。成型收缩率、线膨胀系数小，尺寸稳定性好，吸水率低。另外，PI的化学稳定性好，耐臭氧，耐细菌侵蚀，耐溶剂性好，但易受碱、吡啶等侵蚀，成型加工困难。可模压、流延成膜、浸渍、浇铸、涂覆、机加工、粘接、发泡。PI可制成薄膜、增强塑料、泡沫塑料、耐高温自润滑轴承、压缩机活塞环、密封圈，以及电动机、变压器线圈绝缘层和槽衬，与PTFE复合膜用于航空电缆、集成电路、可挠性印刷电路板、插座。PI泡沫塑料制品可用于保温防火材料、飞行器防辐射、耐磨的遮蔽材料、高能量的吸收材料和电绝缘材料。

热塑性聚酰亚胺为琥珀色固体，耐热性好，可在$-193\sim230℃$长期使用，玻璃化温度为270℃，其他性能与热固性聚酰亚胺相似，可注塑、挤出、模压、传递模塑、涂覆、发泡、粘接、机加工、焊接。热塑性聚酰亚胺有与热固性聚酰亚胺有相同的用途，可用于精密耐磨材料、耐辐射材料、耐高温绝缘材料，还可与PTFE、炭黑共混制作高压、高速压缩机的无油润滑材料。除此之外，也可用玻璃纤维增强。

1.1.16　聚砜塑料有哪些类型? 有何特性?

（1）聚砜塑料的类型

聚砜（PSF）是一类在主链中含有砜基和芳核的高分子化合物。较广泛应用的三种聚砜类塑料为双酚A聚砜、聚芳砜和聚醚砜等。双酚A聚砜具有较好的综合性能，热变形温度为170℃，长期使用温度为150℃，而且易于加工成型。聚芳砜具有特殊的耐热性，热变形温度为270℃，长期使用温度为$240\sim260℃$。但是由于其分子结构中含有联苯链节，故流动性差，加工困难。聚醚砜亦具有优良的耐热性，热变形温度为210℃，长期使用温度为$180\sim200℃$，而且可用普通注塑机加工成型。双酚A聚砜可制作高强度、耐高温和尺寸稳定的机械零件；聚芳砜适用于耐高低温的电气绝缘件和耐高温高压的机械零件；聚醚砜可制作高强度的机械零件和耐摩擦零件。

（2）聚砜塑料的特性

① 聚砜为透明琥珀色或不透明象牙色的固体塑料。难燃，离火后自熄且冒黄褐色烟，燃烧时熔融且带有橡胶焦味。

② 力学性能优良。聚砜具有高弹性率、高拉伸强度。脆化温度达$-101℃$，热变形温度（1.86MPa）为174℃。经过2年时间，其性能无变化。

③ 电性能良好。它具有卓越的电气性能，使用温度、频率范围宽，介电常数稳定，介电损耗角正切小，适于制作电子电气产品的PCB片状电容器线圈、接插件等。

④ 耐药品性好。它可在苛刻环境中制造设备的耐磨蚀衬里，可耐碱、无机盐溶液腐蚀，对于洗涤液、碳水化合物在高温条件下使用效果很好，但对极性有机溶剂应注意。

⑤ 耐水性、耐蒸汽性好。它可以长期耐沸水和蒸汽。用它制造的各种零部件可反复进行蒸汽消毒，反复进行自动洗涤，其物性、表面光泽度不会降低。利用以上特性可代替玻璃和金属制造医疗器械、食品加工机械等。

⑥ 耐蠕变性优异。聚砜的耐蠕变性优异，即使在高温下，也同样具有高的耐蠕变性。

⑦ 成型加工困难。聚砜可采用注塑、挤出、模压等方法成型加工。但是聚砜具有熔体黏度大、熔融温度高、分子链较刚硬、冷流性小等特点。最好采用长径比大的螺杆注塑机。

聚砜在成型过程中对剪切速率不敏感，黏度较高，熔融流动中自定向较低，易获得均匀的制品。聚砜易进行规格和形状的调整，适合于挤出成型异型制品。在高温时黏度都较高，其特性 PSF 与 PS 相一致。成型加工时，可以调整螺筒与模具的温度控制其流动性。故 PSF 可采用与 PC 加工成型同样的挤出机、注塑机和模具便可获得较好的 PSF 制品。

聚砜除广泛应用于电子电气、汽车、航空、食品加工和医疗器械领域外，它还适于制作工艺装置和清洁设备管道、蒸汽盘、波导设备元件、水加热器汲取管、摄影箱、毛发干燥器、衣服蒸汽发生器、热发泡分散器等。

1.1.17 聚醚醚酮有何特性？

聚醚醚酮（PEEK）是一种综合性能优良的结晶性耐高温热塑性工程塑料，也是聚芳醚酮类聚合物的一种。其长期的连续工作温度为 240℃，可在 200℃ 蒸汽中使用，而且质地柔韧，冲击强度和伸长率优异，耐腐蚀、耐辐射，自熄性优良，燃烧时烟雾密度低，电性能优良。已在航空航天工业、原子能工业、武器装备和高尖端技术中应用。

聚醚醚酮是高结晶性的芳香族线型热塑性工程塑料，它兼具芳香族热固性塑料的耐热性、化学稳定性及热塑性塑料的易加工性的特点，其综合性能优良，在常温下的机械强度高，但因其 T_g 仅为 145℃，故在 T_g 温度处强度急剧下降，若以玻璃纤维、碳纤维、石墨、芳纶等增强则可在高温下使用，在 240℃ 下其强度几乎不变。

PEEK 的耐蠕变性、耐疲劳性、耐磨性优良，热分解温度为 520℃，故长期使用温度为 240℃，其合金可耐 310℃，碳纤维增强 PEEK 为 300℃ 以上，耐热水性、耐辐射性、耐化学品性极好，PEEK 是聚芳醚酮类用量很大的一种。PEEK 主要用于高性能增强塑料、挤出成型制品（电磁线、薄膜、纤维等）、注塑成型制品（耐磨材料、电子电气制品、热水设备等）、粉末喷涂制品、加工成型制品等。

1.1.18 酚醛塑料有哪些类型？有何特性？

（1）酚醛塑料的类型

酚醛塑料是热固性塑料。酚醛树脂由苯酚、甲酚或二甲酚等酚类化合物与醛类化合物如甲醛缩聚而成，由于两种组分的配比和催化剂的不同，所得产品的性质和用途也不同。若以弱酸催化反应，则用于制备酚醛模塑料、线型酚醛清漆和聚氯乙烯、聚酰胺、丁腈橡胶、二甲基苯甲醛的改性酚醛树脂；若以氨催化，则用于酚醛石棉耐酸或酚醛棉纤维模塑料、酚醛层压塑料和苯胺改性酚醛模塑料；用氢氧化钠催化，用于酚醛石棉、酚醛碎布和苯酚糠醛等的模塑料；而以氧化锌催化，则用于高邻位酚醛树脂、快速成型酚醛模塑料。通常所见的酚醛塑料由苯酚和甲醛在盐酸、草酸、氨或氢氧化钠催化下缩聚而成的酚醛树脂，加上填料及其他添加剂配合而成。

（2）酚醛树脂的性能

酚醛树脂具有热固性树脂的通性，一经固化即具有网状结构，质地很硬。

① 物理性能 非填充的酚醛树脂呈微褐色透明状，但大多数是添加填料的制品，因而是不透明的。非填充树脂的相对密度为 1.25～1.30，模塑料则为 1.25～1.90。

② 力学性能 酚醛塑料的拉伸强度和压缩强度均高，但弯曲强度低，易被弯折断，而且冲击强度较低，属于脆性材料，加纤维状填料后可大幅度提高。

③ 温度特性 酚醛树脂本身的温度特性较低，然而填料能影响材料的热性能。例如，填充石棉、玻璃纤维布的制品耐热性高，但加木粉填料的制品耐热性较差。

④ 电气特性 酚醛树脂的电气绝缘性良好，其介电损耗角正切较大。酚醛树脂的电气特性因填料种类的不同而有较大的变化。

⑤ 化学特性　酚醛树脂稍受强碱与氧化性酸的侵蚀，几乎不受有机溶剂的侵蚀。酚醛树脂比环氧树脂与聚邻苯二甲酸二烯丙酯（DAP）等树脂容易吸湿，吸湿后电气绝缘性下降。

⑥ 含不同填料酚醛树脂的特性及用途有所不同　木粉为填料的酚醛塑料主要用于电子电气的零部件以及箱、盒等廉价制品。采用布、纤维等作为填料的可用于机械零部件，如齿轮、滑轮等。

1.1.19　酚醛泡沫塑料有何特性？应如何制备？

（1）酚醛泡沫塑料的主要特性

① 耐热　最终固化的酚醛具有包括数个苯酚环并由亚甲基桥连接的结构，由热力学可知，亚甲基桥是有机物连接中受温度影响最小且最为稳定的连接之一，这使得酚醛泡沫塑料具有优异的热稳定性，可在 130℃ 长期使用，短时间耐热温度为 200℃。

② 难燃　苯酚分子是良好的自由基吸收剂，在高温分解过程中，由断裂的亚甲基桥生成的自由基迅速被苯酚分子吸收，阻止反应继续进行，这一现象使酚醛泡沫塑料极难燃烧。酚醛泡沫塑料氧指数为 46%，属于难燃材料；添加无机填料的高密度酚醛泡沫塑料氧指数最高达 61%，燃烧性能达到德国 DIN 4102 建筑材料类阻燃等级要求。

③ 低毒、低烟　酚醛分子中只有氢、碳和氧原子，在高温分解时，只能产生氢、碳和氧构成的产物，除少量 CO 外，没有任何其他有毒气体。酚醛泡沫塑料的最大烟密度为 5%，高密度酚醛泡沫塑料只有 2.3%，与聚氨酯泡沫塑料的最大烟密度 74% 相比是相当低的。

④ 抗火焰穿透　酚醛泡沫塑料在火焰直接作用下具有结炭、无滴落物、无卷曲、无溶化现象，火焰燃烧后，泡沫体基本保留，只是表面形成一层"石墨泡沫"层，有效地保护了层内的泡沫结构，其抗火焰穿透时间可达 1h 以上。

⑤ 绝热　酚醛泡沫塑料具有均匀微细的闭孔结构，热导率低，仅为 0.022～0.040W/(m·K)，其绝热性能与聚氨酯泡沫塑料相当，优于聚苯乙烯泡沫塑料。

⑥ 使用温度范围广　酚醛泡沫塑料的强度受温度影响不明显，在低温（甚至 -196℃）下不发生冷缩、冷脆，其机械强度基本不变，在 130℃ 连续受力的情况下，可保持室温强度的 90%。其可在 -196～130℃ 范围内长期使用。

⑦ 耐腐蚀、抗老化　除能被强碱侵蚀外，酚醛泡沫塑料几乎能耐所有的无机酸、有机酸、有机溶剂及盐类的侵蚀。长期暴露在阳光下，无明显老化现象，与其他绝热材料相比，其使用寿命较长。

⑧ 防水、防湿　酚醛泡沫塑料具有良好的闭孔结构，吸水率低（7%），防水蒸气渗透能力强，在保冷时不会出现结露。

⑨ 应用广泛　由于酚醛泡沫塑料具有上述优异性能，与其他泡沫塑料相比价格又较低，因此，在许多领域酚醛泡沫塑料有很强的竞争力。酚醛泡沫塑料作为一种难燃、低烟、低毒绝热材料在建筑业中的应用前景十分诱人。酚醛泡沫塑料可用于屋顶、地面的保温层、天花板及隔墙等，可用于高层建筑的中央空调和通风系统的管路、风管，可用于石油化工的容器、设备和管道绝热，可用于火车、客车、飞机等交通工具的绝热材料、隔声材料等。

（2）酚醛泡沫塑料的制备

① 原材料与配方（质量份）　酚醛树脂 100 份，发泡剂 5～20 份，表面活性剂 2～4 份，固化剂 5～20 份，填料 0～200 份，其他助剂适量。通常采用弱碱性催化剂在较低温度下制得的高活性、低挥发分酚醛树脂，其发泡性能比通常条件下合成的树脂好，可少用固化剂，固化温度也较低，而且固化时间短。

② 工艺流程　其制备工艺流程如图 1-1 所示。首先将上述原料分别通过计量后进入高速混合灌注机注入模进行发泡，然后进入烘房，树脂在固化剂的作用下，进一步缩聚交联，此时反应热又使发泡气化形成微孔，固化交联也在同时进行，最终形成泡沫，最终使其发泡固化。

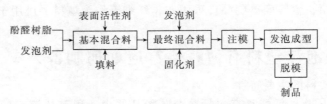

图 1-1　酚醛泡沫塑料制备工艺流程

1.1.20 环氧树脂有哪些类型？环氧塑料有何特性？

环氧树脂（EP）是主链上含有醚键和仲醇基、主键两端有环氧基的一大类聚合物。将环氧氯丙烷与双酚 A 或多元醇缩聚得到初期缩聚物，再与胺类或聚酰胺类、聚硫类或有机酸酐固化剂等作用，使环氧基开环，进行加聚反应，生成硬质的环氧树脂。环氧树脂根据其结构和组分不同，大致可分为缩水甘油酯醚类、缩水甘油酯类、缩水甘油胺类、脂肪族类、脂环族类及元素环氧树脂六大类。

环氧树脂本身是褐色透明体，可加填料或不加填料制成制品。相对密度为 1.16~1.7。机械强度高，并且结合其优良的电绝缘性，广泛用于电气与机械材料。特别是含有玻璃纤维填料的 FRP，能制成高强度的层合制品。此外，因与金属黏结力强，可与嵌入其中的模具融合为整体。

环氧塑料的热变形温度随固化剂的不同而有较大幅度的变化。添加有玻璃纤维的制品，达到 107~232℃，可作为 H 级绝缘材料使用。遇火可缓慢地燃烧。

环氧塑料的介电强度、体积电阻率高。作为低频绝缘材料比较理想。介电损耗角正切为 0.002~0.1。由于吸湿性低，即使在高湿度环境下，绝缘性仍很稳定。同时耐电弧性也较好。其耐药品的能力，根据固化剂的种类不同而异。一般用胺类、聚胺类、聚酰胺类固化剂的环氧树脂，耐化学药品性较差。然而用酸酐固化剂的环氧树脂，耐化学药品性较强。吸湿性小（0.04%~0.5%），在潮湿条件下电气绝缘性仍保持优良。

环氧塑料用压缩模塑、注塑成型等加工方法，效率均很高。环氧塑料注塑成型时，模具温度为 120~150℃，注射压力为 0.7~10MPa。近年来采用低压成型，可成型电气零部件及包封材料与环氧玻璃钢等制品，也可采用浇铸成型，可按黏结剂的配方，使用液体树脂来制作包封制品。环氧树脂与玻璃纤维的黏附性良好，可以采用长丝缠绕成型。环氧树脂成型时挥发组分少，收缩率小，一般为 0.1%~0.9%。

环氧树脂与酚醛树脂相比，其吸湿性小，电气绝缘性好。一般用于绝缘层压板、印刷底板、接线柱、绕线管、浇铸部件及集成电路等。环氧树脂在机械方面应用也很广泛，如齿轮、凸轮、轴承、玻璃纤维增强塑料制品、设备衬里及金属夹板芯层，此外，将环氧树脂与沥青混合，可制作飞机跑道与桥上铺饰。环氧树脂还可制作防锈涂料与绝缘涂料等。

1.1.21 脲醛塑料有何特性？脲醛泡沫塑料配方组成如何？

（1）脲醛塑料的特性

脲醛塑料（UF）是由尿素与甲醛缩合，再与 α-纤维素或其他填料、脱模剂、着色剂、固化剂等经混合、混炼而成的模塑粉。脲醛塑料一般为无臭、无味、半透明的粉料；硬度高，冲击强度高，难燃，有自熄性、防霉性。耐电弧性、耐油性、耐溶剂性好，但不耐酸、碱，耐候性、耐热性差，使用温度低于60℃；吸水性大，约为0.6%；与 α-纤维素等填料粘接性强，着色性好，固化速度快，价格便宜。

（2）脲醛泡沫塑料配方组成

脲醛泡沫塑料的力学性能很低，加入如聚乙二醇醚类增塑剂可改进其力学性能。另外，加入填料如木粉、石棉、玻璃粉、石膏和无机纤维等可提高其机械强度。脲醛泡沫塑料的热分解温度为220℃；吸湿性相当高，在相对湿度为70%时，吸水率可达17%；相对密度为0.010的脲醛泡沫塑料，其热导率为0.026W/(m·K)。通常脲醛泡沫塑料发泡配方组成主要包括树脂、发泡剂、固化剂、稳定剂以及增塑剂等。脲醛树脂通常在发泡前现场配制，由尿素、甲醛及催化剂等组成。发泡剂也称为阴离子表面活性剂，主要为磺酸盐系列，目前最常用的品种为二丁萘磺酸钠，商品名为拉开粉，用量占2%～10%；固化剂一般用磷酸和草酸混合液；单独用磷酸的用量为发泡液的15%，与草酸并用可减少用量；稳定剂常用间苯二酚，亦可用苯酚代替，但用量为间苯二酚的2倍；增塑剂一般为醇类产品，具体如甘油、乙二醇、己三醇及聚乙二醇醚等。如某脲醛泡沫塑料配方为：脲醛树脂70份，十二烷基硫酸钠8份，磷酸0.2份，草酸0.1份，苯酚0.1份，尿素0.5份，氯化镁0.2份，水30份。

1.2　塑料材料选用实例疑难解答

1.2.1　塑料材料可适用于哪些场合？哪些场合不宜采用塑料材料？

（1）塑料材料可适用的场合

塑料材料具有良好的综合性能，其密度低，耐热性较好，机械强度范围宽，绝缘性好，导热性差，制品精度较好，成型加工容易等，一般主要适用于以下各种情况。

① 要求质轻，而木材等又难以满足使用需要的场合。

② 既要求减重，又要求承受中、低载荷的使用环境，如在汽车、飞机、轮船和航天器上使用塑料材料意义重大。

③ 各类中、低载荷下的结构制品，如广泛用于机械工业的齿轮和轴承等。

④ 形状复杂的制品，对于这类制品塑料具有高效、准确、快速成型的特点，如生产电视机壳体等。

⑤ 各种场合下的耐腐蚀材料，如各种化工管道、容器等。

⑥ 要求自润滑的运动部件，如禁止使用润滑剂的食品、纺织机械和医疗器械等。

⑦ 要求具有防震、隔声、隔热性能的制品，如广泛使用的泡沫塑料。

⑧ 绝缘材料，如电线、电缆及电子电气产品。

⑨ 要求具有良好综合性能的制品，如集质轻、刚、硬、韧、耐热、耐腐蚀、绝缘等于一体的部件。

（2）不宜采用塑料材料的场合

塑料材料与其他材料一样，不可能尽善尽美，从而限制了在某些特定场合的应用。一般来说，不宜采用塑料材料的主要有下述情况。

① 对机械强度要求很高的制品，尤其是对刚度要求较高的结构件和拉伸强度超过300MPa的材料，如高载荷大型机械零件、大跨度构件等。

② 常用塑料材料的耐热性为80～200℃，某些特种工程塑料长期使用温度可达300℃，因而在通常情况下，350℃以上塑料材料已不适用。

③ 尽管注塑成型可得到精度较高的制品，但较大的成型收缩率和热膨胀系数难以适用于1级、2级高精度产品。

④ 作为绝缘材料，塑料用途广泛，但不适宜用于550kV以上的超高压绝缘材料；除特殊场合外，不宜制作成高导电材料及制品。

1.2.2　在选用塑料材料时应主要考虑哪些因素？

（1）塑料材料的适用条件

塑料材料与其他材料相比，有自身的适用性，选用塑料材料就是要最大限度地发挥其优势，避免劣势。

（2）塑料制品的性能要求

塑料材料选用的根本目的就是以最低的成本来满足制品的性能要求，这是塑料材料选用中首先要考虑的因素。一般而言，塑料选用中要重视的性能要求包括制品的受力状况、电性能、耐热性、气体阻隔性、光学性能、尺寸精度、材料能否进行改性等方面。但对于特定的塑料制品，应用的场合不同，其性能要求的侧重点也会有所不同，如塑料齿轮，当用于重载荷情况下时，应考虑其机械强度和耐磨性；当用于食品和纺织机械中时，为防止污染应主要考虑的是自润滑性；当用于化工设备时，应主要考虑耐腐蚀性；而用于电力设备时，应主要考虑绝缘性。

（3）塑料材料的使用环境

使用环境是指材料或制品在使用时所经受的温度、湿度、介质等条件，以及风、雨、雪、雾、阳光及有害气体等因素的影响。所以，在塑料选材时，应考虑拟选用材料对环境的适应能力。首先是环境温度。塑料材料的性能对温度有较大的依赖性，常用塑料品种的使用温度大多在150℃以下，环境温度超过150℃后只有增强塑料和特种工程塑料可选。在具体选用时应注意，环境温度不能超过塑料的使用温度和脆化温度。其次是环境湿度。一般而言，环境湿度对塑料的性能影响不大，但对易吸湿性塑料品种，如PA类等则有较大影响，吸湿后会使机械强度、电性能和尺寸稳定性下降。再次是接触介质。塑料制品与大气、水、化学药品、生物、食品、人类等接触，其性质会发生一定变化，如与化学药品接触会受到腐蚀，与微生物接触会产生生物降解等，因而在塑料材料选用中应针对不同的接触介质选用不同的品种。当塑料用于与食品及与人体等接触的物品时，要求其卫生、无毒，尤其是长期于与人体接触或需植入人体内用作人体器官的医用塑料制品，除要求绝对无毒外，还要求与人体的生理相容性好，无副作用。

（4）塑料材料的加工适应性

不同塑料材料品种的加工性能不同，有的易加工，有的难加工。而加工工艺的选择对材料的性质也有重要影响。一般塑料材料加工适应性要考虑以下几方面。

① 树脂的热稳定性　如PVC、PVDC、POM等属于热敏性材料，成型加工中易产生分解，对成型工艺要求较高。通常在加工中需严格控制温度，对PVC等物料还需加入热稳定剂、增塑剂等。

② 树脂的成型原理　热塑性树脂受热熔融、流动，冷却后即可硬化成型，易于制得制品；而热固性树脂成型中伴随着交联固化反应，往往难以用熔融成型加工的方法，生产效率较低。

③ 树脂熔体黏度的高低　热塑性树脂一般采用熔融成型加工的方法，熔体黏度的高低对成型影响很大。对高黏度物料（如PC、PSU）成型中需采用较高的成型压力和温度，而黏度过高（如UHMWPE、PTFE）则难以用普通的方法加工，需用如冷压烧结等特殊成型方法。

（5）塑料材料的经济适用性

经济适用性是塑料选材中的一个重要因素，如果选取的塑料材料在性能和加工方面均能满足要求，而成本过高也难以投入生产，更谈不上进入市场，只有物美价廉的制品才能具有市场竞争力。塑料制品的成本主要包括原料价格、加工费用、使用寿命等几方面。

① 原料价格 在制品成本中原料价格占的比重最大，生产中在满足制品性能的前提下，应尽量选用价格较低的原料，对于某些性能要求较高的制品，可通过改性来加以弥补。实际上，同一种塑料的不同规格和牌号的品种之间，其性能和价格也有较大差异，应引起注意。一些塑料原料的大致价格区域如表1-4所示。

表 1-4 塑料原料价格区域

价格区域	塑料品种
低价位	PP、HDPE、PS、PVC、LDPE、LLDPE、PET、PF、EP、UP
中价位	ABS、EVA、POM、PMMA、PBT、PA6、PA66、PC、PA610、PPO、PA1010、PU
高价位	PTFE、PCTFE、FEP、PPS、PI、PSU、PEK、PEEK、LCP

② 加工费用 加工费用是制品成本的重要组成部分，应尽量以低加工成本来完成制品。加工费用主要包括设备成本、加工能耗和废品废料等。

塑料加工方法很多，加工设备的价格不同，从减少投资来看，应依次选择下列方法：真空吸塑＞压制成型＞中空吹塑成型＞挤出成型＞注塑成型＞压延成型。但生产中应尽量选用现有设备。如生产农用大棚膜时，一般可选用 LDPE、LLDPE 和 PVC 树脂。如某工厂现有压延机，则应选用 PVC；若有挤出机时，则选用 LDPE、LLDPE 为好。

加工能耗主要是指在成型加工中因加热和提供动力而对电能的消耗。一般工程塑料成型前需进行干燥处理，成型后制品易残留内应力而要求进行后处理，相应能耗就会增加；通用塑料则较少需要干燥处理和后处理，相应能耗较低。此外，成型加工温度较高的塑料品种，如 PC、PSU、PPO 等，加工能耗也会增大。

③ 使用寿命 使用寿命对于非一次性使用的塑料制品，其使用寿命的延长就意味着价格的降低。如普通大棚膜一般使用一季，而长寿大棚膜可使用两季，尽管后者的售价是前者的 1.5 倍，但在整个使用寿命期限内采用长寿大棚膜，价格却降低了 25%。选用合适的塑料原料、对塑料进行稳定化处理均可延长制品的使用寿命，但制品的售价往往会提高。

1.2.3 生产中应如何根据塑料制品的性能选用塑料材料？

塑料制品的性能通常包括力学性能、热稳定性、尺寸稳定性、耐化学腐蚀性、光学性能、气体阻隔性、电绝缘性等方面，而制品的用途更是广泛，不一而足。在实际生产中选择塑料材料时应综合各方面因素，并且经反复试验方能得到合适的材料。

（1）制品的力学性能

对制品的力学性能要求要从三个方面考虑：一是受力的大小，可分为中低载荷和高载荷；二是受力的类型，有拉伸、压缩、弯曲、冲击、剪切等；三是受力的性质，包括固定载荷和间歇载荷。不同的制品因受力的情况不同，对塑料材料的力学性能要求也不同，如表1-5所示。因而在选材中首先要考虑塑料制品的受力类型和性质，再结合使用环境，最终选取合适的塑料品种。

表 1-5　塑料制品受力类型对材料性能要求

制品用途	力学性能要求	制品用途	力学性能要求
汽车保险杠、仪表等制品	冲击强度高	螺栓等制品	剪切强度高
体育器材、单杠、双杠等制品	弯曲强度高	饮料瓶、上水管、煤气管	材料的耐爆破强度高
转动轴等制品	扭曲强度高	绳索、拉杆	拉伸强度高
轴承、导轨、活塞	抗磨损性高	垫片、密封圈	压缩强度高

例如，螺母、螺栓、垫片、支架、管件、手柄、方向盘等一般结构零件，受力不大，一般为固定载荷，可选用 UPVC、HDPE、PP、HIPS 及热固性树脂；对力学性能要求较高的特殊场合可选用 PA、POM、PC 及玻璃纤维增强塑料。

而对于齿轮、齿条、链轮、链条、活塞环、凸轮等受间歇载荷作用的制品，应具有较高的抗弯曲性、耐冲击性、耐疲劳性、优良的耐磨性，一定的耐热性，对有些场合还要求有自润滑性，以此保证长期使用中的性能稳定。可选用的材料主要有 PA、GFPA、POM、PPO、PC、GFPC、GFPET、GFPBT、UHMWPE、PTFE、PEEK、PI 及布基酚醛等。

（2）制品的热性能

塑料材料与金属和陶瓷相比，线膨胀系数较大，而比热容和热导率较低（见表 1-6），具有优异的绝热性能，特别是泡沫塑料被广泛用于绝热、保温材料。

表 1-6　塑料材料的热性能

材料	线膨胀系数 /K^{-1}	比热容 /[kJ/(kg·K)]	热导率 /[W/(m·K)]	热变形温度 /℃	维卡温度 /℃	马丁耐热温度 /℃
PMMA	4.5×10^{-5}	1.39	0.19	100	120	—
PS	$(6\sim8)\times10^{-5}$	1.20	0.16	85	105	—
PU	$(10\sim20)\times10^{-5}$	1.76	0.31	—	—	—
PVC	$(5\sim18.5)\times10^{-5}$	1.05	0.16	—	—	—
LDPE	$(13\sim20)\times10^{-5}$	1.90	0.35	50	95	—
HDPE	$(11\sim13)\times10^{-5}$	2.31	0.44	80	120	—
PP	$(6\sim10)\times10^{-5}$	1.93	0.24	102	110	—
POM	10×10^{-5}	1.47	0.23	98	141	55
PA6	6×10^{-5}	1.60	0.31	70	180	48
PA66	9×10^{-5}	1.70	0.25	71	217	50
PET	—	1.01	0.14	98	—	80
PTFE	10×10^{-5}	1.05	0.27	260	110	—
EP	6×10^{-5}	1.05	0.17	—	—	—
PSU	3.1×10^{-5}	1.05	0.17	185	180	150
黄铜	2.0×10^{-5}	0.38	700			
玻璃	0.3×10^{-5}	0.78	1			

不同塑料品种的耐热性有较大的差异。一般根据塑料的热变形温度可把塑料的耐热性分成高耐热性、中耐热性、低耐热性及超高耐热性四种类型，如表 1-7 所示。在根据制品的耐热性选取塑料材料时，还应考虑下述问题。

① 通过填充、增强、共混、交联改性，塑料的耐热性可大大提高。如 PA6 填充 5% 云母，热变形温度由 70℃ 提高到 145℃，用 30% 玻璃纤维增强后，提高到 215℃；ABS 与 PC 共混后，热变形温度由 93℃ 提高到 125℃；HDPE 交联改性后，热变形温度由原来的 80℃ 提高到 90～110℃。由于耐热性好的塑料品种价格较高，生产中应尽量选用通用塑料中耐热性好的品种，或通过改性来达到较高的耐热性要求。

表 1-7　部分塑料品种的耐热性

耐热性	品种
低耐热性塑料,热变形温度低于100℃	PE、PS、PVC、PET、PBT、ABS、PMMA、PA
中耐热性塑料,热变形温度为100~200℃	PP、PVDC、PSU、PPO、PC
高耐热性塑料,热变形温度为200~300℃	PPS、CP、PAR、PTFE、PEEK、PF(增强)、EP(增强)
超高耐热性塑料,热变形温度高于300℃	LCP、PI、聚苯酯、聚苯并咪唑、聚硼二苯基硅氧烷

② 充分考虑受热环境,如受热时间长短及受热介质等。如湿式耐热,应选用低吸水性塑料品种,而不宜选用 PA 类,以免高温降解;而与化学物质接触,应考虑塑料的耐腐蚀性。

③ 制品受热时的载荷大小。无载荷或低载荷时耐热性好,高载荷时耐热性低。

（3）制品的化学性能

塑料制品的化学性能主要包括耐化学药品性、耐溶剂应力开裂性、耐环境应力开裂性。影响塑料材料化学稳定性的因素很多,材料因素主要有化学组成、聚集态和所含助剂,环境因素主要有温度、湿度、受力状况等。

一般对一些大分子中存在酯基、酰氨基、醚基及硅氧基的塑料,在酸、碱及水存在的环境中,易发生水解反应。如 PET 不耐酸、碱及高温水;PA 易吸湿,不耐酸;PF 和 UP 不耐碱。而 PVC、PE、PP 及 PS 等树脂的耐酸、碱、水性能均很好。大分子主链或支链含有 $—CH_3$、$—C_6H_5$ 基团,则往往不耐汽油、苯、甲苯等非极性溶剂。对于强氧化剂（如浓硫酸、浓硝酸和王水等）,除 PTFE 外,其他塑料品种几乎均易受到侵蚀。溶剂介质的腐蚀主要与塑料的溶度参数有关,这在非晶塑料的选用中尤其重要。综合来看,常用塑料的耐化学腐蚀性可表示如下:氟树脂＞氯化聚醚＞PPS＞PVC、PE、PP＞PC、PET、POM、PA、PSU、PI＞PF、EP、UP。

在塑料防腐材料的实际选用中要针对介质的种类、状态、浓度、温度及氧化性,视制品的受力及强度要求,以及成本和成型加工等各方面因素,做出综合评定,最终选取合适的塑料材料。

（4）制品的光学性能

表征塑料材料光学性能的指标常用透光率、雾度、折射率等。一般纯净的无定形塑料,大都无色透明,而结晶高聚物的结晶度越大,则透光性和透明性越差。但通过加入成核剂和拉伸等方法改变结晶结构可获得透明的结晶塑料制品,如 PET 和 PP 双轴拉伸薄膜等。

除透明性外,在选用中还应注意制品的应用场合和具体要求。如用于光盘材料,要求其性能受环境影响小,抗蠕变性好,具有长期的力学稳定性;而用于隐形眼镜,则要求高度稳定的光学性能,高吸水率,高透氧性,卫生无毒,生理相容性好,柔软而有弹性。对于一些常用透明塑料材料的选用如表 1-8 所示。

表 1-8　透明塑料材料的选用举例

用途	选用品种
日用透明材料	透明包装:PE、PP、PS、PVC、PET 透明片、板类:PP、PVC、PET、PMMA、PC 透明管类:PVC、PA 透明瓶类:PVC、PET、PP、PS、PC
光学镜片	眼镜、透镜、放大镜、望远镜、隐形眼镜,选用双烯丙基二甘醇碳酸酯(CR-39)、聚甲基丙烯酸羟乙酯(HEMA) PC、PMMA 等
其他	照明器材类:PS、AS、PMMA、PC 等 光纤材料:PMMA、PC、PVC 光盘材料:PC、PMMA、EP、PETG、茂金属聚烯烃(mPE、mPP)

（5）制品的阻隔性能

制品的阻隔性是指制品对气体、液体、香味、药味等具有的一定屏蔽能力，一般用透过系数来表征，即一定厚度（1mm）的塑料制品，在一定压力（1MPa）、一定温度（23℃）、一定湿度（65%），单位时间（24h）、单位面积（1m²）内透过小分子物质的体积或质量，通常以透过 O_2、CO_2 和水蒸气三种小分子物质为标准。塑料的透过系数越小，其阻隔能力越强。几种阻隔性较好的塑料的透过系数及其应用如表1-9所示。

表 1-9　几种阻隔性较好的塑料的透过系数及其应用

塑料品种	O_2 透过系数 /[$cm^3 \cdot mm/(m^2 \cdot d \cdot MPa)$]	CO_2 透过系数 /[$cm^3 \cdot mm/(m^2 \cdot d \cdot MPa)$]	H_2O 透过系数 /[$g \cdot mm/(m^2 \cdot d \cdot MPa)$]	应用举例
乙烯-乙烯醇共聚物（EVOH）	0.1～0.4	1.56	20～70	保鲜包装
聚偏二氯乙烯（PVDC）	0.4～5	1.2	0.2～6	防潮、保鲜、饮料包装
聚丙烯腈及其共聚物（PAN）	8	16	50	保鲜、饮料包装
聚萘二甲酸乙二醇酯（PEN）	12～22	—	5～9	食品、医用、饮料包装
PET	49～90	180	18～30	碳酸饮料包装
PA66	15～38	50～70	—	食品、肉类包装
PA6	25～40	150～200	150	食品、肉类包装

选择阻隔性塑料时，除要考虑阻隔性大小外，还应考虑制品的环境适应性、加工性能和成本高低等因素。在实际选用中可采用多种材料复合的方法，如 LDPE/PP/LDPE、LDPE/PET/LDPE、PE/EVOH/PE、PP/EVOH/PP、PE/PA/PE、PP/PA/PE、BOPP/PP 等，以求得性能、加工及成本等诸方面的平衡。也可通过拉伸、共混、表面电镀、表面涂覆、表面化学处理等来提高塑料的阻隔性，以满足不同的包装要求。

（6）制品的电性能

塑料材料的电性能优异，而且品种多，适应于各种电性能要求不同的场合。制品的电性能可以用介电常数、体积电阻率、介电强度、耐电弧性等参数表征。

塑料材料的介电常数都比较小，但不同塑料介电常数也有明显差别。非极性塑料介电常数为1.8～2.5，如 PE、PP、PS；弱极性塑料为2.5～3.5，如 PMMA、PBT、PET、PC；极性塑料为3.5～8，如 PVC、PF、PA 等。一般作为绝缘电线电缆等为减少能量损耗宜选用介电常数较小的塑料品种，而用于电容器则可选用介电常数稍大的品种，目前常用于电容器的是双向拉伸 PP 和 PET 薄膜。

电阻率有表面电阻率和体积电阻率，作为绝缘材料一般体积电阻率应大于 $10^{10}\Omega \cdot cm$。塑料材料的电阻率绝大多数符合绝缘材料的要求，被广泛用于不同用途的电绝缘材料。一般用途的电线电缆可选用 PVC，对于高频高压场合需选用电阻率高、介电常数小、高介电强度的 PE 和 PE-CL，硬质制件可选用 HDPE、PP、PTFE、PI 等；作为电工类绝缘材料和制品（如闸盒、继电器、接触器、封装材料等）要求有较高的介电强度、耐电弧性和耐热性，一般选用热固性塑料，常用氨基塑料、酚醛塑料和环氧塑料等；在电子工业对各种元器件除电气性能要求外，还对力学性能、耐热性和成型加工性能有较高的要求，可根据具体情况选用，常用的塑料品种有 PP、PA、PC、POM、PET、PBT、PSU、PPS、PI、PTFE 等。

（7）制品的燃烧与阻燃性能

塑料是有机化合物，其分子内含有大量碳、氢等可燃元素，有些品种易燃，阻燃性差。但大分子结构中若含有卤素及氮、磷、硫等原子或主链结构中含有芳环类，则材料具有一定的阻燃性或自熄性。一般塑料的燃烧与阻燃性能可用氧指数（OI）表征：氧指数小于22%属易燃性塑料，氧指数为22%～27%为自熄性塑料，氧指数大于27%为阻燃性塑料。常用塑料的氧指数值见表1-10。

表1-10　常用塑料的氧指数值

塑料	氧指数/%	塑料	氧指数/%	塑料	氧指数/%	塑料	氧指数/%
POM	14.9	PS	18.1	PA1010	25.5	PI	36
PU	17	ABS	18.2	软质PVC	26	PPS	40
PP	18	EP	19.8	PA6	26.4	PC	24.9
PMMA	17.3	PBT	20	PF	30	PTFE	95
PE	17.4	PET	20.6	PPO	30	PA66	24.3

（8）塑料制品的特殊要求

① 铰链制品　铰链制品一般要反复多次折弯，因此要求材料的耐疲劳性好，生产中通常可选用PP、PA、POM、PET、PE及PEVA等。

② 带嵌件制品　有些树脂的刚性大，如PS、PC、POM及PP等，制品中带有嵌件，特别是金属嵌件时，很容易产生内应力集中，对缺口敏感程度较大，制品出现开裂现象。

1.2.4　生产中应如何选用PE树脂？

聚乙烯制品的质量主要取决于聚乙烯的分子量及聚乙烯的分子结构，因此，通常这两个指标是聚乙烯选用的依据。工业上一般以密度作为衡量其结构的尺度，以熔体流动速率（MFR）来衡量它的分子量。所谓熔体流动速率即在一定温度和负荷下，熔体每10min通过标准口模的质量，熔体流动速率的单位为g/10min。一般使用熔体流动速率测定仪进行测定，测试的条件为：温度190℃，负荷2160g。熔体流动速率增大，PE的分子量降低，熔体黏度小，流动性好，成型加工温度低，易于成型，但制品的力学性能较差；反之，熔体流动速率越小，PE的分子量越大，熔体黏度大，流动性差，成型加工温度较高，制品的力学性能较好。所以，在选择PE时既要考虑成型加工性能，又要考虑制品的使用性能。一般来说，挤出成型应选择熔体流动速率较低的PE，有利于挤出定型，提高制品的力学性能；注塑成型应选择熔体流动速率较高的PE，有利于熔体流动，便于充模。聚乙烯的熔体流动速率与用途的关系如表1-11所示。

表1-11　聚乙烯的熔体流动速率与用途的关系

用　途	LDPE的熔体流动速率 /(g/10min)	LLDPE的熔体流动速率 /(g/10min)	HDPE的熔体流动速率 /(g/10min)
管材	0.2～2	0.2～2.0	0.01～0.5
板材、片材	0.3～4	0.2～3.0	0.1～0.3
单丝、扁丝、牵伸带	—	1.0～2.0	0.1～1.5
重包装薄膜	0.3～2	0.3～1.6	<0.5
轻包装薄膜	2～7	0.3～3.3	<2
电线电缆、绝缘层	0.1～2	0.4～1.0	0.2～1.0
中空制品	0.3～4	0.3～1.0	0.2～1.5
注塑成型制品	1.5～50	2.3～50	0.5～20
涂覆	4～200	3.3～11	5.0～10
旋转成型制品	0.75～20	1.0～25	3.0～20

1.2.5　生产中应如何选用PP树脂？

PP的性能与分子量大小相关，一般随着分子量增加，PP的熔体黏度、拉伸强度、断裂伸长率、冲击强度均有所提高，但结晶性下降，硬度、刚性、耐热性下降。通常工业生产的

PP，分子量为20万～70万。在成型加工过程中，主要根据熔体流动速率大小来选用PP。熔体流动速率表征了其分子量的大小，同时也标志着其熔体流动性的好坏。通常随着分子量增加，熔体流动速率减小，PP的熔体黏度增大，流动性下降。不同的产品，应选用不同熔体流动速率的PP树脂，如表1-12所示。注塑成型用PP的熔体流动速率范围较宽，一般为1～30g/10min，选用时主要考虑制品的性能要求及制品的大小、形状、壁厚等因素。制品强度要求高，或制品形状简单、壁较厚时，可选用熔体流动速率较小的PP，而制品形状复杂、流程长或壁较薄时，应选用熔体流动速率较大的PP。

表1-12 聚丙烯的熔体流动速率与成型方法及制品的选用

成型方法	熔体流动速率/(g/10min)	制品举例
挤出成型	0.5～2	管材、板材、片材、棒材
	0.5～8	单丝、编织袋、捆扎绳、打包带
	1～4	双向拉伸薄膜
	6～12	吹塑薄膜
注塑成型	1～30	汽车、家电、医疗器械等零配件、日常生活用品
中空成型	0.5～1.5	瓶、容器
熔融纺丝	10～20	纤维、地毯、织物

1.2.6 生产中应如何选用PVC树脂？

PVC树脂的型号不同，分子量是不同的，在性能上也会存在一定的差别，因此，在生产中应根据产品性能要求来选择不同型号的树脂。一般PVC的黏数越大，分子量越高，树脂的力学性能越好，热稳定性越好，成型加工温度也越高，但塑化较困难。为了改善其成型加工性能，需加入较多的增塑剂，用量一般大于25份，因而这类树脂适用于力学性能要求较高的PVC软质制品。与此相反，PVC的黏数小，分子量较低，其力学性能较差，但成型加工容易，可用于成型要求无增塑剂或有少量增塑剂（用量在5份以下）的PVC硬质制品。故挤出成型、注塑成型硬质制品，如PVC管件、硬管、硬板、硬片、异型材等时，一般应选用分子量较低、流动性较好的SG-4～SG-7 PVC树脂，而成型薄膜、软管、电线电缆、鞋底等软质制品时，一般选用SG-1～SG-4树脂，具体不同PVC制品对PVC树脂型号的选用如表1-13所示。

表1-13 不同PVC制品对PVC树脂型号的选用

型号	黏数/(mL/g)	级别	主要用途
PVC SG-1	144～154	一级A	高级电绝缘材料
PVC SG-2	136～143	一级A	电绝缘材料、薄膜
		一级B、二级	一般软材料
PVC SG-3	127～135	一级A	电绝缘材料、农用薄膜、人造革
		一级B、二级	全塑凉鞋
PVC SG-4	118～126	一级A	工业和民用薄膜
		一级B、二级	软管、人造革、高强度管材
PVC SG-5	107～117	一级A	透明制品
		一级B、二级	硬管、硬片、单丝、型材、套管
PVC SG-6	96～106	一级A	唱片、透明制品
		一级B、二级	硬板、焊条、纤维
PVC SG-7	85～95	一级A	瓶子、透明片
		一级B、二级	硬质注塑件、过氯乙烯树脂

1.2.7 生产中应如何选用PS品种？

聚苯乙烯有通用级PS（GPS）、高抗冲击级PS（HIPS）和可发性PS（EPS）。生产中

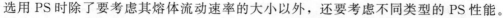

选用 PS 时除了要考虑其熔体流动速率的大小以外，还要考虑不同类型的 PS 性能。

GPS 主要用于注塑成型和挤出成型，也可用于模压、压延等成型方法。耐热型 GPS 树脂的分子量较高，残存苯乙烯单体含量低，其软化点比一般 GPS 高 7℃ 左右，适合于挤出成型和注塑成型高质量的制品；中等流动型和高流动型 GPS 的分子量较低，加有一定量的润滑剂（硬脂酸丁酯、液体石蜡、硬脂酸锌等），流动性提高，耐热性降低，特别适合成型薄壁制品和形状复杂的制品。挤出成型用 GPS 的分子量偏高，这样便于制品的挤出定型，挤出制品有薄膜、管材、容器、板材、片材等，用于化工、包装、装潢等方面。GPS 注塑成型制品的表面光泽度高，具有良好的尺寸稳定性，产品精致美观，广泛用于工业和日常生活中。例如汽车灯罩、仪器表面、化学仪器零件、光学仪器零件、电信零件、珠宝盒、香水瓶、牙刷、肥皂盒、果盘等。

HIPS 是通过 PS 与橡胶共混或苯乙烯与橡胶共聚来改善 GPS 的脆性，提高冲击强度。近年来 HIPS 的发展迅速，应用范围不断扩大。HIPS 具备 GPS 的大多数特点，如刚性、易加工性、易染色性等，但拉伸强度有所下降，透明度丧失殆尽。HIPS 突出的性能是卓越的冲击韧性，冲击强度比 GPS 高出 7 倍以上。影响 HIPS 性能的因素很多，除制法不同影响其韧性外，组成中橡胶含量及其分散性是决定 HIPS 性能的关键。HIPS 的橡胶含量一般在 15% 以下，随橡胶含量的增加，冲击强度提高，但拉伸强度下降。HIPS 主要用于生产电视机、录音机、电话机、吸尘器和各种仪表的机壳和部件，也可用于生产板材、冰箱内衬、电气零件、设备罩壳、容器、家具、玩具及其他对韧性要求较高的文教和生活用品。

EPS 珠粒经熟化后可通过模压成型和挤出成型制得各种 PS 泡沫塑料材料或制品。PS 泡沫塑料质轻、热导率低、吸水性小、电性能好，具有绝热、减震、隔声的优点，广泛用于建筑、冷藏、冷冻和化工的保温、隔热材料，运输、家电、仪器仪表的缓冲包装材料。

1.2.8　生产中应如何选用 ABS？

ABS 的品种、牌号很多，性能各异。我国生产的 ABS 树脂品种主要有通用型、挤出型、高流动型、耐热型、耐寒型、阻燃型和电镀型等，不同品种 ABS 有不同的性能，生产中应根据成型工艺及产品性能要求选用不同的树脂品种。

注塑成型 ABS 制品时，一般应选用通用型 ABS。通用型 ABS 无特殊添加剂和功能，产量大，流动性好（熔体流动速率一般为 1.5～10g/10min）。通用型 ABS 树脂的品种、牌号较多，可根据橡胶含量和冲击强度高低，分为中抗冲击型（橡胶含量为 8%～14%）、高抗冲击型（橡胶含量为 14%～18%）和超高抗冲击型（橡胶含量在 18% 以上）。各种牌号的冲击强度及其他性能有所不同，可满足不同的用途，大多可用来注塑成型各种机壳、汽车部件、电气零件、机械部件、冰箱内衬、灯具、家具、安全帽、杂品等。

挤出成型 ABS 制品时，应选用挤出型 ABS，其熔体流动速率通常小于通用型，多为 0.2～2.0g/10min，分子量较高，可成型各种板材、片材、管材、棒材、大型壳件等，用于汽车、石油、化工及日用品等方面；用于挤出成型板材时，应选用板材级 ABS 树脂，其耐环境应力开裂性和低温韧性好，卫生性和外观良好；挤出 ABS 管材时，应选用管材级 ABS，其综合性能好，冲击强度高，有较好的耐光氧老化性。

耐热型 ABS 是通过与其他组分进行共聚或共混而制得（如以 α-甲基苯乙烯代替苯乙烯单体进行共聚，与聚碳酸酯或聚砜等耐热性较好的聚合物共混），其耐热性优于通用型 ABS，可应用于注塑成型各种需要耐热的机壳、仪表盘等方面。

耐寒型 ABS 比一般 ABS 具有更好的耐低温性，耐低温可达 −60℃，并且有较高的冲击强度，能在严寒地区和 0℃ 以下的环境中使用，一般用于要求耐寒性较高的制品。

阻燃型 ABS 的生产方法主要有两种：一种是添加阻燃剂（如溴化物），但阻燃剂的加入往往导致 ABS 韧性下降；另一种是与难燃类树脂共混，通常将 ABS 与 PVC 共混，共混后具有良好的阻燃性，可用于成型各种要求阻燃的部件和制品，如计算机、电信设备等零部件。

电镀级 ABS 比通用型 ABS 与金属镀层有更高的结合力，是易于电镀的塑料品种，电镀后，可增加制品的美观和装饰性，降低线膨胀系数，提高表面导热性、导电性等。ABS 电镀制品可代替某些金属，应用于成型各种汽车、电气仪表、装潢、家具等方面的零部件。

1.2.9　生产中应如何选用 PA 类塑料？

PA 的品种虽多，但都具有相似的成型加工性能，可采用一般热塑性塑料的加工方法来成型，如注塑、挤出、吹塑、模压等，也可采用特殊的工艺来成型，如烧结、浇铸、涂覆等。

（1）注塑成型与制品

通过注塑成型可以制得各种形状复杂、尺寸精度较高的 PA 制品。由于 PA 的品种较多，各类注塑制品在材料选择上既要注意其共性，又要了解各种品种的特性，根据实际使用环境和条件进行选用。例如，作为耐磨和自润滑材料，PA 齿轮在各方面得到了广泛应用，而各种 PA 齿轮的性能有所不同，具有各自的适应范围。PA66 齿轮具有较高的机械强度和刚性、优良的耐磨性、自润滑性、耐疲劳性及耐热性，可在中等负荷、较高温度（100～120℃）、无润滑或少润滑的条件下使用；而 PA1010 齿轮的机械强度、刚度和耐热性稍低于 PA66，但它的吸水率低，具有较好的尺寸稳定性，突出的耐磨性和自润滑性，可在轻负荷、温度不高、湿度波动大、无润滑或少润滑的条件下使用。除齿轮外，PA 还用来制造轴承、轴瓦、凸轮、滑块、涡轮、接线柱、滑轮、导轨、脚轮、螺栓、螺母等，广泛用于汽车、机械、电子电气、精密仪器等工业。

（2）挤出成型与制品

挤出制品占 PA 塑料制品总量的 25％左右，产品主要有薄膜、管材、棒材、单丝、片材等。生产薄膜主要采用 PA6、PA66 以及 PA66/PA6 共混物。与其他薄膜相比，PA 薄膜的机械强度高，气密性好，尤其是对香味、油脂和氧气的阻隔性突出，但成本稍高，主要用于价值较高的食品包装，如肉类、奶酪和药品等。PA 管材有两类：一类是采用 PA11、PA12 或增塑过的 PA6 生产的柔软管材；另一类是采用 PA6 或 PA66 生产的硬质管材，主要于汽车、石油、天然气方面。挤出生产的 PA 棒材可以通过二次加工制成各种机械零件，以弥补小批量 PA 产品的需要。

（3）单体浇铸

单体浇铸是指己内酰胺采用碱作为催化剂，直接在模具内聚合成型，一般简称为单体浇铸尼龙（MC 尼龙）。MC 尼龙的分子量是 PA6 的 2 倍左右，因而其力学性能、尺寸稳定性、耐热性、电性能等大大高于 PA6。由于 MC 尼龙成型设备及模具简单，可直接浇铸，特别适合于大件、多品种和小批量制品的生产，如大型齿轮、高负荷轴承、辊轴、导轨等。

1.3　常用塑料助剂疑难解答

1.3.1　增塑剂的作用是什么？增塑剂有何特点？其作用机理如何？

（1）增塑剂的作用

增塑剂是为了改善塑料的可塑性，提高其柔韧性而加入塑料中的低挥发性物质。增塑通常为高沸点、低挥发性的液体，或低熔点的固体，其分子中大都具有极性和非极性两部分。极性部分常由极性基团所构成，非极性部分为具有一定长度和体积的烷基。极性基团主要有酯基、氯原子和环氧基等。含有不同极性基团的化合物具有不同的特点，如邻苯二甲酸酯类的相容性、增塑效果好，性能也较全面；磷酸酯和氯化物具有阻燃性；环氧化物、双季戊四醇酯的耐热性好；脂肪族二元酸酯的耐寒性优良；烷基磺酸苯酯的耐候性好；柠檬酸酯及乙酰柠檬酸酯类具有抗菌性等。增塑剂的分子量主要影响耐久性、增塑效率和相容性等方面。要得到良好的耐久性，增塑剂的分子量应在 350 以上，而分子量在 1000 以上的聚酯类和苯多酸酯类（如偏苯三酸酯）增塑剂都有十分优良的耐久性，它们多用于电线电缆、汽车内装饰制品等一些所谓永久性增塑的制品中。

（2）增塑剂的特点

增塑剂的主要作用是削弱聚合物分子间的作用力，降低熔融温度和熔体黏度，改善其成型加工性能，在使用温度范围内，赋予塑料制品柔韧性与其他各种必要的性能。

（3）增塑作用机理

增塑作用是由于聚合物材料中大分子链间的聚集作用被削弱而造成的。增塑剂分子插入聚合物分子链之间，削弱了聚合物分子链间的作用力，结果增大了聚合物分子链的移动性，降低了聚合物分子链的结晶度，从而使聚合物的塑性增加。具体来讲，就是增塑剂分子插入聚合物分子之间，削弱了大分子间的作用力，从而达到增塑目的。具体有三种作用方式。

① 隔离作用 非极性增塑剂加入非极性聚合物中增塑时，非极性增塑剂的主要作用是通过聚合物与增塑剂之间的"溶剂化"作用，来增大分子间距离，削弱它们之间本来就很小的作用力。许多实验数据表明，非极性增塑剂降低非极性聚合物的 ΔT_g，与增塑剂的用量成正比，在一定范围内，用量越大，隔离作用越强，T_g 降低越多。

② 相互作用 极性增塑剂加入极性聚合物中增塑时，增塑剂分子的极性基团与聚合物分子的极性基团"相互作用"，从而破坏了原聚合物分子间的极性连接，减少了连接点，削弱了分子间的作用力，增大了塑性。

③ 遮蔽作用 非极性增塑剂加到极性聚合物中增塑时，非极性的增塑剂分子遮蔽了聚合物的极性基团，使相邻聚合物分子的极性基团不发生或少发生"作用"，从而削弱了聚合物分子间的作用力，达到增塑目的。

例如，DOP 增塑 PVC，在温度升高时，DOP 分子插入 PVC 分子链间。一方面，DOP 的极性酯基与 PVC 的极性基团"相互作用"，彼此能很好地互溶，不相排斥，从而使 PVC 大分子间作用力减弱，塑性增加；另一方面，DOP 的非极性烷基夹在 PVC 分子链间，把 PVC 的极性基团遮蔽起来，也减小了 PVC 分子链间的作用力。这样，在成型加工时，链的移动就变得比较容易，流动性增加。

1.3.2 塑料用增塑剂主要应具备哪些性能？

塑料用理想的增塑剂应具备：与树脂具有良好的相容性，增塑效率高，耐久性、耐寒性、稳定性、绝缘性好；无毒；具有优良的加工性、阻燃性，而且价廉易得。

（1）相容性

相容性是指两种或两种以上的物质相混合时，不产生相斥分离的能力。作为增塑剂，首先要与树脂具有一定的相容性，这是最基本的性能要求。

增塑剂与树脂的相容性与增塑剂本身的极性及其两者的结构相似性有关。通常，极性相近、结构相似的增塑剂与被增塑树脂的相容性好。通常增塑剂与树脂的相容性可用简单的"极性相似相容"原则衡量。即树脂与增塑剂的溶度参数 δ 值相近，则相容性好。

例如，PVC 属于极性聚合物，其增塑剂多选用含酯基结构的极性化合物。PVC 的 δ 值

约为 $19.2(MJ/m^3)^{1/2}$，而邻苯二甲酸二丁酯增塑剂的 δ 值约为 $19.0(MJ/m^3)^{1/2}$（常用树脂与增塑剂的 δ 值可查阅相关资料或手册），两者 δ 值相近，因而两者相容性好，通常可用于主增塑剂。而环氧化合物、脂肪族二元酸酯、聚酯及氯化石蜡等与 PVC 的 δ 值相差较大，因而相容性差，只能作为 PVC 的辅助增塑剂使用。

（2）增塑效率

增塑效率是指使树脂达到某一柔软程度时，各种增塑剂的用量比。增塑效率是一个相对值，它可以用来比较各增塑剂的增塑效果。对于 PVC 的增塑剂，通常是以 DOP 为基准得到相对效率比值。由于增塑剂中极性部分和非极性部分的结构不同，因而对等量树脂的增塑效率就不同。一般在同样的条件下，改变定量树脂的定量物理性能指标（T_g、弹性模量等）所需加入增塑剂的量越少，说明增塑效率越高。如使 100 份 PVC 树脂在温度 25℃ 的条件下，伸长率达 100%，模量达 7.031MPa 时，癸二酸丁二酯用量为 49.5 份，环氧大豆油用量为 78 份，邻苯二甲酸二辛酯用量为 63.5 份，癸二酸丁二酯与邻苯二甲酸二辛酯的用量比为 0.78，环氧大豆油与邻苯二甲酸二辛酯的用量比为 1.23，故癸二酸丁二酯的增塑效率最高，环氧大豆油的增塑效率最低。

（3）耐久性

耐久性包括耐挥发性、耐抽出性和耐迁移性三个方面。对于有机化合物而言，其沸点越高，挥发性越低，增塑剂也不例外。因而作为增塑剂使用的物质应是不易挥发的高沸点（通常高于 250℃）有机化合物。所谓耐抽出性，是指耐油性、耐溶剂性、耐水性等。增塑剂的迁移是一个向固体介质的扩散过程，在这个过程中，增塑剂从浓度高的塑料中通过一些接触点扩散到另一个与此相接触的物质中。增塑剂的耐迁移性直接影响制品的外观质量。

（4）耐寒性

增塑剂的耐寒性是指增塑剂所增塑制品的耐低温性，如低温脆化温度、低温柔韧性等。增塑剂的耐寒性与增塑剂本身的结构（如分子链长短、分支及官能团类型等）有关，也与增塑剂进入树脂分子链间的极性影响和隔离作用有关，还与增塑剂的黏度和流动活化能有关。增塑剂的黏度越大，耐寒性越差。对于增塑剂，一般与树脂相容性越好时，其耐寒性越差，特别是当增塑剂含有环状结构时，耐寒性显著降低，而以直链亚甲基为主体的脂肪族酯类有着良好的耐寒性，而且烷基越长，耐寒性越好，但烷基过长、支链增多，耐寒性也会相应变差。

（5）稳定性

增塑剂的稳定性是指耐热性、耐氧化性及耐老化性。增塑剂种类不同，其热稳定性也不同。酯类增塑剂在 200℃ 以上易发生热分解，特别是烷基支链多的酯类增塑剂，如邻苯二甲酸二异辛酯（DIOP）、邻苯二甲酸二异癸酯（DIDP）、邻苯二甲酸二（十三）酯（DTDP）等的热稳定性较差。另外，对于羧酸酯类增塑剂，其本身含有的酸、酸性酯，或在 PVC 等塑料加工过程中产生的 HCl 及其他酸性物质对其具有催化热分解的作用，使其热稳定性差。

增塑剂的耐氧化性主要由本身分子结构所决定，磷酸酯类增塑剂（如磷酸三苯酯、磷酸三甲苯酯）最不易发生氧化，有良好的耐氧化性。而一般直链的脂肪族二元酸酯类耐氧化性较差，如癸二酸二辛酯（DOS）、己二酸二辛酯（DOA）。邻苯二甲酸酯类耐氧化性较好。

增塑剂的耐老化性直接受耐氧化性的影响，一般耐氧化性好的增塑剂，其耐老化性也好。

（6）卫生性

增塑剂的卫生性是指塑料制品和人接触（包括直接接触和间接接触）过程中符合卫生要求的程度，在特殊情况下对牲畜和植物也有卫生要求。对于 PVC 来说，只要其中不含氯乙烯或含量极小，可认为无毒。然而，塑料制品中所添加的各种助剂，许多品种都不同程度地具有一定的毒性。注意到增塑剂的毒性大小，对用于食品、药品包装等材料而言具有非常重要的意义。

（7）其他性能

增塑剂的成型加工性能等对增塑树脂的性能会产生较大影响。如增塑剂在高温下发生热分解，会严重影响制品的质量，在成型加工中应当注意。

用于电线电缆、电子电气等产品的增塑剂还要考虑增塑剂的电性能。一般极性较弱的耐寒性增塑剂，会使塑化物的体积电阻率降低很多。相反，极性较强的增塑剂（如磷酸酯）具有较好的电性能。这是因为极性较弱的增塑剂允许聚合物链上的偶极有更大的自由度，从而电导率增加，电绝缘性下降。

应用于建筑、交通、电气等方面还要求增塑剂具有阻燃性等。磷酸酯类增塑剂和含氯增塑剂具有阻燃性，属于阻燃增塑剂。

1.3.3 塑料用增塑剂主要有哪些类型？各有何特性？

（1）增塑剂的主要类型

增塑剂品种很多，按不同的分类方法可得不同的类型。其分类方法主要有按化学结构分类、按与被增塑物的相容性分类和按增塑剂使用性能分类三种。

① 按化学结构分 这是增塑剂最常用的分类方法。一般可分为邻苯二甲酸酯类、磷酸酯类、脂肪族二元酸酯类、偏苯三酸酯类、烷基苯磺酸酯类、环氧化合物、含氯化合物等。

② 按与被增塑物的相容性分 可分为主增塑剂、辅助增塑剂和增量剂三类。主增塑剂与被增塑物的相容性良好，可单独使用，如邻苯二甲酸酯类、磷酸酯类等；辅助增塑剂与被增塑物的相容性良好，但一般不单独使用，常需与适当的主增塑剂配合作用，如脂肪族二元酸酯类、多元醇酯类等；增量剂与被增塑物的相容性较差，但与主增塑剂、辅助增塑剂有一定的相容性，而且能与它们配合，以达到降低成本和改善某些性能的目的，如含氯化合物等。

③ 按增塑剂使用性能分 可分为耐寒型增塑剂、耐热型增塑剂、阻燃型增塑剂、防霉型增塑剂、耐候型增塑剂、无毒型增塑剂和通用型增塑剂七类。

（2）增塑剂主要类型的特性

① 邻苯二甲酸酯类 邻苯二甲酸酯（PAE）类增塑剂是目前应用最为广泛的一类主增塑剂。它具有色浅、低毒、品种多、电性能好、挥发性小、耐低温等特点，具有比较全面的综合性能。常见的邻苯二甲酸酯类增塑剂品种及性能如表1-14所示。

表1-14 常见的邻苯二甲酸酯类增塑剂品种及性能

化学名称	简称	分子量	外观	沸点/℃	凝固点/℃	闪点/℃
邻苯二甲酸二甲酯	DMP	194	无色透明液体	282(760mmHg)	0	151
邻苯二甲酸二乙酯	DEP	222	无色透明液体	298(760mmHg)	−40	153
邻苯二甲酸二丁酯	DBP	278	无色透明液体	340(760mmHg)	−35	170
邻苯二甲酸二庚酯	DHP	362	无色透明油状液体	235～240(10mmHg)	−46	193
邻苯二甲酸二辛酯	DOP	390	无色油状液体	387(760mmHg)	−55	218
邻苯二甲酸二正辛酯	DNOP	390	无色油状液体	390(760mmHg)	−40	219
邻苯二甲酸二异辛酯	DIOP	391	无色油状液体	229(5mmHg)	−45	221
邻苯二甲酸二壬酯	DNP	439	透明液体	230～239(5mmHg)	−25	219
邻苯二甲酸二异癸酯	DIDP	446	无色油状液体	420(760mmHg)	−35	225
邻苯二甲酸丁辛酯	BOP	334	油状液体	340(760mmHg)	−50	188
邻苯二甲酸丁苄酯	BBP	312	无色油状液体	370(760mmHg)	−35	199
邻苯二甲酸二环己酯	DCHP	330	白色结晶状粉末	220～228(760mmHg)	65	207
邻苯二甲酸二仲辛酯	DCP	391	无色黏稠液体	235(5mmHg)	−60	201
邻苯二甲酸二(十三)酯	DTDP	531	黏稠液体	280～290(5mmHg)	−35	243
丁基邻苯二甲酰乙醇酸丁酯	BPBG	336	无色油状液体	219(5mmHg)	−35	199

常用的是邻苯二甲酸二辛酯（DOP）。它是一个带有支链的醇酯，具有良好的综合性

能，挥发性低，耐热性、耐久性好，增塑效率适中，具有良好的加工性能，应用广泛，产量最大。DIOP 和 DIDP 由于挥发性低，耐热性好，用量不断增长。而邻苯二甲酸二丁酯（DBP）因其挥发性较大，耐久性较差，近年来在 PVC 工业中单独使用较少，但在黏合剂和乳胶漆中用于增塑剂逐渐增多。

② 磷酸酯类 磷酸酯类有四种类型，即磷酸三烷基酯、磷酸三芳基酯、磷酸烷基芳基酯与含卤磷酸酯。该类增塑剂与 PVC 树脂的相容性好，可作主增塑剂使用。除具有增塑作用外，磷酸酯还具有阻燃作用，是良好的阻燃增塑剂。常见的磷酸酯类增塑剂的品种及性能如表 1-15 所示。

表 1-15 常见的磷酸酯类增塑剂的品种及性能

化学名称	简称	分子量	外观	沸点/℃	凝固点/℃	闪点/℃
磷酸三丁酯	TBP	266	无色液体	137～145(533Pa)	−80	193
磷酸三辛酯	TOP	434	无色液体	216(533Pa)	<−90	216
磷酸三苯酯	TPP	326	白色针状结晶	370(101324Pa)	49	225
磷酸三甲苯酯	TCP	368	无色液体	235～255(533Pa)	−35	230
磷酸二苯一辛酯	DPOP	362	浅黄色液体	375(101324Pa)	−6	200
磷酸三(β-氯乙基)酯	TCEP	285.5		210(2666.4Pa)	<−20	225
磷酸甲苯二苯酯	CDPP	340		258(1333Pa)	<−35	232

磷酸三辛酯不溶于水，易溶于矿物油和汽油，能与 PVC、氯乙烯-乙酸乙烯酯共聚物（VC-VA）、硝酸纤维素相容，具有阻燃和防霉作用，耐低温性好，使制品的柔韧性在较宽的温度范围内变化不明显。但通常迁移性、挥发性大，加工性能不及磷酸三苯酯，可作为辅助增塑剂与邻苯二甲酸酯类并用，常用于 PVC 薄膜、PVC 电缆料、涂料以及合成橡胶和纤维素塑料。

磷酸三甲苯酯不溶于水，能溶于普通有机溶剂及植物油，可与纤维素树脂、PVC、氯乙烯共聚物相容。一般用于 PVC 人造革、薄膜、板材、地板料以及运输带等。其特点是阻燃，水解稳定性好，耐油性、耐霉菌性好，电性能优良，但有毒，耐寒型差，可与耐寒型增塑剂配合使用。

磷酸二苯一辛酯几乎能与所有的主要工业用树脂和橡胶相容，与 PVC 的相容性尤其好，可作为主增塑剂。具有无毒、阻燃、低挥发、耐寒、耐候、耐光、耐热稳定等性能特点，可改善制品的耐磨性、耐水性和电气性能，但价格昂贵，使用受到限制。常用于 PVC 薄膜、薄板、挤出和模塑制品以及塑胶制品。

③ 脂肪族二元酸酯类 脂肪族二元酸酯类增塑剂的碳原子总数一般为 18～26，以保证它与树脂具有良好的相容性和低温挥发性。常用的主要有己二酸酯、壬二酸酯和癸二酸酯等，其各品种的性能如表 1-16 所示。此类增塑剂的低温性能优于 DOP，是一类优良的耐寒型增塑剂。在商业化品种中，耐寒性最佳者当属 DOS。

表 1-16 常见的脂肪族二元酸酯增塑剂

化学名称	简称	分子量	外观	沸点/℃	凝固点/℃	闪点/℃
己二酸二辛酯	DOA	370	无色油状液体	210(5mmHg)	−60	193
己二酸二异癸酯	DIDA	427	无色油状液体	245(5mmHg)	−66	227
壬二酸二辛酯	DOZ	422	无色液体	376(760mmHg)	−65	213
癸二酸二丁酯	DBS	314	无色液体	349(760mmHg)	−11	202
癸二酸二辛酯	DOS	427	无色油状液体	270(4mmHg)		241
己二酸 610 酯		378	无色液体	240(5mmHg)		204
己二酸 810 酯		400	无色液体	260(5mmHg)		
顺丁烯二酸二辛酯	DOM	341	无色液体	203(5mmHg)	−50	180

癸二酸二辛酯（DOS）为油状液体，不溶于水，溶于醇，为一类优良的耐寒型增塑剂，无毒，挥发性低，还可在较高的温度下使用，主要用于PVC、氯乙烯共聚物、纤维素树脂的耐寒型增塑剂。因有较好的耐热性、耐光性和电性能，加之增塑效率高，故适用于耐寒电线电缆料、人造革、薄膜、板材、片材等。但由于迁移性大，易被烃类抽出，耐水性也不理想，常与DOP、DBP并用，作为辅助增塑剂。

　　己二酸二辛酯（DOA）为PVC、纤维素树脂的典型耐寒型增塑剂，增塑效率高，受热不易变色，耐低温性和耐光性好，在挤出成型和压延成型中有良好的润滑性，使制品有良好的手感。但因易挥发，迁移性大，电性能差，使它只能作为辅助增塑剂与DOP、DBP等并用。

　　壬二酸二辛酯（DOZ）为乙烯基树脂及纤维素树脂的优良耐寒型增塑剂。其耐寒性比DOA好，由于它黏度低，沸点高，挥发性小，以及优良的耐热性、耐光性及电绝缘性等，加上增塑效率高，制成的增塑糊黏度稳定，所以广泛用于人造革、薄膜、薄板、电线和电缆护套等。但价格也比较昂贵，使其应用受到限制。

　　④ 多元醇酯类　多元醇酯主要是指由二元醇、多缩二元醇、三元醇、四元醇与饱和脂肪一元酸或苯甲酸生成的酯类。各种多元醇酯的分子结构不同，有的是直链结构，有的是支链结构，有的是脂肪酸酯，有的则是苯甲酸酯，而且分子量差异很大，因此不同的多元醇酯，其增塑性和用途也不一样。主要品种有$C_5 \sim C_9$酸乙二醇酯（0259）和$C_7 \sim C_9$酸二缩三乙二醇酯（2379）。

　　⑤ 环氧化合物　环氧化合物增塑剂分子中含有环氧基团。由于它能吸收HCl，起到稳定剂的作用，所以环氧化合物是一类对PVC具有增塑和稳定双重作用的增塑剂。它的耐候性好，但与聚合物的相容性差，通常只作为辅助增塑剂。此外，环氧增塑剂毒性低，可允许用于食品和医药品的包装材料。其代表品种有环氧大豆油（ESO）、环氧大豆油酸2-乙基己酯（ESBO）、环氧硬脂酸2-乙基己酯（ED-3）、环氧硬脂酸辛酯（EOST）、环氧四氢邻苯二甲酸辛酯等。

　　⑥ 含氯化合物　含氯化合物是一类增量剂，主要为氯化石蜡、五氯硬脂酸甲酯等。它们与PVC的相容性较差，一般热稳定性也不好，但有优良的电绝缘性和阻燃性，成本低廉，因此，常用在电线电缆的配方中。其中氯化石蜡的表示方式为：CP-××，××为氯含量，如CP-52、CP-42分别表示其中的氯含量为52%和42%。

　　⑦ 聚酯　聚酯型增塑剂为聚合型增塑剂中一种主要类型，由二元酸与二元醇缩聚而得。一般来说，分子量为1500～4000。缩聚单体二元酸主要有己二酸、壬二酸、癸二酸和戊二酸，二元醇多为丙二醇、丁二醇、一缩二乙二醇。在塑化效率上，聚酯型增塑剂通常不如DOP，但这类增塑剂的挥发性小，在PVC中扩散速率低，因而耐抽出，迁移性小。聚酯型增塑剂一般无毒或低毒，主要用于汽车内装饰制品、电线电缆、电冰箱等室内外长期使用的制品，是目前发展较快的一类增塑剂。

　　⑧ 石油酯　又称为烷基磺酸苯酯，它通常是以平均碳原子数为15的重液体石蜡为原料，与苯酚经氯磺酰化而得。由于制造过程中氯磺酰化深度控制在50%左右，因此又常简称为M-50（或T-50）。它为淡黄色油状透明液体，电性能较好，挥发性低，耐候性好，但耐寒性较差，相容性中等，可作为PVC的主增塑剂。M-50常与邻苯二甲酸酯类并用，部分替代邻苯二甲酸酯类，主要用于PVC薄膜、人造革、电缆料等方面。

　　⑨ 苯多酸酯　苯多酸酯主要包括偏苯三酸酯和均苯四酸酯。常用的品种主要是偏苯三酸三辛酯（TOTM）与均苯四酸四(2-乙基)己酯（TOP）。苯多酸酯的挥发性低，耐抽出性与耐迁移性好，具有类似于聚酯型增塑剂的优点，而相容性、加工性能、低温性能等又类似于邻苯二甲酸酯类，所以它们具有单体型增塑剂和聚酯型增塑剂两者的优点，常用于耐高温

PVC 电线电缆中。

⑩ 柠檬酸酯　此类增塑剂主要包括柠檬酸酯及乙酰化柠檬酸酯，为典型的无毒型增塑剂，可用于食品包装、医疗器械、儿童玩具以及个人卫生用品等方面。在无毒型增塑剂中，柠檬酸酯类无论从价格还是从效果上看，均可算是一种较经济的增塑剂。由于无气味，因此，可用于较敏感的乳制品包装、饮料的瓶塞、瓶装食品的密封圈等。从安全角度考虑，更宜应用于软质儿童玩具。柠檬酸酯对多数树脂具有稳定作用，所以除具有无毒的性能外，也可作为一种良好的通用型增塑剂。

1.3.4　热稳定剂有何特点？

热稳定剂是以改善聚合物热稳定性为目的而添加的助剂。由于 PVC 的热稳定性差，是生产中最需要解决的问题，其热稳定剂的应用最为普遍，因此，通常所说的热稳定剂即专指 PVC 及氯乙烯共聚物使用的热稳定剂。

由于 PVC 大分子在受热时易于脱除氯化氢，形成共轭多烯结构，而且在初始阶段所形成的氯化氢和其共轭多烯结构都能进一步促进 PVC 继续进行热分解，从而形成连锁降解反应。因而 PVC 热分解脱除氯化氢的反应一旦开始，就会使得进一步脱除氯化氢的反应变得更为容易。

热稳定剂通常具有能吸收（捕捉）PVC 分解形成的氯化氢及高活性金属氯化物（$ZnCl_2$ 或 $CdCl_2$ 等）的作用，以消除所有对链断裂分解反应具有催化作用的物质。或能通过置换 PVC 中烯丙基氯原子和双键等结构，而得到更为稳定的化学键，以消除分子链中热分解的引发源，减少脱除氯化氢反应，而防止或延缓 PVC 的热分解。

1.3.5　热稳定剂主要有哪些类型？各有何特性？

（1）热稳定剂的类型

热稳定剂的品种繁多，其分类比较复杂。按热稳定剂的化学组成来分，可分为碱式铅盐、金属皂、有机锡、亚磷酸酯、环氧化合物、稀土类热稳定剂及复合热稳定剂等。一般按使用情况来分，可把 PVC 热稳定剂分为主热稳定剂、辅助热稳定剂以及复合热稳定剂。通常碱式铅盐、金属皂、有机锡、稀土类热稳定剂属于主热稳定剂，而亚磷酸酯、环氧化合物等为辅助热稳定剂。主热稳定剂的性能好，而辅助热稳定剂在单独使用时性能尚有不足，但与其他类型的热稳定剂配合作用时，则能产生优异的应用效果。

（2）热稳定剂的特性

① 碱式铅盐类　碱式铅盐类是带有未成盐的氧化铅（PbO）的无机酸或有机酸的铅盐。常用的品种有三碱式硫酸铅、二碱式亚磷酸铅、碱式亚硫酸铅、二碱式邻苯二甲酸铅、三碱式马来酸铅、二碱式硬脂酸铅和碱式碳酸铅（铅白）等。由于 PbO 本身具有很强的吸收氯化氢的能力，因此，该类稳定剂通常可作为主热稳定剂使用。由于 PbO 带有黄色，故一般不用 PbO 而用呈白色的碱式铅盐作为热稳定剂。

碱式铅盐类热稳定剂的长期热稳定性好，电气绝缘性好；具有白色颜料的性能，覆盖力大，因此耐候性好；可作为发泡剂的活化剂；价格低廉。但其缺点也较明显，所得制品透明性差，毒性大，分散性差，易发生硫化污染。由于分散性差，相对密度大，所以其用量亦较大，常达 2～7 份。

碱式铅盐是目前应用最为广泛的热稳定剂。其中三碱式硫酸铅和二碱式亚磷酸铅最为常用。由于它们的透明性差，所以主要用于管材、板材等硬质不透明 PVC 制品以及电线包覆材料等方面。

② 金属皂类　金属皂是指高级脂肪酸的金属盐。作为 PVC 热稳定剂的金属皂则主要是

硬脂酸、月桂酸和棕榈酸的钡盐、镉盐、铅盐、钙盐、锌盐、镁盐、锶盐等金属盐（MSt）。

金属皂类热稳定剂的作用主要表现在它能置换出PVC分子链中的活性氯原子。金属皂外观多为白色粒状或白色微细粉末，大多数可用于透明制品。金属皂类热稳定剂的性能随着金属的种类和酸根的不同而异，金属皂类热稳定剂的特性主要有以下几方面。

a. 配合使用　金属皂不能单独使用，常需几种皂和其他热稳定剂配合作用，在配方中，金属皂的用量一般为1～3份。

b. 耐热性　镉、锌皂的初期耐热性好，而钡、钙、镁、锶皂的长期耐热性好，铅皂则介于中等。

c. 耐候性　镉、锌、铅、钡、锡皂的耐候性较好。

d. 润滑性　铅、镉皂的润滑性好，钡、钙、镁、锶皂则较差。酸根对润滑性也有影响，脂肪族较芳香族好，而对于脂肪族羧酸而言，碳链越长，则润滑性越好。

e. 耐压析性　钡、钙、镁、锶皂容易产生压析现象，而锌、镉、铅皂的耐压析性较好。一般来说，脂肪酸皂的耐压析性较芳香羧酸盐高，对于脂肪酸皂而言，碳链越长，压析现象越严重。

f. 毒性　由于铅、镉皂的毒性大，而且有硫化污染，所以在无毒配方中多用钙、锌皂；在耐硫化污染配方中则多用钡、锌皂。

③ 有机锡类　有机锡类热稳定剂主要有下列几种类型：脂肪酸盐类有机锡、马来酸盐类有机锡、硫醇盐类有机锡及复合有机锡。此类稳定剂的主要特点是：具有高度的透明性，突出的耐热性，低毒，耐硫化污染。

脂肪酸盐类有机锡常用的品种有二月桂酸二(正)丁基锡（DBTL）、二月桂酸二(正)辛基锡（DOTL）等。DBTL为淡黄色的油状液体或半固体，熔点为20～27℃，是有机锡类热稳定剂中使用最早的品种之一，其润滑性和成型加工性优良，耐候性和透明性亦较好，但前期色相较差，有毒，用量一般为1%～3%。DOTL的锡含量较低，故热稳定效率较DBTL低，但成型加工容易，而且无毒，可准许用于食品包装材料，用量一般不超过2%。

马来酸盐类有机锡主要是指二烷基锡马来酸盐、二烷基锡马来酸单酯盐以及聚合马来酸盐，常用的品种主要有马来酸二正丁基锡（DBTM）、马来酸二正辛基锡（DOTM）等。此类热稳定剂的特点是：耐热性和耐候性良好，能防止初期着色，有高度的色调保持性，但缺乏润滑性，需与润滑剂并用。由于有起霜现象，故用量必须在0.5%以下。

硫醇盐类有机锡具有突出的耐热性和良好的透明性，没有初期着色性，特别适用于硬质透明制品，还能改善由于使用抗静电剂所造成的耐热性降低的缺点。但价格昂贵，耐候性比其他有机锡差，而且不能和含铅、镉的热稳定剂并用。常用的品种主要是双(硫代甘醇酸异辛酯)二正辛基锡（京锡8831）、硫醇甲基锡。

硫醇甲基锡是新一代有机锡，它具有以下几方面特点。

a. 具有极佳的热稳定性，在热稳定性方面目前还没有任何其他类型的热稳定剂能够超过它，有极好的高温色度稳定性和长期动态稳定性。因此，它是硬质PVC首选的热稳定剂，适用于所有的PVC均聚物，如乳液、悬浮液和本体PVC以及氯乙烯共聚物、接枝聚合物和共混聚合物。

b. 具有卓越的透明性，采用硫醇甲基锡热稳定剂的PVC，可以得到结晶般的制品，不会出现白化现象，可用于瓶子、容器、波纹板，以及各种类型的硬质包装容器、软管、型材、薄膜等。

c. 产品无毒，硫醇甲基锡是无毒的绿色环保型热稳定剂，硫醇甲基锡在PVC中的迁移极微，目前在欧洲、美国、日本等国家，硫醇甲基锡已被准许用于食品和医药包装用PVC制品及上水管中。

d. 具有良好的相容性。稳定剂与 PVC 相容性好，在 PVC 配合物中很容易分散，在其加工的制品中长期使用也不会析出。因此，不会影响制品的表面性质和电性能。硫醇甲基锡与 PVC 的相容性好于丁基锡和辛基锡。

e. 具有比较好的流动性。硫醇甲基锡可以改善 PVC 熔融作用，使 PVC 在加工时具有较好的流动性，它对树脂的增塑效果与混合金属盐或铅盐稳定剂相比，可产生较低的熔体黏度。

另外，硫醇甲基锡的耐结垢性强，可以减少生产设备的清洗次数，可提高产品质量与生产效率。

复合有机锡是采用不同有机锡热稳定剂或其他热稳定剂按一定比例配合，而形成的一种多组分稳定剂，通过配合技术、改进生产工艺，以达到更为简便、快捷地提高有机锡热稳定剂的稳定效果、阻止迁出和降低成本的目的。一方面，不同有机锡热稳定剂共用，可以起到协同作用，充分发挥各组成热稳定剂的优点，达到最佳效果。如硫醇类二烷基锡、马来酸类二烷基锡与月桂酸类二烷基锡并用，除了可提高热稳定效果外，还可以克服月桂酸类有机锡初期着色性高、马来酸类有机锡润滑性差等缺点。另一方面，有机锡热稳定剂与有机辅助稳定剂可配合使用。有机锡热稳定剂在稳定作用过程中，生成的二烷基锡二氯化物是较弱的路易斯酸，不会引起聚合物的突然降解，可以不需要辅助稳定剂来优先吸收氯原子，因而在通常情况下，辅助稳定剂对有机锡热稳定剂的稳定效果，既无明显提高，也无明显减损。但一些辅助稳定剂却能明显提高特定有机锡热稳定剂的稳定效果。另外，有机锡与其他金属盐类复合热稳定剂可配合使用。有机锡与其他金属盐类共用也可以起到协同作用，提高稳定效果，减少锡含量，降低成本，目前正越来越受到重视。有机锡与合适的金属盐类复配，不仅可以提高稳定性，还可以改善其润滑性、加工性能及制品的物理力学性能。

④ 稀土类　稀土类热稳定剂是由我国开发的一种新型热稳定剂。稀土元素包括原子序号为 57～71 的 15 个镧系元素，以及与其相近的钇、钪，共 17 个元素。稀土类热稳定剂的热稳定性与京锡 8831 相当，好于铅盐与金属皂类，是铅盐的 3 倍及 Ba/Zn 复合稳定剂的 4 倍。它无毒，透明，价廉，可以部分代替有机锡类热稳定剂而广泛应用，其用量在 3 份左右。

稀土热稳定剂可以是稀土的氧化物、氢氧化物及稀土的有机弱酸盐（如硬脂酸稀土、脂肪酸稀土、水杨酸稀土、柠檬酸稀土、酒石酸稀土及苹果酸稀土等）。其中以稀土氢氧化物热稳定效果最好，稀土有机酸中水杨酸稀土要好于硬脂酸稀土。硬脂酸稀土（RESt）类似于硬脂酸钙，具有长期型热稳定剂的特征，优于传统的锌皂和钙皂，但亚于有机锡的热稳定性。硬脂酸稀土兼具润滑剂、加工助剂以及光稳定剂的作用，是无毒、透明、长期型的热稳定剂。不同类型硬脂酸稀土热稳定剂的热稳定效果顺序为：硬脂酸镧＞硬脂酸钕＞硬脂酸钇＞硬脂酸镝。

环氧脂肪酸稀土（REEFA）与硬脂酸稀土（RESt）类似，所稳定的试片在热老化初期产生着色，但经长时间受热后却不变黑，即具有长期型热稳定剂的热稳定作用特征。与 RESt 相比，REEFA 稳定的试片在受热后期着色较浅，即具有更好的长期型热稳定性。REEFA 分子中含有环氧基，与并用环氧化合物辅助热稳定剂相似，具有辅助热稳定作用。REEFA 与 RESt 类似，可明显改善初期色相。

马来酸单酯稀土（RETM）的稳定性与硬脂酸稀土（RESt）类似，但具有长期型热稳定性。与 RESt 相比，RETM 具有较强的抑制 PVC 着色的能力。RETM 的透明性好于 RESt，十分接近硫醇辛基锡 M-170。与 RESt 无毒复合稳定剂相比，RETM 新型无毒复合热稳定剂的性价比更优，应用范围广，不但适用于软质 PVC 制品，而且还可用于半硬质 PVC 制品的加工。马来酸单酯稀土类稳定剂同硬脂酸稀土类稳定剂一样，对 PVC 的热稳定性是随着加入量的增加而提高，但随着加入量的增高而热稳定性趋于平稳，用马来酸单酯稀土类稳定剂比用硬脂酸稀土类稳定剂，PVC 制品的冲击强度和拉伸强度略高。

水杨酸稀土（RESA）对 PVC 有较好的稳定作用，可有效抑制 PVC 分子链的脱 HCl 反应。其稳定效果优于三碱式硫酸铅，也超过硬脂酸铅（PbSt）和硬脂酸镉（CdSt）。通常，水杨酸稀土在配方中的用量在 5 份左右。

羧酸酯稀土（CERES）具有优良的热稳定性，和有机硫醇锡对 PVC 的热稳定性相当。其抗脱氯化氢的能力优于有机锡，抗氧化能力不如有机锡，但两者有良好的协同效应。羧酸酯稀土还有促进 PVC 凝胶化的作用。碱式羧酸稀土的热稳定性较好，与硬脂酸钙相差不大，比有机锡稍差。而碱式羧酸稀土中以碱式双月桂酸稀土的热稳定性最好，其次分别为碱式单月桂酸稀土、碱式单硬脂酸稀土和碱式环烷酸稀土。碱式双月桂酸稀土的长期型热稳定性与有机锡相当。由于稀土配合氯离子的活化能较高，速度较慢，表现出初期着色性差的特点。碱式羧酸稀土与硬脂酸锌存在协同效应，可使 PVC 具有很好的热稳定性，为此常加入初期热稳定性优良的锌皂来克服其缺点。

⑤ 亚磷酸酯类　亚磷酸酯作为辅助热稳定剂，与金属皂类配合使用时，能提高制品的耐热性、透明性、耐压析性、耐候性等使用性能。在 PVC 中主要使用烷基芳基亚磷酸酯，其作用是螯合金属离子、置换烯丙基氯、捕捉氯化氢，兼具分解过氧化物和与多烯加成的作用。亚磷酸酯是过氧化物分解剂，故在聚烯烃、ABS、聚酯与合成橡胶中广泛用于辅助抗氧剂。

亚磷酸酯广泛用于液体复合热稳定剂中，一般添加量为 $10\% \sim 30\%$；用于农业薄膜、人造革等软质制品中，用量为 $0.3 \sim 1$ 份；在硬质制品中，用量为 $0.3 \sim 0.5$ 份。

⑥ 环氧化合物类　作为辅助热稳定剂的主要是增塑剂型环氧化合物。常用品种有环氧大豆油、环氧硬脂酸酯、环氧四氢邻苯二甲酸酯和缩水甘油醚等。环氧化合物与金属皂、铅盐、有机锡类等热稳定剂配合使用时，具有良好的协同效果。特别是与镉/钡/锌复合稳定剂并用时，效果尤为突出。

⑦ 复合热稳定剂类　所谓复合热稳定剂是指有机金属盐类、亚磷酸酯、多元醇、抗氧剂和溶剂等多组分的混合物，一般呈液状。使用复合热稳定剂具有方便、清洁、高效的优点。金属皂类热稳定剂是复合热稳定剂的主体成分。如镉/钡/锌皂（通用型）、钡/锌皂（耐硫化污染型）、钙/锌皂（无毒型）以及钙/锡皂和钡/锡皂复合物等复合热稳定剂。复合热稳定剂中常用的亚磷酸酯有亚磷酸三苯酯、亚磷酸一苯二辛酯、亚磷酸三异辛酯和三壬基苯基亚磷酸酯等。抗氧剂习惯上一般选用双酚 A 作为抗氧剂。而溶剂一般可用矿物油、高级醇、液体石蜡或增塑剂等。由于各生产厂家所用原料与制造方法均不相同，使得相同配方的液体复合稳定剂在组成、性能和用途等方面存在较大的差异。因此在使用时，要以生产厂家的产品说明书为准。

1.3.6　塑料中为何大都要加入抗氧剂？

由于聚合物结构上总是不同程度地存在某些薄弱环节，在光照、受热或引发剂的作用下或重金属离子的催化作用下，很易与氧发生作用，发生自动氧化反应，导致聚合物发生分解。在氧化过程中产生的一些活性自由基与过氧化物，如 R·、RO· 与 ROOH，还会更进一步加快聚合物的分解。这样，大分子链通过氧化分解，分子量大幅度下降，从而导致其力学性能降低。在反应过程中由于无序的交联，往往形成无序网状结构，又使分子量增大，并且导致聚合物材料变硬、脆化等，这就是塑料的氧老化。塑料的氧老化会大大降低其使用性能，缩短塑料制品的使用寿命。因此塑料在成型加工及制品的使用过程中，应尽量防止塑料的氧老化。

抗氧剂是能阻止聚合物自动氧化的进行，提高塑料材料的抗氧化能力的一种塑料助剂。抗氧剂通常可以与聚合物产生的自由基反应，而终止聚合物在氧化过程中产生的自由基链的传递和增长，或能与氧化过程中产生的过氧化物反应并生成稳定化合物的物质，阻止或延缓氧化老化过程中自由基产生，而达到抗氧化目的，以延长塑料制品的使用寿命。

1.3.7 抗氧剂主要有哪些类型？各有何性能？

（1）抗氧剂的类型

塑料抗氧剂的类型有很多，其分类的方法有多种。通常按抗氧剂的作用机理分，一般可分为主抗氧剂和辅助抗氧剂两大类型。主抗氧剂是能终止氧化过程中自由基链的传递和增长的抗氧剂，又称为链终止型抗氧剂。主抗氧剂根据作用机理的不同又可分为自由基捕获型抗氧剂（如醌、炭黑等）和 AH 型抗氧剂（氢给予体型，如抗氧剂 2,6-二叔丁基-4-甲基苯酚等）两种类型。辅助抗氧剂是能够阻止或延缓氧化老化过程中自由基产生的抗氧剂。辅助抗氧剂又可分为过氧化物分解剂（如亚磷酸酯、硫化物等）与金属离子钝化剂（如 N,N'-二苯基草酰胺）两种类型。

按抗氧剂的化学组成分，一般可分为受阻酚类、胺类、硫代酯类、亚磷酸酯类和金属螯合剂等，其中以受阻酚类为主。

（2）抗氧剂的性能

① 酚类抗氧剂　大多数酚类抗氧剂具有受阻酚的化学结构，它包括烷基单酚、烷基多酚和硫代双酚等类型。酚类抗氧剂一般为低毒或无毒，具有优异的不变色性，无污染。

烷基单酚抗氧剂中分子内部只有一个受阻酚单元。一般来说，分子量较小，因此，挥发性和抽出性都比较高，故抗老化能力弱，只能用在要求不高的制品中。常用的品种有抗氧剂 264 和抗氧剂 1076。抗氧剂 264 是各项性能优良的通用型抗氧剂，不变色，无污染，可用于 PE、PVC、PP、PS、ABS 及聚酯塑料中，尤其适用于白色或浅色制品及食品包装材料，用量一般小于 1%。但其分子量低，挥发性高，不适合用于加工或使用温度高的塑料中。抗氧剂 1076 的分子量大，挥发性低于抗氧剂 264。

烷基多酚抗氧剂中分子内有两个或两个以上的受阻酚单元，因而其分子量增加，挥发性降低。另外，增加了受阻酚在整个分子中所占的比例，提高了其抗氧效能。常用的品种有抗氧剂 2246、抗氧剂 CA、抗氧剂 330、抗氧剂 1010 等。抗氧剂 2246 具有优良的抗氧性能，无污染，同时由于分子量大，挥发性低，可用于浅色或彩色制品，用量一般低于 1%。抗氧剂 CA 为三元酚抗氧剂，熔点在 185℃ 以上。是常用的塑料抗氧剂，在 PP、PE、PVC、ABS 的加工和使用中具有良好的稳定作用，用量一般为 0.02%～0.5%。它与 DLTP 以 1:1 并用，可产生协同效应。抗氧剂 330 也是一种三元酚抗氧剂，高效，无污染，低挥发，加工稳定，无毒，可用于食品包装制品。该产品广泛用于 HDPE、PP、PS、POM 及合成橡胶制品中，用量一般为 0.1%～0.5%。抗氧剂 1010 是一种性能优良的四元酚抗氧剂，挥发性极低，无污染，无毒，可用于无污染性高温抗氧剂，在塑料中有广泛应用。

硫代双酚抗氧剂具有不变色、无污染的优点，其抗氧性能类似于烷基双酚，但同时它还具有分解过氧化物的功效，从而抗氧效率较高。该产品因与紫外线吸收剂炭黑有着良好的协同效应，故广泛地用于橡胶、乳胶及塑料工业中。其典型产品中有抗氧剂 300 与抗氧剂 2246-S。4,4'-硫代双（6-叔丁基-3-甲基苯酚），即抗氧剂 300，熔点在 160℃ 以上，耐热性优良，不变色，污染性低，主要用于聚烯烃塑料，用量一般为 0.5%～1%。

2,2'-硫代双（6-叔丁基-4-甲基苯酚），即抗氧剂 2246-S，广泛用于无污染、不变色的抗氧剂，用于聚烯烃制品，用量为 1.5%～2%。

② 胺类抗氧剂　胺类抗氧剂是一类具有良好应用效果的抗氧剂。它对氧、臭氧的防护作用很好，对热、光、铜害的防护作用也很突出。主要用于橡胶制品，如电线、电缆、机械零件等。但由于具有较强的变色性和污染性，故在塑料中应用要特别注意。常用的品种有防老剂 A、防老剂 D、防老剂 H 等。

③ 硫代酯类抗氧剂　硫代酯类抗氧剂是优良的辅助抗氧剂，通常可与酚类抗氧剂并用，产生协同效应。主要有抗氧剂 DLTP 和 DSTP（硫代二丙酸双十八酯）两个品种。抗氧剂 DLTP 广泛用于 PP、PE、ABS、橡胶及油脂等材料，用量一般为 0.1%～1%。抗氧剂 DSTP 的抗氧效果较 DLTP 好，与抗氧剂 1010、抗氧剂 1076 等并用有协同效应，可用于 PP、PE、合成橡胶与油脂等方面。

④ 亚磷酸酯类抗氧剂　亚磷酸酯类抗氧剂是一种辅助抗氧剂，通常可与酚类主抗氧剂并用，具有良好的协同效应，在 PVC 中还是常用的辅助热稳定剂。常用的品种主要有亚磷酸三壬基苯酯（抗氧剂 TNP）、亚磷酸三（2,4-二叔丁基）苯酯（抗氧剂 168）和亚磷酸二苯一辛酯（DPOP）等。抗氧剂 TNP 无污染，无毒，常与酚类抗氧剂并用。在塑料工业中，可用于 HIPS、PVC、PUR 等材料中，用量一般为 0.1%～0.3%。抗氧剂 168 和亚磷酸二苯一辛酯（DPOP）主要用于聚烯烃、PVC 等塑料中，与酚类抗氧剂、金属皂类稳定剂并用，可显著提高其应用性能。抗氧剂 168 是目前广泛使用的复合抗氧剂的重要组分。

⑤ 金属螯合剂　金属螯合剂是较为重要的辅助抗氧剂，也曾称其为铜抑制剂。常用的品种主要有 N-水杨基-N'-水杨酰肼、N,N'-二苯基草酰胺及其衍生物等。N-水杨基-N'-水杨酰肼为淡黄色粉末，熔点为 281～283℃。常用于聚烯烃的铜抑制剂，用量一般为 0.1%～1%。N,N'-二乙酰基己二酰基二酰肼为白色粉末，熔点为 252～257℃，主要用于聚烯烃的金属离子钝化剂。常与酚类抗氧剂或过氧化物分解剂（如 DLTP、亚磷酸酯）并用，用量一般为 0.3%～0.5%。

1.3.8　塑料中为何要加入光稳定剂？光稳定剂的作用是什么？

光辐射的能量与波长成反比，波长越短，能量越高。紫外线的强度虽只占阳光的 5%，但其波长最短，能量最高（290～390kJ/mol）。由于聚合物的键能通常为 290～400kJ/mol，故很容易被紫外线破坏，使聚合物分子链断裂、分子量下降、物理力学性能下降等，这使聚合物容易产生光老化，并且同时与氧相伴而发生光氧老化。在光氧老化过程中，大分子链逐渐断裂或交联，于是就出现了一系列的老化现象，以致最后丧失其使用性能。一般塑料中添加光稳定剂后，即可抑制和延缓光老化过程的进行，从而延长塑料制品的使用寿命。

一般来说，光稳定剂的作用主要有以下几方面。

① 能够反射或吸收高能量的紫外线，在聚合物与光源之间设立了一道屏障，使光在到达聚合物的表面时就被反射或吸收，阻碍了紫外线深入聚合物内部，从而有效地抑制了制品的老化。

② 能强烈、选择性地吸收紫外线，并且以能量转换形式，将吸收的能量以热能或无害的低能辐射释放出来或消耗掉，从而防止聚合物的发色团吸收紫外线能量随之发生激发。

③ 分解氢过氧化物的非自由基，阻止引发分子链降解及产生过氧化物。

④ 转移聚合物分子因吸收紫外线后所产生的激发态能，从而阻止过氧化物的产生。

⑤ 通过捕获自由基、分解过氧化物、传递激发态能量等多种途径，赋予聚合物高度的稳定性。

1.3.9 光稳定剂主要有哪些类型？各有何性能？

（1）光稳定剂的类型

光稳定剂根据稳定机理的不同，一般可分为光屏蔽剂、紫外线吸收剂、光猝灭剂和自由基捕获剂四大类型。

（2）光稳定剂的性能

① 光屏蔽剂 又称为遮光剂，常用品种主要有炭黑、二氧化钛、氧化锌等。其中，炭黑可吸收可见光和部分紫外线（也有一定吸收作用）；而 TiO_2 与 ZnO 为白色颜料，对光线有反射作用。炭黑的效力最大，如在 PP 中加入 2% 的炭黑，寿命可达 30 年以上。

② 紫外线吸收剂 紫外线吸收剂的应用为塑料的光稳定化设置了第二道防线，紫外线吸收剂的类型比较广泛，是目前应用最广的光稳定剂。工业上应用最多的主要品种有二苯甲酮类、水杨酸酯类和苯并三唑类等。

二苯甲酮类是目前应用最广的一类紫外线吸收剂，它对整个紫外线区几乎都有较慢的吸收作用。其中应用最为广泛的品种是 UV-9 和 UV-531。

UV-9 能有效吸收 290～400nm 的紫外线，但几乎不吸收可见光，故适用于浅色透明制品。该品对光、热稳定性良好，在 200℃时不分解，但升华损失较大，可用于涂料和各种塑料。对软质 PVC、UPVC、PS、丙烯酸酯类树脂和浅色透明涂料木质家具特别有效，用量在 0.1～0.5 份。

UV-531 能强烈吸收 300～375nm 的紫外线，与大多数聚合物相容，特别是与聚烯烃有很好的相容性，挥发性低，几乎无色。主要用于聚烯烃，也用于乙烯基类树脂、PS、纤维素塑料、聚酯、PA 等塑料，用量在 0.5 份左右。

水杨酸酯类可在分子内形成氢键，其本身对紫外线的吸收能力很低，而且吸收的波长范围极窄，但在吸收一定能量后，由于发生分子重排，形成了吸收紫外线能力很强的二苯甲酮类结构，从而具有光稳定作用，也称为先驱型紫外线吸收剂。主要品种有水杨酸对叔丁基苯酯（UV-TBS）和双水杨酸双酚 A 酯（UV-BAD）。

UV-TBS 是一种廉价的紫外线吸收剂，性能良好，但在光照下有变黄的倾向，可用于 PVC、PE、纤维素塑料和 PUR，用量为 0.2～1.5 份。

UV-BAD 可吸收波长 350nm 以下的紫外线，与各种树脂的相容性好，价格低廉，可用于 PE、PP 等聚烯烃制品，也可用于含氯树脂，用量为 0.2～4 份。

苯并三唑类对紫外线的吸收范围较广，可吸收 300～400nm 的光，而对 400nm 以上的可见光几乎不吸收，因此，制品不会带色，热稳定性优良，但价格较高，可用于 PE、PP、PS、PC、聚酯、ABS 等制品。常见的苯并三唑类紫外线吸收剂有 UV-P、UV-326、UV-327 和 UV-5411 等。

UV-P 能吸收波长 270～380nm 的紫外线，几乎不吸收可见光，初期着色性低，主要用于 PVC、PS、UP、PC、PMMA、PE、ABS 等制品，特别适用于无色透明和浅色制品。用于薄制品，一般添加量为 0.1～0.5 份，用于厚制品，添加量为 0.05～0.2 份。

UV-326 能有效吸收波长 270～380nm 的紫外线，稳定效果很好。对金属离子不敏感，挥发性低，有抗氧作用，初期易着色。主要用于聚烯烃、PVC、UP、PA、EP、ABS、PUR 等制品。

UV-327 能强烈吸收波长 270～300nm 的紫外线，化学稳定性好，挥发性低，毒性低，与聚烯烃的相容性好，尤其适用于 PE、PP，也适用于 PVC、PMMA、POM、PUR、ABS、EP 等。

UV-5411 吸收紫外线波长范围较广，最大吸收峰为 345nm（在乙醇中），挥发性低，初

期着色性也不高，广泛用于 PS、PMMA、UP、UPVC、PC、ABS 等中。

③ 光猝灭剂 又称为减活剂或消光剂，或称为激发态能量猝灭剂。这类稳定剂本身对紫外线的吸收能力很低（只有二苯甲酮类的 1/20～1/10）。在稳定过程中不发生较大的化学变化。光猝灭剂主要是金属配合物，如镍、钴、铁的有机配合物。其代表品种有光稳定剂 AM-101［硫代双(4-叔辛基酚氧基)镍］和光稳定剂 1084［2,2′-硫代双(4-叔辛基酚氧基)镍-正丁胺配合物］。

AM-101 为绿色粉末，最大吸收波长为 290nm，对聚烯烃和纤维的光稳定化非常有效。在溶剂中的溶解度极小，与紫外线吸收剂并用有着良好的协同效应。但易使制品着色，在高温下加工有变黄的倾向，故不适用于透明制品，在塑料中用量为 0.1～0.5 份。

光稳定剂 1084 为浅绿色粉末，最大吸收波长为 296nm，对制品的着色性低，光稳定效率高，同时具有抗氧剂的功能，是 PP 和 PE 的优良稳定剂，对高温下使用的制品有特效。

光猝灭剂大多用于薄膜和纤维，在塑料厚制品中很少应用。在实际应用中，常和紫外线吸收剂并用，以起协同作用。

④ 自由基捕获剂 自由基捕获剂是受阻胺类光稳定剂（HALS），几乎不吸收紫外线，但可清除自由基，切断自动氧化链式反应的进行，赋予聚合物高度的稳定性，是目前公认的高效光稳定剂。其主要品种有 LS-744、LS-770、GW-540、PDS 等。

LS-744 与聚合物有较好的相容性，不着色，耐水解，毒性低，不污染，耐热加工性良好。其光稳定效率为一般紫外线吸收剂的数倍，与抗氧剂和紫外线吸收剂并用，有良好的协同作用。作为光稳定剂，适用于 PP、PE、PS、PUR、PA 等多种树脂。

LS-770 的光稳定效果优于目前常用的光稳定剂。它与抗氧剂并用，能提高耐热性，与紫外线吸收剂并用，有协同作用，能进一步提高耐光效果；与颜料配合使用，不会降低耐光效果。广泛用于 PP、HDPE、PS、ABS 等中。

GW-540 的特点是与聚烯烃有良好的相容性，同时具有突出的光防护性。由于分子中含有亚磷酸酯结构，具有过氧化物分解剂的基团，因而具有一定的抗热氧老化作用。广泛应用于 LDPE、PP 等树脂，用量一般为 0.3～0.5 份。

PDS 为聚合型受阻胺类光稳定剂，化学名称为苯乙烯-甲基丙烯酸（2,2,6,6-四甲基哌啶）共聚物。PDS 为我国中科院化学所 1987 年开发的新品种，它与聚烯烃的相容性好，由于分子量大，耐抽提性好，厚度效应小，无毒、无味，可用于 PP、PE、PS、涂料、橡胶的光稳定剂。

1.3.10 塑料填料有何作用？塑料用填料应具备哪些性能？

（1）填料的作用

塑料填料是为了降低成本或改善性能等在塑料中所加入的惰性物质。按照其在塑料中的主要功能可分为填充剂和增强材料。

填充剂是一类以增加塑料体积、降低制品成本为主要目的的填料，常称为增量剂。廉价的填充剂不但降低了塑料制品的生产成本，提高了树脂的利用率，同时也扩大了树脂的应用范围。而且一些填充剂的应用还可赋予或提高制品某些特定的性能，如尺寸稳定性、刚性、遮光性和电气绝缘性等。填充剂经表面处理后不但容易与树脂混合提高加工性能，而且具有某种程度的增强作用。

增强材料是指加入塑料中能使塑料制品的力学性能显著提高的填料，一般为纤维状物质或其织物，常称为增强剂。一般来说，在树脂中配以适量的增强材料能使塑料的机械强度，如冲击强度、弹性模量、刚性等成倍提高，同时可使制品的尺寸稳定性提高，收缩率降低，热变形减少。因此，增强塑料已在机械、化工、汽车、航空航天等领域得到应用。

（2）填料应具备的性能

① 价格低廉，在树脂中容易分散，填充量大，相对密度小。

② 不降低或少降低树脂的成型加工性能和制品的物理力学性能，最好还能有广泛的改性效果。

③ 耐水性、耐热性、耐化学腐蚀性和耐光性优良，不被水和溶剂抽出。

④ 化学性质稳定，不与其他助剂发生不利的化学反应，不影响其他助剂的分散性和效能。

⑤ 纯度高，不含对树脂有害的杂质。

1.3.11 塑料填充剂有哪些类型？填充剂的性质对塑料性能有何影响？

（1）填充剂的类型

塑料填充剂的品种有很多，其分类的方法也有多种。按其化学结构一般可分为无机类和有机类，以无机填充剂较为常用；按照来源可分为矿物类、植物类和合成类；按照外观可分为颗粒状和纤维状等。颗粒状又包括粉状、球状、柱状、针状、薄片状、纤维状、实心微珠、中空微球等。

（2）填充剂的性质对塑料性能的影响

树脂中加入大量填充剂后，在降低制品成本和提高某些性能的同时，还会使物料在成型加工过程中的摩擦增加，流动性下降，同时还会加速对设备的磨损。但不同的填料对塑料制品性能和成型加工性能的影响有所不同。

① 颗粒的形状　大多数颗粒状填料是由岩石或矿物用不同的方法制成的粒状无机填料。由于破碎的不均匀性，颗粒的形状一般不规则，甚至有些填料颗粒的形状难以描述。一般来说，薄片状、纤维状填充剂使加工性能变差，但力学性能优良；而无定形粉状、球状则加工性能优良，力学性能比薄片状和纤维状差。

② 颗粒的大小　填充剂颗粒一般以 $0.1 \sim 10 \mu m$ 粒径为好。细小的填充剂有利于制品的力学性能、尺寸稳定性以及制品的表面光泽和手感。但粒径太小分散困难，若加工设备分散能力不够则会影响产品质量。因而实际生产中选用什么粒径的填充剂，应根据塑料的种类、加工设备分散能力不同而定，不能一概而论。

③ 颗粒的比表面积　颗粒的比表面积大小是填料最重要的性能之一，填料的许多效能与其比表面积有关。通常填充剂的比表面积增大有利于与表面活性剂、分散剂、表面改性剂以及极性聚合物的吸附或与填料表面发生化学反应。

1.3.12 常用无机填充剂各有何特性？

无机填充剂一般是没有增强作用的矿物性填料。这些填充剂的加入，往往会在一定程度上使复合材料的机械强度降低，其主要作用是降低成本。这类填充剂品种繁多，用途广泛，也有少数此类填充剂在适当用量范围内具有一定的增强作用。常用的品种主要有碳酸钙（$CaCO_3$）、硫酸钡（$BaSO_4$）、炭黑、白炭黑（$SiO_2 \cdot nH_2O$）、陶土（$Al_2O_3 \cdot SiO_2 \cdot nH_2O$）、滑石粉（$3MgO \cdot 4SiO_2 \cdot H_2O$）、硅藻土和云母粉等。

（1）碳酸钙

$CaCO_3$ 是目前塑料工业中应用最为广泛的无机粉状填充剂，一般可分为三类：重质 $CaCO_3$、轻质 $CaCO_3$ 和活性 $CaCO_3$（也称为胶质）。重质 $CaCO_3$ 由石灰石经选矿、粉碎、分级与表面处理而成。粒子形状不规则，相对密度为 2.71，折射率为 1.65，吸油量为 $5\% \sim 25\%$。轻质 $CaCO_3$ 是用化学方法制成，多呈纺锤形棒状或针状，粒径范围为 1.0～

$1.6\mu m$，相对密度为 2.65，折射率为 1.65，吸油量为 20%～65%。活性 $CaCO_3$ 是一种白色细腻状软质粉末，与轻质 $CaCO_3$ 的不同之处是颗粒表面吸附一层脂肪酸皂，使其具有胶体活化性能，相对密度小于轻质 $CaCO_3$（为 1.99～2.01），其生产工艺路线与轻质 $CaCO_3$ 基本相同，只是增加了一道表面处理工序。这种 $CaCO_3$ 用于塑料填料时，可使制品具有一定的强度与光滑的外观。

（2）硫酸钡

$BaSO_4$ 为白色、无嗅、无味重质粉末，相对密度为 4.25～4.5，粒径范围为 0.2～$0.5\mu m$，不溶于水和酸。$BaSO_4$ 有天然矿石经过粉碎制得的重晶石粉和经化学反应制得的沉淀硫酸钡两类。作为塑料填料使用的硫酸钡大多为后者。另外，$BaSO_4$ 在塑料中还起着色作用，提高制品的耐药品性，增加密度，并且能减少制品的 X 射线透过率。

（3）炭黑

炭黑是在控制条件下不完全燃烧烃类化合物而生成的物质，其品种较多，一般按制法来分，有槽法炭黑、炉法炭黑和热裂法炭黑等。

炭黑的细度影响制品的性能。在塑料中，炭黑的颗粒越细，则黑度越高，紫外线屏蔽作用越强，耐老化性越好，制品的表面电阻率越低，然而在某种程度上分散较为困难。

作为填料用炭黑，可以使用较大粒径的炉法炭黑，一般为 25～75μm；作为着色剂用炭黑，一般可选用色素炭黑。炭黑在聚合物（尤其是橡胶）中兼有增强作用，因此，在一定意义上也可以说炭黑是一种增强材料。

（4）白炭黑

即二氧化硅、微粒硅胶或胶体二氧化硅等，是塑料工业中广泛使用的增强性填料，其增强效果仅次于炭黑，并且成型加工性能良好，尤其适用于白色或浅色制品。

用白炭黑制成涂料，涂于人造革表面，可产生消光作用。此外，白炭黑在 UP、PVC 增塑糊、EP 等聚合物溶液中有增黏作用。

（5）陶土

陶土又名高岭土、白土、黏土、瓷土，主要化学组成是水合硅酸铝，是由岩石中的火成岩、水成岩等母岩经自然风化分解而成。用于塑料的陶土多数是在 450～600℃经煅烧除去水分的品种，又称为煅烧陶土。

（6）滑石粉

滑石粉主要成分为水合硅酸镁，是由天然滑石经粉碎精选而得。化学性质不活泼，粉体极软，有滑腻感。作为塑料用填料可提高制品的刚性，改善尺寸稳定性，防止高温蠕变。与其他填充剂相比具有润滑性，可减少对成型设备和模具的磨损。

（7）硅藻土

硅藻土是由单细胞藻类沉积于海底或湖底所形成的一种化石，主要成分为二氧化硅，多孔，质轻，极易研磨成粉，外观为白色或浅黄色粉末，可作为塑料用轻质填料，具有绝热性、隔声性和电绝缘性。

（8）云母粉

云母粉是由天然云母粉碎而得，其组成非常复杂，是铝、钾、钠、镁、铁等金属的硅酸盐化合物。塑料中常用的云母粉有白云母和金云母两种，尤以白云母应用最多。作为塑料填充剂，可赋予制品优良的电绝缘性、抗冲击性、耐热性和尺寸稳定性，并且可提高其耐湿性和耐腐蚀性。

1.3.13 何谓纳米填料？纳米填料有何特性？

所谓纳米填料是指粒子尺寸在 1～100nm 之间的粉状或层状填料，常用品种有 Al_2O_3、

Fe_2O_3、ZnO、TiO_2、ZrO、SiO_2、蒙脱土（即高岭土、黏土）等。

　　纳米粒子最主要的特性是表面效应、体积效应、量子尺寸效应和宏观量子隧道效应等。纳米粒子一般由几十个到几百个分子组成，在其表面上，原子占有很大的比例；而一般粒子则是由几千个、几万个分子组成的，在表面上几乎没有原子。因而这类填料的比表面积极大，原子（分子）有极大的活性，在特性上与一般填料有较大差异。纳米粒子在声、光、电、磁、热、力学及一些物理和化学性能等许多方面都显示出了特殊的性能。用纳米填料填充的树脂，通常称为"纳米填料填充塑料"，可简称为"纳米塑料"，即由纳米尺寸的超细微无机粒子填充到树脂基体中的复合材料。与一般填充塑料相比，纳米塑料具有强度高、耐热性好、密度低的特性，并且赋予制品良好的透明性和较高的光泽度。某些纳米填料还赋予塑料阻燃性、自熄性及抗菌性。

　　在加工中由于纳米填料的粒径太细，极易飞扬，造成加工不便，在塑料中难以分散。采用常规的机械混合法往往难以保证纳米填料在塑料基体中的分散，从而难以达到纳米填料的应用效果，也得不到真正意义上的"纳米塑料"。一般认为，具有纳米尺度的（通常公认三维方向至少有一个方向的长度小于100nm）颗粒能否均匀、互不粘连地分散在塑料基体中，才是判断能否称为纳米塑料的关键。因为只有当纳米尺度的颗粒像海岛一样分布在基体塑料的汪洋大海之中时，纳米技术的小尺寸效应、大比表面效应和量子化效应才能真正体现出来，从而带来材料性能质的飞跃，而不是仅仅得到一些提高和改善。例如，含有4.2%蒙脱土的尼龙6，当蒙脱土颗粒以纳米尺度的碎片分散在尼龙6基体中，较之纯尼龙6，其拉伸强度提高50%，模量提高100%，同时热变形温度提高近90℃，透明性增加，吸水性下降。

　　在塑料工业中多使用插层复合法和原位复合法制造纳米塑料，一般常用插层复合法来制得纳米塑料。蒙脱土是一种层状硅酸盐，添加到塑料中，在一定条件下，当聚合物分子插入蒙脱土结构片层层间，完全打破蒙脱土的叠层结构，形成约1nm大小的硅酸盐碎片，无规则而又均匀地分散到聚合物基体中时，即得到纳米塑料。但要强调的是，如果蒙脱土始终保持着原来的结构，层间距不变，仅仅以细小颗粒的形式分散在基体塑料中，其颗粒尺寸仍然在微米级范畴，那得到的只是传统意义上的填充改性材料，不能称为纳米塑料。

1.3.14　润滑剂的作用是什么？何谓内润滑和外润滑？

　　塑料在成型加工时，存在熔融聚合物分子间的摩擦和聚合物熔体与加工设备表面间的摩擦，前者称为内摩擦，后者称为外摩擦。内摩擦会增大聚合物熔体的黏度，降低其流动性，严重时会导致材料的过热、老化；外摩擦则使聚合物熔体与加工设备及其他接触材料表面间发生黏附，影响制品表面质量，不利于制品从模具中脱出。润滑剂的作用是改进聚合物熔体的流动性，减少熔体对设备、模具的黏附现象，提高塑件脱模作用，改善塑料的加工性能。

　　通常把能够降低聚合物分子间的摩擦（即减少内摩擦），使塑料成型加工的流动性增加的作用，称为内润滑。一般起内润滑作用的润滑剂称为内润滑剂。内润滑剂一般要与聚合物有一定的相容性，能够使大分子间作用力略有降低，于是在聚合物变形时，分子链间能够相互滑移和旋转，从而使聚合物分子间的内摩擦减小。但润滑剂不会过分降低聚合物的 T_g 和强度等。

　　外润滑是指能降低聚合物与加工设备、模具表面之间的摩擦（即减少外摩擦），以防止塑料熔体对设备的黏附现象，这种作用称为外润滑。能起外润滑作用的助剂称为外润滑剂。外润滑剂与聚合物的相容性更低。故在加工过程中，润滑剂分子很容易从聚合物内部迁移至表面，并且在熔融聚合物与加工设备（或模具）的界面处形成定向排列的润滑剂层，这种由润滑剂分子层所构成的润滑界面对聚合物熔体和加工设备起到隔离作用，故减少了两者之间的摩擦。一般而言，润滑剂的分子链越长，越能使两个摩擦面远离，润滑效果越好，润滑效率越高。

1.3.15　常用润滑剂有哪些品种？各有何特性？

（1）常用润滑剂的品种

在塑料工业中，广泛使用的是有机润滑剂，它们按化学结构可分为脂肪烃类化合物、脂肪酸、脂肪酸酯、脂肪酸酰胺、脂肪醇和有机硅化合物等。常用的品种主要有石蜡、合成石蜡、低分子量的 PE 蜡、一元醇酯、多元醇单酯、硬脂酸、月桂酸、ZnSt、CaSt、PbSt 和 NaSt、硬脂酸酰胺、油酸酰胺、硬脂醇（$C_{18}H_{37}OH$）、软脂醇（$C_{16}H_{33}OH$）、聚二甲基硅氧烷、聚甲基苯基硅氧烷和聚四氟乙烯等。

（2）常用润滑剂的特性

① 石蜡　主要成分为直链烷烃，仅含少量支链，广泛用于各种塑料的润滑剂和脱模剂。其外润滑作用强，能使制品表面具有光泽。其缺点是与 PVC 的相容性差，热稳定性低，而且易影响制品的透明度。主要用于 UPVC 挤出制品中，用量一般为 0.5～1.5 份，用量过多对制品强度有影响。

② 微晶石蜡　主要由支链烷烃、环烷烃和一些直链烷烃组成。分子量为 500～1000，即为 C_{32}～C_{72} 烷烃，可用于 PVC 等塑料的外润滑剂，润滑效果和热稳定性优于一般石蜡，无毒。其缺点是凝胶速度慢，影响制品的透明性。

③ 液体石蜡　俗称"白油"，适用于 PVC、PS 等的内润滑剂，润滑效果较好，无毒，适用于注塑成型、挤出成型等，但与聚合物的相容性差，故用量不宜过多。

④ PE 蜡　即分子量为 1500～5000 的 PE，部分氧化的低分子量 PE 称为氧化 PE 蜡，可作为 PVC 等的润滑剂，用途广泛。它比其他烃类润滑剂的内润滑作用强，适用于挤出成型和压延成型，能提高加工效率，防止薄膜等黏结，而且有利于填料或颜料在聚合物基质中的分散。与 PE 蜡性能相近的还有 PP 蜡。

⑤ 脂肪酸酯　此类润滑剂多数兼具润滑和增塑双重性质，如硬脂酸丁酯便是氯丁橡胶的增塑剂。脂肪酸的多元醇单酯是高效的内润滑剂，可用于 UPVC 的压延硬质片材、注塑制品及型材加工中，特别适合在半硬质 PVC 中作为内润滑剂，并且具有抗静电、抗积垢作用。脂肪酸酯多与其他润滑剂并用或做成复合润滑剂使用。

⑥ 脂肪酸及其金属皂　直链脂肪酸及其相应的金属盐具有多种功能，其中硬脂酸和月桂酸常作为润滑剂使用。它们均为白色固体，无毒，主要由油脂水解而得。由于对金属导线有腐蚀作用，一般不宜用于电线电缆等塑料制品。

常用于润滑剂的脂肪酸金属皂主要是硬脂酸盐，包括 ZnSt、CaSt、PbSt 和 NaSt 等。ZnSt 呈白色粉末状，兼具内、外润滑作用，可保持透明 PVC 制品的透明度和初期色泽，在橡胶中兼具硫化活性剂、润滑剂、脱模剂和软化剂等功能。CaSt 可用于硬质和软质 PVC 混料的挤出、压延和注塑加工。在 PP 的加工中，作为润滑剂和金属清除剂使用。PbSt 常与 CaSt 复合使用，作为 UPVC 的润滑剂和热稳定剂。但因铅盐有毒，使用时要加以注意。NaSt 作为 HIPS、PP 和 PC 塑料的润滑剂，具有优良的耐热褪色性能，而且软化点较高。

⑦ 脂肪酸酰胺　用于塑料加工用润滑剂的脂肪酸酰胺主要是高级脂肪酸酰胺，此类润滑剂大都兼具外部和内部润滑作用。其中硬脂酸酰胺、油酸酰胺的外部润滑性优良，多作为 PE、PP、PVC 等的润滑剂和脱模剂，以及聚烯烃的滑爽剂和薄膜的抗黏结剂等。

⑧ 脂肪醇　作为润滑剂使用的硬脂醇（$C_{18}H_{37}OH$）和软脂醇（$C_{16}H_{33}OH$）具有初期和中期润滑效果，与其他润滑剂混合性良好，能改善其他润滑剂的分散性，故经常作为复合润滑剂的基本组成之一。高级醇与 PVC 的相容性好，具有良好的内润滑作用，与金属皂类、硫醇类及有机锡类稳定剂并用效果良好。

⑨ 有机硅氧烷　俗称"硅油"，是低分子量含硅聚合物，因其具有很低的表面张力、较

高的沸点和对加工模具的惰性，常作为脱模剂使用。具有代表性的品种有聚二甲基硅氧烷、聚甲基苯基硅氧烷等。

⑩ 聚四氟乙烯（PTFE） 主要适用于各种介质的通用型润滑性粉末，可快速涂覆形成干膜，以作为石墨、钼和其他无机润滑剂的代用品，适用于热塑性和热固性聚合物的脱模剂。

1.3.16 何谓阻燃剂？塑料阻燃作用的机理如何？

通常把能阻止可燃性材料的燃烧，降低其燃烧速度或提高着火点的物质称为阻燃剂。阻燃剂通常大多是含有氮、磷、锑、铋、氯、溴、硼、铝、硅或钼元素的化合物。其中最常用和最重要的是磷、溴、氯、锑和铝的化合物。

塑料阻燃剂的阻燃通常是通过以下几方面的作用来起到阻燃作用的。

① 阻燃剂在燃烧温度下形成了一层不燃烧的保护膜，覆盖在材料上，隔离空气而达到阻燃目的。一方面一些阻燃剂可在燃烧温度下分解成为不挥发、不氧化的玻璃状薄膜，覆盖在材料的表面上，可隔离空气（或氧气），而且能使热量反射出去或降低热导率，从而起到了阻燃的效果。如卤代磷、硼酸、水合硼酸盐即属于此类。另一方面有些阻燃剂则在燃烧温度下可使材料表面脱水炭化，形成一层多孔性隔热焦炭层，从而阻止热的传导而起阻燃作用。如红磷处理纤维素、铵盐阻燃剂等。

② 有些阻燃剂能在中等温度下立即分解出不燃性气体，稀释可燃性气体，阻止燃烧发生。如有机含卤阻燃剂受热后释放出 HX 不燃性气体。

③ 一些阻燃剂在高温时剧烈分解吸收大量热能，降低了环境温度，从而阻止燃烧继续进行，如氢氧化铝和氢氧化镁等。

④ 一些阻燃剂的分解产物易与活性自由基反应，降低某些自由基的浓度，使燃烧中起关键作用的连锁反应不能顺利进行。如含卤阻燃剂在燃烧温度下分解产生的不燃性气体 HX，能与燃烧过程中的活性自由基 HO· 反应，将燃烧的自由基链式反应切断，达到阻燃的目的。

1.3.17 塑料阻燃剂有哪些类型？常用塑料阻燃剂各有何特性？

（1）阻燃剂的类型

塑料阻燃剂按使用方法可分为添加型阻燃剂和反应型阻燃剂两大类。目前塑料工业中常用的是添加型阻燃剂。按化合物的种类，添加型阻燃剂又可分为无机阻燃剂和有机阻燃剂两大类。无机阻燃剂主要包括氧化锑、水合氧化铝（氢氧化铝）、氢氧化镁、硼化合物等；有机阻燃剂主要包括氯化石蜡、全氯戊环癸烷、PE-C、溴代烃、溴代醚、磷酸酯、含卤磷酸酯等。

（2）常用塑料阻燃剂的特性

① 氢氧化铝 [Al(OH)$_3$] 氢氧化铝习惯上称为水合氧化铝。为白色细微结晶粉末，含结晶水 34.4%，在 200℃以上脱水，可大量吸收热量。另外，氢氧化铝加入塑料中，在燃烧时放出的水蒸气白烟将聚合物燃烧产生的黑烟稀释，起掩蔽作用，因此又具有减少烟雾和有毒气体的作用。

② 氢氧化镁 [Mg(OH)$_2$] 比氢氧化铝阻燃性稍差，在塑料中添加量大，会影响到机械强度。经偶联剂表面处理后，可改善其与树脂的结合力，使之兼具阻燃和填充双重功能。常用于 EP、PF、UP、ABS、PVC、PE 等。

③ 三氧化二锑（Sb$_2$O$_3$） 它是无机阻燃剂中使用最为广泛的品种。由于它单独使用时效果不佳，常与有机卤化物并用，起到协同作用，称为协效剂。它具有优良的阻燃效果，可广泛用于 PVC 和聚烯烃类及聚酯类等塑料中。但它对鼻、眼、咽喉具有刺激作用，吸入体内会刺激呼吸器官，与皮肤接触可以引起皮炎，使用时应注意防护。

④ 硼化合物 主要品种有硼酸锌和硼酸钡。特别是硼酸锌，可作为氧化锑的替代品，

与卤化物有协同作用，阻燃性不及氧化锑，但价格仅为氧化锑的 1/3。主要用于 PVC、聚烯烃、UP、EP、PC、ABC 等，最高可取代氧化锑用量的 3/4。

⑤ 磷系阻燃剂　主要有赤磷（单质，又称为红磷）、磷酸盐、磷酰胺、磷氮基化合物等。红磷是一种受到高度重视的阻燃剂，可用于许多塑料、橡胶、纤维及织物中，有时需与其他助剂配合，才能发挥其阻燃作用。磷酸很容易与氨反应，从溶液中很快析出两种结晶的磷酸铵盐：$NH_2H_2PO_4$、$(NH_2)_2HPO_4$。它们均可作为阻燃剂用于塑料、涂料、织物等方面。

⑥ 氯化石蜡　常用氯含量达 70% 左右的氯化石蜡。它为白色粉末，与天然树脂、塑料的相容性良好，常与氧化锑并用。氯化石蜡的化学稳定性好，价廉，可作为 PE、PS、聚酯、合成橡胶的阻燃剂。但其分解温度较低，在塑料成型时有时会发生热分解，因而有使制品着色和腐蚀金属模具的缺点。

⑦ 全氯戊环癸烷　一般为白色或淡黄色晶体，不溶于水，氯含量为 73.3%。热稳定性及化学稳定性很好，无毒，多用于 PE、PP、PS 及 ABS 树脂。

⑧ PE-C　通常氯含量为 35%～40% 或 68%，无毒。作为阻燃剂可用于聚烯烃、ABS 树脂。由于 PE-C 本身是聚合材料，所以作为阻燃剂使用时，不会降低塑料的物理力学性能，耐久性良好。

⑨ 溴代物　溴代物是高效的阻燃剂，一般阻燃性是氯代烃的 2～4 倍。六溴环十二烷为黄色粉末，可用于 PP、PS 泡沫塑料，是一种优良的阻燃剂。一氯五溴环己烷为白色粉末，溴含量为 77.8%，氯含量为 6.8%，为 PS 及其泡沫塑料的专用阻燃剂。六溴苯的热稳定性好，毒性低，能满足较高要求的树脂成型加工技术要求，用途较广，可用于 PS、ABS、PE、PP、EP和聚酯等。十溴联苯醚是目前应用最广的芳香族溴化物，热稳定性好，阻燃效率高。可用于 PE、PP、ABS、PET 等制品中，如与氧化锑并用，效果更佳。四溴双酚 A 为多用途阻燃剂，可作为添加型阻燃剂，也是目前最有实用价值的反应型阻燃剂之一。作为添加型阻燃剂，可用于 HIPS、ABS、AS 及 PF 等。其产量在国内外有机溴阻燃剂中占首位。

⑩ 有机磷化物　有机磷化物是添加型阻燃剂的重要品种，其阻燃效果优于溴化物。磷酸酯是常用增塑剂，具有增塑和阻燃的双重功效。含卤磷酸酯分子中含有卤和磷，由于两者具有协同作用，所以阻燃效果较好，是一类优良的添加型阻燃剂。其中三(2,3-二溴丙基)磷酸酯、三(2,3-二氯丙基)磷酸酯，适用于聚烯烃、聚酯、PVC、PU 等。

1.3.18　何谓消烟作用？常用消烟剂有哪些？

消烟作用主要是指在塑料材料燃烧时，抑制其烟雾及有害气体的产生，以避免对环境的污染。能起消烟作用的化合物，一般称为消烟剂。

在塑料中常用的消烟剂主要是金属氧化物、金属氢氧化物及金属盐类。常用的金属氧化物主要是 Fe_2O_3、MoO_3、BiO、CuO，其中 MoO_3 消烟效果最好、最常用，而 Fe_2O_3 颜色较深，故一般宜在深色制品中使用。一般在配方中常采用两种金属氧化物的复合物，如 MoO_3/ZnO、MoO_3/MgO、Sb_2O_3/ZnO 等。金属氢氧化物常用的是 $Al(OH)_3$、$Mg(OH)_2$ 及两者的复合物。常用的金属盐主要是硼酸锌、磷酸锌、磷酸铜、草酸铬、草酸铜、硫酸锌等。另外，二茂铁及苯酰二茂铁也是良好的消烟剂，其消烟率分别可达 70% 和 60%。

在应用时，通常消烟剂不单独使用，一般应和阻燃剂一起使用。其用量也不宜太多，一般金属氧化物用量为 3～5 份，金属氢氧化物的用量宜在 20 份左右。

1.3.19　何谓静电作用？塑料抗静电剂有何特点？

（1）静电作用

所谓静电作用是指高的绝缘性材料表面因静电积累而产生的黏附、触电和放电等作用。

当两种不同的物质相互摩擦时，在两种物质之间会发生电子的转移，电子由一种物质的表面转移到另一种物质的表面。这样，静电就产生了。由于大多数塑料材料都具有很高的绝缘性，故静电产生后就不易散失而积累在材料的表面。这些积累的静电会对塑料的加工和使用带来不利的影响：一方面由于静电的吸力作用，会使塑料材料相互黏结和黏附设备，而影响生产的正常进行；另一方面由静电引起的灰尘附着，使产品污染，难以洗涤，影响外观质量。另外，静电积累太多时，还会引起触电和放电，产生火花，易引发火灾和爆炸事故。

（2）抗静电剂特点

抗静电剂就是能防止或消除高分子材料表面静电的一类物质。通常将其添加到树脂中或涂覆于制品表面，可将聚合物的体积电阻率降低到 $10^{10}\Omega\cdot cm$ 以下，从而减轻聚合物在成型和使用过程中的静电积累。抗静电剂通常都是表面活性剂，既带有极性基团，又带有非极性基团。常用的极性基团（即亲水基）有羧酸、磺酸、硫酸、磷酸的阴离子、胺盐、季铵盐的阳离子，以及—OH、—O—等基团；常用的非极性基团（即亲油基）有烷基、烷芳基等。

1.3.20　外部抗静电剂和内部抗静电剂各有何特点？

抗静电剂按使用方法可分为外部抗静电剂和内部抗静电剂两大类。

外部抗静电剂一般以水、醇或其他有机溶剂作为溶剂或分散剂。当用抗静电剂溶液浸渍聚合物材料或制品时，抗静电剂的亲油部分牢固地附着在材料或制品表面，而亲水部分则从空气中吸收水分，从而在材料表面形成薄薄的导电层，起到消除静电的作用。这种抗静电效果会随着表面磨损和时间的推移而逐步减弱。如抗静电剂 SN、抗静电剂 LS 和抗静电剂 SP 等都可作为外部抗静电剂使用。

内部抗静电剂在树脂中的分散并不均匀，当抗静电剂的添加量足够多时，表面浓度高于内部，在树脂表面就形成一层稠密的排列，其亲水性的极性基向着空气一侧成为导电层。在使用过程中，由于外界的作用使树脂表面的抗静电剂分子缺损，抗静电性下降时，潜伏在树脂内部的抗静电剂会不断地向表面迁移，补充缺损的抗静电剂分子导电层，从而达到持久抗静电的目的，如抗静电剂 LDN、抗静电剂 477。

1.3.21　常用抗静电剂各有何特性？

塑料按抗静电剂的结构一般分为阴离子型、阳离子型、非离子型、两性离子型和高分子型等类别。常用的是阳离子型抗静电剂和非离子型抗静电剂。

（1）阳离子型抗静电剂

阳离子型抗静电剂主要是一些胺盐、季铵盐及烷基咪唑啉及其盐类，其中以季铵盐在塑料中应用最多，如抗静电剂 SN、抗静电剂 LS 和抗静电剂 SP 等。其静电消除效果好，对塑料具有很强的吸附力。其显著的缺点是耐热性较差，易发生热分解。这类抗静电剂常用于聚酯、PVC、PVA 薄膜及其他塑料制品等中。

（2）非离子型抗静电剂

非离子型抗静电剂的热稳定性好，耐老化，常用于塑料的内部抗静电剂及纤维的外部抗静电剂。其主要品种有多元醇、多元醇酯、醇或烷基酚的环氧乙烷加成物、胺和酰胺的环氧乙烷加成物等。环氧乙烷加成物用于抗静电剂，其抗静电效果良好，热稳定性优良，适用于塑料和纤维。如抗静电剂 LDN，即 N,N'-月桂酸二乙醇酰胺，塑料最常用的内部抗静电剂，是多种热塑性塑料的高效抗静电剂，特别适用于聚烯烃、PS 和 UPVC 中，用量为 0.1%～1%。抗静电剂 477，即 N-(3-十二烷氧基-2-羟基丙基)乙醇胺，可作为塑料用内部抗静电剂，可迅速有效地消除静电聚集，加工后可获得无静电制品，并且具有良好的热稳定性，在挤出和注塑加工过程中不发生分解变色。对 PE 特别是 HDPE 的抗静电效果最为显著，用量一般在 0.15％左右。也可用于 PP 和 PS 等。

1.3.22　何谓物理发泡剂和化学发泡剂？

发泡剂就是一类能使处于一定黏度范围内的液态或塑性状态的塑料、橡胶形成微孔结构的物质。它们可以是固体、液体或气体。根据其在发泡过程中产生气泡的方式不同，发泡剂可分为物理发泡剂与化学发泡剂两大类。

物理发泡剂是利用其在一定温度范围内物理状态的变化而产生气体，它在使用过程中不发生化学变化。用于物理发泡的主要是一类低沸点液体，常用的是脂肪烃、卤代脂肪烃及低沸点的醇、醚、酮和芳香烃等。一般来说，作为物理发泡剂使用的低沸点液体，其沸点应低于 110℃，常用的物理发泡剂如表 1-17 所示。

化学发泡剂是指在发泡过程中通过化学变化产生气体而达到发泡目的的物质。化学发泡剂产生气体的方式有两种途径：一是聚合物扩链或交联的副产物，例如，在制备 PU 泡沫塑料时，当带有羧基的醇酸树脂与异氰酸酯起反应时，或者具有异氰酸酯端基的 PU 与水反应时，都会放出 CO_2 气体；二是通过化学发泡剂的热分解产生发泡气体，如碳酸氢铵在一定温度下能分解产生 CO_2、NH_3 等气体。

表 1-17　常用的物理发泡剂

名称	分子量	沸点/℃	名称	分子量	沸点/℃
戊烷	72.15	30～38	二氯甲烷	84.94	40.0
新戊烷	72.15	9.5	三氯甲烷	119.39	61.2
己烷	86.17	65～70	1,2-二氯乙烷	98.87	83.5
庚烷	100.20	96～100	三氯氟甲烷	137.38	23.8
正庚烷	100.20	98.4	1,1,2-三氯三氟乙烷	187.39	47.6
苯	78.11	80.1	二氯四氟乙烷	170.90	3.6
甲苯	92.13	110.6			

1.3.23　常用发泡剂各有何特性？

（1）脂肪烃类

通常为含 C_5～C_7 的各种异构体的脂肪烃，也称为石油醚。其是一类物理发泡剂，价廉、低毒，但易燃易爆，一般主要用于制造均聚和共聚的 PS 泡沫塑料。

（2）卤代脂肪烃类

卤代脂肪烃主要是指氯代烃和氟代烃两类，是制造难燃泡沫塑料良好的物理发泡剂。氯代烃具有一定的毒性，热稳定性稍差，但因其价廉，不易燃易爆，故目前仍大量采用，如使用一氯甲烷和二氯甲烷来制造 PS 泡沫塑料。二氯甲烷还可用于生产 PVC 泡沫塑料。氟代烃几乎具有理想物理发泡剂的各项性能，因此，它可用来制造许多泡沫塑料。但出于环保的考虑，此类发泡剂的使用正受到限制并逐步停用。

（3）碳酸盐

常用于发泡剂的碳酸盐主要是碳酸铵、碳酸氢铵和碳酸氢钠。碳酸铵为白色结晶状粉末，具有强烈的氨味。工业生产上作为发泡剂使用的实际上是碳酸氢铵和氨基甲酸铵的混合物或复盐（$NH_4HCO_3 \cdot NH_2CO_2NH_4$），习惯上将此复盐称为碳酸铵。碳酸铵在 30℃左右即开始分解，在 55～60℃下分解十分剧烈，分解产物为氨、CO_2 和水，发气量为 700～980mL/g，在一般化学发泡剂中为最高。

碳酸氢铵为白色结晶状粉末，干燥品几乎无氨味，在常压下当有潮气存在时，于 60℃左右即开始分解，生成氨气、CO_2 和水，发气量为 850mL/g。由于其分解温度较碳酸铵高，故较稳定，便于储存。但它在聚合物中分散困难且有氨味，主要用于海绵橡胶制品的发泡剂。

碳酸氢钠为无毒白色粉末，在 100℃ 左右开始缓慢分解，在 140℃ 下迅速分解，放出 CO_2 气体，发气量较低，为 267mL/g。分解产物为氨气。它主要用于天然橡胶制备开孔海绵制品，也可用于 PF、EP、PE、PVC、PA 的发泡剂。

（4）亚硝酸盐

用于发泡剂的亚硝酸盐主要是亚硝酸铵。作为发泡剂使用的是亚硝酸钠与等摩尔的氯化铵的混合物，经加热放出氮气，扩散速率小，不易从发泡体中逸出，有利于发泡。

（5）有机化学发泡剂

有机化学发泡剂粒径小，分解温度恒定，发气量大，制得的泡沫塑料泡孔细密，是目前工业上最广泛使用的发泡剂。这类发泡剂主要有偶氮化合物、N-亚硝基化合物、酰肼类化合物等。这些化合物在热的作用下能发生分解反应而放出氮气，从而起到发泡的作用。

有机化学发泡剂分解温度范围窄，易于控制；分解产生的气体（N_2）不燃烧，不爆炸，不易液化，扩散速率小，不易从发泡体中逸出，因而发泡率高；有机化学发泡剂品种较多，选择余地大，通常粒径小，在聚合物中分散性好，发泡体的泡孔细小；但发泡后残渣较多，分解时一般均为放热反应；有机化学发泡剂多为易燃物，在储存和使用时要时刻注意防火。常用的有机化学发泡剂主要有发泡剂 DPT（发泡剂 H）、发泡剂 AC、发泡剂 NTA（发泡剂 DNTA）、发泡剂 AIBN、发泡剂 OBSH 等。

（6）辅助发泡剂

在发泡过程中，凡能与发泡剂并用并能调节发泡剂分解温度和分解速率的物质，或能改进发泡工艺，稳定泡沫结构，提高发泡体质量的物质，均可称为辅助发泡剂。常用的辅助发泡剂主要有尿素、有机酸、有机酸金属盐等，通常与发泡剂 H 和发泡剂 AC 配合使用。

1.3.24 发泡促进剂与发泡催化剂有何区别？各有哪些类型？

（1）发泡促进剂与发泡催化剂的区别

发泡促进剂是指能降低发泡剂分解温度的一类化合物。在发泡体系中一般要求发泡剂的分解温度应与树脂的熔融温度相匹配。这样无疑限制了发泡剂的使用范围。生产中为了扩大发泡剂的适用范围，通常对于固体树脂，如果发泡剂的分解温度与树脂的熔融温度不相匹配时，一般可加入发泡促进剂，以降低发泡剂的分解温度。发泡促进剂常与发泡剂 AC 和发泡剂 H 等并用。

发泡催化剂是指能加快反应速率，对发泡过程起有效控制作用，使分子链增长反应与发泡之间建立良好平衡的一类化合物。通常主要用于聚氨酯（PU）和酚醛树脂（PF）的发泡体系中。

（2）发泡促进剂与发泡催化剂的类型

发泡促进剂与发泡催化剂的品种类型有很多，常见的发泡促进剂主要有以下种类。

① 锌化物，如氧化锌、辛酸锌、硝酸锌及脂肪酸锌皂等品种。

② 铅化物，如碳酸铅、邻苯二甲酸铅、亚磷酸铅、三碱式硫酸铅、二碱式亚磷酸铅、亚磷酸铅、硬脂酸铅和氧化铅等。

③ 镉化物，如辛酸镉、己酸镉、月桂酸镉、脂肪酸镉皂等。

④ 有机酸，如硬脂酸、月桂酸、水杨酸等。

⑤ 尿素及衍生物，如尿素、氨水、乙醇胺等。

发泡催化剂主要是胺类、锡类化合物和酸类，常用的品种主要有以下几种。

① 胺类，主要有脂肪胺类和醇胺类，如三乙二胺、二甲基十六胺、三甲基苯胺、三亚乙基二胺、三乙醇胺、乙醇胺等，主要用于 PU 发泡体系。

② 锡类，主要有辛酸亚锡、二月桂酸二丁基锡等，主要用于 PU 发泡体系。

③ 酸类，主要有盐酸、硫酸、磷酸、苯磺酸、石油磺酸等，主要用于 PF 发泡体系。

1.3.25　泡沫稳定剂与发泡抑制剂有何区别？各有哪些类型？

（1）泡沫稳定剂与发泡抑制剂的区别

泡沫稳定剂是指能稳定泡沫结构、改善发泡质量的一类助剂。它可降低发泡材料的表面张力，在泡沫生成至熟化期间，通过表面张力防止泡沫的热力学非稳态出现。泡沫稳定剂是一种表面活性剂，在发泡过程中它主要起三种作用。

① 乳化作用。降低原料体系的表面张力，改善原料组分的混溶性。

② 成核作用。促进发泡初期气泡核的形成，调节泡孔结构。

③ 稳定作用。提高原料体系的稳定性及流动性，使其密度分布均匀。是否具有理想的开孔或闭孔结构，主要取决于泡沫形成过程中的凝胶反应速率和气体膨胀速率是否平衡。而这一平衡要通过调节配方中的催化剂、泡沫稳定剂等助剂的种类和用量来实现。

通常泡沫稳定剂主要用于液体树脂的发泡体系中，如 PU、PF 等。

发泡抑制剂是指能使发泡剂钝化、延长发泡开始的时间的一类助剂。

（2）泡沫稳定剂与发泡抑制剂的类型

泡沫稳定剂的类型很多，常用的主要有有机硅类、多元醇类、聚硅氧烷类、磺化脂肪醇类、磺化脂肪酸类及其他非离子表面活性剂等。一般泡沫稳定剂的用量为 0.5%～2.5%。

常用发泡抑制剂的品种类型主要有以下几种。

① 有机酸及酸酐类，如马来酸、富马酸、马来酸酐、苯二甲酸酐等。

② 酰卤类，如硬脂酸酰氯、苯二甲酸酰氯等。

③ 多元酚类，如对苯二酚、萘二酚等。

④ 含氮化合物，如脂肪胺、酰胺、异氰酸酯、肟等。

⑤ 含硫化合物，如硫醇、硫酚、硫脲、硫化物等。

⑥ 酮类，如环己酮、丙酮等。

其中二元羧酸及其酰肼、酚类、胺类等物质能抑制 ADC 的分解，当有金属离子型活化剂时，其抑制效果更好。

1.3.26　成核剂的作用是什么？塑料常用的成核剂有哪些？

（1）成核剂的作用

成核剂是用来提高结晶聚合物的结晶度、加快其结晶速率的一类助剂。由于成核剂的加入提高了结晶度，改变了晶体形态，使晶体变得细微而均匀，可大大提高塑料材料的韧性、尺寸稳定性、耐热性和透明性，从而全面提高结晶塑料的性能和扩大用途。

（2）常用的成核剂

塑料成核剂主要有羧酸类、金属盐类和无机化合物类三类。常用的羧酸类成核剂品种主要是苯甲酸、己二酸、二苯基乙酸等；常用的金属盐类成核剂主要有苯甲酸钠、硬脂酸钙、乙酸钠、对苯酚磺酸钠、对苯酚磺酸钙、苯酚钠等品种；常用的无机化合物类成核剂主要品种是氮化硼、碳酸钠、碳酸钾以及粒径在 0.01～1μm 范围内的滑石、云母、二氧化钛等填料。

1.3.27　成型塑料薄膜时加入流滴剂的目的是什么？常用流滴剂有哪些？

成型塑料薄膜时加入流滴剂的目的是，避免塑料薄膜在使用中，当温度达到露点以下时，水蒸气在其表面凝结成的细微水滴雾化，而使薄膜变得模糊，有碍于光的透过，影响薄膜制品的使用。例如农用塑料温室或大棚中，水蒸气在薄膜表面的凝结会减小光照强度，影响农作物的生长和结果。用塑料薄膜包装食品时，表面水滴的形成使薄膜的透明度大为降低，看不清内装物，影响美观和商品价值。此外，汽车用有机玻璃被水蒸气雾化后会妨碍视线，有时甚至会引起事故。

流滴剂（又称为防雾剂）是一种带有亲水基和疏水基的表面活性剂，通常可在塑料表面发生取向，疏水基向内，亲水基向外，使塑料表面凝结的细小水滴能迅速扩散形成极薄的水膜或结成大水珠顺薄膜流下，从而避免小水珠的光散射所造成的雾化。流滴剂的化学组成多数是脂肪酸与多元醇的部分酯化物，如甘油单硬脂酸酯、甘油单油酸酯等。

1.3.28 何谓抗菌剂和驱避剂？

抗菌剂又称为防霉剂、防腐剂等，是一类能杀死或抑制霉菌生长，防止物品霉变的化学物质。用于塑料的抗菌剂主要品种有含氮化合物、有机金属化合物及酚类等，如氧化三丁锡、8-羟基喹啉铜、防霉剂-0 等。

驱避剂主要包括防白蚁剂和防鼠剂。防白蚁剂是能防止白蚁食害塑料制品的一类化学助剂。塑料常用的防白蚁剂主要有含氯化合物、有机磷和氨基甲酸酯三种类型的化合物。用于塑料的防白蚁剂主要是含氯化合物，如"氯丹"、"七氯"等。有机磷和氨基甲酸酯两类的灭白蚁效力高，但药力的持久性差。

防鼠剂是一种能防止老鼠啃咬破坏塑料制品的化合物。塑料用防鼠剂主要有环己酰亚胺类、有机锡类化合物、二甲基二硫代氨基甲酸锌、二硫代四甲基秋兰姆、氟硅酸钠、二甲基二硫代氨基甲酸叔丁基磺酰酯等。

1.3.29 何谓加工助剂？加工助剂有何作用？

加工助剂是指能改善树脂加工性能的一类助剂。这类助剂通常含有与树脂相容和不相容的两部分，是与树脂有一定的相容性的化合物。

加工助剂的作用主要有：促进树脂的熔融；改善塑料熔体的流变性；赋予一定的润滑作用。目前加工助剂主要用于 PVC 的加工中，特别是硬质 PVC 的加工中。一方面，PVC 熔体强度低、延展性差，加工过程中易出现熔体破碎；另一方面，PVC 熔体松弛慢，易导致制品表面粗糙、无光泽及鲨鱼皮症等，因此，PVC 加工过程中需要加工助剂来改善熔体的这些缺陷。在加工过程中，通常加工助剂首先熔融并黏附在 PVC 树脂微粒的表面，由于加工助剂与树脂有一定的相容性及较高的分子量，使 PVC 黏度及摩擦增加，从而能有效地将剪切应力和热传递给整个树脂，促进 PVC 树脂的熔融。同时加工助剂也增加了熔体的黏弹性，从而能提高熔体离模膨胀，提高熔体强度。另外，加工助剂的分子结构中与树脂不相容的部分能向熔体外部发生迁移，从而能起到一定的润滑作用，可改善塑料的脱模性。

1.3.30 加工助剂主要有哪些品种？

加工助剂常用的类型主要有甲基丙烯酸甲酯-丙烯酸烷基酯共聚物（ACR）、苯乙烯-丙烯腈共聚物（SAN）、聚 α-甲基苯乙烯（AMS）以及含氟聚合物加工助剂（PPA）等。另外，ABS、MBS、EVA 等抗冲改性剂对 PVC 也具有一定加工助剂的改良作用。

目前国产加工助剂的品种主要有 ACR-201、ACR-301、ACR-401、M-80、P83、820-G 等。ACR-201 主要用于硬质 PVC 型材、管材、PVC 瓶及片材等，其用量一般为 0.5～2 份。ACR-401 主要用于 PVC 板材、地板、型材及 PVC 低发泡制品等。M-80（AMS）无毒、透明性好，可以改善 PVC 的加工流动性及制品光泽。可用于 PVC 透明制品及管材、地板等，还可用于 PU、PS 及 ABS 中。820-G 可改善 PVC 的加工流动性，以及制品的光泽及手感等，一般用量可达 5～10 份。

1.3.31　含氟聚合物加工助剂有何功能特性？

含氟聚合物加工助剂（PPA）是一个或多个氟代烯烃的共聚物或氟代烯烃与其他烯烃的共聚物。如偏氟乙烯、四氟乙烯、六氟丙烯的二元共聚物或三元共聚物，偏氟乙烯、四氟乙烯、六氟丙烯与乙烯或丙烯的共聚物。还有的是与其他聚合物如聚氧化乙烯、无机物等复配，形成组成多样的聚合物的复配物。

含氟聚合物加工助剂（PPA）是由低表面能氟碳聚合物组成的。加入基础树脂中，形成一个不相容的，以极小的微粒存在的分散相。在塑料加工时，低表面能的微粒迁移至熔体表层与机筒螺杆与模头的金属表面接触，逐渐在金属表面形成聚合物熔体-低表面能聚合物"涂层"的低表面能的多层结构，"涂层"的低表面能使被加工的聚合物畅通地滑过界面。"涂层"的形成，使界面上树脂的氧化与交联降低了，熔体与金属间的黏着力下降了，剪切应力也明显下降。

在"涂层"形成过程中，含氟聚合物加工助剂涂覆过程是动态的，"涂层"会被熔体磨损，助剂微粒会不断地被流动的熔体带走，又不断地得到补充，尤其是在熔体中带有填料、颜料和开口剂等添加剂，更替的速度很快。当"涂层"形成达稳定状态后，加工设备中的背压、扭矩和熔体表观黏度都会下降。在"涂层"形成过程中，影响"涂层"达到平衡的因素主要有以下几个。

① 含氟聚合物加工助剂在树脂中的浓度。提高助剂浓度，将缩短达到平衡时间。

② 含氟聚合物加工助剂的分散程度。在树脂中助剂分散均匀、分散颗粒度对缩短达到平衡时间都有影响。

③ 设备总生产量，也就是通过模头的总的助剂量。通过模头助剂量高，将缩短达到"涂层"平衡时间。

加含氟聚合物加工助剂的黏度与基础树脂相匹配。含氟聚合物加工助剂适合于熔体流动速率为 2g/10min 的 LLDPE 或 LDPE 以及熔体流动速率小于 1g/10min 的 HDPE 树脂。

含氟聚合物加工助剂（PPA）作为助剂不是单功能的，而是综合性助剂，对树脂加工性能、产品质量、能源消耗、机械磨损都有不同程度的改善。

① 改善低熔体指数树脂的加工流变性。在加工低熔体指数树脂时，由于熔体黏性较大，形成螺杆扭矩增大、机筒内压力增高等现象，迫使塑料加工时提高加工温度，增加了加工难度。使用含氟聚合物加工助剂能使一系列问题得到妥善解决。

② 消除吹塑加工时熔体破裂现象，减少膜泡颤动，提高加工稳定性，消除薄膜表面的"鲨鱼皮"现象。

③ 减少口模积料，减轻薄膜厚度不均匀的现象。降低熔体中凝胶的产生，减少晶点，使薄膜质量得到提高。聚丙烯薄膜加入 PPA 后，厚度均匀度得到很大的改善，薄膜厚度不足处大幅度降低。

④ 在 LLDPE 加工时，不会因熔体黏度太大，故意扩大口模窄缝。减小口模窄缝后，使薄膜内分子间有更好的取向，提高薄膜的质量。

⑤ 在加工 LDPE/LLDPE 共混薄膜时，可以提高 LLDPE 添加比例，提高薄膜拉伸强度和降低生产成本。

⑥ 降低塑料加工时挤出压力，减少能源消耗，减少机械磨损，降低薄膜加工的综合成本。在相同产品质量和能源消耗条件下，可提高生产效率30%～60%。

⑦ 提高薄膜表面光洁度，不影响制品透明度、透光率、雾度，提高产品拉伸强度，提高产品质量。提高注塑制品表面光洁度。

⑧ 对需降低加工温度或对温度敏感型树脂，有助于改善加工条件。

⑨ 容易清除螺杆和机筒内杂质，缩短颜色切换有效时间，可以用于螺杆清洗料。

如含氟聚合物加工助剂（PPA）在 LLDPE/LDPE 薄膜中应用时，如不加入，LLDPE 薄膜在透明度、雾度等方面都不如 LDPE，加入 PPA 后，在 LLDPE 含量达 95％时，对薄膜透光率和雾度没有影响，反而比用 LDPE 的薄膜有所提高。LLDPE 用量增加没有影响生产效率，拉伸强度和断裂伸长率等薄膜质量指标也有所提高，制品成本有所下降。表 1-18 为 PPA 对 LLDPE/LDPE 薄膜性能的影响。

表 1-18　PPA 对 LLDPE/LDPE 薄膜性能的影响

项　　目	不加 PPA	加入 PPA	项　　目	不加 PPA	加入 PPA
树脂比例 LLDPE/LDPE	70：30	100：0	雾度/%	28.0	27.0
PPA 含量/(μg/g)	0	500	拉伸强度/MPa	25.0	31.2
挤出量/(t/d)	1.8	1.8	断裂伸长度/%	692	848
透光率/%	85.2	87.0			

1.3.32　塑料着色剂应具有哪些性能？

色调、明度、饱和度是色彩的三要素，但如果仅根据色彩的三要素来选择塑料着色剂是远远不够的。通常作为塑料着色剂还必须考虑到它的着色力、遮盖力、耐热性、耐迁移性、耐候性、耐溶剂性等方面的性能，以及着色剂与聚合物或添加剂的相互作用。

（1）着色力强

着色剂的着色力是指得到某一种颜色制品所需的颜料量，用标准样品着色力的百分数来表示，它与颜料性质及其分散程度有关。在选用着色剂时，一般要求尽量选用着色力强的着色剂，以降低着色剂的用量。

（2）遮盖力强

着色剂的遮盖力是指颜料涂于物体表面时，遮盖该物体表面底色的能力。遮盖力可以用数值表示，它等于底色完全被遮盖时单位表面积所需的颜料克数。一般无机颜料的遮盖力强，而有机染料透明、无遮盖力，但与钛白粉并用时，即可具有遮盖作用。

（3）耐热性好

着色剂的耐热性是指在加工温度下颜料的颜色或性能的变化。一般要求颜料的耐热时间为 4～10min。一般无机颜料的耐热性好，在塑料加工温度下不易发生分解，而有机颜料的耐热性较差。

（4）耐迁移性好

着色剂的迁移性是指着色塑料制品经常与其他固、液、气等物质接触，颜料从塑料内部迁移到制品的自由表面上，或迁移到与其接触的物质上的现象。着色剂在塑料中迁移性大，则说明着色剂与树脂的相容性差。一般染料与有机颜料的迁移性大，而无机颜料的迁移性较小。

（5）耐光性和耐候性好

着色剂的耐光性和耐候性是指在光和大自然条件下的颜色稳定性。耐光性与着色剂的分子结构有关，不同着色剂其分子结构不同，耐光性也不同。

（6）耐酸、碱、溶剂、化学药品性能好

工业用塑料制品常用于储存化学药品及用于输送酸、碱等化学物质，因此，要考虑颜料的耐酸、碱等性质。

（7）卫生性好，毒性小

日常生活中使用的塑料制品越来越多，例如糖果包装、各种饮料容器、油脂类容器、塑料玩具等，因此，就越要重视着色制品的毒性问题。在无机颜料中，铅系、镉系和铬系一般认为其毒性大，而铁系、钙系和铝系毒性小。

1.3.33　着色剂对塑料材料性能有何影响?

着色剂在塑料制品中用量一般较少,但仍会对制品性能产生一定的影响。

(1) 对于力学性能的影响

当颜料颗粒较大时,分散不均匀会引起冲击强度的降低。但用量小于1%,而且在制品中颗粒较细、分散均匀,则对制品力学性能影响较小。

(2) 对结晶性能的影响

塑料制品中加入颜料,尤其是有机颜料,在制品成型过程中,会影响结晶聚合物的成核剂状态,如球晶的数量和大小等。这不但对力学性能有一定影响,而且还会引起成型收缩率加大,尤其是大型容器更为明显。

(3) 颜料中的某些金属离子会促进树脂热氧分解

含铜、铁、钴等金属的着色剂对塑料热氧老化有较强的促进作用,如PP分子结构中含有大量的叔碳原子,对铜离子极为敏感,一旦颜料中存在铜离子则会加速其分解。

(4) 有些颜料能够产生对光的屏蔽作用

有些颜料可大大提高塑料制品的光稳定性和耐候性,如炭黑,既是主要的黑色颜料,又是光稳定剂,对紫外线具有良好的屏蔽作用。

(5) 对电性能的影响

无机颜料的电性能一般较差,作为PVC和PE电缆材料用的着色剂应该考虑其电性能,尤其是PVC,因其本身电绝缘性较PE差,故颜料的影响就更大,必须选择电性能好的着色剂。

1.3.34　常用塑料着色剂主要有哪些类型? 各有何特点?

(1) 着色剂的类型

塑料着色剂的类型有很多,一般可分为颜料和染料两大类型,颜料又可分为无机颜料、有机颜料和特殊颜料三大类型。颜料是不溶于水和溶剂的一类着色剂,耐光性、耐热性、耐溶剂性及耐候性好,是塑料中应用最广泛的一种着色剂。染料是有机物质,能溶于水、油和有机溶剂。染色能力强、透明,但迁移性大,耐光性、耐热性、耐溶剂性及耐候性较差,在塑料中一般应用较少。

(2) 着色剂的特点

无机颜料通常是金属氧化物、硫化物,硫酸盐、铬酸盐、钼酸盐等盐类,以及炭黑。与有机颜料相比,它们的热稳定性和光稳定性优良,但其着色力则较差,密度较大,一般为 $3.5\sim5.0g/cm^3$。

有机颜料具有着色力强、分散性好、色泽鲜艳等优点,同时在耐热性、耐光性等方面也得到了突破性进展,因此,在塑料工业界受到广泛的重视。同时,由于无机颜料往往含重金属而对人体带来一定的毒害,有机颜料在应用方面逐步代替无机颜料是必然的发展趋势。

① 白色颜料　常用的白色颜料主要有钛白粉、氧化锌等,它们都属于无机颜料。钛白粉的化学名称为二氧化钛(TiO_2),有金红石型(简称为R型)和锐钛型(简称为A型)两种晶型。R型钛白粉的着色力高,遮盖力强,耐候性好,而A型钛白粉的白度较好。塑料着色中多使用R型二氧化钛。钛白粉的牌号众多,性能各异,用于着色的主要性能是着色力、色泽和遮盖力。

氧化锌又称为锌白,常用于橡胶着色,也可用于ABS、PS等塑料的着色。

锌钡白又称为立德粉,是硫化锌与硫酸钡的混合物。锌钡白的遮盖力比较强,但由于性能优越的二氧化钛在塑料着色中的广泛使用,使得锌钡白的应用受到了很大的限制。

② 炭黑　炭黑除了具有着色功能外,还具有提高耐候性、导电性等作用,是一种重要的高分子材料加工助剂,在橡胶工业中使用尤其多。炭黑主要由碳组成。工业上用完全燃烧

和烃的裂解方法生产炭黑,其品种极其繁多,性能相差较大。着色常用的品种有炉法炭黑、热裂法炭黑和槽法炭黑。

③ 硫化物颜料 硫化镉和硫化汞是硫化物颜料系列中最重要的两种。它们的色调范围从嫩黄色到栗色。常用的品种有镉黄、镉红与镉橙等。

④ 铬酸盐类颜料 铬酸盐类颜料主要指铬黄、铬橙等。该类颜料耐热性较差,一般仅用于软质 PVC 塑料着色。常用的有铬黄和铅铬黄等。

⑤ 群青 群青是硅酸铝的含硫复合物,其特点是色调纯净(纯蓝色调偏红光),具有优良的耐热性、耐光性和耐候性,并且能承受大多数化学药剂的侵蚀,分散性也佳。但着色力和遮光性均较差,还由于分子中含有多种硫化物,遇酸易起反应,较少用于 PVC 制品,一般常用酞菁蓝代替它。

⑥ 偶氮颜料 有单偶氮颜料、双偶氮颜料与偶氮缩合颜料三类。单偶氮颜料的耐热性、耐迁移性差。典型的单偶氮颜料有耐晒黄,又称为汉沙黄,耐热温度为 160℃,可用于软质 PVC 和 LDPE 中。

双偶氮颜料主要有联苯胺黄系颜料,常用的永固黄 HR 即属此类。由于其分子中有双偶氮,故其耐热性可提高到 200℃,并且着色力强,耐有机溶剂。

偶氮缩合颜料是指用缩合方法制得分子量较大的双偶氮颜料,其分子量为 $10^3 \sim 10^4$,具有较好的耐热性、耐溶剂性、耐迁移性、耐晒牢度等。

⑦ 酞菁颜料 酞菁颜料具有优异而全面的性能,特别是耐晒性、耐热性好。同时不溶于任何溶剂,具有极其鲜艳的颜色,是当前高级颜料中生产成本最低的一类。酞菁可与铜、钴、镍等金属生成水溶性的稳定配合物。其与铜生成的铜酞菁具有非常鲜艳的蓝色,称为酞菁蓝。在铜酞菁的四个苯环上引入 16 个氯原子则生成铜酞菁的多氯化物,称为酞菁绿。

⑧ 杂环颜料 杂环颜料主要有喹吖啶酮类颜料和二噁嗪紫颜料。喹吖啶酮类颜料具有三种同质异晶型结构,即 α、β、γ。其中 β、γ 型的混合物适合作颜料,是优良的红色颜料之一。它不仅色泽艳丽,而且耐溶剂性、耐热性都优良。如颜料紫 19,其中 α 型呈蓝光红色,对溶剂不稳定;β 型呈红光紫色,称为酞菁紫;γ 型呈红色,称为酞菁红。

永固紫 RL 是二噁嗪紫颜料,具有咔唑二噁嗪紫结构。其耐晒牢度高,着色力强,但是耐溶剂性稍差。永固紫 R 与酞菁蓝共混可得到藏青色。

⑨ 色淀颜料 色淀颜料是由一些水溶性染料与重金属无机盐(钡盐或钙盐)作用而生成的不溶性沉淀物。色淀颜料主要有立索尔大红、立索尔紫红 2R、永固红 F5R 等。

⑩ 染料 塑料着色用的染料,按结构分有蒽醌、靛类和偶氮染料等。例如,黄色、橙色、红色染料都具有双偶氮发色团;紫色、蓝色、绿色染料都含有蒽醌和酞菁类发色团。重要的塑料用染料有硫靛红、还原黄 4GF、士林蓝 RSN、碱式玫瑰精、油溶黄等。

⑪ 金属颜料 金属颜料主要包括银粉、金粉等。银粉实际上是铝粉。由于铝表面能强烈地反射包括蓝色光在内的整个可见光谱,因此,铝颜料可产生很亮蓝白镜面反射光。铝粉粒子呈鳞片状,其遮盖力取决于比表面积的大小。铝粉在研磨过程中延展,其厚度下降,比表面积增加,遮盖力亦随之增加。铝粉的熔点为 660℃,但在高温下直接与空气接触时,表面被氧化成灰白色,因此,着色铝粉表面有氧化硅保护膜,具有耐热性、耐候性、耐酸性。

金粉实际上是铜粉和青铜粉(铜锌合金粉)的混合物。铜粉中锌含量提高,色泽从红光到青光。采用金粉着色可得到酷似黄金般的金属光泽。用量为 1%~2%。要使金粉着色产生良好的金属效果,其所着色的塑料透明性要好,因此,应尽量避免与钛白粉等配用,也不宜用于 PP 着色。

⑫ 珠光颜料 云母-钛珠光颜料是一种高折射率、高光泽度的片状无机颜料。它采用云母为基材,表面涂覆一层或多层高折射率的金属氧化物透明薄膜。通过光的干涉作用,使之具有天然珍珠般的柔和光泽或金属的闪烁效果。同时珠光颜料具有耐光、耐高温(800℃)、

耐酸碱、不导电、易分散、不褪色、不迁移的特性，加之安全无毒，因此，被广泛应用于塑料工业中。根据色光不同，珠光颜料一般分为银白系列、幻彩系列、金色系列、金属系列。

⑬ 荧光增白剂　白色塑料一般对可见光中短波一侧的蓝光有轻微吸收，故带有微黄光，影响白度，给人以陈旧不洁之感。消除塑料微黄光的方法之一就是添加荧光增白剂，它能吸收波长 300～400nm 的紫外线，将吸收的能量转换，并且辐射出 400～500nm 的紫色或蓝色荧光，从而可弥补所吸收的蓝光，提高了白度。

常用品种有荧光增白剂 PEB 和荧光增白剂 DBS。前者在透明 PVC 中的用量一般为 0.05%～0.1%，在不透明制品中为 0.01%～0.1%。后者适用于 PP、PS、ABS、PVC 等。被增白物泛蓝光色调荧光，白度高，耐高温。

⑭ 荧光颜料　荧光颜料是指在自然光照射下能够发射荧光并作为颜料使用的化合物。它具有柔和、明亮、鲜艳的色调。与普通颜料相比，其明度大约要高 1 倍，但它的耐晒牢度较差，可应用于 PP、PE、ABS、PS、PVC、PMMA 等塑料中。

荧光颜料用量一般仅为着色物质量的 0.015% 左右。由于荧光颜料的耐光性较差，故一般着色时，常常将其与色调相同的有机或无机颜料配合使用，这样塑料着色制品在使用过程中荧光着色剂褪色，制品光亮度下降，而色调不致发生大的变化。

⑮ 干扰颜料　所谓干扰颜料可以通过控制二氧化钛涂覆云母片的厚度予以实施，通过控制二氧化钛涂覆厚度在 120～360μm 可得到白、蓝、红、黄、绿的干扰色。干扰颜料能随角度变化而改变色彩的特性是一般吸收颜料所不具有的。

⑯ 温变颜料　温变颜料是一种在特定的温度下呈现出特定的颜色的微小颗粒。每个颗粒由微小的变色胶囊单元组成，胶囊内含有机酸、溶剂和着色剂。当环境温度低于溶剂的熔点时，着色剂与有机酸结合，呈有色状态；当环境温度高于溶剂的熔点时，着色剂与有机酸分离，呈无色状态。

温变单元在热量的作用下，从有色变为无色的范围，决定颜料的最终颜色。温变单元的颜色一般有蓝色、黑色、红色、绿色和黄色等。温变颜料可与普通颜料混用，以达到由一种颜色变为另一种颜色的效果。如红色温变颜料与普通颜料混用，即能产生由橙色变为黄色的效果。

1.3.35　有机颜料与染料类着色剂如何加以命名？

有机颜料与染料可根据其化学结构或按系统命名法来命名，称为学名。但由于其分子结构复杂，学名过于冗长，使用不便。同时，学名也并不能反映出着色剂的颜色和使用性能。因此在国际上，有机颜料和染料有着独特的命名法，其名称通常由三部分组成——冠首、色称和字尾，以便使用。

（1）冠首

冠首说明有机颜料与染料所属类别。如酞菁蓝 G，酞菁是冠首，代表该着色剂是酞菁类。

（2）色称

色称表示颜料的色泽。目前学术上广为采用的是国际照明委员会建立的测色系统。其色泽的区分是通过色调、明度和饱和度三者予以确定，其中，任何一项变更，都表示色泽有变动。这种表示方法，准确而肯定。色称统一规定为 30 个：白、嫩黄、黄、深黄、金黄、橙、大红、红、桃红、玫瑰红、品红、红紫、枣红、紫、翠蓝、湖蓝、蓝、深蓝、艳绿、绿、深绿、黄棕、红棕、棕、深棕、橄榄、橄榄绿、草绿、灰、黑。如酞菁蓝 G 中的"蓝"即是色称。

（3）字尾

字尾通常以一定的符号和数字来表示，以此说明色光、形态、牢度、特殊性能和用途等，也可不用字尾。如酞菁蓝中的"G"即是字尾。但实际使用中比较混乱，不同厂家其表示有所不同，具体内容应根据相关手册及生产厂家有关说明确定。

第2章

塑料配方设计实例疑难解答

2.1 塑料配方设计方法实例疑难解答

2.1.1 塑料配方设计原则有哪些？

塑料配方设计是选择树脂和助剂并优化确定其用量的过程。塑料用树脂和助剂品种有很多，如何选择合适的树脂和助剂并确定其用量，在配方设计时需从多方面加以考虑，其主要遵循的原则如下。

① 满足制品的使用性能要求　首先应充分了解制品的用途及性能要求，如机械、汽车、航空航天、医疗等应用领域不同，对制品的性能要求不同。制品性能要求主要包括力学性能、电性能、卫生性、阻燃性等方面的要求。其次是要合理确定材料和制品的性能指标。配方的好坏是由所得材料和制品的具体指标来体现的，在确定各项性能指标时要充分利用现有的国家标准和国际标准，使之尽可能实现标准化。性能指标也可根据供需双方的要求协商制定。

② 保证制品良好的成型加工性能　不同的成型加工方法对原料加工性能要求不同，如挤出成型一般要求原料的熔体强度较高，压延成型要求原料的外润滑效果要好。因此在配方设计时，应考虑产品成型加工工艺、设备及模具的特点，使物料在塑化、剪切中不产生或少产生挥发和分解现象，同时使物料的流变特性与设备和模具相匹配。

③ 充分考虑助剂与树脂的相容性　助剂与树脂之间应具有良好的相容性，以保证助剂长期稳定地存留在制品中，发挥其应有的效能。助剂与树脂相容性的好坏，主要取决于它们结构的相似性，例如，极性的增塑剂与极性的 PVC 树脂相容性良好；在抗氧剂分子中引入较长的烷基可以改善与聚烯烃树脂的相容性。另外，对于某些助剂而言，有意识地削弱其与树脂的相容性反而是有利的，如润滑剂、防雾剂、抗静电剂等。一般各种助剂与树脂之间都有一定的相容性范围，超出这个范围助剂便容易析出。

④ 助剂的效能　同一作用的助剂品种有很多，但不同的助剂其效能不同。效能高的在配方中一般用量少。效能低的用量则较大。由于助剂在正常发挥作用时，会产生某些副作用，在配方设计中，要视这种副作用对制品性能的影响程度加以注意。例如，大量使用填料时，会造成体系黏度上升，成型加工困难，力学性能下降；阻燃剂用量较多时，也会使材料力学性能明显下降。因此，配方设计时应尽量选用效能高的助剂品种。

有些助剂具有双重或多重作用，如炭黑不仅是着色剂，同时还兼有光屏蔽和抗氧化作用；增塑剂不但使制品柔化，而且能降低加工温度，提高熔体流动性，某些还具有阻燃作用；有些金属皂稳定剂本身就是润滑剂等。对于这些助剂，在配方中应综合考虑，调配用量或简化配方。

另外，有些助剂单独使用时，效能比较低，但与其他助剂一起配合使用时，效能会大大提高，而有些助剂则相反，与某些助剂配合使用时则效能会降低。如锌皂和钙皂热稳定剂在PVC中使用时，锌皂的前期热稳定效果比较好，后期比较差，而钙皂则是前期热稳定效果差，后期则比较好，如果两者一起配合使用时，则热稳定效果会大大得到提高。又如，HALS类光稳定剂与硫醚类辅助抗氧剂并用时，硫醚类滋生的酸性成分会抑制HALS的光稳定作用，使其光稳定效能大大降低。

⑤ 合理的性价比　一般来说，在不影响或对主要性能影响不大的情况下，应尽量降低配方成本，以保证制品的经济合理性，尽量使用来源广、采购方便、成本低的助剂。

2.1.2　塑料配方的计量表示方法有哪些？

塑料配方的计量表示方法是指表征配方中各组分加入量的方法。一个精确、清晰的塑料配方计量表示，会给试验和生产中的配料、混合带来极大的方便，并且可大大减少因计量差错造成的损失。一般在塑料配方设计中，其配方的计量表示方法主要有质量份数法、质量百分数法、比例法及生产配方法等。一般常用的主要是质量份数法和质量百分数法两种。

质量份数法是以树脂的质量为100份，其他组分的质量份数均表示相对树脂质量份数的用量。这是最常用的塑料配方表示方法，常称为基本配方，主要用于配方设计和试验阶段。质量百分数法是以物料总量为100%，树脂和各组分用量均以占总量的百分数来表示。这种配方表示方法可直接由基本配方导出，用于计算配方原料成本，使用较为方便。比例法是以配方中一种组分的用量为基准，其他组分的用量与之相比，以两者的比例来表示。在配方中很少用，一般主要用于有协同作用的助剂之间，特别强调两者的用量比例。生产配方法便于实际生产实施，一般根据混合塑化设备的生产能力和基本配方的总量来确定。质量份数、质量百分数及生产配方的计量表示方法如表2-1所示。

表 2-1　塑料配方的计量表示方法

原材料	质量份数法/份	质量百分数法/%	生产配方法/kg
PVC SG-5	100	85.03	50
三碱式硫酸铅	2.5	2.13	1.25
二碱式亚磷酸铅	1.5	1.28	0.75
硬脂酸钙	0.8	0.68	0.4
硬脂酸单甘油酯	0.4	0.34	0.2
硬脂酸	0.4	0.34	0.2
PE-C	6	5.10	3
CaCO$_3$（轻质）	6	5.10	3
合计	117.6	100	58.80

2.1.3　塑料配方设计方法有哪些？各有何特点？

一个配方设计往往需要多种助剂，不同助剂之间如何搭配以取得良好效果，通常需通过大量的试验，但如果采用合理的设计方法，则可大大减少设计试验次数。配方设计的方法有很多，不同类型的配方设计应采用不同的设计方法。一般的配方设计常有两种类型：一种是单变量的配方设计；另一种是多变量的配方设计。

单变量配方设计是指改变一种助剂的品种和用量，寻求制品性能指标最佳点的助剂用量极值点的配方设计。这种配方设计方法通常出现在对原有配方改进或设计较为成熟的产品配方设计中。单变量配方设计方法较多，一般常用的是黄金分割法和爬山法。

在实际配方设计中，影响材料和制品的因素较多，常常需要同时考虑几个因素，这就需要进行多变量配方设计。多变量试验设计方法较多，目前常用于塑料配方设计的是正交设计法。

黄金分割法是先在配方试验范围 (a,b) 的 0.618 点做第一次试验，再在其对称点 (a',b') 的 0.382 处做第二次试验，比较两点试验结果，去掉"坏点"以外的部分。对剩余部分照上述做法继续进行试验、比较和取舍，由此逐步缩小试验范围，快速找出最佳用量范围。该法可大大减少配方试验次数，快速找到最佳配方。采用黄金分割法时应注意，每一步试验配方都要根据上一次配方试验的结果决定，各项试验的原料及条件都要严格控制，若出现差错，则无法确定取舍方向。

爬山法也称为逐步提高法，它是先根据配方者的知识和经验估计或采用原配方的用量作为起点，在起点向助剂增加和减少的两个方向做试验，根据试验结果的好坏，向好的方向逐渐减少或增加助剂用量，直到再增减时，指标反而降低时止。指标最大值所对应的助剂用量即为配方的最佳用量。爬山法的特点是起点要选择恰当，选择得好可减少试验次数；同时每次步长大小（即每次增加或减少的量）也对试验有影响，可考虑采用先取步长大一些，快接近最佳点时再改为小步。爬山法主要适用于企业小范围内的配方改进。

正交设计法是一种应用数理统计原理科学地安排与分析多因素变量的试验方法。其优点是在众多试验中存在较多变量因素时可大幅度减少试验次数，并可在众多试验中优选出具有代表性的试验，由此得到最佳配方。有时，最佳配方并不在优选试验中，但可以通过试验结果处理推算出最佳配方。

2.1.4 采用正交设计法进行配方设计的步骤如何？

（1）采用正交设计法时配方设计的步骤

① 根据制品用途制定配方性能指标体系 性能指标体系是指配方所得到的材料和制品最终的性能指标，是检验确定配方是否满足设计要求的依据，也是多变量配方设计最终选择最佳配方的依据。指标体系应由配方设计人员根据制品用途和有关标准认真制定。

② 选择合适的正交表 正交设计的核心是正交设计表，典型的正交表的表达式为 $L_M(b^K)$。式中，L 为正交表的符号，表示正交；K 为影响试验性能指标的因素，称为因子，即变量的数目；b 为每个因子所取的试验数目，一般称为水平；M 为试验次数，通常由因子数和水平数确定，一般二水平试验时，$M=K+1$，三水平试验时，$M=b(K-1)$。

如 $L_4(2^3)$ 正交表，表示正交表要做 4 次试验，试验时要考虑的因子数为 3，每个因子可安排的水平数为 2，即每个变量因素可用两个数据进行试验。$L_4(2^3)$ 正交表的表示方法如表 2-2 所示。

表 2-2 二水平 $L_4(2^3)$ 正交表

试验号	因子 1	因子 2	因子 3	试验号	因子 1	因子 2	因子 3
1	1	1	1	3	2	1	2
2	1	2	2	4	2	2	1

③ 试验 根据正交表安排进行试验，取得性能指标数据。

④ 正交设计配方结果分析 对配方结果进行分析，确定对指标有重要影响的因素；确定各个因子的最佳水平；确定各个因子水平的组合，以得到最佳配方。对配方结果的分析方法一般可采用直观分析法，即首先按所用正交表计算出各个因子不同水平时试验所取得指标的平均值，比较不同因子水平数据大小，找出对指标最有影响的因素；同时找出每个因子的最佳水平，几个因子的最佳水平组合起来进行综合考虑，即可得到最佳配方。获得最佳配方

后，需再经试验进行检验。

（2）采用正交设计法时配方设计的实例

例如，采用正交设计法设计硬质 PVC 板材的配方，其设计的步骤如下。

① 根据硬质 PVC 板材的应用要求，参照国家标准 GB/T 22789，确定板材两个主要性能指标：缺口冲击强度大于 $10kJ/m^2$，弯曲强度大于 60MPa。

② 根据经验及参照普通硬质 PVC 板材的配方，选择基本的配方原料，PVC（SG-5）、DOP、硬脂酸、三碱式硫酸铅、石蜡、PE-C、红泥。

③ 确定因子水平。根据经验，将 PVC、DOP、硬脂酸三种物料用量设为定值，分别为100、5、0.4；将三碱式硫酸铅、石蜡、PE-C、红泥四种组分定为因子，每个因子的水平为3，因而得出硬质 PVC 板材四因子三水平值如表 2-3 所示。对照正交表，可选用 $L_9(3^4)$ 正交表，试验次数为 9，即可列出正交表如表 2-4 所示。根据正交表进行试验，将试验所取得的数据和有关计算也列入表中以做分析比较。

表 2-3 硬质 PVC 板材四因子三水平值

水平	三碱式硫酸铅用量 A	石蜡用量 B	PE-C 用量 C	红泥用量 D
1	5	0.4	10	20
2	4	0.3	20	10
3	3	0.2	30	5

④ 分析试验结果。从表 2-4 中可看出，极差最大的为 C 列，对应的因子为 PE-C，这说明 PE-C 用量是影响配方冲击强度的主要因素；对照指标要求，可得出 A_1、B_3、C_1、D_3 为水平的最佳组合，即：三碱式硫酸铅用量为 5，石蜡为 0.2，PE-C 为 10，红泥为 5。由此得最佳配方：PVC 为 100，DOP 为 5，硬脂酸为 0.4，三碱式硫酸铅为 5，石蜡为 0.2，PE-C 为 10，红泥为 5。

表 2-4 PVC 复合板材配方 $L_9(3^4)$ 正交设计表

试验号	试 验 计 划				试 验 结 果	
	三碱式硫酸铅用量 A	石蜡用量 B	PE-C 用量 C	红泥用量 D	缺口冲击强度 /(kJ/m²)	弯曲强度 /MPa
1	1(5)	1(0.4)	3(30)	2(10)	3.65	20.92
2	2(4)	1(0.4)	1(10)	1(20)	9.44	64.26
3	3(3)	1(0.4)	2(20)	3(5)	3.37	13.27
4	1(5)	2(0.3)	3(30)	1(20)	4.55	33.66
5	2(4)	2(0.3)	2(20)	3(5)	5.19	28.09
6	3(3)	2(0.3)	1(10)	2(10)	6.13	51.93
7	1(5)	3(0.2)	1(10)	3(5)	19.16	65.09
8	2(4)	3(0.2)	2(20)	2(10)	2.99	36.27
9	3(3)	3(0.2)	3(30)	1(20)	3.81	22.49
对应一水平三次冲击强度平均值	9.12	5.47	11.58	5.93	9 次试验冲击强度 平均值6.43	
对应二水平三次冲击强度平均值	5.87	5.29	3.85	4.26		
对应三水平三次冲击强度平均值	4.44	8.65	4.00	9.24		
三个水平冲击强度最大极差	4.68	3.36	7.73	4.98		

续表

	试 验 计 划				试 验 结 果	
试验号	三碱式硫酸铅 用量 A	石蜡 用量 B	PE-C 用量 C	红泥 用量 D	缺口冲击强度 /(kJ/m²)	弯曲强度 /MPa
对应一水平三次弯曲强度平均值	39.89	32.81	60.43	41.13		
对应二水平三次弯曲强度平均值	42.87	37.89	25.87	36.37	9次试验弯曲强度 平均值37.32	
对应三水平三次弯曲强度平均值	29.23	41.28	25.69	35.49		
三个水平弯曲强度最大极差	13.63	8.49	34.74	5.64		

2.1.5 采用正交设计法进行配方设计时，水平数的确定应注意哪些方面？

对于较为重要的塑料配方，为了确定因子和水平，常先期进行一些小型的探索性配方实验，以了解主要影响因素和实验复杂程度，尤其是对新型配方或新的课题。一般在确定水平数时应注意以下几方面。

① 针对配方要求达到的性能指标体系选取配方的因子，要特别注意那些起主要作用的因子，而对配方指标影响较小的因子可淡化，甚至忽略不计。

② 恰当地选取水平，如是两水平，要使其有适当的间距，一方面可扩大考察范围，另一方面最佳配方往往是一个范围，较少有一个点的情况。

③ 要考虑配方中助剂之间的相互作用，有些作用对配方的影响较大，称为因子间的交互作用，通常仅考虑两个因子间的交互作用。对于主要的交互作用可视为因子。

2.1.6 何谓协同效应和对抗效应？

协同效应是指塑料配方中两种或两种以上的添加剂一起加入时的效能高于其单独加入的平均值。协同效应的产生主要是由于塑料配方所造成，这种现象在稳定化助剂、阻燃剂中特别显著。塑料的户外老化是多种因素作用的结果，每种稳定剂都有一定的局限性，通常只有几稳定剂按一定比例构成防老化体系时才能得到令人满意的结果。

对抗效应是指塑料配方中两种或两种以上的添加剂一起加入时的效果低于其单独加入的平均值。对抗效应是不同助剂之间产生的物理或化学的作用阻碍了其作用的发挥，削弱了其作用的效能。在配方中，要防止在配方中出现对抗效应。如 HALS 类光稳定剂与酸性助剂共用时存在对抗效应，因 HALS 是呈碱性，酸性助剂会与碱性的 HALS 发生盐化反应，导致 HALS 失效。

2.2 增塑体系配方体系设计实例疑难解答

2.2.1 PVC 配方中增塑体系的组成如何？PVC 配方设计时应如何确定增塑体系？

（1）增塑体系的组成

由于增塑剂的类型有很多，不同类型及不同品种的增塑剂其性能有所不同，通常为了使 PVC 制品具有良好的综合性能，一般其配方中的增塑体系采用多种增塑剂配合使用。普通的 PVC 配方的增塑体系一般是由主增塑剂、辅助增塑剂和增量剂等部分组成的。主增塑剂与被增塑物的相容性良好，有良好的增塑效果，如邻苯二甲酸酯类、磷酸酯类等。辅助增塑剂与被增塑物的相容性一般，常需与适当的主增塑剂配合作用，如 DOS、DOA 等。增量剂与被增塑物的相容性较差，但与主增塑剂、辅助增塑剂有一定的相容性，由于价廉，可起到降低成本和改善某些性能的作用。如氯化石蜡，加入 PVC 中可降低其他增塑剂的用量，同时还可提高 PVC 制品的阻燃性。

（2）增塑体系的确定

PVC 配方设计时，其配方体系的设计应从多方面加以考虑：增塑剂与树脂的相容性、增塑效率、制品性能要求、耐久性、耐寒性、稳定性、绝缘性、卫生性、加工性、阻燃性以及增塑剂的价格成本等多方面。应从多方面对增塑剂的性能进行比较，选用合适的增塑剂形成最佳的增塑体系。

DOP 因其综合性能好、无特殊缺点、价格适中以及生产技术成熟、产量较充裕等特点而占据着 PVC 用增塑剂的主导地位。无特殊要求的增塑制品均可采用 DOP 作为主增塑剂。在选用其他种类的增塑剂时，往往以 DOP 为标准增塑剂品种，以此为基础，再选用某种增塑剂部分或全部取代 DOP。如选用环氧增塑剂取代部分 DOP 以改善薄膜的热稳定性、光稳定性；选用磷酸三甲苯酯（TCP）取代部分 DOP 以提供薄膜阻燃性；选用脂肪族二元酸酯可提高制品的耐寒性等。但选用其他增塑剂取代 DOP 时，必须考虑以下几点。

① 新选用的增塑剂与 PVC 的相容性是决定其可能取代 DOP 比例的一个重要因素。与 PVC 相容性好的，有可能多取代，甚至全取代；反之，则只能少量取代。常用增塑剂的相容性顺序为：DBS＞DBP＞DOP＞DIOP＞DNP＞ED3＞DOA＞DOS＞氯化石蜡。

② 切勿简单地利用新选的增塑剂去同等份数地取代 DOP。这是因为各种增塑剂的增塑效率大小不同，因而应该根据相对效率比值进行换算。常用增塑剂的增塑效率大小顺序为：DBS＞DBP＞DOS＞DOA＞DOP＞DIOP＞M-50＞CP-50。

③ 新选用的增塑剂不仅在主要性能上要满足制品的要求，而且最好不使电绝缘性、耐寒性等其他性能下降，否则应采取弥补措施。常用增塑剂的耐寒性顺序为：DOS＞DOZ＞DOA＞ED3＞DBP＞DOP＞DIOP＞DIDP＞DNP＞M-50＞TCP。常用增塑剂的电绝缘性顺序为：TCP＞DNP＞DOP＞M-50＞ED3＞DOS＞DBP＞DOA。

④ 增塑剂的选用受多方面的制约，变动后的配方还需经过各项性能的综合测试后才可以最后确定。

2.2.2 根据 PVC 制品性能选择增塑剂时应注意哪些问题？

① 根据制品软硬程度不同，确定增塑剂的用量。一般硬质 PVC 制品中增塑剂的总用量为 0～5 份；半硬质制品中增塑剂用量一般为 5～25 份；软质 PVC 制品中增塑剂用量一般为 25～60 份，甚至更多；PVC 糊塑料一般增塑剂用量在 60 份以上。

② 无毒 PVC 制品一般不选用磷酸酯类、氯化石蜡、DOP 及 DOA，要用 DHP、DNP 及 DIDP 等代替。对于卫生性要求严格时，一般需选用环氧类及柠檬酸酯类增塑剂。

③ PVC 农用制品一般不选用 DBP 和 DIBP，它们会对农作物产生危害。

④ 耐高温 PVC 制品一般需选用 TCP、DIDP、DNP、聚酯类及季戊四醇类等耐热增塑剂品种。

⑤ PVC 阻燃制品一般选用磷酸酯类、氯化石蜡等增塑剂，以提高其阻燃性。

2.2.3 PVC 防雾吹塑大棚膜的增塑体系应如何选择？

PVC 防雾吹塑大棚膜是软质制品，软质 PVC 制品中增塑剂含量对制品性能有较大影响，因而在配方设计中不但要掌握各种增塑剂的性能特点，更要依据制品的性能要求以及制品的加工工艺选用合适的增塑体系。PVC防雾吹塑大棚膜一般要求拉伸强度、断裂伸长率和直角撕裂强度高，耐寒性好，抗老化性好，流滴消雾性好等。

对于吹塑薄膜，增塑剂用量一般不能太高，用量太多时，膜折叠后易产生黏结，造成开口性不好。薄膜在挤出吹塑过程中通过拉伸作用能提高薄膜的强度，故一般应控制在30～45份为宜。

增塑体系通常应采用几种不同增塑剂相配合，以发挥各自的性能特点，以使薄膜获得良好的综合使用性能。一般以综合性能好的DOP为主增塑剂，加入DOS耐寒增塑剂以提高农膜的冬季耐寒性，辅以ESBO与Ca/Zn稳定体系起协同作用，可提高农膜的综合耐候能力。由于DBP及DIBP会对农作物有害，一般农膜中尽量不加或少加DBP及DIBP类，以免对农作物造成不良影响。表2-5为某企业挤出吹塑PVC防雾膜配方。

表2-5　某企业挤出吹塑PVC防雾膜配方

材料	用量/phr	材料	用量/phr
PVC SG-3	100	Cd/Ba/Zn液体复合稳定剂	2.5
主增塑剂DOP	35	双酚A	0.5
辅助增塑剂DOS	5	三嗪	0.3
辅助增塑剂ESBO	4	硬脂酸单甘油酯	2
亚磷酸三苯酯	0.5		

2.2.4　PVC无毒输血软管的增塑体系应如何选择？

PVC无毒输血软管的增塑体系以卫生和使用方便为设计目的，总用量在50份左右，配方中需选用无毒增塑剂，如邻苯二甲酸二庚酯（DHP）、邻苯二甲酸二壬酯（DNP）、邻苯二甲酸二异癸酯（DIDP）、环氧大豆油（ESBO）、环氧四氢邻苯二甲酸酯（EPS）、柠檬酸酯（ATBC）等，不能选择磷酸酯、氯化石蜡、邻苯二甲酸二辛酯（DOP）及癸二甲酸二辛酯（DOA）等气味大或有毒的增塑剂。ESBO不仅起到增塑的作用，同时还能进一步增加配方的稳定效果，防止产品老化而影响产品的卫生和使用性能，所以PVC无毒输血软管通常采用DHP和ESBO增塑体系。表2-6为某企业挤出PVC无毒输血软管配方。

表2-6　某企业挤出PVC无毒输血软管配方

材料	用量/phr	材料	用量/phr
PVC SG-4	100	ZnSt(硬脂酸锌)	0.5
主增塑剂DHP	45	HSt(硬脂酸)	0.5
辅助增塑剂ESBO	10	石蜡	0.5
AlSt(硬脂酸铝)	0.5	其他	适量

2.2.5　PVC电缆料的增塑体系应如何选择？

PVC电缆料是软质PVC中一大类产品，其增塑体系设计考虑增塑剂的电性能。增塑剂中电绝缘性较好的有磷酸酯类、含氯类，PAE类中DIDP和DIOP也具有较好的电性能。对于耐热性要求较高的电缆料尚需考虑增塑剂的耐热性，DTDP和TOTM适用于耐高温的电缆料中。此外，对护套级电缆料应根据使用要求加入相应的增塑剂，如耐寒护套可加入DOS、DOA等。如某企业增塑体系采用了耐热性、绝缘性、耐迁移性较好的TOTM，使制得的电缆料能耐105℃的高温，其增塑体系配方如表2-7所示。

表 2-7　某企业 105℃电缆料和普通电缆料生产配方

普通电缆料		105℃电缆料	
材料	用量/phr	材料	用量/phr
PVC SG-1	100	PVC SG-1	100
增塑剂 DIDP	30	增塑剂 TOTM	45
增塑剂 DOP	13	三碱式硫酸铅	3
增塑剂 TCP	12	二碱式亚磷酸铅	3
二碱式亚磷酸铅	2	PbSt	1
三碱式硫酸铅	3	双酚 A	0.5
PbSt	0.8	煅烧陶土	5
BaSt	0.4	其他	适量
CaCO₃	8		
其他	适量		

2.2.6　PVC 鞋类配方的增塑体系应如何选择?

PVC 鞋类主要有凉鞋、拖鞋及雨鞋等,通常都比较柔软,属于软质制品。PVC 鞋类塑料配方的组成通常主要包括树脂、稳定剂、增塑剂、润滑剂、填充剂、着色剂等。PVC 树脂一般可选用 SG-2、SG-3 或 SG-4 三种型号。PVC 鞋类属于普通的日常用品,如没有特殊要求时,一般可采用普通的 PVC 增塑体系,其主增塑剂通常可选用邻苯二甲酸二辛酯(DOP)和邻苯二甲酸二丁酯(DBP),其增塑效率高,与 PVC 树脂的相容性好,加工性好,来源较广,价格适中。辅助增塑剂一般可以采用癸二酸二辛酯(DOS),以提高制品的耐寒性。另外,还可适当配以增量剂如氯化石蜡或石油脂等,以降低鞋类制品的成本。增塑体系的用量一般在 60 份左右。某企业生产 PVC 白色凉鞋配方的增塑体系如表 2-8 所示。

表 2-8　某企业生产 PVC 白色凉鞋配方的增塑体系

原料		用量/phr	原料	用量/phr
PVC		100	三碱式硫酸铅	2
增塑体系	DOP	20	硬脂酸钡	1.5
	DBP	20	碳酸钙	10
	M-50	15	钛白粉	4
二碱式亚磷酸铅		1	其他助剂	适量

2.2.7　PVC 人造革配方的增塑体系应如何选择?

PVC 人造革主要是用于箱包、服装、鞋、车辆和家具的装饰,一般分为底层和面层两层。面层通常要求具有较好的外观、耐磨性和手感。底层则要求要有较好的强度、韧性等。一般是采用增塑剂经预热后对树脂进行热冲糊,而且加有填充剂,以降低成本,所以底层的增塑剂的用量一般比面层要大,通常面层增塑剂用量为 55~80 份,而底层增塑剂用量为 90~100 份。但不同的成型方法略有差异,通常采用刮涂成型时,为了便于刮涂,形成厚薄均匀的膜层,糊的黏度要稍小些,故一般增塑剂的用量较大,压延成型人造革时,增塑剂的用量可稍小些。

PVC 人造革增塑体系的组成通常是选用邻苯二甲酸二辛酯(DOP)和邻苯二甲酸二丁酯(DBP)为主增塑剂,以癸二酸二辛酯(DOS)或石油脂等为辅助增塑剂,以提高制品的耐寒性或耐候性等。某企业采用不同成型方法生产 PVC 人造革时配方的增塑体系如表 2-9、表 2-10 所示。

表 2-9 某企业采用涂刮法生产 PVC 人造革时配方的增塑体系

面层配方	用量/phr	底层配方	用量/phr
PVC(乳液)	100	PVC SG-3	100
主增塑剂 DOP	35	主增塑剂 DOP	10
主增塑剂 DBP	25	主增塑剂 DBP	30
辅助增塑剂石油脂	10	辅助增塑剂石油脂	40
复合稳定剂	2.5	辅助增塑剂氯化石蜡	10
CaCO$_3$	10	三碱式硫酸铅	2
其他	适量	BaSt	1
		CaCO$_3$	30
		其他	适量

表 2-10 某企业采用压延法生产 PVC 人造革时配方的增塑体系

材料	用量/phr	材料	用量/phr
PVC SG-3	100	CdSt	0.5
增塑剂 DOP	30	ZnSt	0.5
增塑剂 DBP	13	BaSt	1.5
增塑剂 DOS	12	CaCO$_3$	15
环氧大豆油	2	其他	适量

2.2.8 软质 PVC 阻燃制品的增塑体系应如何选择?

阻燃 PVC 的增塑体系除了要考虑增塑效果之外,还应考虑增塑剂对 PVC 阻燃性的影响,一般高分子量增塑剂聚己二酸丙二醇酯(PPA)优于偏苯三酸三辛酯(TOTM),而 TOTM 优于 DOP 和 DOA。对发烟性的影响,DOA、PPA 优于 TOTM,DOP 最差,而 PPA 虽有利于提高阻燃性和发烟性,但会使耐老化性下降,而 TOTM 可使耐老化性达最佳指标。PVC 阻燃电缆料和阻燃薄膜配方的增塑体系如表 2-11 所示。

表 2-11 PVC 阻燃电缆料和阻燃薄膜配方的增塑体系

材料	用量/phr	材料	用量/phr
PVC SG-3	100	CdSt	0.5
增塑剂 DOP	30	ZnSt	0.5
增塑剂 DBP	13	BaSt	1.5
增塑剂 DOS	12	CaCO$_3$	15
环氧大豆油	2	其他	适量

2.3 热稳定配方体系设计实例疑难解答

2.3.1 PVC 配方中热稳定剂选用的原则是什么?

热稳定剂的品种繁多,性能各异,在配方选用热稳定剂时应根据制品要求、成型工艺及设备特点加以适当选择,从而成型出性能优异、成本较低的制品。在选择热稳定剂时,应遵循以下几方面的原则。

① 应考虑热稳定效能高,并且具有良好的光稳定性。

② 要与 PVC 的相容性好,挥发性小,不升华,不迁移,不起霜,不易被水、油或溶剂抽出。

③ 还应具有适当的润滑性,在压延成型时使制品易从辊筒上剥离,不结垢。

④ 不与其他助剂反应，不被铜或硫污染。

⑤ 不降低制品的电性能、印刷性、高频焊接性和黏合性等二次加工性能。

⑥ 应无毒或低毒，无臭、无污染，可以制得透明制品。

⑦ 加工和使用方便，价格低廉。

2.3.2　何谓热稳定剂的协同效应？哪些热稳定剂之间存在协同效应？

所谓热稳定剂的协同效应是指单独使用一种热稳定剂有时难以满足要求或热稳定效能低，而当两种或两种以上热稳定剂配合使用时，可大大提高其热稳定效能。

热稳定剂的协同效应主要是以金属皂为中心进行的，它涉及以下几方面：金属皂之间的配合；金属皂与环氧化合物的配合；金属皂与亚磷酸酯的配合；金属皂与多元醇的配合。

① 金属皂之间的配合　金属皂有高活性与低活性之分。对于锌皂、镉皂等高活性皂而言，单独使用时，对 β-氯原子具有较强的置换能力，能很好地抑制树脂的前期着色，但置换后生成的金属氯化物（如 $ZnCl_2$）能活化 PVC 分子链中的 C—Cl 键，促进脱 HCl 反应，故后期色相很差。使用锌皂造成的 PVC 后期急剧变黑，称为"锌灼烧"现象。而对于钙皂、钡皂等低活性皂来说，单独使用时，其置换 β-氯原子的能力弱，故前期色相差，但其相应的金属氯化物（如 $CaCl_2$）对 PVC 脱 HCl 无催化作用，故后期色相好。若将两者配合使用（如锌皂/钙皂），则 PVC 树脂的前期与后期色相均很好，这是两种皂类间发生了协同作用的结果。

② 金属皂与环氧化合物的配合　金属皂与环氧化合物并用时，环氧化合物首先能与氯化氢发生开环加成反应，生成的氯代醇再与金属皂反应，生成环氧化合物与金属氯化物；其次是环氧化合物与锌皂配合使用时，在锌化合物的存在下，环氧化合物能置换烯丙基氯，形成稳定的醚化合物，从而能更有效地防止 PVC 的降解，起到良好的协同效果。

③ 金属皂与亚磷酸酯的配合　锌皂在使用过程中易发生"锌灼烧"，故其应用受到一定限制。而与亚磷酸酯配合使用时，则能克服"锌灼烧"现象。

④ 金属皂与多元醇的配合　多元醇不能单独作为热稳定剂使用，但它与金属皂配合使用时，显示出卓越的热稳定效果，能明显延长脱 HCl 的诱导期，并且能抑制树脂的着色。

2.3.3　硬质 PVC 配方的热稳定体系应如何选用？

由于硬质 PVC 的加工流动性差，成型过程中会产生大量的摩擦热，易引起 PVC 的过热分解，因此，硬质 PVC 成型过程中的热稳定体系要求更高，用量比较大。常用的硬质 PVC 的热稳定体系有三碱式硫酸铅/二碱式亚磷酸铅/金属皂体系，主要用于非透明 UPVC 制品中，如异型材和管材等。一般三碱式硫酸铅和二碱式亚磷酸铅的总用量为 3～6 份，两者配比为 2∶1 或 1∶1，为降低成本也可根据需要减少二碱式亚磷酸铅用量，甚至不用。金属皂的加入主要起稳定和润滑的双重作用，可选用 PbSt、BaSt、CaSt 或其他配合体系。此外，为使用方便也可选用商品化的片状固体复合热稳定剂。表 2-12 为某企业生产硬质 PVC 门型材热稳定体系及配方。

表 2-12　某企业生产硬质 PVC 门型材热稳定体系及配方

材料	用量/phr	材料	用量/phr
PVC	100	二碱式亚磷酸铅	3
PE-C	15	CaSt	1
三碱式硫酸铅	2	HSt	0.5
CaCO$_3$	6	其他	适量

稀土热稳定体系属于绿色环保品种。其特点是稳定效果好，无毒安全，可促进物料塑化，使制品透明性好，而且具有一定的偶联和增韧作用，主要用于 PVC 异型材、管材及管件、透明板片中。但是，稀土热稳定剂易引起金属皂、硬脂酸和活性碳酸钙的析出，在配合使用时应引起注意。表 2-13 为某企业生产硬质 PVC 窗用型材稳定体系与配方。

表 2-13　某企业生产硬质 PVC 窗用型材稳定体系与配方

材料	用量/phr	材料	用量/phr
PVC	100	稀土稳定剂	3
ACR	4	石蜡	0.4
PE-C	8	UV-9	10
CaCO$_3$	6	其他	适量

Ca/Zn、Ba/Cd 和有机锡热稳定体系主要用于透明和无毒一类制品中。硬质、无毒、透明 PVC 制品常选用 Ca/Zn 复合热稳定体系及有机锡中的无毒品种，如京锡 8831（DOTTG）和二甲基二巯基乙酸异辛酯锡（DMTTG）等。两者均可单独使用，也可配合使用，用量一般为 1～3 份。表 2-14 为某企业生产无毒 PVC 透明片的稳定体系与配方。

表 2-14　某企业生产无毒 PVC 透明片的稳定体系与配方

材料	用量/phr	材料	用量/phr
PVC	100	Ca/Zn 复合稳定剂	1
有机锡	0.8	其他	适量
ESBO	1.2		

2.3.4　软质 PVC 配方的热稳定体系应如何选用？

由于软质 PVC 配方中含有大量增塑剂，大大改善了 PVC 的成型加工性能，因此在其稳定体系设计时，稳定体系的用量可适当减少。在设计过程中，重点考虑的应是稳定剂之间的协同作用，如主稳定剂间的协同作用［三碱式硫酸铅/二碱式亚磷酸铅（2：1 或 1：1）、Ca/Zn、Ba/Ca、Ba/Pb、Ba/Cd/Zn］和主、辅助稳定剂间的协同作用（金属皂与环氧类、金属皂与亚磷酸酯类等）。其次要注意不同制品性能要求对热稳定剂的选择性，如透明性制品选用有机锡类、Ba/Cd/Zn、Ba/Ca 等稳定体系，无毒制品选用 Ca/Zn、AlSt/ZnSt 等稳定体系等，AlSt/ZnSt 稳定体系是金属皂中卫生性最好的稳定体系之一。

如某企业生产透明压延薄膜时，采用常用的 Ba/Cd/Zn 协同体系，辅以兼具增塑剂和稳定剂双重作用的 ESBO 和亚磷酸酯，不但可满足成型加工的要求，而且可大大提高农膜的耐候性。其稳定体系及配方如表 2-15 所示。电缆料宜选用耐热性和绝缘性好的铅盐热稳定剂，通常配方中以三碱式硫酸铅/二碱式亚磷酸铅/PbSt 为热稳定体系，PbSt 兼具有润滑作用。某企业生产电缆料的稳定体系及配方如表 2-16 所示。

表 2-15　某企业挤出生产 PVC 农膜的稳定体系及配方

材料	用量/phr	材料	用量/phr
PVC SG-3	100	稳定剂 BaSt	1.5
DOP	20	稳定剂 CdSt	0.7
DBP	12	稳定剂有机锡	0.3
DOS	6	石蜡	0.2
环氧大豆油	4	其他	适量

表 2-16　某企业生产电缆料的稳定体系及配方

材料	用量/phr	材料	用量/phr
PVC SG-1	100	稳定剂二碱式亚磷酸铅	2
增塑剂 DIDP	30	稳定剂三碱式硫酸铅	3
增塑剂 DOP	13	稳定剂 PbSt	0.8
增塑剂 TCP	12	稳定剂 BaSt	0.4
CaCO$_3$	8	其他	适量

2.3.5　高耐热型 PVC 电缆料应如何选择稳定体系？

耐热级电缆料需选用耐热性和绝缘性好的热稳定剂，一般以铅盐为主，如三碱式硫酸铅、二碱式亚磷酸铅等，可用三碱式硫酸铅、二碱式亚磷酸铅与 PbSt 或 BaSt 等协同使用，PbSt 兼具有润滑作用，可以改善 PVC 的加工流动性。表 2-17 为某企业生产高耐热型 PVC 护层电缆的稳定体系及配方。

表 2-17　某企业生产高耐热型 PVC 护层电缆的稳定体系及配方

材料	用量/phr	材料	用量/phr
PVC SG-2	100	二碱式亚磷酸铅	3
TDTM	33	PbSt	2
DIDP	10	双酚 A	0.5
三碱式硫酸铅	4.5	CaCO$_3$	3
氯化石蜡	8	其他	适量

2.3.6　UPVC 窗用型材配方中热稳定剂选择应注意哪些问题？

① UPVC 窗用异型材中通常多采用三碱式硫酸铅、二碱式亚磷酸铅、二碱式硬脂酸铅等铅盐类热稳定剂为主，以具有一定润滑作用的硬脂酸镉、硬脂酸锌、硬脂酸铅、硬脂酸钙等金属皂类热稳定剂为辅。

② 热稳定剂的加入量（总份数）为 5～7 份。

③ 复合热稳定剂通常使用方便，效果更好，如目前市场上的高效铅盐复合稳定剂，晶体粒子特别细，在相同用量的情况下，比使用普通热稳定剂稳定效果更好，其用量一般要低一些，通常用量为 4～5 份。

④ 采用有机锡类稳定剂时，不宜与铅盐和铅皂并用，否则易造成型材污染。

⑤ 在配方中如果采用了 EVA 抗冲改性剂时，不宜用铅盐稳定剂，否则成型加工性能较差，制品容易出现粉斑。

⑥ 在配方中如果采用了 CPE 抗冲改性剂时，不宜采用锌皂稳定剂。

2.3.7　采用 Ca-Zn 稳定体系成型白色 UPVC 管材时，管材的颜色为何会偏黄？应如何解决？

在 PVC 加工常用的热稳定体系中，不同热稳定剂，配方中其他助剂用量也是不同的。采用铅盐稳定体系时，由于铅系稳定剂具有一定的润滑作用，因此，配方中的润滑剂可少用。而采用 Ca-Zn 稳定体系时，由于 Ca-Zn 稳定剂的润滑效果较差，因此，需要加入较多的润滑剂和其他加工助剂。在设计 UPVC 配方时，要考虑稳定剂用量应足够，同时还要考虑润滑体系的用量也应足够。如果润滑体系用量不够时，会使成型过程中产生过大的摩擦热，从而导致 PVC 产品发黄降解。

另外，配方中的增白体系设计应合理。在增白剂量少的情况下，金红石型钛白粉赋予产品柔和的白色，而锐钛型钛白粉赋予产品的是青白色。金红石型钛白粉着色力、耐候性及耐热性较佳；但锐钛型钛白粉不耐黄变，不耐高温。

解决的措施主要有以下几点。

① 适当增加配方中润滑剂的用量。

② 适当增加配方中增白剂的用量或选用金红石型钛白粉。

2.3.8 某企业挤出 UPVC 管材的配方中采用京锡 8831 与 PbSt、CaSt 为稳定体系时，为何产品出现发黑现象？

有机锡类热稳定剂具有突出的耐热性，低毒，耐硫化污染。常用的有机锡有三种类型：脂肪酸盐类有机锡、马来酸盐类有机锡与硫醇盐类有机锡。硫醇盐类有机锡具有突出的耐热性和良好的透明性，没有初期着色性，特别适用于硬质透明制品，还能改善由于使用抗静电剂所造成的耐热性降低的缺点。但价格昂贵，耐候性比其他有机锡差。但由于分子中含硫，一般不能与含铅和镉的热稳定剂并用，它遇含铅、镉的化合物时，很易发生作用而产生黑色的硫化铅和硫化镉，而污染制品。

该企业在生产 UPVC 管材时，其稳定体系中的京锡 8831，即双（硫代甘醇酸异辛酯）二正辛基锡，是属于硫醇盐类有机锡，它和大量的 CaSt 配合使用时，硬脂酸钙可以促进 PVC 的塑化，有利于提高管材质量及高速挤出。但京锡 8831 与 PbSt 一起并用时，在高温下极易形成黑色的硫化铅，从而使 PVC 管材受到污染而发黑。

2.3.9 硫醇甲基锡热稳定体系有何特点？

硫醇甲基锡热稳定体系的特点主要有以下几点。

① 无铅无毒，绿色环保性 由于甲基锡是油状液体，可使混料间由系统密封不严造成的飘尘明显降低，有效保护工人的身体健康。另外，铅配方的制品在使用过程中，会因自然老化导致制品表层出现"白垩化"，铅也随着粉化层脱落，会对居住环境造成铅污染，人体内铅含量一旦超标就可能导致多种疾病。

② 良好的耐气候性 凡含铅盐稳定体系的型材，经光老化后易着色而污染制品，在经过 1500h 光照射后显著变黄，含有机锡稳定体系试样经同等光照后颜色并无显著变化。由此可知，有机锡配方在耐气候性上有较大的优势。另外，我国大部分地区还在使用燃煤，含铅盐稳定剂的制品在燃煤地区使用还存在易与空气中的二氧化硫反应而使表面变灰的问题，而用有机锡配方则不存在这一缺点。

③ 加入份数少，配方成本低 在 PVC 型材生产中，大多数情况下，加入 0.9 份甲基锡稳定剂即可替代全部铅体系，而在管材生产中用量可低至 0.7～0.8 份，其实际成本低于或等于同一配方中铅体系及稀土体系稳定剂。另外在三个方面体现：潜在低成本，正品率高，清机周期长；回收料可直接生产小配件，无色差；试车成功率高，避免浪费试机料。

④ 较高的出材率 由于甲基锡的相对密度在 1 左右，而铅的相对密度大，并且铅加入的份数大（其用量可达到 5～6 份），故在同等壁厚时，甲基锡配方体系的出材率较铅配方体系高 6% 左右。另外，甲基锡为液体，不影响 PVC 树脂的冲击韧性，而铅盐多为无机固体粉料，加入后必然导致 PVC 树脂抗冲击性的降低，故而甲基锡配方使型材即使在 2.0mm 甚至更低的壁厚也能通过国家标准，而铅配方则较难达到，这也是高成材率的另一个重要原因。

⑤ 优秀的塑化性，易操作性 用哈克转矩流变仪测塑化性能时，甲基锡配方塑化时间一般在 90s 左右，而铅配方则为 2～3min（185℃，60r/min）。甲基锡配方的易塑化性可弥补某些设备塑化性差、剪切力低的缺陷，也可以说，甲基锡配方具有对各种生产设备的适用

性。通常使用甲基锡配方，各段加工温度较铅体系的要低 7～10℃，降低了能耗，减少了生产成本。

⑥ 优秀的物理力学性能　除了薄壁型材也能满足低温抗冲击性以外，甲基锡配方的型材还具有很高的焊角强度。例如，有机锡配方加 8 份 CPE 时，焊角强度平均达 5000N，而甲基锡配方加丙烯酸酯抗冲改性剂，则焊角强度可达 6000～8000N。PVC 硬质制品所必需的其他性能，如拉伸强度、断裂伸长率、简支梁冲击强度等，在甲基锡配方中也有相当好的体现。

⑦ 在同等条件下可加入较多的填料　使用甲基锡配方与使用铅盐等固体配方相比，在保证同样的加工性能及制品的物理力学性能的条件下，可加入略多填料，由此可降低配方成本，提高经济效益。

⑧ 表面粗糙度低　使用甲基锡配方制备 PVC 硬质制品的另一个优势是可以得到有益的表面粗糙度和良好的手感，甲基锡可以根据生产厂家的挤出机、模具的不同调节配方，使 PVC 硬质制品外观光洁漂亮，以提高制品的市场竞争力。

某 PVC 型材采用硫醇甲基锡为热稳定剂时的配方如表 2-18 所示。该配方的特点是无毒，粉尘污染小，型材焊接强度高。配方组分选择硫醇甲基锡 SS-218 主要是考虑到型材初期颜色好，配方中加入量低，得到低成本配方。采用硬脂酸钙作为内润滑剂，同时作为有机锡辅助稳定剂，与有机锡一起发挥协同效应。在实际配方中采用石蜡与硬脂酸钙共用，使型材塑化温度降低并缩短塑化时间。石蜡与氧化聚乙烯蜡在配方中同时起外润滑作用。但由于氧化聚乙烯中含有少量极性基团，所以氧化聚乙烯蜡可在某种程度上分散于 PVC 分子中，起内润滑作用。

表 2-18　某 PVC 型材采用硫醇甲基锡为热稳定剂时的配方

材料	用量/phr	材料	用量/phr
PVC SG-5	100	CaCO$_3$	8
硫醇甲基锡 SS-218	1.0	TiO$_2$	6
CaSt	1.5	PE 蜡	0.5
ACR-401	2.0	其他	适量
CPE	8		

2.3.10　稀土稳定剂在聚氯乙烯配方中应如何应用？

稀土热稳定剂作为我国特有的一类 PVC 热稳定剂，表现出良好的热稳定性、耐候性、加工性、储存稳定性且兼有润滑、表面处理功能等许多优点。特别是其无毒环保的特点，使稀土热稳定剂成为少数满足环保要求的热稳定剂种类之一。稀土稳定剂在聚氯乙烯配方中的应用遵循聚氯乙烯配方设计的一般原则，但有别于其他传统稳定剂，应用时应考虑以下几方面。

① 由于稀土稳定剂能提高塑化速率，改善物料的流动性和均匀性，故可在配方中适当减少加工助剂 ACR 的用量，一般用 1.0～1.5 质量份。

② 由于稀土复合稳定剂具有独特的偶联功能和增容性，能与无机或有机的配位体形成离子配位，使树脂紧紧包裹 CaCO$_3$ 并均匀分布，故配方中填料碳酸钙的用量可适当增加。一般活化钙可用 10～15 质量份，不活化钙可用 8～12 质量份。

③ 由于一般稀土复合稳定剂多为有机盐，自身相对密度小于铅盐稳定剂。而且在 PVC 成型加工温度条件下处于熔融状态，与 PVC 的相容性好，在同样条件下挤出型材制品相对密度比铅系配方小，有利于提高出材率。

④ 稀土具有吸收紫外线、放出可见光的特性，能减少紫外线对树脂分子的破坏，改善

制品的户外老化性能，或可在同等性能条件下减少防老剂的用量，节约成本。

⑤ 稀土复合稳定剂可制作成低铅或无铅产品，可减缓或避免因使用铅盐产生硫化污染及游离铅催化钛白粉导致变色的问题，提高 PVC 制品的表观防老化性能。

⑥ 由于稀土复合稳定剂对色粉独特的增韧功能及自身为青光谱系，在制品调色时应注意适当减少色粉用量，对青白色制品调色有利。

⑦ 稀土复合稳定剂低毒或无毒，可改善生产环境、劳动条件，使制品通过 SGS 国际检测机构及 RoHS 标准允许的检测，进入发达国家市场。

⑧ 稀土系配方对设备、模具有一定自洁功能，有利于延长设备、模具的使用寿命。

表 2-19 给出了某稀土系 PVC 门窗型材的配方。

表 2-19　某稀土系 PVC 门窗型材的配方

材料	用量/phr	材料	用量/phr
PVC SG-5	100	$CaCO_3$	15
稀土稳定剂	3.0	TiO_2	6
ACR-401	6.0	HSt	0.3
CPE	8.0	其他	适量

2.4　抗老化配方体系设计实例疑难解答

2.4.1　何谓塑料的抗老化配方体系？抗老化配方体系的设计原则有哪些？

塑料抗老化配方体系就是以解决热氧老化和光老化为核心，综合考虑多种因素，阻止或延缓塑料材料的老化，延长制品的使用寿命的各种抗老化助剂按一定用量比例所组成的复合体系。塑料中常用的抗老化助剂主要是指抗氧剂、光稳定剂、金属离子钝化剂等。

塑料的抗老化助剂品种有很多，在进行塑料的抗老化配方体系设计时应注意以下几方面的原则。

① 一方面由于不同树脂分子结构不同，对光、氧等环境条件的敏感程度不同。另一方面不同的抗氧剂、光稳定剂的作用机理不同，其作用效果也不同，因此在进行抗老化配方体系设计时，应根据树脂品种选择合适的抗氧剂和光稳定剂品种。

② 不同的抗氧剂和光稳定剂之间存在协同作用，抗老化配方体系设计时应充分利用助剂之间的协同作用，以提高抗老化效果，降低抗老剂的用量。如主抗氧剂、辅助抗氧剂之间的配合，紫外线吸收剂和其他光稳定剂之间的配合，低分子量的光稳定剂和高分子量的光稳定剂之间的配合，抗氧剂与紫外线吸收剂之间以及抗氧剂与金属离子钝化剂之间的协同作用等。

③ 应避免抗老剂之间的对抗效应，以免降低抗老化的作用效果或降低制品性能。如胺类抗氧剂与炭黑、受阻胺类光稳定剂（HALS）与硫醚类抗氧剂等存在对抗作用。

④ 应考虑加工条件与抗老剂的适应性。如加工温度在 200℃ 以上时，应在加入主抗氧剂（如酚类抗氧剂）的同时，适量加入辅助抗氧剂（如亚磷酸酯类抗氧剂等），以防止氢过氧化物引发聚合物的降解。

⑤ 要根据制品的使用条件，合理选择抗老剂的种类。对于户外使用的制品，应选用高性能的光稳定剂和抗氧剂；对于电线、电缆及高矿物填充的制品，应加入金属离子钝化剂；对于透明制品和浅色制品，不宜选用深色的抗老剂，如胺类抗氧剂等。

⑥ 制品的厚薄不同，所选用的抗老剂品种和用量也应有所不同。厚壁制品应考虑抗老

剂的分散性，一般宜选用与树脂相容性好的低分子量的抗老剂，而薄壁制品宜选用高分子量的抗老剂。对于薄壁制品，一般其抗老剂的用量宜多一些，而厚壁制品一般用量可相对少一些。

2.4.2　配方设计时抗氧剂的选择应从哪些方面加以考虑？

配方设计时抗氧剂的选择应主要从以下几方面加以考虑。

① 抗氧剂的变色及污染性　这是选择抗氧剂时首先考虑的问题。对于无色和浅色塑料制品，一般应选用稳定性好、不易发生污染的酚类抗氧剂。

② 挥发性　挥发性是抗氧剂从塑料中损失的主要形式之一，一般分子量较大的抗氧剂其挥发性比分子量小的抗氧剂要低。

③ 相容性　相容性差的抗氧剂，易出现喷霜现象。一般相容性的好坏取决于抗氧剂的化学结构、聚合物种类等因素。

④ 稳定性　为保持长期的抗氧效率，抗氧剂应对光、氧、水、热、重金属离子等外界因素比较稳定。例如，受阻酚在酸性条件下受热分解发生脱烷基反应，这些现象都能降低抗氧剂的效能。

⑤ 卫生性　在与食品等方面有关的制品中，必须选用天然或无毒抗氧剂。

⑥ 重视加工和环境因素对抗氧剂的影响　在选用抗氧剂时，不仅要考虑抗氧剂本身的特性及使用对象的性能，还应考虑塑料的加工、储存及使用环境因素对抗氧剂的影响。如塑料材料的结构决定了它对大气中氧的敏感程度，不饱和、带支链多的易被氧化，故应选用抗氧效能高的抗氧剂；加工温度高的则需耐热抗氧剂；对使用温度高、机械强度要求高、光照强度大的制品则应选用高效和兼具光稳定作用的品种。

⑦ 抗氧剂的配合　在实际生产中，酚类主抗氧剂经常与过氧化物分解剂配合使用，能提高制品抗热氧化的性能。受阻酚类主抗氧剂与亚磷酸酯类辅助抗氧剂并用时，具有明显的协同效应。而当受阻酚与炭黑配合，非但不能提高其抗氧效能，反而使其降低。

⑧ 正确使用抗氧剂的用量　大多数抗氧剂都有一个最适宜的浓度范围。在此范围之内，随着抗氧剂用量的增加，抗氧效能增加到最大值。超过此范围，则会带来不利的影响，故适当的抗氧剂用量是非常重要的。抗氧剂的用量取决于塑料的性质、抗氧剂的效率、协同效应、制品的使用条件与成本价格等诸多因素。

2.4.3　配方设计中光稳定剂应如何选用？

在配方设计中选用光稳定剂时，应根据制品性能及使用要求进行选择。通常要求光稳定剂应具有良好的光稳定性，与聚合物的相容性好，热稳定性好，不与塑料材料或其他组分发生不良反应，不污染制品，无毒或低毒，而且价格低廉。同时还应注意以下几方面。

① 树脂的敏感波长与紫外线吸收剂的有效吸收波长的一致性　树脂对紫外线的敏感波长是其本身所特有的。选用光稳定剂时，应选用易于吸收或反射这部分敏感波长的光稳定剂，即树脂的敏感波长和紫外线吸收剂的有效吸收波长具有一致性。不同结构的塑料品种对紫外线的敏感波长不同，如表 2-20 所示。

表 2-20　各种常用塑料对紫外线的敏感区

高分子化合物	敏感波长/nm	高分子化合物	敏感波长/nm
PE	300	POM	300～320
PP	310	PC	295
PVC	310	PMMA	290～315
聚酯	325	PS	318

② 与其他助剂的协同效应　由于紫外线吸收剂吸收光能后，增加了制品发热的可能性，因此，必须考虑同时加入抗氧剂和热稳定剂，这就要求三者间具有协同作用。如光屏蔽剂 ZnO 可以提高 PP 的户外使用寿命，若与主抗氧剂 1010、辅助抗氧剂 DSTP 和紫外线吸收剂三嗪类并用，效果更好。又如炭黑光屏蔽剂与硫代酯类抗氧剂配合应用于 PE 的稳定体系中，具有协同作用，可取得良好效果。

③ 光稳定剂的并用　各类光稳定剂都有各自不同的作用机理。配方设计时可考虑加入两种或几种不同作用机理的光稳定剂，以取长补短，得到增效光稳定体系。如将几种紫外线吸收剂复合作用时，其效果比单一时有很大提高；又如紫外线吸收剂常与猝灭剂并用，光稳定效果显著提高，因为紫外线吸收剂不可能把有害的紫外线全部吸收，这时猝灭剂可以消除这部分未被吸收的紫外线对材料的破坏。

④ 制品的厚度和稳定剂的用量　一般来说，薄壁制品和纤维要求加入的紫外线吸收剂浓度较高，而厚壁制品的则较低。这是由于制品愈厚，紫外线透入一定深度后，即被完全吸收，所以耐光性好，所需的浓度低；同时加入塑料中的紫外线吸收剂，由于扩散作用，往往都会集中在聚合物表面的非结晶区内，所以表面层实际的防护能力，往往要比预料的高很多倍，因此，厚壁制品不必添加高浓度的紫外线吸收剂。相反，光稳定剂的添加量太高时，反而会产生喷霜现象，也增加了制品成本。

2.4.4　对于常用塑料品种的光稳定剂应如何选用？

不同的塑料品种，由于聚合物的分子结构不同，其光老化降解的机理也不同，因此在配方设计时，应根据不同的塑料品种选用不同的光稳定剂，如几种常用塑料品种的选用如下。

① 选用 PVC 的光稳定剂时，要特别考虑它们与热稳定剂之间的相互影响。PVC 制品中常用的光稳定剂主要有二苯甲酮类、苯并三唑类、三嗪类等。当 PVC 中采用金属皂类热稳定剂时，其光稳定剂常选用 UV-P，以硫醇锡作为热稳定剂时，常选用 UV-326 作为光稳定剂。

② 聚烯烃类（如 PE、PP）分子结构存在不稳定的结构，易发生光氧老化，特别是 PP 分子结构中存在叔碳原子，与 PE 相比更易老化，尤其对光敏感。为了抑制聚烯烃类制品的光氧老化，延长制品使用寿命，常常加入的光稳定剂有二苯甲酮类、苯并三唑类、有机镍配合物及受阻胺类等。而且与受阻酚抗氧剂、硫代二丙酸酯类抗氧剂并用时，效果更佳；有机镍配合物猝灭剂与紫外线吸收剂并用，也能发挥优良的防老化效能；受阻胺类自由基捕获剂与受阻酚类抗氧剂并用，则能赋予制品卓越的光稳定性。

③ 由于 318nm 的紫外线辐射最易引起 PS 的光降解，而 PS 中残存的单体在 291.5nm 紫外线区域处有特征吸收，这些残存的杂质引发 PS 的光化学反应，而易使 PS 变色。因此，PS 的光稳定作用主要应考虑对上述紫外线的吸收。一般常用二苯甲酮类、苯并三唑类等光稳定剂。

④ ABS 的耐候性差，特别是在户外暴晒时很不稳定，很易发生老化降解。其分子中丁二烯中的双键对波长为 350nm 附近的紫外线比较敏感，因此抗老化体系中，对 350nm 附近的紫外线的光稳定较为重要。但 ABS 中如果采用单独的添加紫外线吸收剂（二苯甲酮类、苯并三唑类、三嗪类等）时，一般不能得到良好的稳定效果。而采用紫外线吸收剂与抗氧剂、镍系光猝灭剂并用时，则可显著提高 ABS 的耐候性。若对制品颜色不拘，则添加炭黑效果最好，它能极其有效地提高 ABS 的耐候性。若炭黑与抗氧剂并用，效果更佳。

2.4.5　聚烯烃塑料抗老化配方体系确定应主要考虑哪些方面？

聚烯烃塑料是一类易老化的树脂品种，尤其是 PP 比 PE 对氧化和光老化更为敏感，不

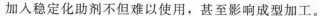

加入稳定化助剂不但难以使用，甚至影响成型加工。

① 由于聚烯烃塑料在热氧化过程中产生的羰基化合物是光降解的先导，而光降解又会诱导热氧老化，因此，聚烯烃的抗老化体系必须同时使用光、氧稳定剂。

② 在筛选抗氧剂和光稳定剂过程中，应熟知各种助剂的特点及相互间的协同和对抗效应，依据制品的用途和要求，兼顾成型加工及制品成本的限制。

在聚烯烃塑料中，主抗氧剂、辅助抗氧剂存在协同效应，如抗氧剂 1010/抗氧剂 168、抗氧剂 1076 或 2266/抗氧剂 DLTP 等。HALS 抗氧剂与紫外线吸收剂具有较好的协同作用，如抗氧剂 1076 与 UV-531。而目前抗氧剂 1010/抗氧剂 168 已成为聚烯烃抗老化常用的复合抗氧体系。对于聚烯烃塑料的光稳定而言，紫外线吸收剂与紫外线猝灭剂配合使用具有较好的效果，如 UV-531 与光稳定剂 1084 并用，比单独使用 UV-531 稳定化效果提高约 4 倍，比单独使用光稳定剂 1084 提高 2 倍多。不同种类的受阻胺类光稳定剂配合使用，也较单独使用提高效果近 2 倍。

③ 由于聚烯烃塑料往往存在重金属离子残留物，必要时可加入金属离子钝化剂；如需保持树脂的透明性或浅色制品，不宜选用深色和易引起污染的稳定剂，如胺类稳定剂。

④ 户外使用聚烯烃，其抗老化体系应选择高效光、氧稳定剂，用量也应加大；对室内使用的制品可采用一般稳定化助剂，用量可减少，而多数情况下，树脂本身已加入稳定剂即可满足要求；地下使用的制品则应以防鼠、防蚁、防霉为主。

2.4.6 PE 大棚膜的抗老化体系应如何确定？

PE 大棚膜的机械强度要求较高，一般选用的是熔体流动速率小于 1g/10min 的 LDPE 树脂，或 LDPE 与 25%～50% 的 LLDPE 共混物。由于 LDPE 分子链支化程度较高，使分子很易光氧老化。再加上大棚膜的使用环境较为恶劣，长期在阳光下暴晒，因此，其抗老化体系应主要针对光、氧的稳定性。

对于光稳定剂，在 PE 中常用的主要有 UV-531、UV-327、UV-326、HALS、BAD 及水杨酸酯类等。在 PE 大棚膜抗老化配方中，通常选用 HALS 类光稳定剂较紫外线吸收剂和紫外线猝灭剂的效果要好，而且 HALS 类光稳定剂还可避免使用含重金属离子的紫外线猝灭剂对环境造成的不良影响。因此，配方中以 HALS 类光稳定体系为主。通常多用聚合型高分子受阻胺类光稳定剂 BW-10LD，它具有优异的光、热稳定性，而且具有良好的耐水抽出性，更具有针对性。

在 PE 中常用的抗氧剂主要有抗氧剂 CA、抗氧剂 1010、抗氧剂 168、抗氧剂 1076 等。而抗氧剂 1010/抗氧剂 168 或抗氧剂 1076/抗氧剂 168 的配合体系，具有良好的协同作用，是目前聚烯烃塑料常用的高效抗氧体系。

如某企业采用 LDPE 与 LLDPE 共混料生产大棚膜时，其抗老化体系采用抗氧剂 1076、抗氧剂 168、GW-480、UV-531 相配合，其用量均为 0.2 份。此大棚膜经 10 个月的大棚覆盖后，薄膜纵横向的拉伸强度保持率在 70% 以上，断裂伸长率的保持率在 80% 以上。

2.4.7 PP 撕裂膜的抗老化体系应如何确定？

PP 撕裂膜是一种拉伸膜，生产时树脂一般应选用拉伸级 PP 品种，熔体流动速率为 2～3.5g/10min，有较高的分子量。撕裂膜一般对光老化要求不高，产品的抗老化体系中，应以抗氧老化为重点，可少加或不加光稳定剂。PP 中常用的抗氧剂主要有抗氧剂 CA、抗氧剂 1010、抗氧剂 3314、抗氧剂 1076、抗氧剂 330 等。光稳定剂主要采用 UV-531、UV-327 及三嗪-5 等。抗氧体系一般可选用酚类抗氧剂与硫代酯类抗氧剂，或采用多种酚类抗氧剂，通过不同种类酚类抗氧剂之间的协同配合，以达到良好的抗氧老化的效果。

如某企业生产 PP 撕裂膜时，采用抗氧剂 1010、抗氧剂 264 和抗氧剂 2246 三种酚类抗氧剂。其中高效抗氧剂 1010 与抗氧剂 264 具有协同作用，抗氧剂 264 可使高活性抗氧剂 1010 再生，从而可减少抗氧剂 1010 的用量。而且抗氧剂 264 成本较低，能满足配方经济方面的要求。抗氧剂 2246 兼有分解氢过氧化物作用，可提高体系抗老化能力。

如某企业 PP 撕裂膜则采用了光稳定剂 UV-327 与抗氧剂 1010、抗氧剂 DLTP 相配合，组成抗老化体系，其用量比为 0.5：0.5：0.7。抗氧剂 1010 属于酚类抗氧剂，UV-327 是紫外线吸收剂，两者配合时具有良好的协同作用。而抗氧剂 1010 与硫代酯类抗氧剂 DLTP 之间也存在较好的协同作用。因此，其抗老化体系能达到良好的抗老化效果。

2.4.8 PVC 塑料的抗老化体系应如何确定？

PVC 在光、热、氧的作用下很易发生老化降解，但由于 PVC 塑料中通常加入了热稳定剂，因此，PVC 塑料的热、氧稳定性相对较好，因此，PVC 制品在使用过程中其氧化降解通常没有聚烯烃类塑料（PP、PE）那么明显。故对于 PVC 塑料的抗老化配方体系中重点是光稳定的作用，抗氧剂的用量一般不多。通常 PVC 中常用的抗氧剂主要是酚类抗氧剂 264、抗氧剂 CA 等主抗氧剂，以及亚磷酸酯类和硫代酯类等辅助抗氧剂等。亚磷酸酯类不但与酚类抗氧剂有良好的协同作用，同时还兼具增塑作用，与金属皂类热稳定剂也具有良好的协同作用，可减少金属氯化物的危害，保持 PVC 制品的透明性。

对于 PVC 塑料中的光稳定剂，由于 PVC 受日光中 290～400nm 波长的紫外线作用易发生光降解，因此，要求光稳定剂应能吸收或反射、屏蔽 290～400nm 波长的紫外线。在 PVC 塑料中常用的光稳定剂主要是二苯甲酮、苯并三唑及三嗪类等紫外线吸收剂，常用的品种主要是 UV-9、UV-326、UV-P、UV-24、双酚 A 及三嗪-5 等。一般在 PVC 配方中采用硫醇有机锡作为热稳定剂时，则宜选用 UV-326 光稳定剂；而采用金属皂类热稳定剂时，宜选用 UV-P 光稳定剂。

如某企业生产 PVC 抗老化农用膜时，采用了酚类抗氧剂 CA 和亚磷酸三壬基苯酯（TNP）、UV-P 光稳定剂组成抗老化体系，同时与金属皂复合热稳定剂配合，有效提高了 PVC 农膜的抗老化性能。其配方如表 2-21 所示。

表 2-21 某企业 PVC 抗老化农用膜配方

材料	用量/phr	材料	用量/phr
PVC	100	TNP	3
DOP	47	抗氧剂 CA	0.3
液态环氧树脂	3	UV-P	0.5
复合 Ca-Ba-Zn	2.5	其他	适量

2.4.9 ABS 塑料的抗老化体系应如何确定？

ABS 本身具有良好的综合性能，坚韧、质硬、刚性好，但由于分子中丁二烯结构中含有双键，不稳定，易受光、热、氧的作用，而引发共聚物的老化降解，从而降低其冲击强度和韧性。因此，对于 ABS 塑料必须对其抗老化配方进行设计，以提高抗氧和光稳定作用，防止其老化，延长制品的使用寿命。

在 ABS 抗老化体系中，由于丁二烯结构中的双键对波长为 350nm 附近的紫外线比较敏感，因此，在 ABS 抗老化体系中的光稳定剂应选择能吸收、反射或屏蔽 350nm 附近的紫外线的光稳定剂为宜。故一般常用的光稳定剂主要是 UV-327、UV-531、UV-P 及三嗪-5、炭黑等。ABS 常用的抗氧剂主要有抗氧剂 CA、抗氧剂 1010、抗氧剂 300、抗氧剂 1076、抗氧剂 2264 及辅助抗氧剂 DLTP 等。生产中常采用 UV-327 等紫外线吸收剂与抗氧剂 CA 等酚类抗氧剂配合，以达到良好的协同效果。炭黑对紫外线有良好的屏蔽作用，在 ABS 深色制品中能起到良好的抗老化作用。如某企业采用了酚类抗氧剂 1010、辅助抗氧剂 DLTP 及紫外线吸收剂 UV-327 组成 ABS 的抗老化配方体系，其用量比为 0.5：0.3：0.3，使 ABS 制品获得优良的耐老化性。

2.5 阻燃及其他配方体系设计实例疑难解答

2.5.1 何谓阻燃配方体系？阻燃配方体系设计的原则如何？

所谓塑料的阻燃体系是指以提高塑料燃烧时的氧指数以及提高塑料自熄性、消烟性为目的，而采用多种阻燃剂及其他助剂按一定比例相配合而形成的复合体系，加入树脂中，以提高塑料的难燃性、自熄性和消烟性。

进行塑料阻燃配方体系设计的原则如下。

① 充分考虑阻燃剂对制品性能的影响，满足制品的使用性能。

② 依据树脂品种特性，综合考虑阻燃和成本等因素，使制品达到所要求的阻燃等级。

③ 注重阻燃剂间的协同作用，阻燃剂为卤素类时为防止其在成型加工中分解，可适当加入热稳定剂。

④ 应尽量选用新型、高效、低毒和多功能阻燃剂。

2.5.2 在阻燃配方体系设计时应注意哪些问题？

在阻燃配方体系设计时阻燃剂选用应注意以下几方面的问题。

① 阻燃剂应满足成型加工方面的要求。一方面阻燃剂的分解温度需适应塑料加工条件，具有较好的热稳定性，在加工过程中不挥发、不分解，一般要求其分解温度应与树脂的分解温度相近。另外，阻燃剂对成型设备和模具无腐蚀作用。另一方面阻燃剂在树脂中应具有良好的相容性和分散性，有利于阻燃剂在树脂中的均匀分散。

② 阻燃剂对塑料性能的影响。阻燃剂通常在配方中的用量较大，因而对塑料的力学性能影响最为突出。尤其是 $Al(OH)_3$ 和 $Mg(OH)_2$ 无机类阻燃剂影响更甚。为减少阻燃剂对力学性能的影响，在选择主阻燃剂、辅助阻燃剂时，应尽量多选择几个品种，采用多元复合阻燃体系，以起到优势互补的作用，如卤素和含磷、氮等阻燃剂及氧化锑并用，以提高阻燃效率，减少用量。

③ 阻燃剂本身的性能。根据阻燃塑料制品的不同要求，应注重阻燃剂各方面的特性，如耐候性、迁移性、长效性、毒性、消烟性、价格成本等，以获得诸方面均符合使用要求的阻燃塑料制品。

2.5.3 阻燃配方体系设计中应如何选用阻燃剂？

阻燃配方体系设计中选用阻燃剂应从以下几方面考虑。

(1) 在选择主阻燃剂、辅助阻燃剂时，应考虑阻燃剂之间的协同作用

① 卤系与锑系、磷系之间的协同作用。它们复合时，卤化物或磷化物能与锑系中的锑作用，而形成密度高的卤化锑或锑的磷化物，具有良好的隔氧作用。但应注意两者之间的复配比例，通常卤系/锑系为 3：1 时效果更佳。

② 卤系与磷系的配合。在卤系、磷系的复合体系中，卤系主要起到气相阻燃作用，而磷系主要起到固相阻燃作用，两者复合能形成良好的固-气两相阻燃体系，同时卤化物与磷化物之间还能相互作用，形成密度大的磷卤化物，不易扩散，可起到隔氧效果，从而也增大

了气相阻燃的效果，故卤系与磷系复合可明显提高两者单独使用的效果。通常卤系与磷系复合比例为 3∶2 时能取得较佳效果。

③ $Al(OH)_3$ 和 $Mg(OH)_2$ 之间的协同作用。$Al(OH)_3$ 和 $Mg(OH)_2$ 都能分解吸热，生成的水可冲淡可燃性气体的浓度，同时分解产生的残渣沉积在塑料表面可起到隔氧的作用。另外，$Mg(OH)_2$ 还可促使塑料表面炭化，$Al(OH)_3$ 则可促进 $Mg(OH)_2$ 这种炭化作用，从而起到协同作用，提高其阻燃效果，其复合配比一般为 2∶1～3∶1。

④ 金属氢氧化物与红磷、聚磷酸铵等有机磷系之间的协同作用。无机磷有强烈的脱水作用，可促使金属氢氧化物脱水更为彻底。

⑤ 金属氧化物之间的复合。Sb_2O_3 与其他金属氧化物配合使用时，可以调整体系的分解温度。常用的搭配主要有 Sb_2O_3/SiO_2 和 Sb_2O_3/ZnO。另外，消烟效果好，但价格高，一般与 ZnO、MgO 等价格较低的消烟剂配合使用，以降低成本。常用的搭配主要有 MoO_3/ZnO、MoO_3/MgO、$MoO_3/ZnO/MgO$ 等。

（2）应避免阻燃剂之间的对抗效应

① 卤化物、红磷不宜与有机硅一起使用，否则会降低氧指数。

② 溴系阻燃剂不能与硬脂酸、碳酸钙、碳酸镁等一起使用，否则会降低阻燃效果。

③ 阻燃剂一般不与炭黑一起使用，否则会加剧聚烯烃类塑料的可燃性。

（3）应考虑阻燃剂颗粒的粒度

阻燃剂的粒度越小时，阻燃效果越好。如在 LDPE 中加入 80 份时，粒度为 $1\mu m$ 的 $Al(OH)_3$ 作为阻燃剂，其氧指数达 34%，而采用粒度为 $50\mu m$ 的 $Al(OH)_3$ 时，氧指数下降为 23%。

（4）其他

① 选用无机阻燃剂时，通常应对无机阻燃剂进行偶联处理，以提高其与树脂的相容性。

② 对于透明制品通常应选用透明的有机阻燃剂，如三聚氰胺氰尿酸酯等。如必须选择无机阻燃剂时，应选用 Sb_2O_3、硼酸锌及卤化锡类。

2.5.4 无卤阻燃体系应如何确定？

常用的阻燃剂根据含卤情况可分为含卤素类和不含卤素类两种类型。含卤素类阻燃剂在燃烧过程中一般会伴随着有毒和腐蚀性气体的产生，对环境造成了严重的污染，因此，一些卤系阻燃剂逐渐被禁止使用。无卤阻燃剂一般毒性和污染性小，近些年来越来越受到人们的青睐。

无卤阻燃剂主要有磷系、氮系、无机粉体阻燃剂、有机硅类以及由氮、磷及无机粉体组成的膨胀型阻燃剂等。

红磷是磷系阻燃剂中较好的一种阻燃剂，具有添加量少、高效、用途广等优点，是一种有效阻燃剂。普通红磷摩擦、碰撞时易燃，易吸潮，放出磷化氢气体，与高分子材料相容性差，难以直接作为阻燃剂使用。一般要经过微胶囊包覆处理才能使用，微胶囊红磷在加工温度和压力下不会破裂，但其着火时，包覆膜却能立即熔融分解释放出阻燃剂而达到阻燃目的。包覆红磷由于阻燃元素磷含量比较高，因此，比其他磷系阻燃剂效率高很多。

对于氮系无卤阻燃剂，目前应用的主要包括三大类：三聚氰胺、双氰胺、胍盐及其衍生物。其中三聚氰胺、三聚氰胺氰尿酸酯和三聚氰胺磷酸酯是阻燃剂市场中最具有发展潜力的品种。

无机粉体阻燃剂主要采用无机氢氧化物 $Al(OH)_3$ 和 $Mg(OH)_2$ 等，它们具有阻燃、消烟和填充三大功能，但阻燃效果一般，需加入量较大，高达 50%～60%。应用时一方面要对其进行表面处理，以增强与树脂的相容性；另一方面还要补充它对制品机械强度降低的影响。

无卤环保膨胀型阻燃剂（如 FR-1220），与 PP 树脂有良好的相容性，对基体树脂的力学性能影响很小，在成型过程中具有较好的加工性及热稳定性。阻燃时能在树脂表面生成均匀多孔炭质泡沫层，能隔热、隔氧、抑烟，并且能防止产生熔滴，实现良好的阻燃作用。表 2-22 为某企业生产无卤阻燃 PP 板材的配方，该阻燃 PP 板材的氧指数为 28.5%。

表 2-22　某企业生产无卤阻燃 PP 板材的配方

原料	用量/phr	原料	用量/phr
PP	100	TPP	1
白度化红磷	8	滑石粉	5
$Al(OH)_3$	100	其他助剂	适量

2.5.5　PE 阻燃膜的阻燃配方体系应如何确定？

PE 本身很容易燃烧，但燃烧时发烟量小，对于它的阻燃通常是加入阻燃剂，可不加消烟剂。常用的阻燃剂主要有 CPE、EVA 等高阻燃树脂和氯化石蜡、十溴二苯醚等卤化物以及 $Al(OH)_3$ 和 $Mg(OH)_2$ 等无机氢氧化物。另外，Sb_2O_3、硼酸锌、红磷、ZnO 等也可作为 PE 的阻燃剂，但它们只起辅助阻燃作用，一般不单独使用，通常要与 CPE、氯化石蜡、$Al(OH)_3$ 等配合使用，阻燃后的 PE 氧指数可达 28% 以上。表 2-23 为某公司生产 PE 阻燃膜的配方及阻燃效果。

表 2-23　某公司生产 PE 阻燃膜的配方及阻燃效果

配方 1		配方 2	
材料	用量/phr	材料	用量/phr
LDPE	100	LDPE	100
$Al(OH)_3$	80	亚乙基双四溴邻苯二甲酰亚胺	35
CPE	20	Sb_2O_3	1
其他	适量	乙烯基三甲氧基硅烷	0.2
		其他	适量
氧指数(OI)35.2%		氧指数(OI)31%	

2.5.6　阻燃 PP 导管的阻燃体系应如何确定？

由于 PP 是碳氢化合物，很易燃烧。这无疑影响了 PP 在高阻燃要求场合中，如建筑、通信、汽车工业、电子电气、电线电缆、装饰材料等领域中的应用。在成型加工中为了扩大 PP 在高阻燃要求的领域中的应用，通常是对其进行阻燃改性。

对 PP 的阻燃主要是加入适量的阻燃剂。常用的阻燃剂分为主阻燃剂和辅助阻燃剂两大类。主阻燃剂的品种主要有：溴系的有机阻燃剂，如十溴二苯醚、八溴醚、四溴双酚 A-双（2,3-二溴丙基）醚等；无机氢氧化物，如 $Al(OH)_3$ 和 $Mg(OH)_2$ 等。常用的辅助阻燃剂主要有硼酸锌、红磷、ZnO 等。PP 的阻燃体系一般由 20% 左右的有机溴系阻燃剂和 50% 左右的无机氢氧化物阻燃剂，再加 30% 左右的 Sb_2O_3 等辅助阻燃剂组成。由于 PP 分解温度在 360℃ 左右，阻燃剂十溴二苯醚的分解温度为 365℃，两者分解温度接近，因此，通常在 PP 中一般多采用十溴二苯醚阻燃剂。

阻燃效果通常采用氧指数（OI）来表征，它表示塑料在 N_2-O_2 的混合气体中保持燃烧所必需的最低氧气含量。氧指数越高，燃烧时所需氧的含量越高，应越难以燃烧。当氧指数大于空气中氧的含量（即氧指数大于 27%）时，该塑料在空气中应难以燃烧，则属于难燃型。表 2-24 为某企业生产 PP 阻燃导管配方，成型后 PP 阻燃导管的氧指数达 30%。

表 2-24　某企业生产 PP 阻燃导管配方

原料	用量/phr	原料	用量/phr
PP	100	MgSt	10
十溴二苯醚	27	有机硅	21
Al(OH)$_3$	48	其他助剂	适量

2.5.7　软质阻燃 PVC 板材的阻燃配方体系应如何确定？

软质 PVC 中含有大量的增塑剂，阻燃性大大降低，氧指数一般降至了 24% 左右，因而软质 PVC 阻燃制品必须加入阻燃配方体系。另外，PVC 燃烧时发烟量大，因此，阻燃的同时还应注意抑烟作用。常用于软质 PVC 的阻燃剂主要有磷酸酯、Sb$_2$O$_3$、硼酸锌、氢氧化铝等。其中 Sb$_2$O$_3$ 是 PVC 优异的阻燃协效剂，而硼酸锌、氢氧化铝兼具有一定的抑烟作用。而用于 PVC 抑烟剂的主要有钼化物、铁化物等金属氧化物和金属盐类。表 2-25 为某企业挤出软质阻燃消烟 PVC 板材的阻燃配方体系。

表 2-25　某企业挤出软质阻燃消烟 PVC 板材的阻燃配方体系

材料	用量/phr	材料	用量/phr
PVC	100	三碱式硫酸铅	2
DOP	30	二碱式亚磷酸铅	2
Sb$_2$O$_3$	8	低熔点硫酸盐	适量
CaSt	1		

2.5.8　无卤阻燃 HIPS 的阻燃配方体系应如何确定？

HIPS 的阻燃主要是在 HIPS 中加入适量的阻燃剂。由于 HIPS 易燃，燃烧时会产生大量的黑烟。因此，加入的阻燃剂除考虑其阻燃性之外，还要考虑消烟的功能。目前 HIPS 中的阻燃剂主要有有机溴系［如十溴二苯醚（DBDPO）、八溴二苯醚（OBDPO）、双（三溴苯氧基）乙烷（BTPE）及四溴双酚 A（TBBPA）］、有机磷系、CPE、三氧化二锑、氧化锌（ZnO）等。金属氢氧化物有较好的阻燃和消烟功能，应用较为广泛。对于无卤阻燃的 HIPS，通常应选用有机磷系、金属氧化物和金属氢氧化物阻燃剂。表 2-26 为某企业生产无卤阻燃 HIPS 片材的阻燃配方体系。

表 2-26　某企业生产无卤阻燃 HIPS 片材的阻燃配方体系

材料	用量/phr	材料	用量/phr
HIPS	100	Mg(OH)$_2$	20
Al(OH)$_3$	60	ZnO	6
红磷	4	其他	适量

2.5.9　ABS 的阻燃配方体系应如何确定？

ABS 易燃，而且离开火焰会继续燃烧，燃烧时发烟量大，因此，对于 ABS 制品在应用过程中通常都要求阻燃，特别是用于家电、电子类产品及汽车部件等方面时，对阻燃性要求更高。

对于 ABS 的阻燃，一般既要具有良好的阻燃作用，同时还应具有消烟功能。对于普通的 ABS 阻燃体系，通常主要由主阻燃剂和辅助阻燃剂两部分组成。常用的主阻燃剂主要有

CPE、六溴苯、十溴联苯醚、四溴双酚 A 等溴化物及磷酸三甲苯酯、磷酸三苯酯、磷酸三辛酯等磷酸酯类。常用的辅助阻燃剂主要是 Sb_2O_3、MoO_3、MgO 等其他金属氧化物。采用溴化物阻燃剂与 Sb_2O_3 配合使用，可以起到良好的协同效果，但使材料的力学性能会有所下降，而四溴双酚 A 与 Sb_2O_3 复配形成的阻燃体系能大幅度改善 ABS 加工的流动性。十溴联苯醚、十溴二苯乙烷和溴化环氧树脂则可以有效提高 ABS 的耐热性。MoO_3 具有良好的消烟功能，与 Sb_2O_3 复配能起到良好的消烟效果。

如某企业采用十溴联苯醚与 Sb_2O_3、MoO_3 复合形成 ABS 阻燃体系，生产阻燃 ABS 板材，配方为：ABS 100 份，十溴联苯醚 20 份，Sb_2O_3 3 份，MoO_3 2 份。取得了良好的阻燃效果，使 ABS 板材的氧指数达到 30.4%，而且无烟。

2.6 填充配方体系设计实例疑难解答

2.6.1 何谓填充塑料？填充塑料有何特点？

（1）填充塑料定义

所谓填充塑料通常是指塑料与填料及其他助剂所形成的复合体系。通常由于填料的成本价格较低，故可以大大降低塑料的加工成本。又因填料大部分是矿物粉体或纤维填料，由于填料本身的刚性、硬度及耐热性高，因此，可以一定程度地改善塑料的刚性、耐热性、耐磨性、尺寸稳定性及耐蠕变性等。一般把以降低成本为目的的塑料填充称为增量填充，而把以改善某些性能为目的的填充称为补强填充。

（2）填充塑料特点

① 增量填充塑料中填料用量较大。塑料薄膜、管材、打包带等制品以重量作计价单位，填充具有较高的经济价值，而工业配件和日用品等以个数计价时，成本的降低往往并不显著。

② 填料性能各异，填充塑料的性能也有所不同。一般粉状填料会降低塑料的拉伸强度和冲击强度，而会使刚度、硬度、耐磨性、耐热性和尺寸稳定性提高，但细化或超细化的粉体填料，如碳酸钙、滑石粉等则可起到"刚性粒子增韧"作用。功能性填料，如磁性填料、金属粉末、炭黑等，则可赋予塑料材料特殊性能。

③ 填充塑料加工时熔体的流动性降低。由于填料的加入，塑料材料的黏度增大，流动性降低。而且其流动性受填充材料的几何形状、粒度大小，以及填充量和填料在树脂基体中的分布情况等方面的影响。一般粒径较小的填料可以促进结晶塑料的晶核的形成，增加高温时的复合材料刚性和强度，可削弱挤出胀大现象。

④ 填充塑料比热容降低，热导率增加。由于无机填料一般比热容低，热导率较高，因此，可使复合材料的比热容降低，热导率增加，从而可提高熔体的冷却速度。

⑤ 无机填料一般硬度较大，易磨损加工成型设备。对于软质 PVC 制品，由于填料的加入导致柔软性降低，增塑剂用量相应增大。

2.6.2 塑料填充配方体系设计应考虑哪些方面？

塑料填充剂的品种有很多，不同填充剂的种类、状态等不同，其加工性能、填充的效果也不同。通常在进行填充体系的配方设计时应综合考虑以下几方面。

① 填料与树脂之间的影响　填料的加入通常会降低树脂的加工流动性，使塑料熔体之间、熔体与螺杆及料筒等设备之间的摩擦增大，因此，要加大复合体系润滑剂的用量，以提高加工流动性。但滑石粉、石墨等除外。由于填料使塑料熔体之间及熔体与设备之间的摩擦

增大，摩擦热增多，因此，为提高树脂的热稳定性应加大热稳定剂的用量。

填料对于液态树脂有一定的吸附性，其吸附性的大小与填料的种类、形状、粒度及表面性质有关。填料对树脂的吸附性会影响树脂的固化、交联等，因而会影响成型加工及制品性能。因此，配方设计时应尽量选用对树脂吸附性小的填料。

由于填料与树脂相容性较差，因而会使塑料熔体的强度下降，成型加工性能下降，因此，配方设计时应加入适量的加工助剂，以改善其成型加工性能。

在一般情况下，填料的加入会降低制品表面的光泽，故对于光泽性要求较高的制品，配方设计时应适量加入白油等可以提高表面光亮度的助剂。

② 填料与其他助剂之间的作用 对于有多种助剂加入的填充复合体系，填料的加入通常应不影响其他助剂作用的发挥。一般选择填料时，应尽量选择吸油性小的填料。所谓填料的吸油性是指填料对配方中的液体助剂，如增塑剂、液体稳定剂等的吸收能力。填料的吸油性大时，会影响助剂效能的发挥，因而影响液体助剂的加入量。一般吸油性大时，液体助剂的加入量大，以弥补填料所吸收而不能发挥作用的液体助剂。

③ 填料的改性功能 填料在降低成本的同时，还会影响塑料的硬度、耐热性、电性能等性能，因此在配方设计时，应考虑填料其他方面的改性性能。如电子电气产品，在选择填料时应选择绝缘性优良的填料。一般对于常用填料来说，能较好改善耐热性的填料品种主要有碳酸钙、硅灰石、玻璃纤维、高岭土、滑石粉等。电绝缘性较好的主要是硅灰石、玻璃纤维、高岭土、滑石粉、云母、二氧化硅等。润滑性较好的是滑石粉、云母、高岭土、石墨等。

④ 填料之间的协同作用 采用两种或两种以上的填料复合组成的填充体系比单独一种填料等量加入的效果要好。如在 PP 塑料中加入 25 份碳酸钙，与加入 20 份碳酸钙和 5 份滑石粉相比，前者材料的拉伸强度、冲击强度要比后者分别低 48％和 13％。

⑤ 填料的颗粒状态 填料的颗粒状态包括填料的形状、粒度及颗粒表面结构。填料的颗粒状态不同，其效能的发挥也有所不同。填料的形状主要有球状、粒状、片状、纤维状、柱状及中空微球状等。片状、纤维状、柱状颗粒的纵横比大，有利于复合材料力学性能的提高，但流动性差。球状、中空微球状填料流动性好，有利于成型加工，但不利于力学性能的提高。

一般填料的粒度越小，越有利于复合材料拉伸强度、冲击强度、透光性、光的散射性等方面的改善，填料在塑料中最高填充量与填料的粒度有关。粒度大时，复合材料的拉伸强度、冲击强度会下降。目前填料的粒度一般为 $0.1\sim15\mu m$。

填料颗粒表面结构包括表面物理结构和表面化学结构。填料表面物理结构是指填料的比表面积、微孔分布及各种物质的吸附量等。一般比表面积大的填料在树脂中易于分布，微孔多的填料易于吸收液体树脂和助剂。填料表面的化学结构是指填料表面官能团结构。有些填料表面官能团能与空气中的氧或水作用，使外表面形成新的化学结构，从而影响其与树脂及其他助剂之间的作用。

2.6.3 塑料填料为何需进行表面处理？填料的表面处理方法有哪些？

（1）表面处理原因

由于塑料填料大部分是低分子有机物或无机物，因此，与树脂的相容性都较差。通常为了增大填料与树脂之间的相容性，以改善材料的加工性能及物理力学性能，而对填料进行表面处理。对填料表面处理的实质是降低填料的亲水性，提高填料的亲油性，从而提高填料与树脂的相容性。

（2）填料的表面处理方法

① 偶联处理 填料的偶联处理是指用偶联剂对填料表面进行活性处理，以提高其与树

脂的相容性。偶联处理分为干法和湿法两种处理方法。干法处理是将无机填料充分脱水后，在一定温度下将偶联剂或表面处理剂等进行雾化处理，再喷洒至填料中，然后充分混合，使其均匀分布在填料表面并进行反应，以制成活性填料。

湿法处理又称为溶液处理，是将偶联剂或表面处理剂与水或低沸点溶剂配制成一定浓度的溶液，然后在一定温度下与无机填料在搅拌反应机中反应，从而实现无机填料的表面改性。

如用碳酸钙偶联处理后制得活性碳酸钙，广泛应用于 PVC、PP、PE 等塑料中。

② 聚合物包覆改性　将分子量为几百到几千的低聚物和交联剂或催化剂溶解或分散在一定溶剂中，再加入适量的无机填料，搅拌，加热到一定温度并保持一定时间，便可实现填料表面的有机包覆改性。

如采用分子量为 340～630 的双酚 A 型环氧树脂和胺化酰亚胺交联剂溶解在乙醇中，加入适量的云母粉，经一定时间搅拌反应后，得到环氧预聚物与交联剂包覆的活性无机填料。

同理，将分子量较高的聚合物在一定的溶剂中配成一定浓度的溶液，加入适量的填料中，在一定温度下搅拌一定时间，即可得到聚合物包覆无机填料。如用 2% 的聚乙二醇包覆改性碳酸钙、硅灰石等。

③ 不饱和有机酸处理　该法是指不饱和有机酸（如丙烯酸）与含有活泼金属离子（含有 Al_2O_3、K_2O、Na_2O 等化学成分）的填料（如长石、石英、玻璃微珠、煅烧陶土等）在一定条件下混合，填料表面的金属离子与有机酸上的羧基发生化学反应，以稳定的离子键结构形成单分子层包覆在无机填料粒子表面。由于有机酸的另一端带有不饱和双键，具有很大的反应活性，加工成型时在热或机械剪切的作用下，基体树脂就会产生游离基与活性填料表面的不饱和双键反应，形成化学交联结构，从而大大提高复合材料的机械强度。

采用有机酸对无机填料进行表面处理时，有机酸的用量必须控制在仅仅使填料表面均匀包覆单分子层。用量过多，将使复合材料的耐热性下降，并且使制品外观恶化；但用量过少，不能形成分子膜，亦将影响复合效果。

2.6.4　选用塑料填料偶联处理剂时应注意哪些方面？

塑料偶联剂的品种有很多，不同偶联剂的性质不同，作用机理也不同，因此，选用时应根据填料的性质等多方面加以考虑。

① 酸性填料应选择含碱性官能团的偶联剂，而碱性填料则应选择含酸性官能团的偶联剂。如硅烷偶联剂带醇羟基，呈弱酸性，而玻璃纤维表面含碱性基团，因而采用硅烷偶联剂处理玻璃纤维能取得良好的效果。

对于常用的硅烷偶联剂主要适用于玻璃纤维、二氧化硅、三氧化二铝等。而对于滑石粉、黏土、氢氧化铝、硅灰石、二氧化钛、碳酸钙、石墨等填料的处理效果差。

钛酸酯类偶联剂对碳酸钙、硫酸钡、氢氧化铝、硅酸钙、钛白粉等处理效果较好，而对于云母、二氧化硅、氧化镁、滑石粉、石墨等处理效果较差。

② 通常对于同一种填料采用几种偶联剂处理时，可产生协同作用。但钛酸酯类偶联剂与硅烷偶联剂并用时，应先加入硅烷偶联剂，而后加入钛酸酯类偶联剂，以免两者在填料表面争夺质子，而影响功效。

③ 钛酸酯类偶联剂易发生酯交换反应，而增塑剂一般都含酯基，因此在含有增塑剂的配方体系中，应注意加料顺序。通常应保证偶联剂与填料充分反应后，再加入增塑剂。

④ 在填料中偶联剂的用量与填料的比表面积有关，一般比表面积大的，偶联剂用量大。

⑤ 偶联剂采用溶剂稀释时，应注意不同的偶联剂应采用不同的溶剂，一般硅烷偶联剂主要采用水、乙醇等，而钛酸酯类偶联剂主要采用苯、甲苯等。

2.6.5 PP 树脂的填充应如何选用填料?

由于填料的加入可能会使 PP 的成型加工性能及制品某些性能出现下降,因此,在选用 PP 填充材料时既要考虑最大限度地降低成本,同时还要考虑填料对成型加工性能及制品性能的影响,对 PP 制品具有一定的补强作用。还要求填料的纯度高,填料中的杂质与塑料中各组分不会发生不良反应及产生不良影响。另外,填料的细度适中。填料的细度对其在塑料中的分散性影响很大,颗粒越细,分散性越好,而且填充量可大一些。

PP 填料有很多种,如碳酸钙($CaCO_3$)、滑石粉、黏土(Al_2O_3)、高岭土、粉煤灰、硅灰石、石棉、云母(硅酸盐)、炭黑(C)、二氧化硅(白炭黑,SiO_2)、硫酸钙(石膏,$CaSO_4$)、硫酸钡、亚硫酸钙、二硫化钼、石墨(C)、玻璃纤维、木粉等。碳酸钙为无臭、无味的白色粉末,填料来源广,价格低,密度较小,在塑料中除具有增量作用外,还能改善加工性能和制品性能,对设备磨损小,是在 PP 塑料中最常用的填料。滑石粉是白色粉末,无毒,性柔软且有润滑感,填充时可减少 PP 中润滑剂的用量。用硅烷偶联剂处理过的超细滑石粉,可作为聚丙烯的结晶成核剂,使聚丙烯球晶微细化,提高结晶度,增大刚性等,是 PP 良好的填充材料。沉淀硫酸钡的相对密度大,填充的 PP 材料用于注塑成型时,制品的表面光泽好,故常用于高光泽 PP 制品中。

在选择 PP 填充材料时还要注意,不同品种之间复合加入填充体系可能会比各自单独加入效果要好,如碳酸钙/滑石粉在 PP 中协同加入时,在加入量为 $10\% \sim 45\%$ 范围内,两者具有明显的协同作用。

如某企业生产 PP 管材时在 PP 中加入经偶联处理的碳酸钙 20% 和偶联处理的滑石粉 5%,所制得管材的拉伸强度比 PP 中只加 25% 的碳酸钙的管材的拉伸强度高出了 54%,而冲击强度则高出了 11%,而且管材表面的光泽度也要好。

2.6.6 生产过程中应如何对待填充塑料增重的问题?

由于大多数无机矿物填料的密度比合成树脂大得多,因此,随着填料量的增加,填充塑料的密度会明显增大。例如,采用密度为 $2.9g/cm^3$ 的重质碳酸钙加入 HDPE 中,当其加入量为 50% 时,填充 HDPE 注塑制品的密度达到 $1.6g/cm^3$,当添加量达 80% 时,填充 HDPE 的密度达到 $2.0g/cm^3$。

填充塑料密度增大对以长度、面积、制件个数计算价值的塑料制品来说,有可能因为密度增大导致长度、面积下降或制件个数减少。因此,会抵消用添加廉价填料带来的利益,并且还带来某些性能的下降,因此应慎重考虑。

对于单向拉伸的编织袋扁丝、打包带、撕裂膜等,当这些制品在生产过程中基体塑料被单向拉伸时,大分子之间以及大分子和填充颗粒之间出现空隙,而且因拉伸比是固定的,从制品长度看,可以控制加工过程使之仍能达到不加填料时的长度,因此,这些单向拉伸制品在填料添加量高达 20% 以上时,仍能在满足使用性能要求的前提下大幅度降低原材料成本,"增重"带来的影响不大。在聚乙烯塑料薄膜加工过程中,膜泡受到纵向拉伸和径向吹胀,由于拉伸比和吹胀比大大低于单向拉伸制品的拉伸比,加入填料仍会使塑料薄膜的密度增大,但拉伸和吹胀同样给大分子之间、大分子与填料之间带来空隙,所以其密度的增大程度会远远低于注塑成型制品。例如,加入 30% 重质碳酸钙的 HDPE 薄膜,其密度不大于 $1.1g/cm^3$,而同样配方的注塑成型制品,其密度将达到 $1.3g/cm^3$ 左右。

在塑料制品成型过程中,在保证材料力学性能的前提下,如果能在基体塑料的大分子之间、大分子与填料之间、填料颗粒自身或相互之间生成空隙,就能将填充塑料的密度降下来,进而缓解甚至彻底解决"增重"问题。

生产中，通过不同种类填料搭配使用，或预先对填料颗粒进行处理呈发泡体再与基体塑料混合，以及在注塑成型时采取特殊工艺等方法，都可以减少填充塑料的"增重"。

2.6.7　生产中为何有时填料不经表面处理就可直接用于塑料?

塑料填料表面处理的目的是使填料表面与基体高分子树脂之间形成相互融合的界面，从而提高填充塑料的性能。一般来讲，填料颗粒粒径越小，其表面能越高，越易发生团聚，而经表面处理后，其表面能明显下降，从而可以大大降低颗粒之间的团聚倾向。

对于填料的表面处理，其处理的方法可以是干法、湿法、包覆等多种，表面处理剂也有很多，如高级脂肪酸及其盐、有机低聚物、有机硅、不饱和脂肪酸等。在生产中，由于塑料配方体系中有增塑剂、润滑剂、加工改性剂等，都能对填料起到表面处理剂的作用，并且能借助加工过程中成型设备对其的混合作用，对填料进行表面处理，因此对这些塑料的成型，填料不经过表面处理照样可以使用。例如软质 PVC 塑料鞋底、人造革等，实际上这些制品配方中一般加有硬脂酸类润滑剂、高级脂肪酸酯类增塑剂以及脂肪酸皂类稳定剂等，可以起到填料表面处理剂的作用。因此，对于制品质量要求不很高，更注重降低原制品成本时，直接使用不经过表面处理的填料也是可以的。

尽管如此，实际上填料表面处理与否和处理优劣对填充体系性能还是存在一定影响的。如使用不经表面处理的碳酸钙，填充 PE 塑料的缺口冲击强度较不填充的纯 PE 下降 42%，而使用经一般偶联剂处理的碳酸钙，在相同条件下可达到不加填料的纯树脂的水平，而如果表面处理得非常好，可使填充 PE 的缺口冲击强度提高 10 倍以上。

2.6.8　对碳酸钙表面处理用哪种处理剂最好?

在选择碳酸钙填料的表面处理剂时要考虑价格、效果，还要考虑碳酸钙填料的用途。碳酸钙常用的表面处理剂主要有硬脂酸、钛酸酯和铝酸酯偶联剂、硅烷偶联剂等。

硬脂酸最便宜，一般主要适合于处理填充聚氯乙烯塑料用的碳酸钙，因为硬脂酸除了可使碳酸钙的表面有机化外，还可以兼作聚氯乙烯外润滑剂使用。硬脂酸处理的碳酸钙用于填充聚烯烃塑料时，因无化学反应，仅起包覆作用，故整体效果不如偶联剂，而且用量较大。

钛酸酯偶联剂多为液态，易分布开来，但通常颜色较深，在要求白度高的产品中不适合；铝酸酯偶联剂价格比钛酸酯偶联剂便宜一些，颜色呈白色或淡黄色，适于做白色制品，但通常为固态蜡状，熔融和分布开来需要足够的时间。硅烷偶联剂十分昂贵，而且由于分子结构上柔性碳链少且短，对填充塑料的加工流动性有影响。

表面处理剂在价格上应注意，同一类偶联剂本身受基本原材料的价格限制，其价格相差并不会很悬殊，但市售的偶联剂产品中因有效成分多少不同，价格就相差很大。例如在铝酸酯偶联剂商品中，中间体异丙醇铝含量的多少直接影响成本，它的价格是辅助成分硬脂酸、石蜡的 4~5 倍。而钛酸酯偶联剂中溶剂的多少也直接影响价格。因此，购买偶联剂要看其使用效果，而不能一味追求价格越低越好。

2.6.9　碳酸钙是否有利于塑料的阻燃?

碳酸钙的热分解温度在 800℃以上，而一般的塑料都是易燃的，其点燃的温度在 400℃左右，因此在初始燃烧阶段，碳酸钙是不可能分解释放出二氧化碳气体。但碳酸钙的存在可减少可燃物的量。一般碳酸钙含量越高，在同一体积内的可燃物就越少，因此，碳酸钙从这方面考虑是有利于塑料的阻燃。另一方面，塑料燃烧时会迅速膨胀并气化，在膨胀和气化的过程中，由于碳酸钙的存在，会使塑料形成无数微孔，从而大大增加了可燃物与氧气接触的表面积，使更多的可燃物参与燃烧，并且进一步提高着火区域的温度，这样又更有利于可燃物的膨胀与气化。这样产生恶性循环，其结果是使碳酸钙作为不燃物质的贡献显得微不足道。如100g含有30％碳酸钙和1％焚烧热氧降解剂的聚乙烯薄膜完全燃烧所需时间仅为4s，而同样质量的纯聚乙烯薄膜完全燃烧所需时间为12s，两者相差3倍。20世纪90年代，日本等国家和地区率先在聚乙烯垃圾袋中加入30％的重钙，就是出于在焚烧炉中碳酸钙有利于聚乙烯燃烧的考虑。

2.6.10 碳酸钙对 PE 的老化有何影响？

作为高分子聚合物，在光、热等环境条件下会发生分子链的断裂，同时有可能产生接枝或交联反应，宏观上表现为力学性能下降，这种现象称为老化。试验表明，含有碳酸钙或滑石粉的聚乙烯薄膜在日光暴晒过程中，达到一定值羰基指数（CI）的时间都少于纯聚乙烯薄膜，表明碳酸钙的存在对聚乙烯薄膜的老化是有一定促进作用的，随着碳酸钙用料的增加，在同样老化条件下，填充 PE 薄膜老化速度加快。

光钙型聚乙烯降解塑料便是基于这一原理而制得。在光的作用下聚乙烯塑料薄膜极易发生老化。聚乙烯降解塑料中通常会加入光降解剂以促使聚乙烯塑料的光降解，但光降解剂往往在避光条件下（如地膜被土壤掩盖、包装膜被填埋）难以发挥作用，造成纯光降解不能达到预期的效果。而如果在加入光降解剂的同时，加入适量经生物活性处理过的碳酸钙，则可促使聚乙烯塑料在被掩埋避光条件下仍能继续老化降解。

2.6.11 何谓钙塑管？钙塑管填充配方体系应如何设计？

钙塑管是以碳酸钙为填料的一种高填充塑料管材，有一定的刚性和冲击强度，不易破损，密度大，因价格低廉而被广泛应用，但耐酸性较差。常见的钙塑管主要有 PVC 钙塑管、PE 钙塑管。

钙塑管配方设计中，填充体系的设计很重要，由于碳酸钙在树脂中的加入量相当大，因此，提高碳酸钙与树脂的相容性，改善复合体系的流动性和加工性是配方的关键。由于 PE、PVC 塑料材料的性能不同，因此，填充配方体系设计也有所不同。

PE 钙塑管通常是采用熔体流动速率为 0.3～0.6g/10min 的低密度聚乙烯树脂，碳酸钙应采用偶联剂处理的重质碳酸钙，以增大其与树脂的界面的结合能力，提高与树脂的相容性。为改善复合体系的流动性，配方中应适当加大润滑剂用量，而且采用多种润滑剂配合，如液体石蜡与硬脂酸，以达到良好的协同效果。为提高熔体的加工性及改善材料的抗冲击性，增强管材强度，需适当加入加工助剂或抗冲改性剂等。表 2-27 为某企业生产 PE 钙塑管的生产配方。

表 2-27 某企业生产 PE 钙塑管的生产配方

原料	用量/phr	原料	用量/phr
LDPE	100	液体石蜡	1
重质碳酸钙（偶联处理）	100	硬脂酸	1
氯化聚乙烯	6	炭黑	适量

硬质 PVC 钙塑管主要用于输送碱性液体、农业排灌、建筑排水以及电线穿线等。与普通硬质 PVC 管配方相比，硬质 PVC 钙塑管配方中碳酸钙用量可达100％以上。为使与 PVC 均匀混合，增加界面粘接力和物料流动性，应采用经过活化处理的碳酸钙，通常选用2％钛酸酯偶联剂处理的碳酸钙。为了提高 PVC 钙塑管的韧性，还需加入高分子增韧剂 CPF（氯化聚乙烯），CPE 也起到高分子增塑剂的作用，它可降低 PVC 钙塑管的挤出成型温度，一般应选用氯含量在35％左右的 CPE，同时配方中还应注意适当增加润滑体系用量。表 2-28 为某企业生产 PVC 钙塑管配方。

表 2-28　某企业生产 PVC 钙塑管配方

原料	用量/phr	原料	用量/phr
PVC 树脂	100	硬脂酸铅	1.0
活性碳酸钙	80	硬脂酸钡	1.5
氯化聚乙烯	10	液体石蜡	0.8
三碱式硫酸铅	5	炭黑	0.2

2.7　着色配方体系设计实例疑难解答

2.7.1　塑料着色配方体系的设计应考虑哪些方面？

着色剂的种类繁多，性能各异，着色配方设计时着色剂的选择应考虑以下几方面。

① 色彩鲜艳，着色力大。

② 分散性好，能够均匀地分散于塑料中，不凝聚。

③ 耐热性好，在树脂的加工温度和最高使用温度下有良好的热稳定性，不变色，不分解，而且能够长期耐热。

④ 光稳定性好，长期受日光照射而不褪色。

⑤ 耐溶剂性和化学稳定性好，与溶剂或含有增塑剂的制品接触时，不会因溶出而迁移、串色。有良好的耐酸碱性，与树脂中其他助剂不发生有害的化学反应。

⑥ 对塑料的加工性能（如流动性、润滑性、印刷性、涂饰性等）和使用性能（如电性能、力学性能、耐老化性能等）无影响。

⑦ 与树脂的相容性好的着色剂，其分散性好，着色性好。树脂本身就带有颜色时，应选择遮盖力强的着色剂，着色时，尽量着色成比树脂颜色更深的颜色。

⑧ 无毒，无臭，价格低廉。

2.7.2　塑料配色的基本原则是什么？

塑料配色是一项复杂、细致而重要的工作，除了应具备色彩基本知识、敏锐的辨色能力外，还应掌握拼色基本原理、规则等，并且注意不断积累打样素材及经验。塑料配色通常是以"减法"混色原理作为理论基础的。实际应用中通常难以找到理想的三原套色，常以红、黄、蓝作为代用三原色（也称为一次色）。如果用两种不同的一次色配混，可以得到橙、绿、紫等二次色；若以两种不同的二次色配混，或以任意一种原色与灰色相配，可得到三次色，如图 2-1 所示。

在配色过程中，为使配色能获得预期的效果，做到快速、准确、经济，应遵循下列原则。

① 相近原则　颜料的着色性能应尽量相近。颜料的着色性能包括亲和力、着色速率、着色温度、均匀着色性、着色牢度等。配色时应尽量选择同一应用大类及小类的颜料，否则会由于颜料配合性较差而出现色光不易控制、均匀着色性差等现象。颜料中的三原色往往是经过筛选的应用性能优良、配伍性能较好的颜料，所以配色时应优先考虑选用。

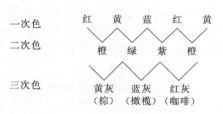

图 2-1　塑料配色原理

② "少量"原则　配色时（尤其是配鲜艳色），颜料种类应尽可能少，一般应不超过三

种，这样便于色光调整与控制，同时尽量选用原组分中的颜料补充或调整色光，以减少颜料的种类，确保色泽鲜艳度，避免颜料之间的相互抵冲。

③ "微调"原则　色光调整是以"余色"为理论依据的。所以利用余色原理来调整色光只能是微量的，如果用量稍多，色泽变暗，影响鲜艳度，严重时还会影响色相。

④ "就近选择"与"一补二全"原则　配色时，无论是主色或辅色颜料，还是调整色光用颜料，都应选择与目标色最接近的颜料，即称"就近选择"原则。同时应尽可能做到选用一种颜料，获得两种或两种以上的效果，即称"一补二全"原则。如拼翠绿色，有条件的话应选择与翠绿色最接近的绿色染料，然后根据需要选择合适的染料调整色光。也可以选用翠蓝色（即绿光蓝）与嫩黄色（即绿光黄）拼混。又如拼红光蓝色，尽量不要采用"蓝+红"，应选择与蓝色相近的颜色（紫色）补充红光，做到"就近补充"，这样拼色操作更方便、经济。

2.7.3　塑料着色配方设计时配色应注意哪些问题？

在塑料着色配方设计时，首先要弄清制品的应用要求，并且根据塑料材料的着色性能，考虑着色剂的颜色、着色力、分散性、加工均衡稳定性、混合性和成本等方面，选择合适的着色剂。其次是进行配色，塑料的配色是塑料着色中的关键。在配色过程中，应注意以下几方面的问题。

① 尽可能选用红、黄、蓝、白、黑五种基本颜色进行配色。

② 尽可能选用性质相近的着色剂相互拼用，如相近的耐热性和相近的耐光性等，以免在制品使用时，耐热性、耐光性差的着色剂先发生结构或组成变化，造成色泽变化不一。

③ 在配色时，尽可能选择明度有差别的同色彩着色剂相拼，这样可以形成有主有次、明暗协调的颜色。

④ 着色剂之间的密度不能相差太大，最好相近，以使不同着色剂在树脂中的分散程度相接近。

⑤ 着色剂之间不应相互产生某种反应。如含铅、铜、汞类颜料（如铅铬黄等）与含硫的颜料（如立德粉、镉红、群青等）拼用时，色泽变暗；色淀红C与铬黄拼用时，红色易褪。

⑥ 注意不同着色剂之间的相互遮盖性。

⑦ 为提高色泽鲜艳度，拼色时可加入适量染料。

⑧ 为提高色彩纯正度，拼色时可加入适量遮盖力大的白色颜料，以遮盖其中少量杂色。

⑨ 同一配方中，着色剂的品种应尽可能少，以免带入补色，使色泽灰暗。

2.7.4　塑料配色的方法有哪些？

配色的准确建立在选准确着色剂的基础上，着色剂选择建立在对制品所达效果的理解和对样品的观察上，理解和观察样品依赖于配色人员的经验与技巧。目前生产中主要的配色方法有人工目测配色和仪器配色两种。

（1）人工目测配色

人工目测配色是根据经验或人工观察、分析样品的颜色色光、色调及亮度等来确定颜色属性，进行配色的方法。人工目测配色法是一种试凑方法，在找到适合的着色剂配方之前，必须进行大量的试验，并且对同一颜色进行反复的调色，直到获得所需要求的颜色为止。因此，要求操作人员有比较丰富的经验，否则将很难操作。一个有经验的配色人员，在配色之前，必须对他所需要的着色剂有比较清晰的概念。要掌握着色剂混用着色的一般规律，还应对所用的着色剂的性能，如色调、色光、迁移性、耐热性、耐候性、化学稳定性等有比较清

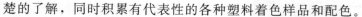

楚的了解，同时积累有代表性的各种塑料着色样品和配色。

（2）仪器配色

仪器配色是采用分光光度计、色差计及电脑配色仪等测量仪器代替人眼和大脑的功能。

① 分光光度计　可分为采用衍射光栅分光和采用干涉滤光片分光两种类型。分光光度计可用来测定各波长对完全漫反射面的反射系数，通过其对数据处理便可评价色度值及其他各种数值。先进的带内装微处理器的分光光度计，具有0、100％的自动校正及倍率增加等功能，从而提高了精度。

② 色差计　是一种简单的测试仪器，即制作一块具有与人眼感色灵敏度相等的分光特性的滤光片，用它对样板进行测光，关键是设计一种具有感光器分光灵敏度特性并能在某种光源下测定色差值的滤光片，色差计体积小、操作简便，较适宜对分光特性变化小的同一种产品做批量管理，带有小型微机的色差计，容易用标准样板进行校正和输出多个色差值。

③ 电脑配色仪　是通过计算机模拟进行配色、修正、颜色测量、色差控制及颜色管理等。配色是根据要求建立常用着色剂数据库（制备基础色板并输入）。然后在软件菜单下把来料色板输入电脑，在键盘中点出数个候选颜料，立刻计算出一系列配方，并且分别按色差和价格排序列出，供配色选择。配方修正是修正计算机所列出的配方或其他来源配方，当色差不合格时利用显示器显示的不一致的反射曲线直接通过键盘增减着色剂用量，直至两条曲线基本重合，得出修正后配方。颜色测量和色差控制是测量着色剂的着色强度、产品的白度、产品颜色牢度、颜色色差。由于电脑能定量表述颜色的性能指标，有利于双方的信息沟通和传递。颜色管理是指将日常工作中的色样、配方、工艺条件、生产日期和用户等信息均存入计算机数据库，以便于检索、查找和作为修改时的参考，方便、快捷，可提高工作效率，而且便于保密。

采用仪器配色时，色彩比例的试凑过程是通过计算机模拟进行的，而不需要对塑料进行着色的实际混合。操作人员只需要测量反射率，即它的标准值，并且选择用于配色的颜料即可。通过调整配色颜料的浓度，使该测量系统与标准的换算值一致。如果操作人员选择的颜料合理，该系统将以质量分数的形式输出一个配方，然后再将百分比配方转换成质量配比。

对于定性知道样品所用的是何种配方的着色剂，计算机可以很方便地算出该配方中各种着色剂的实际用量。对于样品不知道着色剂配方的情况，计算机通常可以采用样品的色度坐标，通过分析和经验，选择适当着色剂配方，并且确定应用于每种配方的浓度。仪器配色时一种颜色通常可以由含有不同着色剂的几个配方配出。这些配方的性能特点和成分互不相同。一般可根据价格及着色剂来源、性能等方面进行选择。

对于荧光材料的配色，荧光是一个新的变量，两个试样在不同的光源下，或入射光与观察位置间的角度不同，可能会出现不同的结果。因此，不管采用仪器配色还是人工目测配色都很困难。

2.7.5　塑料配色的程序如何？调色过程中应注意哪些问题？

（1）塑料配色的程序

配色是着色的重要环节之一，配色的程序通常是先进行着色配方的初步设计，再对初步配方进行调整，使之适合于规模生产，而且保证塑料制品颜色的均匀一致性。

① 初步着色配方的设计　根据塑料制品整体设计的要求，寻找出与标准色样相近似的样品作为参照物。参照物选择得当与否，直接关系到着色效果的好坏。为了便于寻找到较佳的着色参照物，平时应多积累、制备一些着色塑料色板或塑料色料以备参照，同时还应把自己的选色经验和教训编成相应的着色配方，以供参考。

在无参照物的情况下，应仔细观察、分析塑料制品（样品）的颜色色光、色调及亮度等，确定颜色属性，确定所用颜色是透明色，还是不透明色，其中是否含有其他特殊颜料（如荧光颜料、金属颜料等），然后根据孟塞尔颜色系统配色。

从色调、亮度、浓淡度等方面反复比较与标准色样和参照物的差别，在此基础上对参照物的着色剂配方进行修正，拟定出初步配方。或者按照孟塞尔颜色系统标定原理设计所需颜色，并且拟定初步配方。

② 调整配方　按照拟定的初步配方进行实物着色试验，将制得着色实样与标准色样和参照物一起进行比较，进一步调整着色配方。然后根据调整后的配方再制备实样进行比较，再调整配方，如此反复多次，直到实样色调与标准色样相同或达到最接近标准色样的令人满意的程度为止。最后确定着色配方进行生产。不过选定的颜色通常会与实际生产中塑料制品所呈现的色泽不尽相同，导致这些差别的原因很大程度上是颜料称量误差。

（2）调色过程中应注意的问题

调色时首先要注意着色剂的色光，每种着色剂除了它的本色外，还有各自的色光，即与确定的标准色相比之下存在的比较次要的色素，即称为色光。如酞菁绿带黄光，中铬黄带红光等。如果中铬黄与酞菁绿相拼配，必须避免由于中铬黄的红光的介入，存在红、黄、蓝三基色相拼，使配得的颜色发暗。因此欲得到鲜艳的颜色，两种着色剂相拼时，要注意相抵触色光的干扰。如在配制纯正红色时，可采用立索尔大红和耐晒大红等着色剂拼配，它们的黄、蓝（紫）等色光相抵消，同时加入白色着色剂可提高其明亮程度。

2.7.6　着色剂在塑料中应如何分散以达到良好的着色效果？

塑料要着色均匀，达到良好的着色效果，必须满足两个条件：颜料颗粒充分细化；均匀分散到塑料中。颜料的分散不仅影响着色制品的外观（如斑点、条痕、光泽、色泽及透明度）和加工性，也直接影响着色制品的质量，如强度、伸长率、耐老化性和电阻率等。

颜料在塑料中的分散通常可通过润湿、细化、混合分散三步来完成。颜料加入塑料之前，首先应使用分散剂润湿颜料，使颜料之间的凝聚力减小，降低新形成的界面表面能，以便进一步加工时，不至于产生再凝聚现象。常用的分散剂有液体石蜡、邻苯二甲酸二辛酯、松节油和磷酸酯类、硬脂酸甘油酯等。

细化是将颜料的凝聚体或团聚体破碎并使其粒径减至最小的过程。它主要依靠颜料颗粒之间的自由运动（冲击应力）和颜料团聚体通过周围介质的应力（剪切应力）来完成。

混合分散主要是通过引入机械能来克服颜料团聚体中凝聚体间化学和物理作用力，达到分散均匀的目的。

颜料分散的程度，对于一般制品，颜料粒径要求小于 $5\mu m$。对于要求严格的产品，颜料粒径应小于 $1\mu m$。

2.7.7　着色剂在塑料中的着色方法有哪些？

目前着色剂在塑料中的着色方法主要是干混着色、液糊状着色以及色母粒着色等。

① 干混着色　干混着色又称为浮染、粉状着色和纯颜料着色。干混着色时一般用白油、松节油等为分散剂，使着色剂黏附在树脂颗粒上，直接用于注塑、挤出等生产工艺。此法适用于颜料和制品种类多、批量小的生产方式。

干混着色法操作简便，设备投资小，着色成本低。此法尤其适用于珠光颜料和金属片颜料的着色，因为减少了混炼造粒工序，而避免过度混炼的颜料片晶的破坏，影响制品闪烁的着色效果。但干混着色法在混合和加料时易产生粉尘飞扬，污染环境，影响工人健康。并且当换色时，成型设备的料斗等清洁工作量大，操作较麻烦。更主要的是，着色剂分散效果不佳，为此不能着色外观要求高的塑料制品。

② 液糊状着色　液糊状着色是使用三辊研磨机等设备，将着色剂与增塑剂、多元醇和脂肪酸甘油酯等液体载体一起研磨成糊状的颜料色浆，然后用于生产。该法颜料比较细腻，分散效果良好，不会在生产过程中产生颜料颗粒的凝聚。同时由于液体载体存在，着色过程不存在粉尘的污染。液糊状着色法不如干法简便，成本也较高，但较色母粒着色成本低近1/3。目前液糊状着色法主要用于 PVC、UP 和 PU 等塑料的着色。

③ 色母粒着色　色母粒是颜料的浓缩物，其中颜料的含量达 20%～80%，颜料经过细化并充分分散至树脂或分散剂中配成各种色泽，以不规则和规则的粒状形式供应市场。采用色母粒着色时颜料分散均匀，色泽准确，着色质量高；使用方便，操作几乎无粉尘，生产环境清洁，生产效率高，但成本较高。

2.7.8　PVC 的着色配方体系设计应注意哪些问题？

PVC 是一类重要的通用热塑性材料，用途广泛，包括常用的低档以及高档特殊性能要求的领域，如建筑材料、汽车、门窗等，由于其加工成型温度不高，可选用多种类型无机或有机颜料进行着色，但仍应依据加工条件、着色产品的最终用途等对着色剂进行特定的选择。在进行 PVC 配方体系设计时应注意以下几方面。

① 着色剂要有良好的耐酸性。由于 PVC 加工过程中易分解产生 HCl 气体，对于着色剂耐酸性差时，会影响着色效果。如氧化铁、二氧化钛、钴蓝、钴紫等金属化合物类，会与HCl 作用，生成金属氯化物，而所生成的金属氯化物又会促进 PVC 的降解。不同着色剂与HCl 的作用强弱有所不同，一般顺序为：铁红＞钛白＞钴蓝＞钴紫＞铬绿。

② 对于软质 PVC 塑料中，由于加入了大量的增塑剂，在高温下这些增塑剂会增加着色剂在其中的溶解度，而当温度下降至室温时，部分溶解的着色剂会产生着色的再结晶，而使其更易产生喷霜、迁移等现象，而且随着加工温度的提高，起霜现象也越加严重。另外，由于颜料与 PVC 之间的相容性不够理想，尤其在含有某些添加剂时，这样会导致颜料的过饱和而产生表面析出现象。因此，PVC 应选择迁移性小的着色剂，一般以有机颜料为主。

③ 有些着色剂如铅铬黄和钼橙类颜料，有抑制 PVC 脱 HCl 的作用，从而可起到辅助稳定剂作用，是 PVC 良好的着色剂，应优先选用。

④ 镉红和镉黄等硫化物颜料，对 HCl 敏感而产生硫化氢，而且又易与铅盐作用，造成铅污染，使制品色泽不鲜艳。

⑤ 铜、钴、锰、铁等的氧化物和氯化物的耐晒性差，易被光分解而加速 PVC 的老化。

⑥ 着色剂在 PVC 电缆料中应用时，要注意着色剂对电绝缘性的影响，如酞菁蓝、炭黑等。如某黑色 PVC 电缆料配方如表 2-29 所示。

表 2-29　某黑色 PVC 电缆料配方

原料	用量/phr	原料	用量/phr
PVC 树脂	100	硬脂酸铅	1.0
活性碳酸钙	80	硬脂酸钡	1.5
氯化聚乙烯	10	液体石蜡	0.8
三碱式硫酸铅	5	炭黑	0.2

2.7.9　聚烯烃塑料的着色配方体系设计应注意哪些问题？

聚烯烃聚合物的分子呈非极性，其着色性较差，因此，着色配方体系的设计应注意着色剂的选用。

① 不宜选用迁移性大的着色剂。PE、PP 与大部分的着色剂相容性较差，着色剂迁移

性大时极易造成渗色与喷霜现象，影响着色的均匀性及稳定性。

② 不宜选用 Cu、Co、Mn 等金属及其盐作为着色剂，如钴蓝、铬绿、群青等，它们会促进 PP、PE 的热、光、氧等的氧化老化。

③ 炭黑、锌白、铅系颜料、镉系颜料等着色剂有抗氧化作用，会提高 PE、PP 的抗氧化性。

④ 有卫生级要求的材料中不宜选用松节油作为着色剂的分散剂。

⑤ 由于 PP 成型加工温度要求较高，一般应选用热稳定性较好的着色剂，或加入适量的热稳定剂。

某企业注塑成型黄色 PP 注塑制品的着色配方体系如表 2-30 所示。

表 2-30　某企业注塑成型黄色 PP 注塑制品的着色配方体系

原料	用量/phr	原料	用量/phr
PP	100	2,6-叔丁基四甲基苯酚	0.5
硬脂酸钙	0.5	铬黄	0.1
硬脂酸钡	0.1	钛白	0.05

2.7.10　PS 和 ABS 塑料的着色配方体系设计应注意哪些问题？

PS 的着色性好，易于着色，大部分的有机或无机颜料以及染料都可适用于 PS。对于 PS 透明制品，可选用透明性好的有机颜料或油溶性的有机染料，一般多采用可溶于聚合物的溶剂染料，不仅具有良好的透明度，还有较好的光牢度。不透明制品可选用无机颜料。PS 塑料中着色剂的用量一般较少，通常为 0.1%～0.2%。

ABS 与 PS 一样具有良好的着色性，但由于 ABS 本身是象牙色，着色时应注意选用遮盖力较强的着色剂，而且着色剂的用量也较大，可达 2% 以上。另外，ABS 的耐候性差，因此，着色剂应选择抗氧性、耐热性、耐光性较好的着色剂。常用于 ABS 的着色剂品种主要有钛白、酞菁蓝、喹吖啶酮系、镉系、铁红、群青、炭黑。常用的染料主要有蒽醌类及偶氮类等。某橙色 ABS 制品的着色配方如表 2-31 所示。

表 2-31　某橙色 ABS 制品的着色配方

原料	用量/phr	原料	用量/phr
ABS	100	钛白	0.5
D-G 橙	1	磷酸三苯酯	2.5
D-7G 橙	0.5	硬脂酸镁	0.25

2.7.11　聚碳酸酯的着色配方体系设计应注意哪些问题？

聚碳酸酯具有良好的着色性，但由于其本身带有微黄色，而且耐热性好，成型加工温度高，另外，聚碳酸酯分子结构中含有酯基，在高温有水存在时极易发生水解，而引起聚碳酸酯的降解，因此，聚碳酸酯着色配方体系设计时应注意以下几方面。

① 应选用耐热性好、遮盖力较强、不含结晶水的着色剂，如常用的有酞菁蓝 BG 和酞菁蓝 BS、酞菁绿、101 镉黄、溴靛蓝、172 镉黄、钛白、炭黑、122 镉红和铬钼红等颜料。

② 碱性及重金属颜料会引起聚碳酸酯的水解，因而应尽量少用或不用。

③ 着色剂及分散剂等在使用前必须保持干燥，必要时应经干燥处理，否则着色剂及分散剂等中的水分会引发聚碳酸酯的水解。

④ 着色剂的分散剂一般可采用磷酸三甲酚酯。

2.7.12　PA 的着色配方体系设计应注意哪些问题?

PA 类塑料的成型加工温度较高,本身呈微黄色,因此,着色剂一般应选择耐热性好、遮盖力强的着色剂。通常用于 PA 的着色剂主要是无机颜料和耐热性好的有机颜料。常用的无机颜料主要有钛白、锌白、炭黑、铁红、镉红、铬钼红、铬绿、铬黄等。

用于 PA 着色性优良的有机颜料主要有颜料黄192、颜料橙68、颜料蓝153、颜料绿7等。其中,颜料黄192是不含金属的鲜艳红光黄色杂环颜料,在低浓度时仍具有高的耐热稳定性(300℃)与优异的耐气候牢度,并且可以与钛白、硫化锌等无机颜料并用;颜料68为含有苯并咪唑酮基团的鲜艳红光橙色镍配合颜料,具有优异的耐光性和耐热性。用于 PA 着色性一般的颜料主要有颜料黄148、颜料黄150、颜料黄187、颜料红149、颜料红177、颜料紫23等有机颜料。

2.7.13　白色异型材的着色与增白应注意哪些问题?

白色异型材着色时一般选择金红石型(R 型)钛白粉为着色剂,金红石型(R 型)钛白粉也是一种非常好的光屏蔽剂,可提高型材耐候性,同时还有抑制 PVC 脱氯化氢的作用,延缓 PVC 的分解。但一般加入5份左右即可,当制品中钛白粉含量在8%时,其遮盖率趋于平衡,超出其范围多加无益,还会使物料的黏度上升,流动性降低,扭矩增大,造成加工困难。

型材白度不足一般可加入少量荧光增白剂,使制品表面亮度增加,色彩更清晰、鲜明,达到"容光焕发"的增白效果。一般国产增白剂如 PF 型增白剂分解温度低,起始分解温度为178℃,最大吸收波长为363nm,而且有升华现象,价格虽低,但效果欠佳。如选用 OB 型增白剂,熔点为196~203℃,分解温度高于220℃,最大吸收波长为375nm。OB-1 型增白剂的熔点为353~359℃,最大吸收波长为374nm,最大发射荧光波长为434nm;比较适合于 PVC 制品。

白色型材中还可加入少量蓝色颜料来"遮黄",以期达到增白的目的,但要注意选用蓝色颜料时,群青耐酸性差,一般不能与含铅、锡、镉的热稳定剂混用;而酞菁蓝着色能力强,易造成着色不均匀的现象。

2.7.14　白色 UPVC 型材着色与增白效果受哪些因素的影响?

白色 UPVC 型材着色与增白效果在成型过程中主要的影响因素有以下几个。

① 树脂的白度及化学稳定性　不同的公司出产的产品其白度指标差异较大,可能从65%到85%不等,在选择树脂供应商时要注意这一指标值。

② 温度　PVC 树脂是一种热敏性材料,保持 PVC 在加工温度下的稳定性是一切调色和增白工作的基础,同时还要求所用的颜料和增白剂有较高的热稳定性。对金红石型钛白粉而言,其晶体结构非常稳定,在 PVC 异型材的加工温度下仍能保持结构和功能的稳定。经过特殊处理的群青的耐热性也非常好。但对于常用的荧光增白剂来说,不同型号的增白剂其耐热性相差很大,并且有些增白剂有升华现象,在着色时应给予充分考虑,否则将直接影响调色效果。

③ 酸性　PVC 加工过程中始终伴随着 PVC 的分解产生有很强的腐蚀性和酸性的氯化氢,在常用的着色增白材料中,钛白粉的耐酸性、耐腐蚀性最强,荧光增白剂次之,酞菁蓝耐酸性较好,群青最差。

④ 颜料种类　目前,我国绝大部分型材生产厂家采用的是铅稳定体系配方,包括近几年比较流行的稀土复合稳定剂和其他低铅稳定剂,产品中仍有一定量的铅存在,群青中所含

的硫可能与稳定剂中的铅作用，生成黑色硫化铅而污染异型材，影响着色。

2.7.15 影响塑料制品褪色的因素主要有哪些？

塑料着色制品受多种因素影响会发生褪色。塑料着色制品的褪色与着色剂的耐光性、热稳定性、抗氧化性、耐酸碱性以及所用树脂的特性有关。

① 着色剂的耐光性　对于长期在室外受强光照射的塑料制品，所用着色剂的耐光（耐晒）等级要求比室内用的制品等级要求要高得多。一般室外塑料制品用着色剂的耐光等级应不低于六级，最好选用七级、八级，而室内塑料制品用着色剂可选用四级、五级。着色剂耐光等级差时，制品在使用中会很快褪色。采用色母料着色时，色母料中载体树脂的耐光性也会影响颜色的变化，紫外线照射树脂后，其分子结构发生变化出现褪色。通常可在色母料中加入紫外线吸收剂等光稳定剂，以提高着色剂和着色塑料制品的耐光性。

② 着色剂的热稳定性　着色剂的热稳定性是指在加工温度下颜料热失重、变色、褪色的程度。无机颜料主要是金属氧化物、盐类，其热稳定性好，耐热性高。而有机颜料的热稳定性较差，在一定温度下会发生分子结构的变化和少量分解，如在成型温度较高的 PP、PA、PET 塑料中应用时，通常加工温度在 280℃ 以上，一些有机颜料的应用会受到限制。生产中在考虑着色剂的热稳定性时，一方面要注重颜料的耐热度，另一方面要考虑颜料的耐热时间，通常要求耐热时间为 4～10min。

另外，颜料中的某些金属离子会促进树脂热分解，其中，含铜、锰、铁、钴之类的颜料对促进聚烯烃的老化作用强，而含钾、钠、镉、钙等的颜料影响较小。同种金属元素按纯金属、金属氧化物、金属盐的顺序增强。

③ 着色剂的抗氧化性　一些颜料，特别是有机颜料，由于加工过程中的高温作用，或遇强氧化剂（如铬黄中的铬酸根）作用时，很易发生氧化。着色剂氧化后还会引发大分子的降解或其他变化，而使塑料制品逐渐褪色。如色淀、偶氮颜料与铬黄混合使用后，红色会逐渐减退。

④ 着色剂的耐酸碱性　着色塑料制品的褪色和着色剂的耐化学品性（耐酸碱性、耐氧化还原性）有关。如钼铬红耐稀酸，但对碱敏感，镉黄不耐酸，这两种颜料和酚醛树脂对某些着色剂起强还原作用，严重影响着色剂的耐热性、耐候性并发生褪色。

2.8 塑料加工助剂及其他配方体系设计实例疑难解答

2.8.1 UPVC 塑料配方中为何要加入 ACR、AMS 或 CPE、MBS 等助剂？

由于 UPVC 材料的脆性大，熔体强度低，加工流动性差，在加工过程中通常需加入加工改性剂，以改善 UPVC 的加工流动性，提高熔体强度和材料的韧性，以利于加工，否则 UPVC 难以成型加工。ACR、AMS 或 CPE、MBS 等都可不同程度地改善 UPVC 的加工性能。

ACR 和 AMS 能明显改善 UPVC 的加工性能，可使 UPVC 的加工温度降低 5～8℃，而且制得的产品表面光滑。MBS 对 UPVC 的加工性能及抗冲击性都有较好的改善效果，其抗冲击性的改善与分子中丁二烯的含量有关，含量越大，抗冲击性越好，但与 PVC 的相容性越差。CPE 可增强 PVC 的韧性，改善 PVC 的抗冲击性，但对 UPVC 的加工性影响不大。其抗冲击性的改性效果主要取决于分子中氯的含量，一般氯含量在 32%～40% 时效果比较好。目前在 UPVC 材料加工中通常采用两种改性剂并用，以获得良好的改性效果，如 CPE/

ACR、CPE/MBS、MBS/AMS，复合配比一般为 3∶2。如某无毒 PVC 透明片采用 AMS 与 MBS 复合明显改善了 PVC 的加工性能、抗冲击性，其配方如表 2-32 所示。

表 2-32　某无毒 PVC 透明片配方

原料	用量/phr	原料	用量/phr
PVC 树脂	100	环氧大豆油	4
AMS	2	液体石蜡	0.8
MBS	6	其他	适量
京锡 8831	2.5		

2.8.2　PVC 加工助剂配方体系设计应注意哪些问题？

PVC 加工助剂配方体系设计应注意以下几方面的问题。

① 加工助剂一般用于 PVC 的硬质制品中，而 PVC 软质制品中由于加有大量的增塑剂，熔体具有较好的加工流动性和良好的塑性，因此一般较少用加工助剂。

② 加工助剂在 UPVC 中的应用与成型加工方法有关，通常在挤出成型和中空吹塑成型中较多用，而在注塑成型和压延成型中一般少用。

③ 加工助剂在 UPVC 中的用量与助剂的种类及配方体系等有关，ACR 用量一般在 2 份以内，AMS 用量在 10 份以内，丁腈橡胶 P83 的用量可达 50 份。在 UPVC 配方中填料用量较大时，加工助剂的用量一般要增加。

④ CPE、MBS、EVA 等助剂，对 UPVC 的加工性能改善作用虽较小，主要改善的是 PVC 抗冲击性，但由于用于冲击改性时，一般用量都较大，因此，含 CPE、MBS、EVA 的冲击改性的 UPVC 配方中可以少加或不加加工助剂。如某 UPVC 楼梯扶手配方中采用 10 份 CPE 作为抗冲改性剂兼加工助剂，即取得良好的加工改性效果。其配方如表 2-33 所示。

表 2-33　某 UPVC 楼梯扶手配方

原料	用量/phr	原料	用量/phr
PVC 树脂	100	硬脂酸钡	1
CPE	10	硬脂酸	0.5
三碱式硫酸铅	2	液体石蜡	0.8
二碱式亚磷酸铅	1	活化钙	20
硬脂酸铅	1	其他	适量

2.8.3　硬质 PVC 管材的配方中应如何选用加工改性剂 ACR？

由于 ACR 不但可提高 PVC 的塑化速率和塑化质量，降低成型加工温度和能耗，而且还可提高制品的性能均匀性、力学性能、耐热性、尺寸稳定性，并且使 UPVC 制品具有良好的外观和光洁度，因此，在 UPVC 制品的生产中较为多用。目前工业生产的 ACR 品种和牌号较多，不同品种和牌号的 ACR 中各组分组成比例有所不同，故用途也有所不同，因此，在生产中选用 ACR 时应根据制品及改性作用的目的来选择不同的品种、牌号和用量。表 2-34 为几种已商品化 ACR 的牌号及用途。

表 2-34　几种已商品化 ACR 的牌号及用途

美国 Rohm 公司 ACR		国产 ACR	
牌 号	用途	牌 号	用途
K-120N	双螺杆挤出管材、异型材、注塑件	ACR-201	改善成型加工性能
K-120D	UPVC 透明片、瓶	ACR-301	改善成型加工性能
K-125	UPVC 透明片、注塑件	ACR-401	改善成型加工性能，提高冲击韧性
K-175	双螺杆挤出管材		

一般在改善成型加工性能配方中，加入量通常为 1～2.5 份；作为抗冲改性剂应增加用量。同时，注意在配方实施过程中 ACR 在高温时加入易产生凝结，应在物料温度较低时加入。

2.8.4 塑料中应如何使用含氟聚合物加工助剂？使用中应注意哪些问题？

（1）含氟聚合物加工助剂的使用方法

塑料中使用含氟聚合物加工助剂的方法主要有直接加入、制备母粒、制备淤浆三种方法。一般当树脂为粉末状时，可采用直接加入含氟聚合物加工助剂的方法。如 PVC 粉状树脂加工时，可以与树脂直接混合均匀，进行塑料加工。含氟聚合物加工助剂在颗粒状树脂中使用时，则需制备母粒后再加入。而在液体树脂中使用时，通常需制备淤浆后再加入。

含氟聚合物加工助剂母粒的制备工艺流程如图 2-2 所示。母粒中加入助剂的浓度一般不超过 5%，最佳浓度为 2%～3%，高浓度母粒会造成应用时分散不均匀。载体树脂熔体指数应稍高于最终加工树脂，有利于母料的稀释。载体树脂要有足够的稳定性，在加工中应考虑抗氧剂的应用。制备母粒时应采用预混装置，使用双螺杆挤出机时，如有可能采用专用喂料机加入挤出机中。也可以采用密炼机加单螺杆挤出机的方式加工。在制备母粒过程中，应把含氟聚合物加工助剂与其他助剂母粒分别制造，再在生产制品时同时加入。必须与其他助剂复合时，应注意助剂相互间的作用，对于填充剂、着色剂（如钛白）一定要进行表面处理，否则含氟聚合物助剂的使用量会增加。

图 2-2　含氟聚合物加工助剂母粒的制备工艺流程

（2）含氟聚合物加工助剂的应用注意事项

① 为了使含氟聚合物加工助剂应用效果更明显，在应用前应清洗系统，使系统残存的聚合物、凝胶、污垢清除干净，否则在应用含氟聚合物加工助剂初期会造成制品中晶点、黑点增多，影响了产品质量。

② 含氟聚合物加工助剂在聚合物熔融流体中必须均匀分散，最佳的助剂颗粒度小于 2μm。这样才能充分发挥含氟聚合物加工助剂的作用。

③ 选择合适的载体树脂。选用的载体树脂熔体指数应等于或高于基础树脂的熔体指数，以利于其在基础树脂中的分散。

④ 应用含氟聚合物加工助剂时，应注意其他助剂对其的相互影响。

⑤ 含有填料的聚合物加工时，必须对填料表面进行改性，防止填料吸附助剂，使助剂的用量增加。选择适合于含有填料的助剂牌号，作为加工助剂。

⑥ 必须采用合适的助剂使用量，助剂使用量过低，使助剂效能不能发挥，过高的助剂使用量，会给塑料加工造成不利的影响。

（3）含氟聚合物加工助剂的使用安全事项

含氟聚合物加工助剂多用于与食品多次接触的场合，应当考虑其安全性、卫生性。含全氟丙烯、偏氟乙烯和四氟乙烯等共聚得到的含氟聚合物加工助剂用量，规定在主体树脂中含量不超过 0.2%。在其他添加剂、着色剂与含氟聚合物加工助剂并用时一般认为是安全的。

含氟聚合物加工助剂通常以小颗粒或粉末状态存在，这些产品在操作中可能吸入人体内或直接接触皮肤，应当有相应的保护措施，应注意以下安全事项。

① 眼睛保护。避免进入眼睛，操作中应戴上有侧保护的安全眼镜。

② 皮肤保护。操作中避免皮肤直接接触物料，粉末可能引起刺激、过敏。在接触热物料时戴上手套，以免烫伤及造成其他伤害。

③ 排气通风。生产区域应充分通风，采用适当通风装置。

④ 呼吸保护。避免吸入粉末和热分解产物，吸入热分解产物可能引起气短、发热、咳嗽、发颤等症状。高温燃烧含氟聚合物加工助剂会产生 HF 等对人体有危害的产物，应当尽量避免。

⑤ 防止摄入。使用该产品后，应当用肥皂和水彻底清洗，避免偶尔摄入。

2.8.5 塑料配方中润滑剂的选用应注意哪些问题？润滑剂在塑料中的应用如何？

（1）润滑剂的选用应注意的问题

塑料润滑剂的品种有很多，不同的应用对润滑剂有着不同的要求，在配方中选用润滑剂时应注意以下几方面。

① 润滑效能高而持久。

② 与树脂的相容性大小适中，内部和外部润滑作用平衡，不喷霜，不结垢。

③ 表面张力小，黏度低，在界面处的扩展性好，易形成界面层。

④ 不降低聚合物的机械强度及其他性能。

⑤ 本身的耐热性和化学稳定性优良，在高温加工中不分解，不挥发，不与树脂或其他助剂发生有害反应。

⑥ 不腐蚀设备，不污染制品，无毒。

（2）润滑剂在塑料中的应用

① 在 PVC 中的应用　润滑剂在 PVC 中的应用最为广泛。一般 UPVC 需要约 1% 的润滑剂，特殊情况可到 4%，而在软质 PVC 中，0.5% 或少于 0.5% 就已足够。在生产中，润滑剂的选用一般由稳定体系和加工方法来确定。

② 在聚烯烃中的应用　聚烯烃具有良好的加工性能，一般无须润滑剂，但在加工过程中常根据需要添加一种或几种润滑剂以进一步提高加工性能。常用的有 PE 蜡、PP 蜡、硬脂酸甘油酯、脂肪酰胺等。

③ 在苯乙烯类塑料中的应用　PS 中润滑剂一般选用硬脂酸丁酯、液体石蜡等对透明性影响小的润滑剂；ABS 树脂则常选用脂肪酰胺和金属皂，有时也选用脂肪酸酯类、硬脂酸及 PE 蜡等作为润滑剂。

④ 在工程塑料中的应用　通常工程塑料 PA、PC、PET、POM 等主要用于注塑成型加工，因此，润滑剂主要是提高熔体的流动性，改进充模性，以及提高制件的脱模性等。由于工程塑料的加工温度和使用温度一般较高，故润滑剂也应有良好的热稳定性和低挥发性，以及对水解和酸性的适应性。

2.8.6 硬质 PVC 的润滑体系应如何选用？

硬质 PVC 的润滑体系对于生产十分重要。合理的润滑体系可改善硬质 PVC 各层粒子间及熔体与加工设备金属表面的摩擦力和粘连性，增大树脂的流动性，达到调控树脂塑化速率的作用，并且可获得高度光洁的制品表面。润滑体系的用量要适当，用量太多有损制品的性能，用量太少润滑效果不佳。一般生产中硬质 PVC 润滑剂的用量在 1 份左右。

目前 PVC 的润滑剂的品种有很多，如液体石蜡、氯化石蜡、PE 蜡、氧化 PE 蜡、硬脂酸、硬脂酸丁酯及金属皂类等。在选用润滑体系时，应考虑如下因素。

① 内外润滑的平衡　内润滑以提高塑化和熔体流动性为主，而外润滑以防止熔体对设

备的黏附为主。可根据不同的加工方法和工艺要求选择相应的润滑系统，达到内外润滑平衡。硬质 PVC 内润滑剂，可选用硬脂酸丁酯、硬脂酸钙、褐煤酸酯等。

② 制品特性与润滑剂的适用性　无毒透明制品主要考虑对透明和卫生性能的影响，如无毒透明吹塑瓶中选用 PE 蜡和氧化 PE 蜡，配以硬脂酸正丁酯；而不透明制品可选用金属皂、石蜡、硬脂酸等。

③ 冲击加工改性剂　一般配方中有 MBS、ABS 等会使某些润滑剂溶解其中，因而可相应提高润滑剂的用量。

④ 配方中其他组分与润滑剂的关系　多数有机锡类热稳定剂没有润滑性，可适当提高润滑剂的用量，而金属皂热稳定剂兼具润滑作用时可相应减少其用量。加入填料较多时，尤其是非润滑性填料，应加大润滑剂的用量。某 UPVC 波纹管的润滑配方体系如表 2-35 所示。

表 2-35　某 UPVC 波纹管的润滑配方体系

材料	用量/phr	材料	用量/phr
PVC	100	三碱式硫酸铅	4
ACR	2	PE 蜡	0.5
PE-C	7	硬脂酸丁酯	0.4
CaSt	1.2	UV-9	4
PbSt	0.4	其他	适量

2.8.7　PE 材料的抗静电配方体系设计应注意哪些问题？

PE 是由碳、氢元素组成的非极性分子，具有优异的电绝缘性。PE 管在使用中因摩擦而产生的静电荷，会由于它本身优异的电绝缘性而蓄积在管材表面，而产生放电，形成电火花现象，在矿井中很易引起瓦斯爆炸，故需要抗静电。塑料产生的静电大小通常是用体积电阻率或表面电阻率来表示，体积电阻率越大，产生的静电程度越大，一般塑料的静电消除要求体积电阻率在 $10^{12}\Omega \cdot cm$ 以下。

PE 的抗静电主要是通过加入抗静电剂，抗静电剂由于含有亲水性和亲油性两部分，当它加入 PE 中后，亲油性部分与 PE 树脂相容，亲水性部分则在表面排列，吸收空气中的水分，形成均匀的导电薄层，从而疏散蓄积在管材表面的电荷。

PE 中常用的主要有抗静电剂 SN、抗静电剂 LS 以及烷基三羧甲基铵乙内盐等。如某企业生产 PE 线管时在 PE 中加入羟乙基烷基胺、高碳醇、二氧化硅三者的混合物 0.6% 作为抗静电剂，其 PE 线管体积电阻率为 $9.2\times10^{8}\Omega \cdot cm$。

2.8.8　PVC 的抗静电配方体系设计应注意哪些问题？

由于 PVC 体积电阻率较大，一般为 $10^{14}\sim10^{16}\Omega \cdot cm$，因此，其材料产生的静电程度较大，对于静电程度要求较高的场合，一般应改善其抗静电性，使其体积电阻率在 $10^{12}\Omega \cdot cm$ 以下。PVC 材料抗静电性的改善主要是加入适量的抗静电剂及导电材料。不同类型的抗静电剂性能有所不同，因此，在进行 PVC 抗静电配方设计时应注意以下几方面。

① 采用抗静电剂时，由于 PVC 是极性树脂，故应选用离子型抗静电剂及亲水性的高分子聚合物类抗静电剂为宜。离子型抗静电剂一般是一种表面活性剂，其表面活性大，并且具有吸水性，可在 PVC 制品表面形成一层均匀导电膜，从而可疏散蓄积在制品表面的电荷，降低制品的体积电阻率。用于 PVC 中的离子型抗静电剂主要有抗静电剂 SN、抗静电剂 LS、抗静电剂 SH-105 等，其用量一般为 0.5%～2%，而抗静电剂 SH-105 用量稍大，通常为 2%～5%。

亲水性的高分子抗静电聚合物是抗静电剂与环氧乙烷、环氧丙烷、聚季铵盐等共聚而成，与PVC树脂共混，可形成均匀线状或网状的导电通道，以消除和分散制品表面的静电荷，是一种永久性的抗静电剂。常用的主要有脂肪醇环氧乙烷聚合物、脂肪酸环氧乙烷聚合物及脂肪胺环氧乙烷聚合物等。

② 对于抗静电性要求较高时，应加入具有一定导电功能的材料，如石墨、炭黑、碳纤维、铝粉、铜粉等金属粉末等。

③ 由于PVC的玻璃化温度较高，室温下的抗静电效果较差，因此，一般应适当加大抗静电剂的用量。

④ 季铵盐类抗静电剂容易配合PVC中的金属热稳定剂，从而会影响热稳定剂的效能发挥。

⑤ 对于无毒、透明的PVC材料，应选用毒性小或无毒的抗静电剂，如烷基胺的环氧化聚合物、硬脂酸聚二醇酯等高分子型抗静电剂。

⑥ 为了达到良好的抗静电效果，一般可采用几种抗静电剂配合使用。

如某UPVC透明抗静电电器壳采用了硬脂酸单甘油酯、十二烷基磺酸钠、聚氧乙烯月桂基醚等几种抗静电剂配合，使制品达到了良好的抗静电效果，在室温（23℃）及相对湿度为50%的条件下，制品的体积电阻率为$8.7 \times 10^{11} \Omega \cdot cm$。其配方如表2-36所示。

表 2-36　某 UPVC 透明抗静电电器壳配方

原料	用量/phr	原料	用量/phr
PVC	100	硬脂酸单甘油酯	1.5
MBS	15	十二烷基磺酸钠	0.1
有机锡复合稳定剂	2.0	聚氧乙烯月桂基醚	1
硬脂酸	0.8	其他助剂	适量

2.8.9　抗静电剂的应用应注意哪些方面？

抗静电剂一般可分为外部抗静电剂和内部抗静电剂两种类型，不同类型的抗静电剂的应用有所不同，在应用中应注意以下几方面。

① 外部抗静电剂　该种抗静电剂在使用时，一般用挥发性溶剂或水先调成浓度为0.1%～2.0%的溶液。在保证抗静电效果的前提下，溶液的浓度以稀一些为好，因为浓度高的溶液易发黏，吸附灰尘。所用的溶剂对抗静电效果的持久性有一定影响。在仅用水、醇作为溶剂的场合，虽然在使用时不必担心溶剂对塑料的浸溶作用，但溶剂挥发后，抗静电剂的吸附性较差，一经触及便易脱落，因而抗静电效果不能持久。如果在水或醇等溶剂中加入少量的对塑料有浸溶作用的溶剂，则待溶剂挥发，就有一些抗静电剂分子渗入塑料制品表面的内层，因而使抗静电效果的持久性得到提高。为了得到均匀密实的抗静电剂薄膜，在涂布前对塑料制品进行预处理非常必要。如果制品表面不干净，则抗静电剂的吸附性就较差。

② 内部抗静电剂　内部抗静电剂的抗静电性持久，实际中应用较多。内部抗静电剂使用时需与树脂混炼，因而要求抗静电剂与树脂有较好的相容性，但为了便于抗静电剂向表面迁移，又要有一定的析出性。抗静电剂通常是吸湿性化合物，所以物料含有一定量的水分，但在塑料成型加工过程中，少量水分的存在会引起制品产生各种缺陷。因此，在将抗静电剂加入树脂之前，或在成型加工之前，必须进行充分干燥。通常可用75～80℃的热风干燥4h，或在55～60℃时干燥12～15h。

抗静电剂的添加量取决于抗静电剂本身的性质、树脂的种类、成型加工条件、制品形态以及对抗静电效果的要求。一般来说，抗静电剂添加0.3%～3%就可得到良好的抗静电效果。对于PE和PP较适宜的添加量为0.5%～1.0%，对于PS和ABS为1.0%～2.0%。

在相对湿度低而空气十分干燥的地区，当使用通常的抗静电剂无效时，最好的办法就是添加导电性物质，如导电炭黑、石墨、金属的微纤维、碳纤维等。采用这种方法可以得到永久性抗静电剂塑料制品。需注意的是，该类物质用量过少难以形成连续的导电通路，过多则影响材料的力学性能。

2.8.10　塑料化学发泡剂的选用应注意哪些问题？

① 对于化学发泡剂的分解温度和发气量是发泡剂的两个重要性能指标。发泡剂的分解温度决定着发泡剂在聚合物中的应用范围，还影响着发泡成型的工艺条件。由于化学发泡剂的分解都是在比较窄的温度范围内进行的，而聚合物材料也有特定的加工温度范围，因此，一种化学发泡剂很难适用于多种树脂品种。在加工过程中，通常要求所用发泡剂的分解温度与树脂的成型加工温度相适应，如 PS 的 T_g 为 100℃，所选择的发泡剂的分解温度应在 100℃以上，而温度超过 170℃后，PS 的熔体黏度过低，气体易逃逸，因而发泡剂的分解温度应在 110～170℃较适宜。

发气量是指单位质量的发泡剂所产生的气体体积，单位通常为 mL/g。它是衡量化学发泡剂发泡效率的重要指标。发气量高的，发泡剂用量可以相对少些，残渣也较少。当然，衡量一种发泡剂效能的指标还很多，在选用发泡剂时，要综合考虑使用对象、使用目的及发泡剂的各项性能。

② 发泡剂的应用要满足制品的使用要求，如无不良气味、无毒、不着色、不析出等。

③ 把无机和有机发泡剂两者配合使用有助于发挥各自的优点，增大作用效果。如在化学发泡过程中使用物理发泡剂不仅可降低化学发泡剂用量，而且可降低其放热程度，防止中心烧焦现象的产生。

④ 对于固体树脂的发泡剂，其分解温度与树脂的熔融温度不相匹配时，一般可加入发泡促进剂，以降低发泡剂的分解温度，如锌化物、铅化物、镉化物及硬脂酸、尿素、氨水等。为改善泡沫质量一般可加入成核剂，如滑石粉、二氧化硅等。

对于液体促进发泡和改善泡沫质量，一般可加入催化剂和泡沫稳定剂，如脂肪胺类催化剂和有机硅类、多元醇类泡沫稳定剂等。

2.8.11　PVC 表面结皮芯层微发泡型材的配方体系应如何确定？

PVC 表面结皮芯层微发泡型材的配方体系的确定应从以下几方面加以考虑。

① 一般应选用分子量较小、K 值在 58～65 之间的低黏度 PVC 树脂（如 SG-7 和 SG-8），以利于加工过程中的塑化，熔体具有很好的流动性，有利于气泡的分散与膨胀。

② 低发泡配方中通常使用的是偶氮二甲酰胺（AC）发泡剂，在挤出过程中含有 AC 的熔体在铅盐稳定剂的作用下，导致 AC 的分解温度由 200℃降到 170℃左右。

③ 在表面结皮芯层发泡型材的加工中，一般来说，无须加发泡促进剂，配方中的热稳定剂（如铅盐稳定剂、稀土稳定剂等）本身就能起到调整 AC 分解温度的作用。

④ 为得到均匀细小、独立性好的泡孔结构，应适当加入发泡调节剂 ZB-530，在表面结皮芯层发泡型材中的用量为 6～8 质量份。

⑤ 无须特别地加入成核剂，钛白粉和碳酸钙就可以起到成核作用。

⑥ 配方中内润滑剂和外润滑剂的使用应平衡，防止熔体出口模进真空模型前表面很容易起泡，经过真空定型后，泡变成塌坑或疤痕，或导致泡孔结构不好、泡孔穿孔或形成大泡。

某企业生产 PVC 表面结皮芯层微发泡型材的配方如表 2-37 所示。

表 2-37 某企业生产 PVC 表面结皮芯层微发泡型材的配方

原料	用量/phr	原料	用量/phr
PVC	100	硬脂酸	0.5
三碱式硫酸铅	4	轻质活化钙	10
二碱式亚磷酸铅	2.0	CPE	10
硬脂酸铅	1.0	ACR	6
硬脂酸钡	1.0	AC 发泡剂	4
硬脂酸钙	1.0	其他助剂	适量

2.8.12 用普通 PS 生产泡沫塑料，其发泡体系应如何确定？

普通 PS 泡沫塑料（XPS）与采用可发性 PS（EPS）泡沫塑料有所不同，以普通 PS 颗粒为原料，在成型加工前要加入发泡剂、助发泡剂等成分构成一个完整的发泡配方，经充分混合均匀后，再发泡成型。但其发泡倍率低，绝热性能不如 EPS 好，但强度比 EPS 高。

普通 PS 颗粒的发泡体系主要由树脂、发泡剂、成核剂组成。选择发泡体系时，树脂的黏度不能太高，否则发泡困难；发泡剂可选择物理或化学发泡剂。常用的物理发泡剂主要有丁烷、一氯甲烷、二氯甲烷等氯代烃，用量一般为 10～20 份；化学发泡剂主要有发泡剂 AC、NH_4HCO_3 及 $NaHCO_3$。成核剂主要有柠檬酸等。某公司 XPS 挤出泡沫塑料板材的配方如表 2-38 所示。

表 2-38 某公司 XPS 挤出泡沫塑料板材的配方

材料	用量/phr	材料	用量/phr
PS	100	$NaHCO_3$	0.1
二氯甲烷	17	柠檬酸	0.1

2.8.13 HIPS 泡沫塑料的发泡体系应如何确定？

HIPS 泡沫塑料的发泡体系的确定可从以下几方面考虑。

① 发泡剂 HIPS 的发泡剂可采用多种物理或化学发泡剂，如氯代烃、发泡剂 AC、发泡剂 AIBN 等。而目前最常采用的是 DDL 发泡剂。DDL 发泡剂是以有机发泡剂为主，配合无机发泡剂，在活性引发助剂、成核助剂及其他助剂的调节下所形成的一类复合发泡剂，集单一放热型发泡剂和单一吸热型发泡剂的优点于一体。其泡沫材料的密度随着发泡剂 DDL 用量的增加而降低，但发泡剂用量大于 0.5 份后，密度变化趋势不明显。其泡沫材料的拉伸强度在发泡剂用量为 0.5 份时最大，此时泡孔稳定均匀，发泡程度理想。

② 适量地加入 SBS SBS 可提高制品的拉伸强度，同时加入 SBS 后，发泡情况明显改善，制品的泡孔分布较均匀，由皮层至芯层泡孔数目逐渐增多，泡孔尺寸逐渐变大，这样的泡孔结构对应着较低的密度与较好的力学性能。其用量为 20 份。

③ 加入适量硬脂酸钙 $[Ca(St)_2]$ 发泡制品的密度随 $Ca(St)_2$ 用量的增加稍有增加，拉伸强度随之降低。制品的结皮厚度明显增加，而且泡孔分布较均匀，由皮层至芯层泡孔数目逐渐增多，泡孔尺寸逐渐变大，发泡制品表面光滑平整。

表 3-39 为某厂 HIPS 泡沫塑料制品的配方。

表 3-39 某厂 HIPS 泡沫塑料制品的配方

材料	用量/phr	材料	用量/phr
HIPS	100	$CaCO_3$	5
SBS	20	$TiCO_3$	2
$Ca(St)_2$	3.3	DDL101	0.5
ZB530	8	其他	适量

2.8.14　PS 发泡片材的物理发泡体系应如何确定?

① PS 树脂　PS 泡沫片材的发泡体系中 PS 树脂一般可以采用通用级 PS 树脂,也可加入 10%～30% 的改性聚苯乙烯。为保证泡沫片材的强度,通常分子量应选用 28 万～32 万,即熔体流动速率在 1～3g/10min 比较合适。为了能降低成本,通常生产聚苯乙烯发泡片材所使用的原料可加入 20%～30% 的边角再生料,但再生料的加入量过大,会造成分子量的分布不均匀,生产出来的发泡片材容易断裂。

② 发泡剂　目前 PS 的物理发泡剂如无特殊要求一般多选用氟利昂。通常氟利昂 11 适用于较硬且浅拉伸的片材,氟利昂 12 适用于柔软且深拉伸的片材。采用氟利昂时,应采用高压装置将氟利昂注入挤出机的熔化区段,在严格控制的温度下,从口模将料筒内的混合物挤出,经过膨胀获得发泡片材。

③ 成核剂　PS 泡沫塑料的成核剂可选用滑石粉、超细碳酸钙等。成核剂的粒度及加入量决定气泡的大小和数量。因此,粒度一定要细小且均匀一致,否则,片材将出现发泡不均匀的现象,如滑石粉粒度一般要在 150～345 目之间选择。

④ 润滑剂　为了改进塑料熔体的流动性,减少或避免对设备的摩擦和黏附,以及改进制品表面粗糙度,一般加入一定量的硬脂酸钙或硬脂酸镁作为润滑剂。

某厚度为 1.8mm 的 PS 发泡片材的发泡体系如表 2-40 所示。

表 2-40　某厚度为 1.8mm 的 PS 发泡片材的发泡体系

材料	用量/phr	材料	用量/phr
PS	100	滑石粉(300 目)	6
氟利昂 11	15	硬脂酸钙	2
PS 泡沫回料	20	其他	适量

2.8.15　高强度的低发泡 PS 片材的化学发泡体系应如何确定?

高强度的低发泡 PS 片材要求发泡应均匀、致密,其发泡体系的确定应从以下几方面加以考虑。

① 树脂　应选择高抗冲聚苯乙烯(HIPS)为宜,如 HIPS-466F、HIPS-76 等,以保证片材的强度。

② 发泡剂　目前 PS 低发泡制品常用的发泡剂主要是偶氮二甲酰胺(即 AC 发泡剂)或复合型发泡剂,AC 发泡剂无色、无臭、无毒、无污染,并且具有分解温度可控、发气量大、发气速度快等特性,发泡剂用量为 0.5%～0.8%。另外,由于发泡剂的分解温度范围为 200～210℃,而 HIPS 挤出成型温度一般在 180℃左右,所以采用 AC 发泡时,为了降低发泡剂的分解温度,必须加入发泡活化剂,如 ZnO、乙二醇、硬脂酸、脲等。而 ZnO 对 AC 发泡剂有较强的活性化作用,因而在生产中都选用 ZnO 来降低 AC 发泡剂的分解温度。采用复合型发泡剂则较为简单,发泡均匀,用量一般在 0.5% 左右。

③ 成核剂　成核剂的加入可以影响发泡的结构和发泡密度。在发泡过程中,加入成核剂,以形成热点,降低气泡成核的活化能,引发熔体中的气体异相成核,使发泡均匀、致密。在低发泡 PS 片材时一般选用固体颗粒状的成核剂,常用的有超细 $CaCO_3$、滑石粉、TiO_2、硅酸盐等。

某企业高强度低发泡 PS 片材配方如表 2-41 所示。

表 2-41 某企业高强度低发泡 PS 片材配方

材料	用量/phr	材料	用量/phr
HIPS-466F	100	ZnO	0.4
AC	0.6	碳酸钙	5

2.8.16 PU 硬质泡沫塑料配方中发泡体系应如何确定？

PU 硬质泡沫塑料是一种优质的绝热保温材料，主要用于冰箱及保温管材护套等。PU 硬质泡沫塑料的配方一般分成 A、B 两部分，A 部分为多元醇及各种发泡助剂，B 部分为异氰酸酯，A、B 两部分可在现场混合，边施工边发泡。PU 硬质泡沫塑料配方中发泡体系的设计至关重要，其发泡体系通常主要是由聚醚多元醇、异氰酸酯（TDI、MDI 及 PAPI）、物理发泡剂、水、催化剂、泡沫稳定剂等组成的。确定发泡体系时通常应从以下几方面加以考虑。

① 多元醇，选用分子量为 400～800、官能度为 3～8 的聚醚型多元醇，具体品种为三羟基至八羟基聚氧化丙烯醚。

② 异氰酸酯，可选用 TDI、MDI 及 PAPI 三类，用量为多元醇聚醚的 1.3～1.5 倍。

③ 发泡剂，主要以外加物理发泡剂为主，具体品种有氟利昂、二氯乙烷、异戊烷等，一般在 40 份左右，另外，可加入少量水。

④ 催化剂，胺、锡并用，用量大于 PU 软质泡沫塑料，为 0.5%～5%。

⑤ 泡沫稳定剂，常用硅油及聚硅氧烷类，用量一般为 0.5%～1.5%。

某 PU 硬质泡沫塑料配方如表 2-42 所示。

表 2-42 某 PU 硬质泡沫塑料配方

材料	用量/phr	材料	用量/phr
聚醚类多元醇（分子量在 400 左右）	100	有机硅泡沫稳定剂	1.5
异氰酸酯	130	二月桂酸二丁基锡	0.3
一氟二氯甲烷	40	三亚乙基二胺	0.3
丙二酮	0.6	其他	适量

2.8.17 PU 半硬质泡沫塑料配方中发泡体系应如何确定？

PU 半硬质泡沫塑料的发泡体系主要由聚醚多元醇、TDI 或 MDI、物理发泡剂、水、催化剂、泡沫稳定剂等组成。确定其发泡配方体系时主要考虑以下几方面。

① 多元醇，选用分子量 1000～2000、含有 3～4 官能度的聚醚型多元醇，具体品种为三羟基、四羟基聚氧化丙烯醚。

② 异氰酸酯，可选用 TDI 及 MDI，用量一般在多元醇的 1 倍以下。

③ 发泡剂，外加物理发泡剂和水并用，水一般在 5 份以下，外加物理发泡剂一般在 20 份左右。

④ 催化剂，胺与锡并用，用量一般为 0.5～4 份。

⑤ 泡沫稳定剂，常用有机硅类、聚硅氧烷类及多元醇等，用量一般为 0.5%～2%。

某 PU 半硬质泡沫塑料配方如表 2-43 所示。

表 2-43 某 PU 半硬质泡沫塑料配方

材料	用量/phr	材料	用量/phr
聚醚类多元醇 M-6500	100	二月桂酸二丁基锡	0.18
N,N'-二甲基哌嗪（胺类）	0.36	聚二苯甲烷二异氰酸酯	40
水	1.8	其他	适量

2.8.18 软质 PU 泡沫塑料配方中发泡体系应如何确定?

软质 PU 泡沫塑料是最常用的 PU 泡沫塑料,俗称"海绵",开孔率可达 95%。因回弹力高,而广泛用于家具及体育用品。PU 软质泡沫塑料发泡体系组成为:聚醚多元醇(官能度为 2~3)、TDI、物理发泡剂、水、催化剂、泡沫稳定剂等。在确定其发泡体系时通常应考虑如下几方面。

① 多元醇,选用分子量为 2000~4000、官能度为 2~3 的聚醚。具体品种为二羟基、三羟基聚氧化丙烯醚。

② 异氰酸酯,选用 TDI 类,用量在多元醇的 1.1 倍以下。

③ 发泡剂,可单独用水,用量在 5 份以下;也可以水与外加物理发泡剂并用,外加物理发泡剂一般在 10 份左右。

④ 催化剂,胺、锡并用,用量为 0.5~3 份。

⑤ 泡沫稳定剂,常可用有机硅类、聚硅氧烷类及多元醇等,用量为 0.3%~2.5%。

某软质 PU 泡沫塑料配方如表 2-44 所示。

表 2-44 某软质 PU 泡沫塑料配方

材料	用量/phr	材料	用量/phr
聚醚类多元醇	50	TDI	105
聚合物多元醇	50	三亚乙基二胺	0.3
水	3.5	双(二甲氨基乙基)醚	适量
有机硅泡沫稳定剂	1.5	其他	适量

2.8.19 PE 发泡配方体系应如何确定?

由于 PE 树脂在加热达到熔融温度后,其熔体黏度迅速下降,熔体强度降低,使发泡剂分解产生的发泡气体很容易穿破泡孔壁而逸出熔体外,使泡孔难以保持,从而导致发泡失败。另外,PE 熔体的气体透过率比较大,也加速发泡气体的外逸。因此,PE 树脂发泡比其他树脂要困难,为了能改善 PE 的发泡性能,通常在 PE 发泡配方体系设计时,必须对 PE 树脂进行发泡改性,以提高 PE 熔体黏度,从而增加泡孔壁强度,使之足以保证发泡气体不外逸。目前 PE 发泡改性的常用方法主要是对 PE 进行交联改性及与其他树脂共混两种。PE 交联方法可以采用化学交联和辐射交联等。PE 发泡体系的组成一般为 PE、化学发泡剂、发泡助剂、交联剂等。确定 PE 发泡配方体系时应注意以下几方面。

① 树脂 PE 常常与 EVA 共混而使用,或采用交联 PE。

② 发泡剂 PE 常用化学发泡剂,无机发泡剂和有机发泡剂都可采用,其中以有机化学发泡剂为主。具体常用品种有 $NaHCO_3$、发泡剂 AC、OBSH;其他还有二亚硝基五亚甲基四胺、三烯丙基异氰尿酸酯(TAIC)、2,5-二甲基己烷、2,5-双(叔丁过氧基)己烷等。

发泡剂用量视制品发泡密度需要而定:低发泡一般在 2 份左右;中发泡在 10 份左右;高发泡在 20 份左右。

③ 发泡助剂 PE 常用发泡助剂主要是 ZnO、硬脂酸、三碱式硫酸铅、二碱式亚磷酸铅、金属皂类等。发泡助剂的加入量常为发泡剂的 1/5~1/2。其中 ZnO/发泡剂 AC 的用量比在 1:3 左右,三碱式硫酸铅/发泡剂 AC 的用量比在 1:4 左右。

④ 交联剂 常用的品种为 DCP、BPO、过氧化二叔丁烷等。加入量一般为 0.5%~1%。

⑤ 润滑剂 常选用金属皂类及 HSt 等,加入量为 1%~2%。

某 PE 高发泡卷材发泡体系配方如表 2-45 所示。

表 2-45　某 PE 高发泡卷材发泡体系配方

材料	用量/phr	材料	用量/phr
LDPE	100	ZnO	3
发泡剂 AC	15	ZnSt	1
DCP	0.6	其他	适量

2.8.20　PP 发泡配方体系应如何确定？

PP 的发泡与 PE 类似，也存在因熔体强度降低，使发泡剂分解产生的发泡气体很容易穿破泡孔壁而逸出熔体外，使发泡困难的缺点，因此，PP 也常常需进行发泡交联改性，通常其发泡体系的组成为 PP 树脂、发泡剂、发泡助剂、交联剂及成核剂等。

① 发泡剂　PP 常用发泡剂是化学发泡剂。由于 PP 加工温度高达 200℃ 以上，所以要求发泡剂的分解温度也要高，发泡剂的分解温度应在 200℃ 以上。常用于 PP 中的发泡剂主要有发泡剂 AC（分解温度在 210℃ 左右）、偶氮二羧酸钡（分解温度为 240～250℃）、对甲苯磺氯基脲（TSSC，分解温度为 220～235℃）、三肼基三嗪（THT，分解温度为 260～270℃）、草酰肼（分解温度为 230～250℃）、硝基胍（NG，分解温度为 235～240℃）。其中以发泡剂 AC 最常用。

② 发泡助剂　一般常用 ZnO 等金属氧化物。

③ 交联剂　常用 DCP、AD、BPO、二乙烯基苯及叠氮类等。

④ 成核剂　常用滑石粉、钛白粉等，目的是细化泡孔结构。

某 PP 发泡制品的发泡配方体系如表 2-46 所示。

表 2-46　某 PP 发泡制品的发泡配方体系

材料	用量/phr	材料	用量/phr
PP	100	钛白粉	2
发泡剂 AC	1	ZnO	1.2
DCP	0.1	其他	适量

2.8.21　PVC 发泡配方体系应如何确定？

PVC 泡沫塑料有开孔与闭孔、软质与硬质类型。不同类型的泡沫塑料其发泡方法及发泡体系的组成有所不同，但总的来说 PVC 发泡配方体系的组成通常为 PVC（悬浮）、加工助剂、发泡剂、发泡促进剂等，或 PVC（乳液）、加工助剂、发泡剂、泡沫稳定剂等。确定 PVC 发泡配方体系时应注意以下几方面。

① 树脂　化学发泡法常选 PVC XS-2 或 XS-3 型。物理发泡法常选 PVC 乳液。

② 增塑剂　视制品软硬程度加入适量的 DOP 及 DBP 增塑剂，或适当辅之以其他品种。

③ 稳定剂　以三碱式硫酸铅、二碱式亚磷酸铅为主，金属皂类辅之。另外，稳定剂可兼作发泡助剂，调整发泡剂的分解温度。

④ 润滑剂　常选用金属皂类及 HSt，用量在 1 份左右。

⑤ 发泡剂　化学发泡法常用发泡剂 AC、AP、$NaHCO_3$、NH_4HCO_3 等，用量为 1～10 份。物理发泡法常用二氯甲烷、二氯乙烷等。

⑥ 发泡促进剂　发泡促进剂常用的品种为 ZnO 等，另外，铅盐稳定剂可兼具发泡助剂的作用。

⑦ 泡沫稳定剂　PVC 物理发泡配方中需加入泡沫稳定剂，常用品种为脂肪酸季铵盐、硫酸十二烷基钠及有机硅等。

某闭孔软质 PVC 泡沫塑料的发泡配方体系如表 2-47 所示。

表 2-47　某闭孔软质 PVC 泡沫塑料的发泡配方体系

原料	用量/phr	原料	用量/phr
PVC(乳液)	70	BBP	70
PVC(SG-2)	30	环氧增塑剂	5
钡-镉-锌复合稳定剂	3	AC 发泡剂	6
DOP	20	脂肪酸季铵盐	1.5

2.8.22　酚醛泡沫塑料的发泡配方体系应如何确定?

PF 泡沫塑料发泡配方体系主要组成有 PF、发泡剂、催化剂、表面活性剂等。确定其发泡配方体系时应注意以下几方面。

① PF 的选用　常选用液体、黏度在 3000～5000Pa·s、含水量在 6%～8% 的 PF,其加入量一般为 50%～90%,为防止发生缩聚,使黏度增高,一般储存期不宜超过 3 个月,并且应在 20℃ 以下储存。

② 发泡剂　一般选用液体低沸点物理发泡剂,最常用的主要是二氯甲烷,也选用脂肪族 C_4～C_7 烷烃的混合物,加入量一般在 10 份左右。

③ 催化剂　常选用苯磺酸、石油磺酸及萘磺酸催化剂,一般配成高浓度的水溶液,加入量在 10 份左右。

④ 表面活性剂　一般选用非离子型表面活性剂,具体品种有脂肪醇聚氧乙烯-聚氧丙烯醚类、烷基酚聚氧乙烯醚类,加入量一般在 5 份左右。

2.8.23　怎样赋予聚乙烯膜的高光效性?

聚乙烯膜的高光效性是指具有优良的保温性、透光性和耐老化性。生产中要赋予聚乙烯膜的高光效性,可通过加入适量的光转换剂和红外陶瓷粉。光转换剂是由稀土元素中的铕(Eu) 与芳香族有机物合成的材料,Eu 在受到电子激发时,能够发射出特定波长的光,因此,光转换剂具有吸收、传递内能的特性。光转换剂激发区位于 320～400nm 的紫外线区,发射区在可见光区 580～640nm 范围内。由于光转换剂所形成的配位化合物是一个芳香共轭体系,所以它对紫外线的吸收特别强,吸收的能量通过其分子内能量传递,使稀土 Eu 配合物中心离子 Eu^{3+} 发出强的红光,起到增温效果。由于陶瓷粉能起到成核剂的作用,有利于聚乙烯的结晶,使晶体细小且比较均匀一致,使聚乙烯的透光性、保温性都得到提高。

某企业生产高光效性聚乙烯膜的生产配方如表 2-48 所示。

表 2-48　某企业生产高光效性聚乙烯膜的生产配方

原料	用量/phr	原料	用量/phr
LDPE+LLDPE	100	陶瓷粉	1
光转换剂	0.13	复合抗静电剂	0.135
防雾滴剂	5	其他助剂	适量

2.8.24　PP 透明片材配方中为何要加入少量的苯甲酸钠?

PP 透明片材的配方中加入苯甲酸钠,是起到成核剂的作用。苯甲酸钠在成型过程中均匀分散于 PP 熔体中,会形成无数的中心核,使 PP 结晶的中心核数目大大增加,从而结晶速率加快,使球晶直径减小,结晶更加均匀。这样可提高 PP 片材的透明性、硬度、模量,降低收缩率,提高片材的尺寸稳定性。

通常用于 PP 中的成核剂除了苯甲酸钠外,常用的还有苯甲酸、己二酸、滑石粉、二氧化硅以及复合成核剂等。某企业采用复合成核剂,使 PP 片材的透光率达 91.2%。其配方如

表 2-49 所示。

表 2-49 某企业挤出 PP 透明片材配方

原料	用量/phr	原料	用量/phr
PP	100	复合成核剂	0.2
热稳定剂	0.18	其他助剂	适量

2.8.25 门窗用 PVC 型材配方设计应考虑哪些方面？

门窗用 PVC 型材配方设计时，应考虑以下几方面。

① PVC 树脂应选择 SG-5 或 SG-4 树脂，也就是聚合度为 1000～1200 的聚氯乙烯树脂。

② 须加入热稳定体系。根据生产实际要求选择，注意热稳定剂之间的协同效应和对抗效应。

③ 须加入抗冲改性剂。可以选择 CPE 和 ACR 抗冲改性剂。根据配方中其他组分以及挤出机塑化能力，加入量为 8～12 份。CPE 价格较低，来源广泛；ACR 耐老化能力、焊角强度高，但价格偏高。

④ 适量加入润滑系统。润滑系统可以降低加工机械负荷，使产品光滑，但过量会造成焊角强度下降。

⑤ 加入加工改性剂可以提高塑化质量，改善制品外观。一般加入 ACR 加工改性剂，加入量为 1～2 份。

⑥ 加入填料可以降低成本，增加型材的刚性，但对低温冲击强度影响较大，应选择细度较高的活性轻质碳酸钙加入，加入量为 5～15 份。

⑦ 必须加入一定量的钛白粉以起到屏蔽紫外线的作用。钛白粉应选择金红石型，加入量为 4～6 份。必要时可以加入紫外线吸收剂 UV-531、UV-327 等，以增加型材的耐老化能力。

⑧ 适量加入蓝色颜料和荧光增白剂，可以明显改善型材的色泽。生产彩色型材时，则根据需要加入不同的颜料，加入量因颜料种类的不同而有较大的变化，根据实际情况调节。

某企业生产硬质 PVC 门型材热稳定体系及配方如表 2-50 所示。

表 2-50 某企业生产硬质 PVC 门型材热稳定体系及配方

材料	用量/phr	材料	用量/phr
PVC	100	二碱式亚磷酸铅	3
PE-C	15	CaSt	1
三碱式硫酸铅	2	HSt	0.5
CaCO$_3$	6	其他	适量

2.8.26 建筑保温酚醛泡沫塑料配方体系应如何确定？

① 树脂选用 甲阶热固性酚醛树脂和热塑性酚醛树脂都可以，但实际应用的主要为甲阶热固性酚醛树脂。甲阶热固性酚醛树脂是苯酚和甲醛以 1：(1.5～3) 的比例，在碱性条件下反应，得到甲阶酚醛树脂液，即为生产泡沫塑料的原料。

为了改善酚醛树脂韧性差、易粉化和掉渣的不足，要对其进行增韧改性。目前的化学改性主要为引入共聚成分如烷基酚、腰果壳油及聚乙烯醇等，物理改性为在发泡配方中加入聚氨酯预聚物或丁腈橡胶等。

② 发泡剂 常用物理发泡剂，早期以氟利昂为主，如 F-11、F-113 等，目前因环境保

护问题现在已完全淘汰。普遍采用的为低沸点烷烃，如正戊烷、正丁烷等；化学发泡剂多用碳酸氢钠和 AC 等。

③ 催化剂　又称为固化剂，选用酸类化合物，具体品种有盐酸、硫酸、磷酸、苯磺酸、石油磺酸、甲苯磺酸及苯酚磺酸等，以及异氰酸酯类。近年来以无机酸/有机酸配合使用，获得了良好的综合效果，如对甲苯磺酸（100 份）/磷酸（50 份）、二甲苯磺酸（85份）/苯磺酸（15 份）/磷酸（50 份）、甲苯磺酸（4 份）/间苯二酚（130 份）/盐酸（3.5 份）等组合。

④ 表面活性剂　表面活性剂也很关键，它起到降低表面应力、改善非极性发泡剂与极性树脂之间的相容性的作用，决定着泡孔的大小、开孔率、均匀性和稳定性等。可用的有脂肪醇聚氧乙烯醚类、含氟碳化物和含聚氧乙烯醚的有机硅化合物。常选用的为吐温系列，如吐温-80 等。

⑤ 增塑剂　选用与酚醛树脂相容性好的有机化合物，如己二醇或聚乙二醇，不仅起到增韧的作用，还可降低发泡液黏度、提高压缩强度等。

⑥ 其他　为提高阻燃性，常加入氢氧化铝；为降低成本，常加入碳酸钙。

⑦ 配方设计　PF 泡沫塑料配方设计公式为：PF（100 份）＋发泡剂（10 份左右）＋催化剂（10 份左右）＋表面活性剂（5 份左右）。

如某 PF 泡沫塑料配方为：甲阶酚醛树脂 100 份，正戊烷 8 份，酸催化剂 8 份，吐温-80 5 份。

2.9　塑料母料配方体系设计实例疑难解答

2.9.1　何谓塑料母料？生产中为何要采用塑料母料？

所谓塑料母料是指含有高百分比小剂量助剂的塑料混合物，塑料母料通常是由 30%～70%的助剂与 30%～70%的载体树脂经混合造粒而制成的浓缩物，在成型加工中被树脂稀释到正常配方的助剂用量。

通常，颗粒状树脂配方在实施生产过程中将粉状和液态、半固态助剂制成母料，再加入粒状树脂中进行成型加工。这样可以提高助剂的分散均匀程度和功效，从而得到质量优良的产品；对于塑料配方中小剂量的助剂采用母料时的用量比例相对增大，因而可减少小剂量称量误差，提高配方实施的精确性。采用母料还可简化配方实施中复杂的混合及造粒工序，便于使用和操作；同时生产环境清洁，大大改善劳动条件，有利于保护工人身体健康。目前常用的塑料母料主要有填充母料、着色母料、阻燃母料、抗静电母料、防老化母料、防雾滴母料、降解母料、降温母料、珠光母料、消光母料等十余种。

2.9.2　塑料母料的基本组成怎样？各组成部分有何特点？

塑料母料的品种很多，不同品种的塑料母料组成各异，但其基本组成大致相同，从组成成分上通常主要由基体助剂、载体树脂、偶联剂、分散剂等组成。从母料微粒的功能结构上，通常从内向外由母料核、偶联层、分散层、载体层四部分构成，但有时由于材料性能等方面的原因，母料中也可不需偶联层或分散层。

（1）母料核

母料核在母料的最内层，它是母料中最基本也是最重要的组分，它决定了母料的性质及用途。根据母料品种和用途不同选用不同的助剂，所选助剂即为母料核，如以填料为母料核时即为填充母料，以着色剂为母料核时即为着色母料，以抗静电剂为母料核时即为抗静电母料。通常要求母料核的粒度应细小均匀，一般应大于 300 目以上；含水量要低，在制成母料前一般需进行干燥处理。

母料核的加入量视母料的品种不同有较大差异，至少在 5% 以上，有的母料核含量可高达 85%。一般而言，在保证母料能在生产用树脂中分散均匀的前提下，应尽量增大母料核在母料中所占比例。

（2）偶联层

偶联层的作用是增大母料核同载体树脂之间的亲和力，使母料核同载体树脂有机地结合，从而减少母料核对制品的负面影响，改善加工性能，提高产品质量。偶联层不是每种母料都必不可少的，一般存在于填充母料和以无机阻燃剂为主的阻燃母料中。偶联剂的用量较少，为充分发挥效能，可加入乙醇、甲苯等稀释剂。

（3）分散层

分散层由分散剂组成，其作用是润湿细粉状助剂，避免在成型加工中重新凝聚，促进母料核在载体树脂和制品中均匀分散，提高母料的加工流动性，增加制品的光泽度等。分散剂应与载体树脂有较好的相容性，熔点及熔体黏度要低于载体树脂。常用的分散剂有 PE 蜡、氧化 PE 蜡、液体石蜡、固体石蜡、硬脂酸及其盐类、芥酸酰胺、硬脂酸酰胺、α-甲基苯乙烯树脂等。为提高分散效果有时还加入助分散剂，如 DOP、磷酸三苯酯、松节油等。实际上，分散剂大多都是润滑剂，只是在母料制备中主要起分散作用而已。分散剂常采用多品种复配的方式，用量在 5% 左右。

（4）载体层

载体层是连接母料核与成型用树脂的过渡层，由载体树脂构成。载体树脂的作用是承载母料核并使其在成型加工中均匀分散于制品中，同时对制品性能也有较大影响。因此，在选用载体树脂时要注意以下几方面。

① 载体树脂应与成型用树脂有良好的相容性。一般在生产中常选择与成型用树脂结构相同或相似的载体树脂，如生产 PE 和 PP 制品，可供选择的载体树脂有 LDPE、HDPE、LLDPE、PP、EVA、PE-C 及无水马来酸酐接枝 PE 和 PP 等。

理想的载体树脂应与所有成型树脂都具有良好的相容性，以便于所制得的母料可应用于各类制品中，这类母料称为通用母料或万能母料。通用母料常选择几种不同结构的载体树脂构成复合载体，也可不用载体，只有母料核与黏附剂形成无载体母料，如着色晶。

② 载体树脂应具有较高的流动性和较低的熔融温度。通常载体树脂的熔体流动速率要低于成型用树脂，如用于载体树脂的 PE，其熔体流动速率可达 20～50g/10min，这样有利于载体树脂对母料核的包覆及在成型加工中的分散。

③ 载体树脂应不影响或少影响成型用树脂的性能。

2.9.3 塑料中为何要使用塑料填充母料？填充母料的配方体系应如何确定？

（1）使用塑料填充母料的原因

填充母料就是将所要添加的填料与载体树脂先进行混合混炼造粒，制成与基体树脂体积相近的颗粒。在母料中填料的浓度要高出实际所需要的该组分浓度的数倍至十几倍。当母料按一定比例与基体树脂配合后，在成型加工过程中该组分就可在基体树脂中稀释到预定的浓度。

由于塑料中使用的填料大多是粉末状的无机填料，而多数市售的塑料原料都是颗粒状的（除 PVC 树脂外），粉末状填料与颗粒状树脂无疑在体积、密度上差别较大，使填料与树脂很难混合分散均匀。在生产中如果设备振动发生，很易使料斗中混合好的物料发生分离，树脂颗粒会不断上浮，而填料下沉，导致进入挤出机或注塑机的物料先后的组分不一致，这样对于在轴向方向的混合作用有限的挤出机和注塑机来说，势必会造成成型制品的组分不均匀，使制品性能得不到保证，同时还会由于物料组分的波动，影响成型加工的稳定性。而采用填充母料时，由于填充母料一般是组分均匀的粒状料，与颗粒状树脂的体积和密度相近，因此，两者易混合均匀，而且混合的稳定性好，因而可以得到组分均一的制品，稳定成型过程。另外使用填充母料时，由于对填料进行了偶联、分散的改性，因此增大了其与树脂的相容性，因而可以提高填料在树脂中的加入量，而且比在配方中直接加填料的性能有所改善，如抗冲击性较好，成型加工性能和制品表面质量提高。

（2）填充母料的配方体系的确定

填充母料配方的组成主要有填料、载体树脂、偶联剂、分散剂及改性剂等，在配方设计时都应加以考虑。

① 填料核的选择　填料核主要起到增容、提高刚性、降低成本等作用。塑料用填料很多，一般来讲，选择填料时应注意以下几点。

a. 根据填充改性目的，选择适当的填料，使之有利于改善材料的使用或加工性能。

b. 填料的粒度对填充体系影响较大，在一般情况下填料的粒径细小有利于分散，但填料的粒度太细，容易产生凝聚，反而对分散不利。一般填料的粒度要根据设备的分散能力和母料的用途进行选择，一般碳酸钙粒径以 $1\sim6\mu m$ 为宜，当制品性能要求较高时可选用粒径为 $0.1\sim1\mu m$ 的微细碳酸钙或粒径为 $0.02\sim0.1\mu m$ 的超细碳酸钙，而滑石粉的粒径以 $3\sim20\mu m$ 较为理想。

c. 填料应成本低，来源广。除主要使用碳酸钙外，还使用滑石粉、陶土、硅灰石、云母、粉煤灰、玻璃微珠及木粉等。

填充母料常用的母料核主要有碳酸钙、滑石粉、硅灰石、云母、陶土、粉煤灰、玻璃微珠及木粉等，其中碳酸钙用量最大。在填充母料配方中，填料核用量一般为 $50\%\sim85\%$。

② 偶联剂的选择　偶联层主要由对核和树脂同时起到化学和物理作用的偶联剂以及少量交联剂组成，它可以改善填料与树脂间的结合力。对填料，特别是无机填料进行偶联处理，可增加亲水性填料表面的亲油性，从而改善与树脂的亲和性能，有利于改善材料的加工性能，增加填充量，提高产品质量。常用的偶联剂主要有硬脂酸或其盐类、硅烷类、钛酸酯类、磷酸酯类、硼酸酯类、铝酸酯类及接枝改性高聚物等。

一般来讲，选择填充母料偶联层的表面处理剂时应考虑以下几点。

a. 偶联剂与填料和树脂的结合力强。

b. 应尽量选择无毒、价廉的表面处理剂。

c. 必要时还可选择多种表面处理剂或交联剂一起使用，以便发挥协同效应，增加填料、偶联剂与基体树脂的结合作用。如在碳酸钙填充 HDPE 中，可同时加入钛酸酯偶联剂和双马来酰亚胺协同剂，使复合体系产生交联，增加力学性能。

由于硬脂酸钙或硬脂酸具有价格低廉、使用方便的明显优势，应用最为普遍。钛酸酯类偶联剂主要用来处理含钙、钡等非硅无机填料。这种偶联剂在增加填充体系流动性、提高其冲击强度方面效果较好，但是价格偏高，易氧化变色。而硅烷偶联剂用于碳酸钙时效果不佳，因此一般不用于碳酸钙。磷酸酯化合物用于碳酸钙，不仅可使复合材料的加工性能、力学性能（特别是冲击强度）显著提高，而且还可改善其耐酸性和阻燃性，因而广泛应用。

一般来讲，对于经过适当干燥的湿法填料，可采用含焦磷酰酯基的钛酸酯，而高比表面积的湿法填料，如沉淀法白炭黑等，应选用含螯合型烷氧基的钛酸酯为宜；采用有机相处理填料时，单烷氧基钛酸酯较有效，而采用水相体系处理填料时宜使用螯合型钛酸酯。

偶联剂用量随填料种类、颗粒形状、大小而变，一般来讲，偶联剂用量为填料用量的0.5%～3%，其他协同剂用量视情况而定。

③ 分散剂的选择　分散层主要由一些低聚物及分散剂构成，它的作用是能使处理好的粉末状填料在母料造粒过程中较好、较多地与载体树脂混合并造粒，同时对改善填充母料与树脂体系的流动性、避免无机填料团聚、提高制品表面光洁度和手感等方面起到关键的作用。该层主要由低分子量聚乙烯、低分子量聚苯乙烯、其他低分子量聚合物或硬脂酸及其盐类等构成。由于这些分散剂的分子量低，在母料制备过程中随温度的升高分散剂能迅速熔融，并且包覆在无机填料表面，使其表面张力与成型用树脂接近，大大改善填料的分散性，提高体系的流动性，避免无机填料在聚合物中的结块现象，从而获得外观质量较高的制品。

配方设计时应综合考虑填充体系其他成分的相互作用。选用钛酸酯偶联剂时不宜使用硬脂酸作为分散剂，这样会降低钛酸酯的效率；而选用铝酸酯偶联剂时，选用硬脂酸作为分散剂，两者则具有较好的协同效应。在填充母料配方中，分散剂用量一般在5%以内。

④ 载体树脂的选择　载体树脂主要由与要填充的树脂有很好的相容性，有一定的力学性能的树脂和（或）具有一定的双键的共聚物构成。由于这一层的用量比较大，它直接与要填充的树脂接触、相容，因此对体系的力学性能影响较大。

选择载体树脂时，一般应遵守以下原则。

a. 载体树脂与基体树脂相容性好。

b. 载体树脂的熔体流动速率大于基体树脂的熔体流动速率。

c. 载体树脂最好要与填料其他组分有某种相互作用。

载体树脂的品种有很多，如无规 PP（APP）、LDPE、PP、PS、LDPE/LLDPE、EVA、PE-C、接枝改性树脂及复合载体等。为保证填充材料的性能，不同塑料用的填充母料应采用不同的载体树脂。如无规 PP、LDPE、LDPE/LLDPE 为载体树脂的填充母料，与聚烯烃树脂有良好的相容性，因此主要用于聚烯烃。以无规 PP 为载体树脂、重质碳酸钙为填料的填充母料称为 APP 母料；以 LDPE 及 LDPE/LLDPE、LDPE/HDPE 等为载体树脂的填充母料简称为 PEP 母料；以 PP 为载体树脂的填充母料简称为 PPM 母料。

在填充母料配方中，载体树脂用量一般为 15%～30%。几种填充母料的基本配方如表2-51 所示。

表 2-51　几种填充母料的基本配方

序号	原料	用量/phr	序号	原料	用量/phr
配方一	APP	100	配方二	滑石粉	800
	LDPE	20		硬脂酸	10
	重质碳酸钙	500		铝酸酯偶联剂	10
	铝酸酯偶联剂	5	配方三	LDPE	100
	硬脂酸	5		HDPE	50
配方二	LDPE	100		重质碳酸钙	850
	PE-C	50		液体石蜡	40
	PP 再生料	50			

2.9.4　填充母料应如何制备？

填充母料的制备一般包括三个步骤：填料的干燥、填料的表面处理、填料与载体树脂的混炼及造粒。

（1）填料的干燥

由于常用的无机填料表面具有亲水性，大多都吸收有一定量的水分，直接应用易使母料产生气泡，内在质量下降，同时也会削弱偶联剂的效率，因此使用前应进行干燥处理。如碳酸钙、滑石粉和高岭土类填料一般在110℃左右，干燥10～20min即可。填料的含水量一般应控制在0.5%以下，要求严格的制品，应控制在0.1%以下。

（2）填料的表面处理

填料的表面处理又称为填料的活化，目的是使无机填料表面亲油化，降低表面自由能，与树脂相容性提高。填料偶联处理的方法主要有喷雾法、溶液法、润湿单体法，以及在矿物填料原料研磨粉碎过程中直接加入脂肪酸类物质进行处理等方法。

① 喷雾法　填料充分脱水后，加入高速混合机中，边搅拌边把偶联剂（或用少量惰性溶剂稀释）喷淋于填料中，充分掺混后，根据需要再加以干燥或其他处理。这种方法也称为干态包覆法，主要适用于偶联剂对填料的表面处理。

② 溶液法　是将表面活化剂与其低沸点溶剂配成一定浓度的溶液，然后再与填料混合搅拌均匀。这种方法也称为湿态包覆法。

③ 润湿单体法　是将分子量小的单体浸入填料中去，再聚合，可改善填料表面特性，增加与树脂的亲和性。这种方法也称为填料表面接枝活化法。

偶联剂品种不同，表面处理方法也有所不同，如采用钛酸酯和铝酸酯偶联剂分别处理$CaCO_3$。当采用钛酸酯偶联剂时，由于钛酸酯偶联剂呈液态，可先用乙醇等溶剂稀释，然后加入70～80℃的高速混合机中与$CaCO_3$混合，时间约15min，最后加入硬脂酸钙等分散剂。而采用铝酸酯偶联剂时，应先将$CaCO_3$加入95～110℃的高速混合机中，再加入铝酸酯偶联剂，铝酸酯偶联剂应分3次加入，每次间隔2～3min，最后加入硬脂酸等分散剂，再搅拌4～5min。

（3）填料与载体树脂的混炼及造粒

填料经活化后，与分散剂、载体一起进行混炼，使它们相互分散均匀，然后压片或挤出切粒。填料和载体树脂的混炼可采用多种工艺，如经混合后再进行密炼，再开炼，或混合后，经双螺杆挤出机混炼挤出，或高速混合后，再进行密炼，然后连续挤出等。而密炼挤出法特别适合于高填充母料、增强母料等的制备。

2.9.5　ABS填充母料的配方体系应如何确定？

ABS填充母料的主要成分一般是填料，同时还加有少量的载体树脂、偶联剂和分散剂等。目前我国塑料填料的品种主要有滑石粉、硅灰石、高岭土、云母等。其中碳酸钙是塑料加工中使用最广泛的无机填料，它来源广泛、价格低廉。碳酸钙填料表面存在大量的凹凸微孔，具有很大的比表面积和较强的吸附能力，用它作为塑料填料不仅可降低制品成本、改善制品的抗蠕变性，还可提高制品的热变形温度及尺寸稳定性。ABS中加入碳酸钙，一般要求白度大于80%，粒度小于$19.7\mu m$，并且颗粒表面需经过处理。

ABS填充母料中常用的载体树脂主要有CPE、HIPS、SBS、EPDM-g-MHA等。载体树脂可使填料能均匀地分散在基体树脂中并保持其原有的力学性能，还可对填料进行充分的包覆、润湿、粘接，也具有一定的增韧改性的作用。选用载体树脂时，载体树脂应与本体树脂相容性好，有良好的加工流动性，其熔体流动速率一般应高于ABS树脂。

偶联剂常用钛酸酯类、铝酸酯类和硅烷类偶联剂。通常这些偶联剂可以增大填料同ABS的界面结合力，使填料同载体树脂有机地结合，从而减少填料对制品的负面影响，改善加工性能，提高产品质量。

ABS 填充母料中常用的分散剂主要有硬脂酸、PE 蜡、氧化 PE 蜡、固体石蜡和液体石蜡等。分散剂可避免在成型加工中填料重新凝聚，促进填料在 ABS 中均匀分散，提高物料的加工流动性，增加制品的光泽度等。要注意的是，在母料中选用钛酸酯偶联剂时就不宜采用硬脂酸作为分散剂，这样会降低钛酸酯的效率；而采用铝酸酯偶联剂时则宜选用硬脂酸作为分散剂，因两者之间有较好的协同效应。

2.9.6　何谓塑料色母料？色母料由哪些成分组成？

（1）塑料色母料

所谓塑料色母料是指含有高百分比着色剂的塑料混合物，其中着色剂的含量达 20%～80%，它是颜料经过细化并充分分散至树脂或分散剂中而配成各种色泽的粒状料。生产中采用色母料时可使着色剂分散均匀，色泽准确，着色质量高；同时使用比较方便；操作几乎无粉尘，生产环境清洁；生产效率高，在着色塑料配方中应用广泛。色母料的品种有很多，根据其适用范围不同，一般可分为专用色母料和通用色母料，目前，大多数是为某类塑料着色专用的专用色母料。如聚烯烃色母料、尼龙色母料、ABS 色母料、PVC 色母料等。

专用色母料是指载体与树脂的相容范围小，只与一种或两种树脂相容，而与大部分树脂不相容或相容性不好的一类色母料，这种母料的用途仅局限于一种或几种树脂。如以 LDPE 为载体的色母料，只适用于 PE 及 PP，而不适用于 ABS、PS、PVC 等树脂。

通用色母料又称为万用色母料，这类色母料适用范围广，几乎适用于所有树脂的着色。通用色母料又可分为有载体色母料和无载体色母料。有载体通用色母料往往选择一种能同所有树脂相容的载体，如 EVA、CPE、SBS、羧化 PP、马来酸酐接枝 PE 及苯乙烯-丁二烯共聚物（K 树脂）等；或者选择两种或两种以上相容范围不同的载体复合使用，以增大其相容范围，使之与所有树脂都具有良好的相容性。无载体通用色母料又称为着色晶，其母料内无载体树脂，主要由着色剂、分散剂、黏附剂组成，所以可与所有树脂相容，适于所有塑料的着色。

（2）色母料的组成

塑料色母料通常由着色剂母料核、载体树脂、分散剂三部分组成，但有时还加入了少量的润滑剂、抗氧剂及热稳定剂等，但一般很少加入偶联剂。

① 着色剂的选择　着色剂可选用无机颜料、有机颜料及少量染料。无机颜料主要有钛白、炭黑、氧化铁红、镉红及镉黄等。有机颜料主要有耐晒艳红 BDC、耐晒大红 BDN、永固艳黄、透明黄、酞菁蓝及酞菁绿等。染料主要有还原红、分散橙等。着色剂在母料中的加入量一般为 15%～40%。

② 载体的选择　色母料载体的选择同填充母料基本相同，不同的树脂选择不同的载体。例如，PE、PP 树脂选择 LDPE；PS、ABS 树脂选择 HIPS；PVC 树脂选择 CPE 或 SPVC。色母料也可以选择复合载体，还可以无载体或选择通用载体，如 EVA、CPE、SBS 等。载体树脂在色母料中的加入量为 30%～70%，比填充母料载体树脂的加入量大 2 倍以上。

③ 分散剂的选择　色母料中的分散剂主要有两方面作用：一是促进着色剂在载体中分散；二是提高母料的加工流动性。常用的分散剂有低分子 PE、氧化 PE、HSt、白油（液体石蜡）、ZnSt、CaSt、MgSt、月桂酸钡、软（硬）脂酸甘油酯、DOP、松节油、磷酸三苯酯及磷酸二丁酯等。分散剂的加入量约占母料的 15%。

2.9.7　聚烯烃色母料的配方体系应如何确定？

聚烯烃色母料的组成主要为着色剂、载体树脂及分散剂三部分。

① 着色剂　聚烯烃色母料所用着色剂主要有酞菁红、耐晒大红 BBN、塑料红 6R、偶

氮红 2BC、大分子红 BR、大分子黄 2GL、永固黄 GG、酞菁蓝、酞菁绿、永固紫、镉红、镉黄、氧化铁红、氧化铁黄、钛白、炭黑等。

② 载体树脂　通常可选用分子量较小、熔体流动速率为 20～50g/10min 的 PE。由于载体树脂和被着色树脂的结构一致，有极好的相容性，而且其熔体流动速率远大于被着色树脂，因此在制备过程中，色母料流动性好，有利于均匀着色。尽管载体树脂分子量较小，但由于色母料在着色塑料的配方中用量较少，一般用量仅为 1%～5%，故对制品性能影响不大。

③ 分散剂　一般所选用分散剂的熔点应较 PE 低，并且和颜料有较好的亲和力。聚烯烃常用的分散剂主要是 PE 蜡、氧化 PE、硬脂酸盐、白油等。

如某蓝色聚烯烃色母料配方为：LDPE（低分子量）65 份，酞菁蓝 60 份，硬脂酸盐 6 份。又如某黑色聚烯烃色母料配方为：LDPE/LLDPE 60%，高级色素炭黑 30%，聚乙烯蜡 10%，润滑剂 0.5%，抗氧剂 0.5%。

2.9.8　苯乙烯类树脂色母料的配方应如何确定？

苯乙烯类树脂主要包括 PS、ABS、AS，苯乙烯类树脂色母料主要由着色剂、载体树脂及分散剂三部分组成。

① 着色剂　苯乙烯类树脂的着色性能优良，适用于大部分着色剂着色。其色母料中的着色剂的选用除可选用有机或无机颜料外，还可选用可溶性染料，特别是透明制品中常采用透明性好的可溶性染料。

② 载体树脂　一般为了保证色母料与被着色树脂的相容性，在色母料中一般应选用 PS、ABS 等同类树脂作为载体树脂。

③ 分散剂　不同品种的苯乙烯类色母料，通常选用不同的分散剂，以保证着色剂良好的分散效果。ABS 色母料中分散剂一般选用硬脂酸镁，HIPS 的色母料中常选用硬脂酸锌作为分散剂，而透明 PS、AS 的色母料中则选用熔点为 135～145℃的硬脂酸乙二胺，或磷酸三甲苯酯。分散剂在色母料中的用量一般为 0.1%～0.5%。

2.9.9　色母料的制备方法有哪些？

色母料的制备方法主要有油墨法、冲洗法、捏合法与金属皂法四种，也可利用高速混合机和双螺杆挤出机制备色母料。

油墨法是在色母料生产中采用油墨色浆的生产方法，即采用 PE 蜡、白油、液体石蜡，通过三辊研磨，在颜料表面包覆一层低分子保护层。油墨法生产的色母料主要靠三辊研磨机的剪切作用，使色浆中的颜料颗粒团聚体打开，生成原生颗粒。但由于设备性能限制，颜料经三辊研磨后，其颗粒大小仅能达到 10～30μm。由于颜料性质不同，研磨次数就不同，如二氧化钛易磨碎，而炭黑较难磨碎，所以后者至少研磨三次。

冲洗法是将颜料、水和分散剂通过砂磨，使颜料颗粒小于 1μm，并且通过相转移法，使颜料转入油相，然后干燥制得色母料。转相时还需要用有机溶剂，以及相应的溶剂回收装置。

捏合法是将颜料和油溶性载体掺混后，利用颜料亲油这一特点，通过捏合使颜料从水相冲洗进入油相，同时由油性载体将颜料表面包覆，使颜料分散稳定，防止颜料凝聚。

金属皂法是将颜料经过研磨后粒度达到 1μm 左右，并且在一定温度下加入皂液，使每个颜料颗粒表面层均匀地被皂液所润湿，形成一层皂化液，当金属盐溶液加入后与在颜料表面的皂化层发生化学反应而生成一层金属皂的保护层（一般为硬脂酸镁），这样就使经磨细后的颜料颗粒不会引起絮凝现象，而保持一定的细度。

2.9.10 何谓功能母料？功能母料有何特性？

功能母料是指可赋予制品某些特殊性能的母料，通常将具有特定功能的助剂高用量比与载体树脂、分散剂等混炼而制成的粒状料。采用功能母料时比直接加入更有利于发挥助剂作用，提高制品质量和生产效率，并且可大大改善劳动环境和生产条件。功能母料按母料核不同可分为阻燃母料、抗静电母料、防老化母料、防雾滴母料、降解母料、降温母料、珠光母料、消光母料、香味母料等。使用阻燃母料可赋予制品阻燃性，加入防老化母料可延长制品的使用寿命，而降解母料应用于 PE 薄膜中可促进废弃塑料薄膜的降解，消除其对环境和土壤的不良影响。

功能母料配方中常用的载体树脂是 PE-C、EVA、SBS 及接枝改性树脂等，因其与多数树脂具有广泛的相容性。功能母料中母料核所占比例通常较填充母料要低，一般为 10%～60%。

由于功能母料的母料核多为液体和固体有机化合物，而固体的熔点大多较低，因而在母料生产过程中易分解，也易产生打滑难以挤出等现象，所以母料核的预处理特别重要。使用含卤素类阻燃剂制备阻燃母料时，应先用热稳定剂进行处理，以防止其在生产中发生分解；生产抗静电母料和防雾滴母料时，为防止打滑现象可用吸附剂（如轻质碳酸钙、二氧化硅等）进行处理；降解母料生产中，为提高淀粉与树脂的亲和力及分散均匀性，可用偶联剂和分散剂处理得到改性淀粉后再行使用。此外，在母料生产中应尽量采用较低的成型加工温度，以减少助剂的分解和损失。

2.9.11 塑料阻燃母料的配方体系应如何确定？

塑料阻燃母料通常主要由载体、阻燃剂、热稳定剂及加工助剂等部分组成。载体的选择以与树脂相容性好为原则，常用的有 LDPE、HDPE、PP、CPE、EVA、SBS 及 ACR 等，其中 CPE 为载体兼有阻燃效果，而 CPE、EVA、SBS、ACR 等载体的相容性广泛，可与几乎所有树脂相容。载体树脂的加入量一般为 5%。

阻燃剂常选用的主要有：卤素/锑系复合阻燃体系、八溴醚、四溴双酚 A 等有机卤化物阻燃剂，Sb_2O_3 等无机阻燃剂，及适量 MoO_2 消烟剂。阻燃剂加入量一般为 50%。

热稳定剂可提高有机阻燃剂的加工稳定性，常用的主要是有机金属化合物及螯合剂等，一般加入量为 3%。

加工助剂主要是指分散剂、润滑剂等，主要作用是提高阻燃剂在树脂中的分散均匀性，改善材料的加工流动性，及防止阻燃剂黏附于设备表面等。一般主要用于用量大的无机阻燃剂中。某聚乙烯阻燃母料配方如表 2-52 所示。

表 2-52 某聚乙烯阻燃母料配方

原料	用量/phr	原料	用量/phr
HDPE	100	硬脂酸	0.5
十溴二苯醚	35	PE 蜡	3
Sb_2O_3	12	其他	适量
二碱式亚磷酸酯	6		

2.9.12 塑料抗静电母料的配方体系应如何确定？

塑料抗静电母料是以抗静电剂为母料核的一类改性母料。抗静电母料主要由载体树脂、抗静电剂、分散剂三部分组成。载体一般选用流动性好的低分子量树脂，尽量选用与材料树脂相同或相容性好的树脂品种。如聚烯烃类塑料的抗静电母料应选用低分子量 LDPE、

HDPE、PP、CPE、EVA 等树脂。分散剂主要选用聚乙烯蜡、氧化 PE、硬脂酸盐、白油等。抗静电剂主要为炭黑、石墨及阳离子型抗静电剂。当抗静电剂为油状液体时，如 HCD-520 抗静电剂，直接加入挤出机，容易造成螺杆打滑，必须先加入少量处理剂（如轻质碳酸钙等）进行吸收。如某聚烯烃抗静电母料配方为：LDPE 100 份，HCD-520 抗静电剂 38 份，聚乙烯蜡 6 份，轻质碳酸钙 3 份。该母料在 PP 中用量为 10% 时，PP 制品表面电阻率为 $1.4 \times 10^8 \Omega$，体积电阻率为 $2.8 \times 10^{10} \Omega \cdot m$。

2.9.13 塑料防雾滴母料的配方体系应如何确定？

塑料防雾滴母料是指母料核以防雾滴剂组成的一类改性母料，主要用于农用大棚膜，以防膜内产生水滴影响透光率和农作物生长。防雾滴母料主要由载体树脂、防雾滴剂、吸附剂、防老剂等组成。

① 载体树脂　一般以 LDPE 75%～90% 与乙烯共聚物 5%～10% 复合使用。

② 防雾滴剂　防雾滴剂多为脂肪酸与多元醇的部分酯化合物，通常选用非离子型的防雾滴剂，而且一般长链脂肪酸酯效果较好，为了能达到良好效果，通常可采用两种防雾滴剂配合使用，以达良好的协同效果。防雾滴剂的加入量一般为 0.5%～5%。

③ 吸附剂　防止防雾滴剂渗出膜体，导致薄膜发黏及白化、防雾滴持久性差等缺点。吸附剂的加入量一般为 0.5%～5%。

④ 防老剂　主要包括光稳定剂、抗氧剂等，一般为几种光氧稳定剂复合体。如光吸收剂/光屏蔽剂/抗氧剂，复合比例为 3/2/0.5。

某 PE 防雾滴母料配方如表 2-53 所示。

表 2-53　某 PE 防雾滴母料配方

原料	用量/phr	原料	用量/phr
LDPE	80	二氧化硅	12
EVA	20	PE 蜡	3
单硬脂酸甘油酯	8	其他	适量
甘油单油酸酯	8		

第3章

塑料材料改性实例疑难解答

3.1 增强改性实例疑难解答

3.1.1 何谓塑料的增强？塑料增强的方法有哪些？

塑料的增强主要是指在树脂中加入纤维状或其他形状的材料，使其材料性能大大提高的过程。通常用于增强的材料有有机纤维材料、无机纤维材料、片状材料和粉状材料等。通过增强后的材料其拉伸强度、耐疲劳性、耐蠕变性及刚性等会成倍乃至数倍地提高，热变形温度提高，热导率下降，热膨胀系数下降，材料的尺寸稳定性提高，成型收缩率下降。

生产中塑料增强的方法有多种形式，常用的主要有纤维增强、填料增强、拉伸增强、共混增强、交联增强、层化增强及自增强等。

纤维增强是最常用的一种方法，它是以纤维作为增强材料，使树脂的性能大大改善的一种方法。常用的纤维材料主要是玻璃纤维、碳纤维、石棉纤维、硼纤维、PA 纤维、PC 纤维等。

填料增强是采用特殊形状的填料或经处理的填料对塑料进行补强的方法。所谓特殊形状的填料主要是指片状、针状、柱状及球状的填料，常用的主要有云母、石墨、石英及玻璃微珠等。经处理的填料主要是指经偶联剂或表面活性剂处理的超细碳酸钙、硅灰石、滑石粉以及纳米级填料等。

拉伸增强是指在树脂熔点以下的适当温度对材料进行单向或双向拉伸来提高材料的拉伸强度的一种方法。

共混增强是指采用在一般树脂中添加高强度树脂，以提高塑料材料性能的一种方法。如PP/PC、HDPE/PA 等。

交联增强是指通过辐射或添加化学交联剂使树脂发生交联而提高塑料材料性能的方法。通常可以通过控制树脂交联程度而控制材料的性能。

层化增强是指在塑料材料的表面进行电镀、喷涂等层化处理而提高其性能的方法。如进行镀铬、镀铜等。

自增强是指通过成型加工过程中塑料自身聚集态的控制与转换而达到提高强度的一种改性方法。如提高结晶度、取向度、结晶的晶型和液晶化等。

3.1.2 纤维增强塑料有何特性？

纤维增强塑料是增强塑料中最常见的一种，纤维增强通常都具有以下几方面的特性。

① 高强度和高模量　纤维增强后的塑料，强度和模量明显提高。如一些通用塑料经过

增强以后，也可用于工程材料；某些工程塑料，通过纤维增强，其强度、模量可以接近钢的强度，甚至有的增强塑料的比强度、比模量优于一般的金属材料，从而大大扩展了塑料作为结构材料应用于工程领域的深度和广度，使增强塑料成为了一类轻质高强的新型工程结构材料。

② 减震性好　一方面由于塑料基体的黏弹特性，当受到外界的冲击震动或频繁的机振、声振等机械波作用时，塑料基体内部的黏弹内耗，可耗散机械能；另一方面由于增强材料中的纤维与基体的界面具有很好的吸振能力，振动阻尼很高，不会因共振引起早期破坏。

③ 抗疲劳性好　疲劳破坏是材料在循环应力的作用下，由于裂缝的形成和扩展而引起的低应力破坏。由于增强塑料中的纤维与基体的界面能阻止裂纹扩展，使得抗疲劳性优于金属。

④ 过载安全性好　纤维增强塑料中有大量独立的纤维，每平方厘米截面上的纤维根数从上千至上万。当材料因过载而有少数纤维断裂时，载荷会迅速重新分配到未破坏的纤维上，从而使整个构件不至于在短期内失去承载能力。

⑤ 耐热性高　多数未经增强的热塑性塑料，其热变形温度较低，只能在 50～100℃ 以下使用。但经纤维增强后，热变形温度则显著提高，可在 100℃ 以上甚至 150～200℃ 的温度环境中长期工作。例如尼龙 6，未增强前，其热变形温度在 60℃ 左右，而增强以后，热变形温度可提高到 190℃ 以上。

⑥ 线膨胀系数小　由于纤维类材料的加入，增强塑料的线膨胀系数低，因而制品成型收缩率小，这给制造尺寸精度要求比较高的制品带来很有利的条件。但是成型收缩率有方向性，这一点在产品设计、模具设计及制造时应予以充分考虑。

⑦ 材料性能的可设计性好　通过选择不同的树脂、不同的增强材料、不同的其他组分以及不同的组成比例，可实现各种性能组合的纤维增强塑料，以适应不同工程结构的载荷分布、各种各样的环境条件和使用要求。

3.1.3　增强纤维有哪些类型？各有何特性？

在增强塑料中，增强纤维主要用来提高聚合物的强度、模量和硬度，目前可用来增强塑料的纤维类型与品种有很多，按其化学结构可分为无机纤维、有机纤维和金属纤维等，常用的纤维品种主要有玻璃纤维、碳纤维、金属纤维、聚合物纤维、植物纤维、无机纤维、陶瓷纤维等。不同的纤维有着不同的物理化学性能，因而不同的纤维有不同的应用效果。在实用上应在全面了解各类纤维的基础上，结合对制品性能的具体要求，正确地选用增强纤维。

（1）玻璃纤维

将玻璃加热熔融并拉成丝，即为玻璃纤维。它是首先将经过精选符合规定成分的石英砂、长石、石灰石、硼酸、碳酸镁、氧化铝等原料粉碎成一定细度的粉料并调制成一定比例的配合料，充分混合，加入玻璃池窑中。在 1500℃ 左右的高温下熔化，制成熔融的玻璃原料，然后用制球机制成一定直径的玻璃球，再经坩埚拉丝炉拉丝。玻璃纤维作为塑料的增强材料效果十分显著，而且产量大、价格低廉，因此应用最为广泛。

玻璃纤维的类型有很多，按玻璃的组成来分，有 A 玻璃、E 玻璃、C 玻璃、D 玻璃、E-CR 玻璃、R 玻璃和 S 玻璃等。按玻璃纤维长度分，有连续玻璃纤维、短切玻璃纤维和磨碎纤维等。

① A 玻璃　属高碱玻璃。这是普通型玻璃，其玻璃纤维的机械强度、化学稳定性、电绝缘性都较差，一般较少用于增强塑料。

② E 玻璃　属无碱玻璃，也称为电气玻璃。其碱含量低且强度高。它有良好的拉伸强度、压缩强度与刚性，良好的电气性能与热性能，较好的防水性与抗碱性，但耐酸性略差

些。因其良好的综合性能与较低的成本而得到了广泛的应用。

③ C 玻璃 属中碱玻璃，也称为耐化学玻璃。其玻璃纤维化学稳定性较好，尤其是耐酸性比 E 玻璃纤维好。虽然机械强度不如 E 玻璃纤维，但由于来源较 E 玻璃纤维丰富，而且价格便宜，所以对于机械强度要求不高的增强塑料，一般可用这种玻璃纤维。

④ D 玻璃 也称为介电玻璃。此种组成的玻璃纤维具有特别良好的介电性能，其介电常数与介电损耗角正切都比较小，主要用于电子工业。

⑤ E-CR 玻璃 也称为耐腐蚀玻璃。它是在 E 玻璃的基础上，为改善其长期耐化学品性而发展出来的品种。其耐酸性比 E 玻璃好得多，它是一种铝硅酸盐玻璃。和 E 玻璃相比，E-CR 玻璃的相对密度和折射率稍高。其拉伸强度、弯曲强度和剪切强度与 E 玻璃相当或稍高，而模量及抗蠕变性与 E 玻璃相同。

⑥ R 玻璃（或 S 玻璃） R 玻璃（或 S 玻璃）有高的拉伸强度和拉伸模量，并且有较好的湿态强度保持率。该类玻璃纤维的强度比 E 玻璃高出约 30%，但其价格也明显比 E 玻璃高得多。

⑦ 连续玻璃纤维 是指用漏板法拉制形成的玻璃纤维原丝。连续玻璃纤维有时也称为连续长纤维。

⑧ 短切玻璃纤维 是指以未经任何形式结合的短切连续玻璃纤维原丝段所构成的产品。其纤维长度通常为 3～25mm。在生产各种模压及增强热塑性塑料时，就大量采用玻璃纤维短切原丝作为增强材料。玻璃纤维原丝短切后的长度规格主要有 3mm、4.5mm、6mm、12mm、24mm 等。用于短切原丝的玻璃纤维直径系列通常为 $9\mu m$、$10\mu m$、$11\mu m$、$12\mu m$、$13\mu m$、$14\mu m$。其中 $13\mu m$ 的短切原丝（也称为 K 纤维）最为常用。

⑨ 磨碎纤维（研磨纤维） 是指研磨过的短切纤维，其长度比短切纤维更短，通常在 0.8～1.6mm 之间。磨碎纤维用于要求硬度大、尺寸稳定性好、成型时的流动性高以及各向异性较小的场合。

（2）碳纤维

碳纤维是纤维状的碳材料，其化学组成中碳元素占总质量的 90% 以上。碳纤维按照制造条件和方法分，有碳纤维（800～1600℃）、石墨纤维（2000～3000℃）、活性碳纤维、气相生长碳纤维等类型。按性能分，有通用级（GP）和高性能级（HP）两种。通用级碳纤维的拉伸强度一般低于 1400MPa，拉伸模量小于 140GPa。高性能级碳纤维通常又可分为中强型（MT）、高强型（HT）、超高强型（UHT）、中模量型（IM）、高模量型（HM）、超高模量型（UHM）等。

碳纤维具有较高的强度与弹性模量、低密度、优异的导热性与导电性、较低的抗蠕变性和热膨胀系数，在湿态条件下的力学性能保持率好。此外，碳纤维还具有良好的耐化学腐蚀性、自润滑性与耐磨性。

（3）有机聚合物纤维

有机聚合物纤维包括芳纶（芳香族聚酰胺纤维）、涤纶（聚对苯二甲酸乙二醇酯纤维）、超高分子量聚乙烯纤维（高强度聚乙烯纤维、超高模量聚乙烯纤维）等。

芳纶是一种耐高温的合成纤维，长期连续使用温度为 -200～200℃，最高使用温度达 240℃，$T_g > 300℃$，分解温度为 500℃。芳纶比其他合成纤维更耐氧化、氨化和醇解等化学侵蚀，同时具有良好的耐强碱性、耐有机溶剂性和耐漂白剂性以及抗虫蛀和抗霉变能力。芳纶增强塑料特别适用于高阻尼特性和低磨耗要求的场合。芳纶不像玻璃纤维或碳纤维那样呈直棒状，而是呈卷曲状或扭曲状，使芳纶增强塑料在加工过程中并不完全沿流动方向取向，从而各向性能分布更加均匀。

涤纶的成本较低，对模具表面的磨蚀作用也比玻璃纤维小。涤纶短切纤维束可以用来与玻璃纤维混合，以提高脆性树脂基体的冲击强度。

超高分子量聚乙烯纤维（UHMWPE），也称为超高强度聚乙烯（UHSPE）或超高模量聚乙烯（UHMPE）纤维。它是一种高性能纤维，具有高的比模量与比强度，耐磨，耐冲击，耐化学药品，不吸水，相对密度小。

(4) 硼纤维

由于硼的比强度及比弹性模量极高，因而作为轻质高强结构材料，特别引人注目。但硼纤维的价格比碳纤维高得多，直径较粗，可弯性不良，延伸率也不好。

(5) 石棉纤维

石棉纤维是一种天然的多结晶质无机纤维。适宜于作热塑性增强材料的是一种温石棉，它是一种水合氧化镁硅酸盐类化合物。温石棉的单纤维是管状的，内部具有毛细管结构。石棉增强的塑料变形小，耐燃性提高，对成型机械的磨损较小，并且价格低廉，但是电气性能、着色性能较差。

(6) 陶瓷纤维

陶瓷纤维是由金属氧化物、金属碳化物、金属氮化物或其他化合物组成的多晶体耐火纤维。陶瓷纤维的特点是质轻、高强度、高硬度、高模量、耐高温、很低的热导率，但成本高、脆性大。

(7) 金属纤维

金属纤维包括不锈钢纤维、铜纤维、铝纤维、镀镍的玻璃纤维或碳纤维。这类纤维主要用在要求导电或电磁屏蔽的复合材料中。其中，不锈钢纤维是目前使用最广泛的金属纤维。

金属纤维较金属粉末而言，有较大的长径比和接触面积。在相同的填充量的情况下，金属纤维易形成导电网络，其电导率也较高。

(8) 植物纤维

自然界中的植物纤维资源丰富，价格低廉，密度比所有无机纤维都小，而模量和拉伸强度与无机纤维相近，具有生物降解性和可再生性。此外，在加工植物纤维增强塑料时，能耗与设备的磨耗小，有利于节约能源，延长设备的使用寿命。但植物纤维在阳光的暴晒和微生物作用下容易发生降解，会使塑料的色泽变暗。目前用于增强塑料的植物纤维主要包括α纤维素（经碱处理的木纸浆）、棉纤维、剑麻纤维、黄麻纤维等。

3.1.4 塑料增强纤维应如何选用？

增强纤维的品种有很多，不同的品种有不同的性能，应用时通常可根据制品性能要求、加工设备等方面进行选择。

(1) 一般增强塑料选择无碱玻璃纤维

玻璃纤维用量通常为 $10\%\sim40\%$，玻璃纤维含量高可提高增强塑料的机械强度和耐热性，降低成型收缩率，增加尺寸稳定性。但玻璃纤维含量高会增加熔体黏度，降低流动性。

(2) 对力学性能和其他性能有较高要求时应选用碳纤维等高性能增强材料

在必要时增强材料可复合使用，如玻璃纤维/碳纤维复合，碳纤维作为芯层，玻璃纤维作为表层，进行双层增强；玻璃纤维与粉状填料复合增强，如采用玻璃纤维（用量为 10%）与超细 $CaCO_3$（用量为 30%）复合用于 PP 的增强。

(3) 增强热塑性塑料时一般宜选用短切纤维或长纤维制成粒料使用

但实际上配方中所选用的纤维尺寸并不等同于其在制品中的尺寸，因为纤维长短和取向状态极大地受造粒及成型加工的制约。

(4) 增强纤维使用前应进行表面处理

其表面处理的方法主要有以下几种。

① 偶联处理　一般玻璃纤维常选用硅烷类偶联剂，而其他类型常选用酯类偶联剂，有时也选取其他处理剂，如 PP 接枝马来酸酐等。在选用硅烷类偶联剂时要注意其对基体树脂的适用性，通常对聚烯烃（如 PP）可选用含乙烯基、甲基丙烯酰基及阳离子苯乙烯氨基的硅烷，对工程塑料（如 PA、PC）可选用含氨基、脲基和环氧基的硅烷，对聚苯硫醚等可选用含硫醇基的硅烷。

② 酸洗处理　主要用于金属纤维。酸洗的主要目的是除去纤维表面上的氧化层，提高其与树脂的复合强度。所用的酸一般选用弱酸，如盐酸及乙酸等。

③ 表面浸渍　表面浸渍是在纤维表面浸上热塑性树脂，以提高其与热塑性塑料的复合强度。

3.1.5　增强塑料中用玻璃纤维应如何进行表面处理？

玻璃纤维的表面具有一定的吸水性，会影响其与树脂的黏结强度，同时还易使其水解，从而降低其强度。因此在添加至塑料中之前，通常需对其进行表面处理。对玻璃纤维进行表面处理的方法主要有硅烷偶联剂处理、表面接枝处理、酸碱刻蚀处理等。

① 硅烷偶联剂处理　硅烷偶联剂处理是将玻璃纤维高温处理后，浸渍浓度为 1%～2% 的硅烷偶联剂的稀水溶液（对水溶解性差的偶联剂，可以用 0.1% 的乙酸溶液或水-乙醇的混合溶液），然后进行干燥处理。硅烷偶联剂的水解产物通过氢键与玻璃纤维表面作用，在玻璃纤维表面形成具有一定结构的膜。但选择硅烷偶联剂的官能团应与塑料材料中的官能团之间能发生化学作用。不同的聚合物具有不同官能团，故应选用不同的偶联剂。表 3-1 为几种常见偶联剂的适用范围。硅烷偶联剂处理玻璃纤维，可促进玻璃纤维与树脂的结合，保护玻璃纤维表面，提高其加工性能。通常市场上出售的玻璃纤维都经过浸渍处理。

表 3-1　几种常见偶联剂的适用范围

偶联剂	适用的热塑性塑料
A-1100	热塑性聚酯类（PC、PET、PBT）、聚苯醚类（PPO、MPPO）、PVC、改性聚丙烯、聚甲醛等
A-174	聚苯乙烯类（PS、HIPS、AS、ABS 等）
	聚烯烃类（PP、PE 等）
A-187	聚酰胺类（PA6、PA66、PA1010 等）

② 表面接枝处理　采用含双键的偶联剂处理过的玻璃纤维表面涂覆过氧化物，在玻璃纤维与塑料的复合过程中，塑料聚合物可能在过氧化物的引发作用下与玻璃纤维表面偶联剂分子中的双键形成化学键，从而提高界面黏结强度。如在采用含双键的偶联剂处理过的玻璃纤维表面涂覆橡胶溶液，并且经引发剂引发，使橡胶分子链与玻璃纤维表面的偶联剂发生接枝反应，在玻璃纤维表面形成了橡胶层，一部分橡胶分子链也可在玻璃纤维表面发生交联而包覆于玻璃纤维表面。

或者采用过氧化硅烷偶联剂直接涂覆于玻璃纤维表面，引发与聚合物基体反应，从而在玻璃纤维表面接枝一层聚合物。聚合物在玻璃纤维表面的接枝，可大大提高玻璃纤维表面与聚合物基体的相容性，从而提高界面黏结强度。

③ 酸碱刻蚀处理　由于在玻璃纤维中 SiO_2 以连续相存在，组成均匀、统一和连续的网络结构。而一些碱金属的氧化物（如 Al_2O_3、MgO、Na_2O 等）在玻璃中为分散相。采用酸等可将玻璃纤维表面层的 Al_2O_3、MgO、Na_2O 等溶解出来，从而使玻璃纤维表面形成一些凹陷。当玻璃纤维与聚合物基体进行复合时，一些高聚物的链段进入空穴中，起到类似于"锚固"的作用，增强玻璃纤维与聚合物界面之间的结合力。

3.1.6 增强塑料中用碳纤维应如何进行表面处理?

一般纤维表面的粗糙度越高,越有利于与塑料基体界面粘接。碳纤维经表面处理后,表面粗糙度会明显提高。对碳纤维的表面处理与玻璃纤维的表面处理不同,通常主要是氧化处理。例如硝酸、高锰酸、空气、臭氧等氧化处理,使其表面接有活性基团,以改善与塑料基体的黏结性能。常用的表面氧化方法主要有气相氧化法、液相氧化法、阳极氧化法、等离子体氧化法、表面涂层改性和表面电聚合改性等。

① 气相氧化法　气相氧化法是将碳纤维在气相氧化剂(如空气、O_2、O_3)中,在加温、加入催化剂等条件下,使碳纤维表面氧化,形成含氧活性官能团。

② 液相氧化法　液相氧化法主要有浓 HNO_3 法、混合酸氧化法以及强氧化剂溶液氧化法等。混合酸氧化法是采用酸性高锰酸钾、酸性重铬酸钾(钠)、可溶性氯酸盐与 $NaNO_3 + H_2SO_4 + KMnO_4$ 混合液、$NaClO_4 + HNO_3$ 混合液等对碳纤维进行表面处理,以改善碳纤维的表面性能,提高复合材料的界面黏结强度。

③ 阳极氧化法　阳极氧化法也称为电化学氧化法,它是把碳纤维作为电解池的阳极,石墨电极作为阴极。在电解过程中,电解液中含氧阴离子在电场作用下向阳极碳纤维移动,在其表面放电生成新生态氧,继而使其氧化。同时碳纤维也会受到一定程度的刻蚀。

④ 等离子体氧化法　等离子体是具有足够数量而电荷数近似相等的正负带电粒子的物质聚集态。等离子体共有三种,即高温等离子体、低温等离子体和混合等离子体。等离子体撞击材料表面时,可引起材料表层刻蚀,碳纤维表面的粗糙度增加,比表面积也相应增加。等离子体粒子的能量一般为几电子伏特到几十电子伏特,这就足够引起材料中各种化学键发生断裂或重新组合,使表面发生自由基反应并引入含氧极性基团。反应性的等离子体氧,具有高能高氧化性,当它撞击碳纤维表面时,能将晶角、晶边等缺陷处或具有双键结构部位处氧化成含氧活性基团。

⑤ 表面涂层改性　表面涂层改性是将某种聚合物涂覆在碳纤维表面,从而改变复合材料界面层的结构与性能,使界面极性等相适应,以提高界面黏结强度,并且提供一个可塑界面层,消除界面内应力。如用热塑性羟基醚(PHE)作为涂覆剂,对碳纤维进行涂层处理,用此处理碳纤维增强环氧树脂,可得到较好的增强效果。

⑥ 表面电聚合改性　表面电聚合改性是利用电极氧化还原反应过程引发产生的自由基使单体在电极上聚合或共聚。用于聚合的单体有各种含有烯基的化合物,如丙烯酸系、丙烯酸酯系、马来酸酐、丙烯腈、乙烯基酯、苯乙烯、乙烯基吡咯烷酮等。形成的聚合物可与碳纤维表面的羧基、羟基等基团发生化学键合而形成接枝聚合物,从而赋予牢固的界面粘接。

3.1.7 增强塑料用有机纤维应如何进行表面处理?

有机纤维的品种较多,不同类型的有机纤维化学结构不同,因而其表面处理的方法也有所不同。

(1)芳纶的表面处理

芳纶的表面处理方法主要有物理改性方法和化学改性方法。

① 物理改性方法　是通过等离子体处理、电子束辐照等物理技术对纤维表面进行刻蚀和清洗,并且在纤维表面引入羟基、羧基等极性或活性基团。利用等离子体聚合工艺,可以在纤维表面生成大量活性自由基,引发单体在纤维表面上的接枝聚合反应。这样,通过刻蚀、清洗、活化和接枝的综合作用可大大改善纤维表面的物理和化学状态,进而加强纤维与基体之间的相互作用。

② 化学改性方法　是通过硝化/还原、氯磺化等化学反应在芳纶表面引入氨基、羟基、羧基等活性或极性基团，通过化学键合或极性作用提高纤维与基体之间的黏结强度。

（2）超高分子量聚乙烯纤维的表面处理

由于超高分子量聚乙烯纤维的化学惰性特别突出，使其与树脂基体的界面结合力很低。因此，必须对纤维进行适当的表面处理。对超高分子量聚乙烯纤维进行表面处理的方法主要有低温等离子体处理、辐射引发表面接枝处理、电晕放电处理、氧化性化学试剂表面氧化处理等方法。

① 低温等离子体处理　通过采用氧等离子体处理的超高分子量聚乙烯纤维，其表面可能形成多种活性基团，而且纤维的表面能提高，纤维表面形成沟槽，表面粗糙度也增加。这些有利于基体树脂液对纤维的浸润，有利于纤维与基体聚合物间的机械结合、化学结合。

② 辐射引发表面接枝处理　是在纤维的表面上通过辐射引发而进行接枝聚合，纤维表面上生长出能够与基体紧密结合的缓冲层，从而改善纤维与基体间的黏结性。通常辐射源为γ射线、紫外线等。目前所用的接枝单体主要是丙烯酸类单体，如丙烯酸、丙烯酸甲酯、甲基丙烯酸缩水甘油酯（GMA）等。

③ 电晕放电处理　电晕放电处理超高分子量聚乙烯纤维过程中，会产生大量的等离子体和臭氧，它们与聚乙烯纤维表面的分子直接或间接地发生作用，使其表面产生大量的极性基团。

④ 氧化性化学试剂表面氧化处理　是通过氧化剂或气体对纤维表面进行氧化处理，从而改变纤维表面的粗糙程度和表面极性基团的含量，有利于纤维和树脂间的界面结合。对超高分子量聚乙烯纤维进行表面氧化处理时，常用的氧化剂主要有铬酸、高锰酸钾溶液和双氧水等。

3.1.8　增强塑料用植物纤维应如何进行表面处理？

由于植物纤维具有很强的亲水性，因此其很难与疏水性的热塑性塑料相容。因此植物纤维在添加至塑料之前，一般需采用物理或化学的方法进行表面处理，以降低植物纤维的极性，使纤维更好地被基体树脂浸润，改善纤维与树脂之间的粘接。常用的处理方法有热处理法、碱处理法、改变表面张力法、偶联法和表面接枝法等。

① 热处理法　热处理法是将植物纤维在一定温度下（一般在低于200℃、氮气保护下）进行加热，使其失水，形成孔隙，增加其表面粗糙度。对于不同种类的植物纤维，加热处理温度应相同。但应注意处理后的纤维不能太干，否则易断裂，影响其增强效果及加工性能。

② 碱处理法　碱处理法是采用NaOH溶液浸泡植物纤维，使植物纤维中的部分果胶、木质素和半纤维素等低分子杂质被溶解，纤维表面的杂质被除去，纤维表面变得粗糙，使纤维与树脂界面之间粘接能力增强。同时，碱处理导致纤维原纤化，即增强材料中的纤维束分裂成更小的纤维，纤维的直径减小，长径比增加，与基体的有效接触表面增加。

③ 改变表面张力法　改变表面张力法是采用硬脂酸、苯甲酸等有机酸对植物纤维进行表面包覆改性，可使纤维疏水化，并且提高了它们在热塑性塑料中的分散性。

④ 偶联法　偶联法是以硅烷偶联剂的水溶液处理植物纤维，以其极强的渗透性渗透至植物纤维颗粒的所有间隙，从而进一步浸润植物纤维颗粒的全部表面，使得偶联剂与植物纤维表面保持良好的接触，而有机硅烷中的烷氧基团水解后形成的硅醇与植物纤维中的羟基发生化学作用，在纤维表面形成有机硅烷分子层，从而降低了纤维的极性，使纤维的疏水性增强。利用有机硅烷中的乙烯基等反应性基团，还可与树脂形成偶联作用，从而有效地提高植物纤维与树脂之间的黏结强度，使复合材料的强度提高。

⑤ 表面接枝法　对植物纤维进行表面接枝处理是借助于光引发、辐射引发、等离子体表面刻蚀等方法，使不饱和单体在纤维表面上形成接枝聚合物，从而提高纤维与树脂之间的结合力。如用马来酸酐接枝聚丙烯蜡（MAH-PP 蜡）作为接枝试剂，在 170℃下处理植物纤维，纤维素中的羟基与马来酸酐的酸酐基团发生酯化反应，将聚丙烯链接枝到纤维表面。

3.1.9　何谓混杂纤维增强塑料？混杂纤维增强有哪些类型？

混杂纤维增强塑料是由两种或两种以上的增强纤维或其他增强材料所增强的塑料。通过混杂增强，可以改善塑料的综合性能、降低成本，或功能化。

混杂纤维增强的类型主要有纤维-纤维混杂、纤维-无机粒子混杂增强等。

① 纤维-纤维混杂　纤维混杂复合材料的形式繁多。根据混杂纤维的不同配合，可分为多种混杂方式，如碳纤维/芳纶、碳纤维/聚乙烯纤维、碳纤维/玻璃纤维、玻璃纤维/芳纶、玻璃纤维/聚乙烯纤维、金属纤维/碳纤维、金属纤维/芳纶等混杂体系。按混杂纤维的形态可以分为长纤维之间的混杂、长短纤维之间的混杂等，如先将聚乙烯短纤维与聚合物基体混合，再与连续长碳纤维混杂增强。此外，还有所谓不等径纤维混杂，即用较小直径（通常是几微米或十几微米）纤维与较大直径（通常是几十微米或上百微米）纤维进行混杂增强而构成聚合物复合材料。这种新型的不等径纤维复合材料与一般的混杂纤维（纤维直径相差不大）复合材料相比，具有纤维体积含量非常高（可达 70%～80%）与突出的抗压、抗弯性能等特点。

通过两种或两种以上纤维增强同一种基体材料，不仅保留了单一纤维复合材料的优点，而且不同纤维间混杂可以取长补短，匹配协调。如用有机纤维与玻璃纤维混杂增强酚醛树脂，使材料的冲击强度、弯曲强度大幅度提高。

又如，将超高模量聚乙烯纤维与碳纤维混杂，可以明显改善碳纤维增强聚合物复合材料的冲击强度。加入超高模量聚乙烯纤维的聚合物复合材料的冲击强度对缺口很不敏感，往往由于缺口的存在，更易引起材料的分层，从而在冲击破坏中吸收更多的能量。即能通过提高扩展能来改善冲击强度，并且其改善的程度为正混杂效应。

② 纤维-无机粒子混杂增强　纤维与无机粒子在聚合物增强中都具有重要作用。用纤维增强聚合物可大幅度提高聚合物的强度与模量。使用大量廉价的无机粒子增强聚合物，一方面可改进聚合物的某些性能，如刚性、硬度等，另一方面可大大降低材料成本。纤维与无机粒子共同增强聚合物所得的混杂增强复合材料，其性质不是纤维与无机粒子增强作用的简单加和，而是常常会出现不同于单一纤维或单一无机粒子增强聚合物的性质，也即混杂效应。混杂材料中纤维与无机粒子的混杂比、聚合物基体的含量以及纤维与基体间的界面强度都有可能影响混杂材料的拉伸强度。

有时，为了减少由于纤维取向而产生的翘曲，还可用径厚比高的云母等片状填料进行混杂增强。少量云母的加入，使复合材料的力学性能发生了明显的变化，强度和刚性显著提高，成型品的尺寸稳定性增加，不易出现翘曲现象。

3.1.10　纤维增强塑料片材的制备方法有哪些？

由于基材、增强材料及其形式、工艺方法等的不同，纤维增强热塑性片材有许多品种。各种热塑性树脂都可以用于增强热塑性片材的基体，但应用最多的是聚丙烯（PP）与高密度聚乙烯（HDPE）、聚苯乙烯（PS）、聚对苯二甲酸乙二醇酯（PET）、聚对苯二甲酸丁二醇酯（PBT）、聚碳酸酯（PC）、尼龙（PA）、聚苯硫醚（PPS）、聚醚醚酮（PEEK）等。

片材中的增强纤维可以是各种材料，如玻璃纤维（GF）、碳纤维（CF）、芳纶（AF）

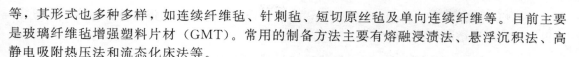

等，其形式也多种多样，如连续纤维毡、针刺毡、短切原丝毡及单向连续纤维等。目前主要是玻璃纤维毡增强塑料片材（GMT）。常用的制备方法主要有熔融浸渍法、悬浮沉积法、高静电吸附热压法和流态化床法等。

① 熔融浸渍法 熔融浸渍法又称为干法工艺，它是先将连续纤维或短切纤维制成毡或针刺毡，经预热，与挤出机挤出的热塑性树脂薄膜层合，通过双带式热压机热压浸渍，然后冷却固化，最后切割成所需规格的片材——供模压（或冲击）的半成品。根据需要，片材中的增强纤维毡可以是一层或多层（最多可有 6 层）。

② 悬浮沉积法 悬浮沉积法又称为湿法，它是先将短切纤维原丝（6～25mm）、热塑性树脂粉末和悬浮助剂加入水中，借助于悬浮助剂和搅拌作用将密度差较大的纤维和树脂微粒均匀分散在水介质中，使纤维呈单丝分散，树脂达到单粒分散，再将这种均匀的悬浮液通过流浆箱和成型网，加入絮凝剂使其凝聚，并且使凝聚物与水分离，将水滤出后形成湿片，再经过干燥、黏结、压轧成为增强塑料毡状片材。将毡状片材采用双带式热压机进行热压、固结可制成板材。

在悬浮沉积法工艺中，使用的纤维长度要适中，如果纤维太短，片材的力学性能比较低，太长则纤维很难在悬浮体系中均匀分散。选用的基体材料为粉末状热塑性树脂，其颗粒直径通常为 $100～400\mu m$，有的可达到 $800\mu m$。采用的悬浮介质是水或泡沫。片材里的纤维含量一般为 25%～40%（质量分数）；纤维含量低于 20% 时，片材很难达到纤维连续分布；纤维含量高于 40% 时，片材性能的各向异性特别明显，而且工艺十分困难。

③ 高静电吸附热压法 高静电吸附热压法中，首先将热塑性树脂制成薄膜，使薄膜带静电，当带静电的树脂薄膜通过短纤维槽时，纤维被吸附在薄膜上。然后将上述吸附有纤维的薄膜在双带式热压机上层合、热压成增强热塑性塑料片材。

④ 流态化床法 流态化床法又称为粉末浸渍法。该法是将热塑性树脂粉末直接用于增强纤维浸渍。首先将一定粒度的树脂粉末放在流化床的孔床上。在流化床上，使干燥的树脂粉末带上一定量的静电荷，并且在气流作用下翻腾。然后，使连续纤维经过一个扩散器被空气吹松散后进入流化床。于是，带静电的树脂粉末很快被吸附沉积在接地的纤维上。附着树脂的纤维通过切断器被切成定长，降落在输送网带上，再通过热轧区（被加热和辊压）和冷却区后制成增强热塑性塑料片材。加热区通常采用电加热或远红外线加热；冷却区则采用风冷；输送带、热轧带和冷轧带均为高强度的耐热材料制成。

3.1.11 短纤维增强塑料粒料应如何制备？

制造短纤维增强塑料粒料时，一般要求纤维能均匀地分散于树脂之中；纤维与树脂应尽可能包覆或粘接牢固；制造过程中应尽可能减少对纤维的机械损伤，尽可能减少对树脂的降解。

短切纤维长度通常为 3～25mm。如果采用的是短切玻璃纤维时，也可在制备过程中通过将连续玻璃纤维纱在挤出机的入口处被啮合的螺杆旋转时搅断而获得。

制备短纤维增强塑料粒料可采用双螺杆或单螺杆排气式挤出机进行熔融、混合与挤出造粒。一般生产中多选用同向旋转啮合型双螺杆挤出机。因为它可采用后续进料，纤维是直接加到熔体中，熔体对纤维起到润滑保护作用，大大减少了纤维的过度折断和摩擦热，有利于纤维在熔体中的分散和分布。同向旋转双螺杆挤出机装有捏合盘，故能使纤维和树脂很好地混合在一起，纤维长度能保证在合适的范围之内，分布也均匀，因而能生产出高质量的粒料。采用双螺杆挤出机制备短纤维增强塑料粒料时，通常树脂经计量加料装置由挤出机第一加料口加入，在外加热器和螺杆旋转所产生的剪切热作用下逐渐熔融塑化。增强纤维则在第二加料口加入，如果连续玻璃纤维纱也在此加入，则被旋转的螺杆搅断。纤维进入挤出机后会立即与塑料熔体混合，经过下游挤出段，由机头排出已混合好的混合物，经冷却、切粒，制得短玻璃纤维增强粒料。

3.1.12 长纤维增强塑料粒料应如何制备？

生产长纤维增强塑料粒料通常采用电缆包覆法。它是将连续纤维纱通过十字形挤出机头被熔融树脂包覆，经冷却、牵引、切粒即得长纤维增强塑料粒料。生产中，将树脂充分干燥后加入挤出机，在其熔融达到黏流态并进入挤出机头时，将连续纤维纱（一般有6~8股）由送料机构送入包覆机头。塑料熔体在压力作用下包覆在纤维束的周围，而纤维束在牵引装置的牵引下向前移动。包覆好的纤维自机头出来后通过冷却水槽，冷却后经切粒机切成粒料，再经干燥，即得到包覆的长纤维增强塑料粒料。

电缆包覆法时，由于机头结构的差异，使制得的长纤维增强塑料颗粒有以下三种形式。

① 纤维成一大束包于粒子之中，这种颗粒一般包覆不紧，切粒时易拉毛，纤维容易飞扬，注塑成型时不利于纤维在树脂中的分散。

② 纤维成几小束分布于粒子四周，虽然纤维已呈纵向分散，但纤维过于靠近粒子的边缘部位，树脂对其包覆力不够，因而在切粒时也容易拉毛，致使纤维飞扬。

③ 纤维成几小束包于粒子之中，纤维既分散得好，而且由于外围树脂较厚，粒子包覆结实，因而粒料端面又平整，纤维不易被拉毛及飞扬，是最理想的粒子结构形式。

在长纤维增强塑料粒料中，由于纤维尚未得到良好的预分散，必须有赖于在成型制品过程中，通过螺杆的塑化、混合作用，才使纤维分散开，分布于熔体之中。但通常由于注塑机的混合分散效能较差，因此纤维的分散情况不够理想，故不适于制作结构复杂的制品或薄壁制品。

3.1.13 纤维增强改性塑料过程中应注意哪些问题？

纤维增强改性塑料过程中应注意以下几方面的问题。

① 增强纤维在塑料基体中的均匀分散　分散效果越好，增强效果越好。若分散不均匀，则会在混合体系中出现玻璃纤维的"堆积区"和"空隙区"，这些易造成应力集中，降低制品强度。

② 长径比的大小　长径比的大小对增强效果影响很大，在一般情况下，长径比越大，增强效果越好。在加工混合过程中，难免引起增强纤维的损坏（断裂），因此，长径比保持率是一个关键问题。断纤也称为断晶，主要发生在混合和分散时与树脂颗粒的冲击和碰撞中，尤其是在活化处理和加料口加料时最易发生。加工增强粒料时通常应在挤出机第一排气口加入纤维为宜，因为在第一排气口加入纤维时，塑料基体已基本熔融，纤维加入后即能被熔体包覆，从而避免固体树脂与纤维产生较大摩擦而引起断晶。

③ 不同品种增强纤维之间复合使用　不同品种增强纤维之间复合使用可以优势互补，具有比单一添加更高的增强效果。如某企业采用30%的$CaCO_3$晶须增强PP时，其PP强度为58.7MPa。而当采用10%的玻璃纤维和20%的$CaCO_3$晶须共混增强PP时，其PP强度可达72.4MPa。

④ 纤维的取向　在注塑成型时应特别注意纤维沿流动方向的取向，易使制品出现各向异性，即取向方向弹性模量高，拉伸强度大，收缩率小，而非取向方向的弹性模量较小，拉伸强度较低，收缩率较大，而导致制品易出现翘曲变形。

3.1.14 PP纤维增强改性塑料应如何制备？

(1) PP常用纤维增强材料

纤维增强PP是在热塑性塑料的应用中增长较快的塑料品种之一，特别是在汽车、机械、电子电气、化工环保等领域，由于其强度高、质量轻而应用越来越广泛。PP增强用纤维类材料主要有无机类的玻璃纤维、石棉纤维、碳纤维、晶须、石英纤维、石墨纤维及陶瓷纤维等，以及有机类的PAN纤维、PE纤维、PA纤维、PC纤维、PVA纤维及聚酯纤维等。另外，还有金属类的硼纤维及铝、钛、钙等金属晶须等。

① 玻璃纤维　是最常用的增强材料，价格低，增强效果好。作PP增强材料用的玻璃纤维主要是无碱玻璃纤维（E型），拉伸强度可达2000MPa，耐水性、耐候性、耐化学药品性好，绝缘性好。玻璃纤维越细，拉伸强度越大；其长径比越大，拉伸强度也越高。

② 碳纤维　是一种高强度纤维，其通用型的拉伸强度为834～1177MPa，高性能型的拉伸强度可高达3432MPa。碳纤维相对密度小，耐高温，防辐射性、耐水性及耐腐蚀性好，是一种新型高强度增强材料，应用很广泛，但价格比较高。

③ 晶须　为针状和毛发状结晶物质，其直径很小（0.05～1μm），长径比较大，如氧化铝晶须的长径比为（500～5000）:1。晶须是近乎完全结晶，而且不含晶格缺陷的完全结晶，机械强度极高，接近原子间的力，拉伸强度为6894MPa，可用于制造轻质高强度的增强塑料。常用的晶须主要有氧化铝（蓝宝石）、碳化硅、石墨、氧化镁、$CaCO_3$及$CaSO_4$等晶须。但晶须价格太高，因而限制了它的应用。

④ 硼纤维　是最先出现的轻质高强度材料，硼纤维的拉伸强度为玻璃纤维的5倍，相对密度小，常用于轻质高强度的增强塑料中。但其直径大，伸长率小，而且价格高。

⑤ 有机增强纤维　PE纤维为伸直链PE纤维（ECPE），属于伸直链晶型，主要由超高分子量PE及高性能HDPE制成，密度小，质量轻。芳酰胺纤维也是一种轻质高强度的增强材料，其拉伸强度比碳纤维还要高，还可以与玻璃纤维及碳纤维等混用，但价格高。

（2）增强纤维的表面处理

在PP纤维增强体系中，增强纤维与PP树脂的结合强度高低直接影响增强效果的好坏。通过表面处理可以提高纤维与树脂的粘接强度。表面处理一般采用偶联处理、表面浸渍以及酸洗处理等方法。表面浸渍是在纤维表面浸上PP树脂液，以提高其复合强度。酸洗处理主要用于金属纤维，以除去纤维表面上的氧化层，提高纤维与树脂的复合强度。所用的酸一般选用盐酸和乙酸等。增强纤维表面最常用的处理方法是偶联处理。采用偶联剂对增强纤维进行预处理，可提高增强纤维的增强效果，而且操作简单，效果较好。偶联剂的选用通常是：玻璃纤维常选用硅烷类偶联剂；其他型玻璃纤维常选用钛酸酯类偶联剂，有时也选取其他处理剂，如PP接枝马来酸酐等。不同的处理剂，处理效果不尽相同。例如某企业采用20%的$CaSO_4$晶须增强PP，分别用20%的钛酸酯KH550、钛酸酯J38S及PP接枝马来酸酐处理，其拉伸强度分别为36.9MPa、38.7MPa和41.4MPa。

（3）纤维增强PP制备

纤维增强PP的加工方法主要采用混合法和包覆法两种。混合法是用短纤维与PP树脂在混合设备中充分混合并分散均匀，再用于成型加工。包覆法是近似于电线电缆的包覆生产方法，即在单螺杆挤出机上安装一个包覆机头，纤维连续进入包覆机头，PP料在挤出机中熔融塑化，从挤出机中挤出，在机头内与纤维两者汇合并对其包覆，而后冷却、切粒即可用于成型加工制品。

如某企业采用玻璃纤维与碳酸钙增强改性PP生产汽车下护板，其配方如表3-2所示。PP增强材料的制备工艺是：先将PP、POE以及经偶联剂处理的玻璃纤维、增容剂等助剂在高速混合机中混合均匀，再加入双螺杆挤出机中塑化造粒，挤出塑化温度为200～240℃，螺杆转速为400r/min。再将粒料加入注塑机中塑化注塑，成型制品，注塑成型温度为200～230℃。制品的拉伸强度达81.2MPa，弯曲弹性模量达4792MPa。

表 3-2 某企业采用 PP 增强改性生产汽车下护板配方

原料	用量/phr	原料	用量/phr
PP	100	碳酸钙	15
玻璃纤维	25	抗老剂	2.2
POE	20	其他	适量
钛酸酯偶联剂	适量		

3.1.15 玻璃纤维增强改性 PET 应如何制备?

由于 PET 的抗冲击性、热机械性较差,加入玻璃纤维可大大提高其物理力学性能,可作为工程塑料用于电子电气和汽车工业等领域。用于 PET 增强的玻璃纤维可以是长纤维,也可以是短纤维,采用短纤维增强的 PET 注塑成型时,由于纤维比较短,流动性较好,注塑成型工艺性较好,成型的制品纤维易分散均匀,外观比较好,但制品的强度比长纤维增强要低。用于增强的玻璃纤维首先必须经过表面处理,以提高玻璃纤维与 PET 树脂界面的结合力。

表面处理可采用偶联处理、表面浸渍以及酸洗处理等方法。最常用的处理方法是偶联处理。采用偶联处理玻璃纤维的操作简单,效果较好。偶联剂常选用硅烷类偶联剂、钛酸酯类偶联剂等。

通常增强 PET 的力学性能一般随玻璃纤维含量的增加而明显提高,但玻璃纤维含量太大,难以加工,并且制品会有浮纤现象。工业生产中,玻璃纤维的含量一般控制在 50% 以下。当玻璃纤维含量达 30% 时,性能的提高趋于平缓。因此在权衡性能与加工两者的利弊后,通常将玻璃纤维含量控制在 30% 左右。在玻璃纤维增强体系中适当加入少量的结晶成核剂,如滑石粉、苯甲酸钠、Na_2CO_3、硬脂酸镁、ZnO 等,能使玻璃纤维增强 PET 的力学性能有较大提高,其中滑石粉和硬脂酸镁的效果更佳。

玻璃纤维增强改性 PET 制备的工艺流程如图 3-1 所示,PET 经充分干燥后,再加入玻璃纤维、成核剂及其他助剂等,再混合均匀,经挤出机熔融塑化挤出后,再冷却、切粒,即可得到玻璃纤维增强改性 PET 粒料。

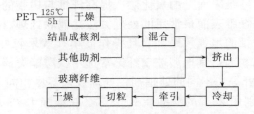

图 3-1 玻璃纤维增强改性 PET 制备的工艺流程

3.2 增韧改性实例疑难解答

3.2.1 塑料的韧性如何表征? 塑料的增韧方法有哪些?

(1) 塑料韧性的表征

塑料的韧性一般用其冲击强度的大小来表示。所谓冲击强度是指试样受冲击破坏断裂时,单位面积上所消耗的功。它用于评价材料抵抗外界冲击的能力或判断材料的脆性或韧性程度。材料的冲击强度越高时,则其韧性越好;反之,脆性越大。

目前常用的塑料材料的冲击强度测试方法主要有悬臂梁冲击试验法、简支梁冲击试验法和落锤冲击试验法三种,不同测试方法所得的冲击强度表征值不同。

① 悬臂梁冲击试验法　悬臂梁冲击试验法一般适用于韧性好的材料。它是将待冲击样条一端固定而另一端悬空（悬臂），用摆锤冲击试样的一种试验方法。悬臂梁冲击强度是指冲击试样在悬臂梁冲击破坏过程中所吸收能量与试样原始横截面积之比，单位为 kJ/m^2。

对于韧性较好的材料，试样一般开一个小口，试样的放置分为正置和反置两种。正置为缺口方向面对着摆锤方向，称为正置缺口悬臂梁冲击强度；反置为缺口方向背对着摆锤方向，称为反置缺口悬臂梁冲击强度。

② 简支梁冲击试验法　简支梁冲击试验法主要适用于脆性材料。它是将待冲击样条两端放于两个支承点上，用摆锤冲击样条的一种试验方法。

简支梁冲击强度是指在冲击负荷作用下，试样破坏时吸收的冲击能量与试样原始横截面积之比，单位也为 kJ/m^2。

简支梁冲击试验法所用样条有时也开缺口，测试时缺口一般正置。

③ 落锤冲击试验法　落锤冲击试验法主要适用于高韧性材料。它是直接采用塑料制品本身，如管材及片材等，切成板状或片状试样由圆环支承，以不同金属的落球对其进行冲击。从而它能直接反映具体某种制品本身的抗冲击性。

落锤冲击强度为在规定条件下，用一定形状和重量的落球（锤），在某一高度上自由落下对制品进行冲击，通过改变球（锤）的重量或落下高度，直至制品被破坏为止，测定此时的落（锤）高度和球（锤）重量，即可测出制品在一定高度下破坏时所需的能量，单位为 J/m。

（2）普通塑料增韧的方法

塑料的品种很多，各种塑料之间的韧性相差很大，除 PC 和 LDPE 等少数树脂以外，树脂的冲击强度都不太高。尤其是 PS 和 PP 两种树脂的冲击强度更低，其落球冲击强度值还不足 $20J/m$，属于脆性材料之列。表 3-3 为几种常用塑料的落球冲击强度。对于一些高冲击场合如汽车保险杠等，往往要求其落球冲击强度要大于 $400J/m$，低温冲击强度也要达到 $50J/m$，因此一些塑料材料常需增韧改性。目前塑料增韧方法主要有共混弹性体增韧、添加非弹性体刚性材料增韧、形态控制增韧及交联增韧等。

表 3-3　几种常用塑料的落球冲击强度

塑料名称	冲击强度/（J/m）	塑料名称	冲击强度/（J/m）
PP	19.8	PSF	61
HDPE	130	POM	68
LDPE	543	PA66	90
PS	16	PA6	146
ABS	183	PA1010	51
PC	422	PTFE	113

3.2.2　塑料弹性体增韧材料有哪些类型？应如何选用？

（1）塑料弹性体增韧材料类型

塑料常用弹性体增韧材料按其玻璃化温度的高低，可分为增韧树脂和增韧橡胶两种。常用的增韧树脂主要有 CPE、MBS、ACR、SBS、ABS 和 EVA 等；常用的增韧橡胶主要有乙丙橡胶（EPR）、三元乙丙橡胶（EPDM）、丁腈橡胶（NBR）、丁苯橡胶、天然橡胶、顺丁橡胶、氯丁橡胶、聚异丁烯橡胶、聚丁二烯橡胶等。

按弹性体内部分子结构分，有预定弹性体、非预定弹性体及过渡弹性体等。预定弹性体属于核-壳结构聚合物。其核为软状弹性体，赋予制品抗冲击性；壳为具有高玻璃化温度的聚合物，其主要功能是使弹性体微粒之间相互隔离，形成可自由流动的组分颗粒，促进均匀分散。主要品种有 MBS、ACR、MABS 及 MACR 等。非预定弹性体属于网状聚合物，其冲击改性是 E 作用（增塑作用）机理进行改性。其主要品种为 CPE 等。过渡弹性体的结构介于预定弹性体与非预定弹性体之间，主要有 ABS 等。

（2）弹性体增韧材料的选用

生产中弹性体增韧材料的选用应从以下几方面加以考虑。

① 塑料与弹性体相容性要好，塑料与弹性体的相容性通常遵循极性相近相容的原则和溶度参数相近相容的原则。

常用塑料的极性大小顺序一般为：纤维系塑料＞PA＞PF＞EP＞PVC＞EVA＞聚烯烃类塑料。

常用弹性体的极性大小顺序一般为：PU 橡胶＞丁腈橡胶＞氯丁橡胶＞丁苯橡胶＞顺丁橡胶-乙丙橡胶。

在溶度参数选用时，要注意塑料与弹性体的溶度参数差一般要小于 1.5。表 3-4 为几种常用塑料与弹性体的溶度参数。

表 3-4　几种常用塑料与弹性体的溶度参数

名称	溶度参数/(MJ/m³)$^{1/2}$	名称	溶度参数/(MJ/m³)$^{1/2}$
PTFE	6.2	丁腈橡胶	9.25
聚异丁烯橡胶	7.7	氯丁橡胶	9.38
PE	8.1	PMMA	9.25
PP	8.1	EVA	8.17
乙丙橡胶	8.1	PVC	9.6
天然橡胶	8.15	PC	9.8
聚丁二烯橡胶	8.38	丁苯橡胶	8.4
PS	9.12	PET	10.7

② 不同弹性体可协同选用　两种以上弹性体协同选用往往具有协同作用。如 PP 中选用 EPDM 和 ABS 复合加入，具有协同作用。

③ 根据制品的性能要求，兼顾弹性体本身的性质选用　生产中不同的塑料制品、不同的应用环境，对其性能要求有所不同，在选择增韧弹性体时应尽量兼顾弹性体本身的性能，使制品的配方尽量简单化，而且制品性能得到满足。如制品有阻燃性要求时，应尽量选择阻燃性好的 CPE，制品要求透明时应选 MBS；制品要求耐候性好时应选 ACR 及 EVA，不能选用 MBS 及 ABS；制品要求降低成本时应选用 MPR、CPE 及 EVA。

④ 弹性体与刚性材料可协同选用　弹性体与刚性材料协同选用可防止在增韧的同时，刚性及耐热性下降太大。如 PP 中 EPDM 与滑石粉可协同使用；MBS 及 CPE 中可协同加入 AS 等。

3.2.3　PVC 共混弹性体增韧应如何选用增韧剂？

纯 PVC 抗冲击性不好，其悬臂梁缺口冲击强度仅为 6kJ/m² 左右。因而其塑料制品需要进行增韧改性。一般橡胶类和树脂类弹性体大都可用于 PVC 中，橡胶类弹性体的增韧性能优良，改善低温抗冲击性优越，常用 PVC 中的主要品种有 EPR、EPDM、NBR、丁苯橡胶、天然橡胶、顺丁橡胶和氯丁橡胶等。其中 EPR、EPDM、NBR 三种最常用，但橡胶类弹性体的耐老化性较差，因此对耐老化性要求较高的制品，一般不宜选用，如 PVC 塑料门窗型材，即一般不选用这类弹性体增韧，而选用树脂类弹性体如 CPE、ACR、MBS、TPU 等。

由于弹性体的加入，起到优良增韧效果的同时，PVC 的刚性下降也较大，因此 PVC 中的用量不宜过多，特别是有刚性、硬度要求的制品，一般弹性体的用量为 10%～20%。常用的配比为 PVC/MBS（10％～20％）、PVC/CPE（10％～20％）、PVC/TPU（8～10 份）、PVC/ABS（8％～40％）、PVC/EPDM/CPE（100/20/20）、PVC/PP/EPDM/CPE（100/10/20/20）、PVC/ABS/CPE（100/10/5）等。

如 UPVC 配方中加入 10％左右的 NBR，材料的冲击强度可提高 2 倍左右。UPVC 配方中加入 20％左右的 CPE（氯含量为 36.7％），材料的冲击强度可提高 4 倍左右。UPVC 配方中加入 15％左右的 EPDM 时，材料的冲击强度提高了 6 倍左右。

3.2.4　PP 共混弹性体增韧应如何选用增韧剂？

PP 抗冲击性差，特别是低温使用时抗冲击性很低。因此 PP 在工程结构材料或性能要求较高的制品中使用时，常需进行增韧改性。对 PP 一般的增韧常可选用 EPR、EPDM、LDPE、EVA、CPE、SBS、POE、TPU、聚丁二烯橡胶、丁苯橡胶、聚异丁烯橡胶、顺丁橡胶及天然橡胶等弹性体增韧剂。其中以 EPDM、LDPE、POE 及 SBS 最常用。也可选用 PP 的三元共聚物，如 PP/EPR/LDPE、PP/EVA/聚异丁烯、PP/LDPE/EVA、PP/LDPE/EPDM、PP/EPDM/SBS 及 PP/TPU/SBS 等。

采用树脂和橡胶类的弹性体增韧时，一般弹性体用量越大，PP 的冲击强度越高。但用量过多，会使 PP 材料的刚性下降太大，而影响制品的使用性能。因此弹性体增韧剂在 PP 中用量不大，一般在 10％左右。增韧改性过程中，有时为了能保持 PP 材料的刚性、硬度，在增韧体系中加入适量的刚性粉状材料，以弥补弹性体引起的刚性下降，从而保持原有 PP 的刚性。常用的刚性粉状材料主要是碳酸钙、滑石粉、高岭土及云母等。如某企业采用 PP/SBS 以 80/20 的比例共混增韧改性时，共混材料的落锤冲击强度在 70.89J/m 左右；而采用 PP/SBS 以 70/30 的比例共混时，材料的落锤冲击强度在 160.04J/m 左右；而采用 PP/EPDM/云母以 56/14/30 的比例共混时，材料的落锤冲击强度为 134J/m。

3.2.5　PS 共混弹性体增韧应如何选用增韧剂？

PS 是一种脆性大的材料，生产中即使选用 HIPS，有时也需要加增韧剂进行增韧改性。PS 常选用的增韧改性剂有丁苯橡胶、顺丁橡胶、EPR、EPDM、MBS、SBS 及 ABS 等，其中 SBS 主要作用是改善其低温抗冲击性，但由于 SBS 耐候性差，一般不宜用于户外长期使用的制品。对于透明的 PS 材料应选择透明性好的增韧剂品种，如 MBS 等。

PS 弹性体增韧效果较好，故增韧剂的用量一般不大，用量一般为 5％～15％。一般 SBS 的用量在 15％左右，采用分子量为中等的 SBS 时，共混材料的综合性能较好，而采用分子量较小的 SBS 时，改性效果较差些。对于 EPR、EPDM 增韧剂，与 PS 共混材料的耐候性好，增韧效果较好，一般在 PS 中的用量在 10％以下。在 PS 中加入弹性体增韧时，有时为了提高弹性体与树脂的相容性，可加入少量的增容剂，如 PP-g-EPDM 等，以提高其共混材料的综合性能。如某企业采用 PS/EPDM/PP-g-EPDM 三元共混增韧改性 PS 时，共混比例为 PS/EPDM/PP-g-EPDM=73/19/3，共混材料的拉伸强度达到 5kJ/m^2，缺口冲击强度为 11kJ/m^2。

3.2.6　PA 共混弹性体增韧应如何选用增韧剂？

PA 在常温下有良好的抗冲击性，但低温下的抗冲击性不够好，所以对于 PA 的增韧改性，主要是要改善低温的抗冲击性。PA 增韧改性常用的弹性体主要有 LDPE、EVA、SBS、MBS、EPDM 及其接枝共聚物（如 EPDM-g-MA）等。

采用 LDPE 共混增韧改性 PA 时，共混材料有良好的低温抗冲击性，而且材料的吸水性大大降低。采用 EVA 共混增韧时，共混材料不仅具有良好的抗冲击性，还可提高共混材料与金属等材料的粘接性能。

采用 LDPE、EPDM 等增韧 PA 时，为了改善共混物的相容性，一般应适量加入相容剂，如马来酸酐（MA）、琥珀酸酐（SA）或 EPDM-g-MA、EPDM-g-SA 等。

如某企业采用 PA6/EPDM(60/40) 共混增韧改性时，其共混材料的冲击强度可提高 10 倍左右，而采用 PA6/EPDM/EPDM-g-MA(50/40/40) 共混时，其共混材料的冲击强度可提高 15 倍以上。

3.2.7 什么是塑料的刚性材料增韧？刚性粒子为何能增韧塑料材料？

（1）塑料的刚性材料增韧

采用橡胶或树脂弹性体如 CPE、EVA、MBS、SBS、ACR 及 NBR 等增韧塑料时，其材料的增韧改性效果良好，但提高材料韧性的同时，又会使材料的拉伸强度、硬度等其他性能下降，而影响材料的使用性能。近年来，人们发现某些刚性材料在适当的条件下也会具有不同程度的增韧效果。所谓塑料的刚性材料增韧是指在塑料中添加刚性较大的材料，与其共混复合，以提高塑料材料的冲击强度，改善塑料材料的韧性的方法。一般刚性材料对塑料的增韧幅度往往不如弹性体增韧幅度大，但它具有弹性体增韧不可比拟的优点，即刚性增韧材料在改善冲击强度的同时，又改善了拉伸强度等其他性能。

非弹性体刚性增韧材料可分为无机刚性增韧材料和有机刚性增韧材料两大类，常用的有机刚性增韧材料主要有聚甲基丙烯酸甲酯（PMMA）、聚苯乙烯（PS）、甲基丙烯酸甲酯-苯乙烯共聚物（MMA/S）及苯乙烯-丙烯腈共聚物（SAN）等。常用的无机刚性增韧材料主要有 $CaCO_3$、$BaSO_4$、$Al(OH)_3$ 和 $Mg(OH)_2$ 等。

（2）刚性粒子增韧塑料的原因

刚性粒子增韧塑料时，采用不同类型的刚性粒子，其增韧的机理有所不同。

① 采用有机刚性粒子增韧时，有机刚性粒子通常是脆性塑料，模量较高，几乎不发生塑性形变，流动性好。当有机刚性粒子加入塑料中时，体系的相容性较差，有机刚性粒子作为分散相便以规整的球状均匀分散在塑料基体连续相中，两相之间有明显的界面，甚至在分散相粒子周围存在空穴。当受到冲击时，界面易脱粒而形成微小的空穴，这些微小的空穴易产生而吸收能量，也可引发银纹吸收能量，从而提高材料的断裂韧性。

② 无机刚性增韧粒子通常是以超细无机粒子为主的填充材料，模量极高。当它添加于塑料中，在塑料受力变形时，无机刚性增韧粒子的存在产生应力集中效应，引发其周围的基体屈服，产生空化、银纹或剪切带，这种基体的屈服将吸收大量变形能量；当裂纹遇到无机刚性增韧粒子时，会产生钉扎-攀越或钉扎-裂纹二次引发效应，使裂纹扩展的阻力增大，消耗变形功，从而阻碍裂纹的扩展；两相界面的部分受力脱黏形成空化，从而使裂纹钝化而不致发展成破坏性开裂，产生增韧作用。

一般无机粒子增韧和有机粒子增韧塑料的同时，两者均可提高材料的模量、强度和热变形温度。但无机粒子的增韧需建立在严格处理填料的基础之上，或与弹性体或有机粒子相结合共同增韧，否则将导致脆性增加。

3.2.8 采用刚性粒子增韧时，影响增韧的因素有哪些？

采用刚性粒子增韧时，影响其增韧的因素主要有以下几方面。

① 基体韧性 刚性粒子对塑料的增韧是通过促进基体发生屈服和塑性变形吸收能量来实现的，因而要求基体有一定的初始韧性和强度，即具有一定的塑性变形能力。因此，一般而言，塑料基体的初始韧性越大，则增韧的效果越明显。如用 $CaCO_3$ 增韧 HDPE 时，

HDPE 基体的韧性越好，$CaCO_3$ 粒子的增韧效果越明显。当基体韧性小于某一值时，$CaCO_3$ 粒子对基体几乎无增韧作用。

② 界面黏结性 为使刚性粒子能产生强应力，必须使基体与填料界面有适当的界面黏合以满足应力传递。一般界面的黏结力越好，则增韧的效果越佳。如果界面黏结力太弱，发生界面脱黏，而在基体中产生缺陷，从而破坏作用于刚性粒子的三维应力场，使增韧效果变差；提高基体与刚性粒子的相容性以增强界面黏结，可提高填充体系的韧性；而界面黏结过强时，空洞化损伤不能出现，从而极易损伤引发银纹并扩展为裂纹，从而不利于冲击强度的提高。但实际上，在拉伸作用下，易屈服而产生冷拉效应。在拉伸的过程中，有机刚性粒子在产生强的应力时，基体与分散相界面必须有良好的黏结力以满足应力传递。如果分散相粒子从界面拉脱，就会在基体产生缺陷，从而使增韧的效果不佳，因而需要分散相粒子与塑料基体有较强的界面黏结力。而对于断裂韧性，形成的裂尖损伤区域内分散相承受三维张力，促使损伤区域内分散相颗粒从界面上脱黏，形成空洞化损伤，从而释放裂尖前沿区域的三维张力，解除了平面约束，使塑料产生剪切屈服形变，吸收能量而得以增韧。对于无机刚性粒子而言，对其进行表面处理，表面处理剂在基体与填料之间形成一个弹性过渡层，可有效传递和松弛界面上的应力，更好地吸收与分散外界冲击能，从而提高体系韧性。

③ 粒子大小及用量 一般使用的大粒径粒子易在基体内形成缺陷，尽管能提高体系硬度和刚度，却损害了强度和韧性。如无机刚性粒子增韧改性体系，在其模量、硬度及热变形温度等升高的同时，拉伸强度与冲击强度的下降幅度与其粒度大小有关，粒度越小，下降幅度越平缓。随着粒子粒度变细，粒子的比表面能增大，非配对原子增多，与塑料发生物理和化学结合的可能性增大，粒子与基体之间接触界面增大，材料在受到冲击时会产生更多的微裂纹和塑性变形，从而吸收更多的冲击能，具有增韧增强的可能。但粒度过小，颗粒间作用过强也不利于增韧。为此，需用偶联剂处理无机刚性粒子表面，改善界面黏结，保证无机刚性粒子在基体中均匀分散。刚性粒子的加入量存在一个最佳值，如果用量太小，分散浓度过低，则吸收的塑性形变能将会很小，这时承担和分散应力的主要是基体，因而起不到明显的增韧作用。随着粒子含量增大，共混体系的冲击强度不断提高。但当无机刚性粒子加入量达到某一临界值时，粒子之间过于接近，材料受冲击时产生微裂纹和塑性变形太大，几乎发展成为宏观应力开裂，使抗冲击性下降。

④ 刚性粒子模量 当刚性粒子的模量比较小，刚性粒子在静压作用下发生屈服形变所需的力非常小，此时冲击能的消耗主要由基质来承担。随着刚性粒子模量的增加，共混材料受力变形过程中，基质除了本身产生大量的银纹和形成屈服剪切带吸收能量以外，对刚性粒子要产生静水压力，刚性粒子被迫发生形变而吸收大量的能量。而对于模量较大的刚性粒子而言，即使有静水压应力的作用，仍达不到屈服应力，故往往发生脆性断裂。因此，只有当刚性粒子的屈服应力与刚性粒子和基质间的界面黏结接近，刚性粒子能随着基质形变而被迫形变，刚性粒子方可吸收大量的能量而起到较好的增韧作用。

3.2.9 塑料用无机刚性增韧材料有哪些类型？各有何特点？

目前塑料用无机刚性增韧材料主要包括超细无机填料、表面优化处理填料及特殊填料三大类。

（1）超细无机填料

填料对树脂的改性效果受填料本身粒度大小的影响，按粒度的大小及不同的改性效果，可将填料分成常规填料、超细填料和纳米填料等几种类型。

① 常规填料 是指粒度大于 $5\mu m$ 左右的一类无机填料。该粒度大小的填料增韧塑料时，随填料用量的增大，改性体系的拉伸强度与冲击强度下降，而模量、硬度及热变形温度

等升高。拉伸强度与冲击强度的下降幅度与其粒度大小有关，粒度越小，下降越平缓。

② 超细填料　是指粒度在 0.1~5μm 之间的一类无机填料。超细填料用于增韧塑料时，一般随其用量的增大，增韧体系的拉伸强度与冲击强度随超细填料用量的增加而变化比较小，即下降或增加趋势都较为平缓，而其他性能会明显提高。

③ 纳米填料　是指粒度小于 100nm 的一类无机填料。纳米填料在增韧塑料过程中，其增韧体系的拉伸强度与冲击强度开始时会随超细填料用量的增加而增加，用量达到一定程度后强度会出现最大值，而用量继续增加时，强度即出现下降趋势。即纳米填料的用量存在一个最佳值。在塑料增韧体系中，纳米填料的增韧效率高，用量不大，但体系的韧性增幅却会很大。一般纳米填料的用量都在 10 份以下，冲击强度的增幅最高可达 5 倍以上，而且其增韧与增强是同步进行的。但纳米填料的比表面积很大，粒子间因引力而极易于凝聚，分散性差。为使其很好地分散，必须加入分散处理剂。分散效果的好坏，直接影响其增韧改性效果的发挥。

（2）表面优化处理填料

表面优化处理的填料是指用高效表面处理剂处理过的一类填料。表面处理剂主要为表面活性剂、高效偶联剂及相容剂等。对于同一填充体系，填料不处理或用一般表面处理剂处理，其冲击强度会下降；而用高效表面处理剂处理，冲击强度反而升高，只是增高幅度不如弹性体。

优化处理过的填料加入塑料中时，表面处理剂在基体之间形成一个弹性过渡层，可有效地传递和松弛界面上的应力，吸收与分散外界冲击能，从而起到增韧作用。

填料处理的表面活性剂常用的是低分子量聚醚型等表面活性剂，其加入量一般为 5%~10%。如 PP 采用滑石粉增韧时，增韧体系中滑石粉采用了低分子聚醚作为表面处理剂，其各组分的用量比为 PP/低分子聚醚/滑石粉＝50/8/42，材料的冲击强度比不经表面处理的滑石粉直接应用要提高 1 倍以上。

填料处理的大分子和高分子型偶联剂常用的是大分子型钛酸酯偶联剂（MTCA）、高分子型氨基硅油偶联剂（APCA）等。这类偶联剂的偶联效果要优于低分子偶联剂。如在 PVC/CaCO$_3$（80/20）的增韧改性体系中，加入 2% 的 MTCA 大分子偶联剂以后，冲击强度可提高 35% 左右。

填料处理的复合偶联剂是指两种或两种以上小分子偶联剂协同使用。用复合偶联剂处理的填料比单一偶联剂处理的填料对塑料的增韧效果要好，其体系的冲击强度明显要高。

填料处理的相容剂不仅对共混树脂间的分散有促进作用，同时也对增韧体系中填料的分散有促进作用。如对于 PP/CaCO$_3$/钛酸酯（80/20/1）的体系中，其共混材料的冲击强度出现下降；而对 PP/CaCO$_3$/相容剂（80/20/1）的体系，其冲击强度则明显提高。

（3）特殊填料

特殊填料主要是指超级纤维（CF）、针状填料、球状填料、碱土金属盐、稀土矿物及有机填料等。

超级纤维主要包括碳纤维、硼纤维、石英纤维、有机纤维、各类晶须及碳纳米管等。碳纳米管是指直径为几纳米到几十纳米、长度为几十纳米到几百纳米的中空碳管。如 PA610/CF（81/19）共混复合，材料的冲击强度可提高 1 倍左右。PP/CaCO$_3$ 晶须/钛酸酯偶联剂（69/30/1）共混复合，材料的冲击强度可提高 110%。UHMWPE/碳纳米管（99/1）共混复合，材料的冲击强度可提高 45%。

针状填料主要有 Al(OH)$_3$ 和 Mg(OH)$_2$ 等针状填料。如在 LDPE 中分别加入 Al(OH)$_3$ 和 Mg(OH)$_2$ 针状填料，当加入量在 50 份以下时，填充体系的冲击强度随填充量增加而升高。其中，Al(OH)$_3$ 填充体系的冲击强度增加幅度在 90% 左右；而 Mg(OH)$_2$ 填充体系的冲击强度增加幅度在 25% 左右。

球状填料主要包括玻璃微球、玻璃中空微球、硅灰石珠、塑料微珠及陶瓷微珠等。如 PA/玻璃微球（95/5）共混复合时，玻璃微球粒径在 $4\mu m$ 左右，并且经硅烷处理，复合材料的冲击强度可提高 40%，而当玻璃微球加入量达 10% 时，冲击强度可提高 46%；当玻璃微球加入量为 15% 时，冲击强度可提高 52%；但当玻璃微球加入量超过 20% 时，冲击强度反而出现下降趋势。

碱土金属盐主要是指碱土金属的硫酸盐、碳酸盐、磷酸盐等。它是一类新型无机增韧材料，在很宽的用量范围内，冲击强度都有不同程度的提高。当碱土金属盐的用量在 60% 左右时，冲击强度基本达到最高。如碱土金属盐增韧 PP 时，用量比为 50/50，缺口冲击强度在 6.58J/m 左右。

稀土矿物主要是指稀土氧化物、烷基稀土化合物及稀土等，如氧化钕及氟碳铈等。稀土矿物在塑料中起到成核的作用，改善塑料的结晶结构，从而可改善塑料的韧性。因此稀土矿物常用于结晶塑料的增韧，如 PP、PA 及 POM 等。稀土矿物的冲击改性效果会随用量的增加而增加，但用量达一定值以后，冲击强度会出现下降，不过下降较为平缓。采用矿物增韧时，在用量较小的情况下，一般能保持制品原有的透明性。如 PA/氟碳铈（85/15）共混增韧时，材料的冲击强度可提高 60% 左右；PS/有机镨化物（97/3）共混增韧时，材料的冲击强度可提高 109% 左右；PS/有机钕化物（96/4）共混增韧时，材料的冲击强度可提高 73% 左右。

有机填料主要是指木粉、植物壳粉、合成纤维等。通常有机填料用量在一定的范围内可改善塑料的冲击强度。如将粒径为 $40\sim60\mu m$ 的杉木粉或松木粉，经 17.5% 的 NaOH 溶液处理后，加入 PP 中，其 PP 与木粉的共混比例为 92.5/7.5 时，缺口冲击强度达 $6.31kJ/m^2$。

3.2.10 纳米填料对塑料为何有良好的增韧效果？

在塑料增韧体系中，纳米填料的增韧效率高，增韧效果好，而且增韧与增强是同步进行的。这主要是由于纳米填料在增韧塑料时机理不同于普通刚性粒子的增韧。

① 纳米粒子均匀地分散在塑料基体之中，当基体受到冲击时，粒子与基体之间产生微裂纹，即银纹；同时粒子之间的基体也产生塑性变形，吸收冲击能，从而达到增韧的效果。

② 纳米填料的粒径小，一般在 100nm 以下，因此其比表面积很大，粒子与基体树脂之间接触界面增大。材料在受到冲击时，会产生更多的微裂纹和塑性变形，从而吸收更多的冲击能，使增韧效果明显提高。如 PA6/纳米黏土（粒径为 1nm）共混增韧，材料的冲击强度提高了 1 倍左右；PS/纳米 Al_2O_3（85/15），材料的冲击强度提高了 3 倍左右。

但应注意以下问题。

① 当填料加入量达到某一临界值时，粒子之间过于接近，材料受冲击时产生微裂纹太多，塑料变形太大，几乎发展成宏观应力开裂，从而抗冲击性会下降。

② 采用纳米填料增韧时，纳米填料必须很好分散，否则达不到应有的效果。由于纳米填料比表面积很大，粒子间因引力而极易于凝聚，分散性差，因此，纳米填料的分散是增韧改性的关键，其分散效果的好坏会直接影响增韧改性效果的发挥。

3.2.11 塑料用有机刚性增韧材料有哪些？各有何特点？

有机刚性增韧材料常用的有 PMMA（聚甲基丙烯酸甲酯）、PP（聚丙烯）、PS（聚苯乙烯）、MMA/S（甲基丙烯酸甲酯-苯乙烯共聚物）及 SAN（苯乙烯-丙烯腈共聚物）等。其中增韧改性效果 MMA/S 最好，PMMA 次之。

有机刚性增韧材料加入基体中后，由于两者之间的杨氏模量和泊松比存在很大差别，从而在分散相的界面周围产生一种较高的静压强。在这种高静压强的强作用下，作为分散相的有机刚性增韧材料易发生屈服而产生冷拉伸，引起大的塑性变形，吸收大量的冲击能，达到增韧的目的。

采用有机刚性增韧塑料时，通常会随有机刚性粒子用量的增加，体系内冷拉伸增多，吸收的冲击能增加，冲击强度上升；当加入量达到 3%～5% 时，强度与韧性达到最大值。但其用量超过最高峰值相应的用量后，由于刚性增韧材料相互接近，彼此距离逐渐缩小，不利于冷拉伸作用的发挥，所以增韧效果会出现下降。

值得注意的是，对于不同的增韧体系，有机刚性增韧材料的增韧效果不同：对于非预增韧基体体系（体系只有基体一种），有机刚性增韧材料的增韧幅度小；对于预增韧基体体系（体系内已加入弹性体），有机刚性增韧材料增韧幅度很大，最高可达到 5 倍左右。两者的差异主要在于，预增韧基体体系在刚性增韧材料加入前，已将基体的韧性调至脆性-韧性转变点附近，此时再加入有机刚性增韧材料，韧性会迅速增加。常用的预增韧体系为树脂中加入弹性体增韧材料，如 PVC/CPE、PVC/ABS、PVC/PC、PP/EPDM、PP/PA、PP/LDPE 及 PS/NBR 等。

如 PVC/CPE/PS 增韧体系中（PVC/CPE＝100/12），当体系中 PS 加入量在 4 份左右时，冲击强度达到最高峰值，此时冲击强度增加幅度在 450% 左右。而只有 PVC/PS 刚性增韧体系中，当 PS 加入量在 4 份左右时，冲击强度达到最高峰值，冲击强度增加幅度在 80% 左右。因此可以看出 PVC/CPE/PS 体系的冲击强度增加幅度是非预增韧 PVC/PS 体系的冲击强度增加幅度的 5 倍左右。

3.2.12 什么是塑料形态控制增韧？塑料形态控制的增韧方法有哪些？

（1）塑料形态控制增韧定义

所谓的塑料形态控制的增韧是通过控制工艺或添加助剂的方法，控制塑料的结晶度、结晶尺寸、晶型及内应力等塑料形态，以提高塑料韧性的方法。塑料形态对其韧性的影响比较复杂，一般情况结晶度低、结晶颗粒细小、呈 β 晶型、球晶小或为不完善球晶时，塑料材料的韧性增加，塑料材料中内应力低或内应力较为分散时，塑料材料的抗冲击性提高，韧性增加。如当聚乙烯的结晶度由 65% 上升到 75% 时，其冲击强度会下降一半左右；PP 制品中 β 晶型含量大时，其韧性会得到大幅度提高。

（2）塑料形态控制增韧方法

在塑料成型过程中，可以控制塑料形态的方法主要有添加成核剂、在加工中控制温度以及塑料制品的拉伸等方法。

① 添加成核剂　在塑料中添加成核剂可以将均相成核转变成异相成核，使结晶颗粒变细小，并且能控制一定的晶型，从而达到提高韧性的目的。常用的成核剂一般与塑料有较低的界面自由能，塑料结晶时不溶于塑料中，在塑料熔点以上不熔融且不分解，与结晶树脂相似的晶体结构，无毒，稳定，不与其他物质发生反应，价格比较便宜，但会影响塑料的透明性，故不适于在透明塑料中应用。

常用于增韧改性的成核剂有无机成核剂、有机成核剂及高分子成核剂等几种类型。无机成核剂通常以滑石粉为主，此外，还有 $CaCO_3$、云母、Na_2CO_3、K_2CO_3、SiO_2、Al_2O_3、MgO、明矾、炭黑等。

有机成核剂主要有：芳香族羧酸及其金属盐，如苯甲酸、二苯基乙酸、苯二甲酸、柠檬酸以及其钠盐、钾盐、铝盐及钛盐等；有机磷酸类，如芳香族磷酸等；山梨醇类成核剂、酰胺类成核剂等。如在 100 份 PP 中加入 0.75 份酰胺成核剂，可使 PP 材料的冲击强度提高 20%左右。

② 塑料成型温度控制增韧　在塑料加工成型温度中，对其形态影响较大的温度有熔融温度和冷却温度两种。

熔融温度低，有利于均相成核，增加残余晶核的含量；降低晶体尺寸，使晶粒变细小，从而提高其制品的冲击强度。

冷却温度的高低可影响塑料制品的结晶度及结晶质量。降低冷却温度，一方面可使塑料熔体迅速越过结晶温度区，从而降低结晶度；另一方面，降低结晶温度，可以减小球晶的尺寸，使结晶颗粒变细，从而提高塑料制品的韧性。

③ 塑料拉伸增韧方法　拉伸增韧改性可改善晶体质量，通过拉伸，使大的晶粒破碎而成为细小的晶粒，从而提高塑料制品的韧性。可用拉伸技术进行增韧的树脂主要有 PE、PP、PVC、PA 及 PET 等。如 PP 薄膜经过双向拉伸后，其冲击强度可提高 14 倍之多。PVC 薄膜经过双向拉伸后，其冲击强度可提高 7 倍。而 PET 薄膜经过双向拉伸后，其冲击强度可提高 25 倍之多。

④ 塑料增加 β 型球晶的含量　由于 β 型球晶含有的层状结构对冲击有缓冲作用，因此一般 β 型球晶 PP 的冲击强度是 α 型球晶 PP 冲击强度的 3.5 倍。生产中增加 β 型球晶的方法主要有添加 β 型球晶成核剂、控制成核温度及控制压力等方法。

添加 β 型球晶成核剂是一种新开发的增韧方法。β 型球晶成核剂主要有两类：一类是少数具有准平面结构的稠环状化合物，其代表品种为喹吖啶酮染料（ESB），它是目前最有效的 β 型球晶成核剂；另一类是某些有机二元酸与 ⅡA 族金属的氧化物、氢氧化物及其盐共混组成，具体品种有 DACP 和 LS 等，这种成核剂诱导的 β 型球晶具有较高的冲击强度。β 型球晶成核剂的种类不同，其增韧效果也不同。应用中 β 型球晶成核剂浓度不应太高或太低，需在适宜的浓度范围内；有助于 β 型球晶的生成。一般来讲，针状或棒状 β 型球晶成核剂不利于 β 型球晶的生成，而块状和片状 β 型球晶成核剂则有利于 β 型球晶的生成。如在 PP 中加入 LS 成核剂，可使其 β 晶型含量达到 85%～95%。

控制成核温度较低时，熔体冷却较快，有利于 β 型球晶的生成；等温结晶时，一般可获得较纯的 β 型球晶。

控制适宜的压力，即使无成核剂，PP 也可以形成 β 型球晶。如 PP 在剪切速率为 $3 \times 10^2 s^{-1}$ 时，可生成大量 β 型球晶。

3.2.13　EVA 应如何用于塑料增韧改性中？

EVA 为乙烯-乙酸乙烯共聚物，是一种橡胶状态共聚物，由于 EVA 具有良好的挠曲性、柔韧性、弹性、耐候性、耐应力开裂性和粘接性，主要用于塑料的增韧改性剂，也可以和多种助剂协调使用，改善聚合物流变性、加工性，提高聚合物制品的综合性能。目前主要用于 PE、PP、PVC 等塑料中，用于塑料增韧改性的 EVA，一般选用结晶度较低、乙酸乙烯含量为 40%～70%的 EVA。

（1）EVA 用于 PE 的增韧改性

通常为了提高制品的屈挠性、耐环境应力开裂性，可用 EVA 弹性体对 PE 进行共混改性。采用 EVA 共混改性的 PE/EVA 共混物具有良好的柔韧性、加工性、透气性和印刷性，用途较广。在改性过程中所选用 EVA 的乙酸乙烯含量、EVA 分子量、EVA 的用量，以及共混物的制备过程和加工成型条件等，对改性效果会有较大的影响。

① EVA 中乙酸乙烯含量对 PE/EVA 共混物的结晶度和密度有影响。当 EVA 中乙酸乙烯的含量较大时，材料的结晶度和密度均出现急剧的变化。提高 EVA 中乙酸乙烯含量，还

导致 PE/EVA 共混物伸长率的迅速增加。

② EVA 的用量对 PE/EVA 共混物流动性有影响。乙酸乙烯含量为 46% 的 EVA 掺入量的不同使 PE/EVA 共混物的熔体流动性会显示出极大值和极小值的特殊现象。在 HDPE/EVA 中，若 EVA 含量占 10% 和 70% 时，熔体流动性出现极大值；而 EVA 占 30% 和 90% 时，熔体流动性出现极小值。所用 EVA 的熔体指数越大，出现极值的倾向越显著。

③ EVA 对 PE/EVA 共混物力学性能有影响。HDPE 含量大于 50%，共混物弹性模量随 HDPE 含量的增加而增加的趋势更明显。随着共混物中 HDPE 含量增加，其拉伸强度和断裂伸长率下降。当 HDPE 含量低于 25% 时，共混物弹性模量形成最低点。HDPE 掺入 EVA 后成为柔性材料，适用于泡沫塑料的生产。与 HDPE 泡沫塑料相比，具有模量低、柔软、压缩畸变性能良好的特点。

EVA 增韧 LDPE 泡沫塑料时，所制得泡沫塑料的拉伸强度、撕裂强度、硬度、永久变形和氧指数较大，但回弹性较差。同时不同含量的 EVA 改性 LDPE 制得泡沫塑料的性能也有差异，EVA 中较多极性基团的引入，破坏了 PE 分子链的规整性，结晶度随之下降，使分子链的柔顺性增加，因而采用较高乙酸乙烯含量的 EVA 改性 LDPE 制得的泡沫塑料在宏观力学性能上表现为拉伸强度、撕裂强度低，而伸长率、弹性较高。EVA 中的 VA 极性基团与无机阻燃剂中的极性水合物有较好的界面结合能力，因此一般选用乙酸乙烯质量分数为 33% 的 EVA 作为 LDPE 泡沫塑料的改性剂。

（2）PP/EVA 增韧改性

PP 因受分子结构和聚集状态的影响而脆性大、收缩率高、注塑制品容易发生翘曲变形等缺点，限制了它在工程方面的应用。虽使用 $CaCO_3$ 填充 PP 可降低 PP 收缩率，却增大了脆性。采用 EVA 改性填充 PP 的共混物能有效提高填充 PP 的抗冲击性、断裂伸长率和熔体指数，制品表面光泽度也有所提高。用于对 PP 改性的 EVA，其乙酸乙烯含量一般控制在 14%～18%。乙酸乙烯含量越高，其分子极性就越大，由于 PP 属于非极性聚合物，若两者的溶度参数相差过大，会造成相容性变差，PP/EVA 界面的结合力下降，致使制品容易分层、力学性能下降，因此乙酸乙烯含量不宜过高。乙酸乙烯含量为 18% 的 EVA 是极性较低的非结晶性材料，加入 PP 共混体系后有较明显的增韧作用。随 EVA 用量的增加，其缺口冲击强度提高，断裂伸长率显著增大，而弯曲强度、拉伸强度、热变形温度有所下降。用 EVA 改性填充后的 PP 有良好的成型加工性能。EVA 的加入将使得共混体系的熔体指数变大，有利于成型加工中物料的塑化、熔体的流动以及共混体系中各组分的均匀分散，达到较好的改性效果。共混时加入适量 HDPE，可在一定程度上增加共混体系的韧度，改善 EVA 与 PP 的相容性。采用 EVA 改性 PP 比以 EPDM（三元乙丙橡胶）、SBS（苯乙烯-丁二烯-苯乙烯共聚物）等作为抗冲改性剂时成本低。

（3）PVC/EVA 增韧改性

PVC 因热稳定性差，受冲击时易脆裂，耐老化性弱，受光、热、氧作用时容易发生降解、分解及交联等反应，而使其加工困难，不能作结构材料，影响了它的应用。EVA 具有良好的热稳定性、光稳定性，改善加工性、耐候性的能力与丙烯酸改性剂（ACR）接近，低温性能良好，有较低的熔融黏度，从而影响它对 PVC 的增韧作用。采用 EVA 增韧改性的 PVC/EVA 共混物可以显著改善 PVC 的柔韧性，并且降低加工温度。但改性 PVC 的拉伸强度低，而且 EVA 多为粒状，与粉状 PVC 分散效果较差。

PVC/EVA 共混物根据 EVA 的含量可分为硬质和软质两种类型。硬质 PVC/EVA 共混物可用于挤出抗冲管材、抗冲板材、异型材、低发泡合成材料、注塑成型制品等。软质 PVC/EVA 共混物主要用于耐寒薄膜、软片、人造革、电缆及泡沫塑料等。

PVC/EVA 共混体系中，EVA 的用量影响共混材料的增韧效果。当采用 EVA-45 对

PVC 进行增韧改性，EVA 的用量在 7.5％左右时，体系的抗冲击性最佳，其他综合性能也较好。

3.2.14 PVC 应如何进行抗冲改性？

PVC 抗冲改性剂由于纯 PVC 的抗冲击性差，特别是低温抗冲击性差，耐候性差，在很多领域应用受限，因此硬质 PVC 通常需要对其进行抗冲改性，以提高其韧性和耐候性。通常对 PVC 的抗冲改性主要是加入抗冲改性剂。抗冲改性剂的品种主要有氯化聚乙烯（CPE）、丙烯酸酯类聚合物（ACR）、甲基丙烯酸甲酯-丁二烯-苯乙烯共聚物（MBS）、苯乙烯-丁二烯-苯乙烯三元嵌段共聚物（SBS）、丙烯腈-丁二烯-苯乙烯共聚物（ABS）、乙烯-乙酸乙烯共聚物（EVA）等。

① 氯化聚乙烯（CPE） CPE 是利用 HDPE 在水相中进行悬浮氯化的粉状产物，随着氯化程度的增加，使原来结晶的 HDPE 逐渐成为非结晶的弹性体。作为增韧剂使用的 CPE，氯含量一般为 25％～45％。CPE 来源广，价格低，除具有增韧作用外，还具有耐寒性、耐候性、耐燃性及耐化学药品性。目前在我国 CPE 是占主导地位的抗冲改性剂，尤其在 PVC 管材和型材生产中，大多数工厂使用 CPE。加入量一般为 5～15 份。

② 抗冲 ACR ACR 为甲基丙烯酸甲酯、丙烯酸酯等单体的共聚物，该产品是美国罗门哈斯公司自 20 世纪 60 年代第一个研发生产，抗冲 ACR 为近年来开发的最好的抗冲改性剂，它可使材料的冲击强度增大几十倍。ACR 属于核壳结构的抗冲改性剂，甲基丙烯酸甲酯-丙烯酸乙酯共聚物组成的外壳，以丙烯酸丁酯类交联形成的橡胶弹性体为核的链段分布于颗粒内层。尤其适用于户外使用的 PVC 塑料制品的抗冲改性，在 PVC 塑料门窗型材中使用 ACR 作为抗冲改性剂与其他改性剂相比，具有加工性能好、表面光洁、耐老化性好、焊角强度高的特点，但价格比 CPE 高 1 倍左右。国外常用的牌号为美国罗门哈斯 KM-355P 和 KM-606P，KM-355P 一般用量为 6～10 份。KM-606P 是属于目前市场上抗冲击性和耐候性最好的产品。

③ MBS MBS 是甲基丙烯酸甲酯、丁二烯及苯乙烯三种单体的共聚物。MBS 同 PVC 的相容性较好，它大体可分为两类：一类是透明型 MBS，如美国罗门哈斯 BTA-707、BTA-717，日本钟渊 B-521 等，即可用在 PVC 透明制品中起到增韧作用；另一类是抗冲型 MBS，如美国罗门哈斯 BTA-751，日本钟渊 B-56 等，即可用在 PVC 不透明制品（如型材、管件等）中起到低温抗冲击性。一般在 PVC 中加入 5～17 份，可将 PVC 的冲击强度提高 6～15 倍，但 MBS 的加入量大于 20 份时，PVC 的冲击强度反而下降。MBS 本身具有良好的抗冲击性，透明性好，透光率可达 90％以上，而且在改善抗冲击性的同时，对树脂的其他性能（如拉伸强度、断裂伸长率等）影响很小。

MBS 价格较高，常同其他抗冲改性剂。MBS 低温抗冲击性优于 CPE 和抗冲 ACR，但耐热性不好，耐候性差，不适于用于户外长期使用制品，一般不作为塑料门窗型材生产的抗冲改性剂使用。

④ SBS SBS 为苯乙烯、丁二烯、苯乙烯三元嵌段共聚物，也称为热塑性丁苯橡胶，属于热塑性弹性体，其结构可分为星型和线型两种。SBS 中苯乙烯与丁二烯的比例主要为 30/70、40/60、28/72、48/52 几种。主要用于 HDPE、PP、PS 的抗冲改性剂，其加入量为 5～15 份。SBS 的主要作用是改善其低温抗冲击性。SBS 的耐候性差，不适于用于户外长期使用制品。

⑤ ABS ABS 为苯乙烯（40％～50％）、丁二烯（25％～30％）、丙烯腈（25％～30％）三元共聚物，主要用于工程塑料，也用于 PVC 抗冲改性，对低温抗冲改性效果也很好。ABS 加入量达到 50 份时，PVC 的冲击强度可与纯 ABS 相当。ABS 的加入量一般为 5～20

份，ABS 的耐候性差，不适于长期户外使用制品，一般不作为塑料门窗型材生产的抗冲改性剂使用。

⑥ EVA　EVA 是乙烯和乙酸乙烯酯的共聚物，乙酸乙烯酯的引入改变了聚乙烯的结晶性，乙酸乙烯酯含量大则结晶性低。而且 EVA 与 PVC 的折射率不同，难以得到透明制品。因此，常将 EVA 与其他抗冲树脂并用。EVA 添加量在 10 份以下。

⑦ 橡胶类抗冲改性剂　橡胶类抗冲改性剂是性能优良的增韧剂，主要品种有乙丙橡胶（EPR）、三元乙丙橡胶（EPDM）、丁腈橡胶（NBR）、丁苯橡胶、天然橡胶、顺丁橡胶、氯丁橡胶、聚异丁烯橡胶、聚丁二烯橡胶等，其中 EPR、EPDM、NBR 三种最常用，其改善低温抗冲击性优越，但都不耐老化，塑料门窗型材一般不使用这类抗冲改性剂。PVC 抗冲改性剂目前主要还是以 CPE、抗冲 ACR、MBS 为主。

3.2.15　硬质 PVC 异型材应如何选择加工抗冲体系？

UPVC 塑料中不含或含极少量增塑剂，因而成型加工较软质 PVC 更为困难，配方设计技术更关注熔体的热稳定性和流变性。同时，UPVC 冲击韧性较差也需在配方设计中给以考虑。加工及抗冲改性体系是以改善 PVC 树脂塑化和熔体流变特性，及改善 PVC 树脂冲击韧性为目的的一类助剂。如常用的 ACR、PE-C、MBS、ABS、EVA 等，它们既具有改善成型加工性能的作用，又具有提高冲击强度的功能。

ACR 在 UPVC 配方中的主要作用是：控制熔融过程，促进熔体流动，降低塑化温度；促进塑化，提高熔体的均匀性；提高熔体强度和延伸性，避免熔体破裂现象。

PE-C 含量不同显示出不同的性能，由于 36% 的 PE-C 具有良好的综合性能而成为 UPVC 制品中应用最广泛的一种。一般用量为 6~15 份，可根据制品成型加工和对冲击强度的要求确定具体用量。需要指出的是，PE-C 透明性差，用量较多时会降低 PVC 的拉伸强度。

MBS 与 PVC 的折射率相近，因而用 MBS 改性的 UPVC 制品具有较高的透明性，弥补了其他大多数改性剂透明性较差的不足。MBS 主要用于 UPVC 透明制品中，如透明片材、薄膜、瓶子等。用量一般在 5~15 份之间，仅为改善成型加工性能可适当减少用量。同时，应注意 MBS 含有不饱和结构，耐候性较差，用于室外制品配方中应考虑使用稳定化助剂。

为了提高抗冲改性的效果，通常在生产中采用两种或两种以上的加工抗冲剂，以发挥协同效果。表 3-5 为某企业 PVC 异型材的加工抗冲体系及配方。

表 3-5　某企业 PVC 异型材的加工抗冲体系及配方

材料	用量/phr	材料	用量/phr
PVC SG-2	100	三碱式亚磷酸铅	3
ACR	4	石蜡	0.4
PE-C	8	UV-9	10
二碱式硫酸铅	2	PbSt	2
CaCO₃	6	其他	适量

3.2.16　PP 树脂应如何进行共混抗冲改性？

PP（聚丙烯）低温性脆，在成型抗冲击性要求较高的制品时，通常需进行抗冲改性。目前生产中以提高 PP 冲击强度为目的的改性大多采用物理共混方法。

（1）PP 与其他塑料、橡胶或热塑性弹性体等聚合物的共混改性

PP 与其他塑料、橡胶或热塑性弹性体等聚合物共混时，共混物能填入 PP 中较大的球晶内，能分散冲击能，从而可改善 PP 的韧性和低温脆性。常用共混抗冲改性的聚合物主要

有 PE、顺丁橡胶（BR）、天然橡胶、聚异丁烯橡胶、乙丙橡胶（EPR）、苯乙烯-丁二烯嵌段共聚物（SBS）、乙烯-丙烯-二烯系三元共聚物（EPDM）等。

① PP 与 PE 共混时，一般应选择两种原料的熔体流动速率相接近为佳。共混时 PP 晶相和无定形 LDPE 组成两相连续贯穿结构，这种贯穿结构形成韧性网络，可以传递和分散冲击能，而起到抗冲效果。而且随 LDPE 含量的增加，共混物的冲击强度增大。但 HDPE 和 LLDPE 与 PP 共混抗冲改性时，其用量一般不能太大，太大反而会使冲击强度出现下降，一般 HDPE 用量为 20%～25%，LLDPE 用量在 20% 左右为佳。

② PP 与橡胶或热塑性弹性体的共混抗冲改性是目前 PP 抗冲改性的主要途径，在共混物中，橡胶组分分散于 PP 中，而为分散相，构成软相，PP 组分为连续相，构成硬相。软相在受到冲击作用时可以引发大量的银纹，硬相则会产生剪切屈服，从而增加了破坏过程所需的能量，大大缓解 PP 材料的冲击破坏过程，从而提高 PP 材料的冲击韧性。但 PP 的硬度、刚性等则会出现下降，而且随橡胶或热塑性弹性体用量的增加，刚性下降增多。因此采用橡胶或热塑性弹性体的抗冲改性时，为了保持 PP 的刚性、硬度等，其用量不能太大，通常在 10% 左右为佳。

③ PP 与橡胶、PE 等塑料品种组成三元共混增韧体系时，橡胶与 PE 等塑料之间有协同增韧效应，其抗冲增韧效果会更佳，如 PP/HDPE/SBS、PP/HDPE/EPR、PP/LDPE/EVA、PP/HDPE/EPDM，此时低温脆性可降到 −40℃ 左右。三元共混体系中 HDPE 作为 PP 球晶的插入剂，它可使 PP 球晶变得不完整，被分割成晶片，HDPE 也称为补强增容剂。第三组分有时也用聚苯乙烯。如某企业采用 PP/HDPE/EPR 三元共混制得了高抗冲 PP 汽车保险杠，保险杠在 −30℃ 缺口冲击强度达 580J/m。其抗冲改性配方如表 3-6 所示。

表 3-6　企业生产高抗冲 PP 汽车保险杠配方

原料	用量/phr	原料	用量/phr
PP	100	滑石粉	24
EPR	10	过氧化物	3.2
HDPE	10	其他助剂	适量

（2）与经表面处理的无机刚性粒子（$CaCO_3$、高岭土、云母、$BaSO_4$）等共混

经表面处理的无机刚性粒子，与树脂的界面结合能力增大，分散能力增强，能起到良好的增韧效果，而提高 PP 抗冲击性，而且在改善抗冲击性的同时，还能改善制品的拉伸强度，但抗冲改性的效果不如橡胶改性的效果显著。共混改性的效果与无机刚性粒子颗粒大小及分散的均匀性等有关，通常无机刚性粒子颗粒越细，分散越均匀，抗冲改性的效果越好，当颗粒为纳米级粒子（粒度小于 $0.1\mu m$）时，其增强增韧效果更佳。

3.2.17　配方上有哪些因素易引起 UPVC 管材发脆？应如何解决？

（1）配方上易引起 UPVC 管材发脆的因素

① 抗冲改性剂选用的种类和添加数量　一般 ACR 与 CPE 相比，冲击强度要高 30% 左右，而且用 CPE 改性时，当用量低于 8 质量份时往往会引起型材发脆。

② 稳定剂过多或过少　稳定剂用量过多时会延长物料的塑化时间，从而使物料出口模时还欠塑化，其配方体系中各分子之间不能完全融合，分子间结构不牢固，而用量过少时则会造成配方体系中相对低分子物降解或分解，对各组分分子间结构的稳固性造成破坏，稳定剂用量过多或过少都易造成型材强度降低，而引起型材发脆的现象。

③ 外润滑剂用量过多　外润滑剂与树脂相容性较低，能够促进树脂粒子间的滑动，减少摩擦热量并推迟熔化过程，从而造成型材的密实度差、塑化差，而导致抗冲击性差，引起

型材发脆。

④ 填料的种类选用不合适及用量过多 由于填料与 PVC 树脂的相容性较差，用量过多时，易造成性能下降。

（2）解决办法

① 降低填料用量 多采用超细轻质活化碳酸钙，甚至是纳米级碳酸钙，其不仅起到增加刚性和填充的作用，而且还具有改性的作用，一般用量控制在 20～50 质量份，尽量少采用重质碳酸钙，由于本身粒子形状不规则，而且粒径比较粗，与 PVC 树脂本体的相容性差，添加份数大时对型材的色泽和表观、性能都会造成影响。

② 抗冲改性剂用量适当 尽量采用多种抗冲改性剂相配合使用，以提高抗冲改性的效果。

③ 采用合理的稳定体系 尽量采用复合热稳定剂，以提高热稳定效果，减少热稳定剂的用量。

④ 选用合适的外润滑剂，尽量减少润滑剂的用量。

3.2.18 如何提高 PP 制品的透明性？

PP 本身是半透明材料，但成型过程中控制适当也可制得透明性好的制品。通常在生产中提高 PP 的透明性主要采取以下措施。

① 控制成型工艺 成型时控制较高的熔料温度，采用较低的模具温度，加快制品的冷却速度，从而降低制品的结晶度。通常模具的冷却温度越低，制品结晶度越低，而且形成的球晶尺寸越小，越有利于提高制品的透明度。

② 控制结晶形态 一般 PP 的结晶晶体中拟六方晶型增多，有利于提高 PP 制品的透明性。通常在生产中采用骤冷可以提高拟六方晶型的含量，降低晶体尺寸。另外，加入成核剂也是提高 PP 透明性的有效办法之一。成核剂在 PP 熔体中可以起到晶核的作用，使原有的均相成核变成异相成核，增加结晶体系内晶核的数目，使微晶的数量增多，球晶数目减少，从而使晶体尺寸变小，制品透明性提高。PP 常用的成核剂主要有苯甲酸、己二酸、柠檬酸、Al_2O_3、MgO、TiO_2 及滑石粉、云母、炭黑等，但采用无机物时要注意加入量，一般在 0.01% 以下。

③ 材料共混 PP 与少量的其他树脂共混，掺混物也可起到成核剂的作用，使原有的均相成核变成异相成核，增加结晶体系内晶核的数目，使微晶的数量增多，球晶数目减少，从而使晶体尺寸变小，制品透明性提高。如某企业采用 PP 注塑成型透明瓶盖时，加入 2% 的 PA6 和 3% 的马来酸酐后，制品的透光率达 91%。

3.3 摩擦性能改性实例疑难解答

3.3.1 何谓塑料的摩擦性与耐磨性？塑料的摩擦性与耐磨性应如何表征？

（1）塑料的摩擦性与耐磨性定义

塑料的摩擦性是指两个接触物体之间运动的难易程度，两个物体运动越容易，说明摩擦性越好。而塑料的耐磨性是指两个接触物体之间运动造成物体的损耗程度，损耗程度越小，说明其耐磨性越好。塑料的摩擦性和耐磨性两者既是相互独立又是相互联系的。一般两个接触物体相互运动时，既要求其摩擦性好，又要求其耐磨性好。

（2）塑料的摩擦性与耐磨性表征

① 塑料的摩擦性 摩擦是指两个相互接触物体之间有相对运动或相对运动趋势时，其相互接触表面上产生阻碍相对运动的机械作用。按物体之间的运动形式不同，一般可将摩擦

分为滑动摩擦、滚动摩擦及滑动和滚动同时摩擦三种类型。按物体之间的运动状态不同，又可分为动摩擦和静摩擦两种类型。按物体之间接触面润滑状态的不同，也可以分为干摩擦和湿摩擦两种类型。通常无特殊说明，一般是指干滑动摩擦。

塑料的摩擦性可用与其接触表面的摩擦因数大小来表征。所谓摩擦因数是衡量物体之间相对运动的阻碍程度的物理量。一般摩擦因数越大，对物体之间的相对运动的阻碍程度越大，摩擦性越大。摩擦因数按其物体之间相对运动的状态又可分为静摩擦因数和动摩擦因数两种。静摩擦因数是指两个相互接触物体之间具有相对滑动趋势时，其接触表面上所产生的阻碍其相对运动的最大摩擦力。动摩擦因数为两个物体之间产生相对滑动时的摩擦力与接触表面上的正压力之比。

摩擦因数的大小与滑动介质有关。同一种塑料在不同介质上滑动，其摩擦因数的大小不同，如 PE 在塑料上滑动的摩擦因数为 0.1，而在钢上滑动的摩擦因数为 0.15。表 3-7 为塑料在不同介质表面上的摩擦因数。

表 3-7　塑料在不同介质表面上的摩擦因数

塑料名称	摩擦因数		
	在塑料表面滑动	在钢材表面滑动	钢材在塑料表面滑动
PTFE	0.04	0.04	0.10
PE	0.10	0.15	0.20
PS	0.50	0.30	0.35
PMMA	0.80	0.50	0.45

摩擦因数的大小与润滑状态有关。一般有润滑的摩擦因数要比无润滑的摩擦因数小，在油润滑状态下的摩擦因数要小于水润滑状态下的摩擦因数。表 3-8 为几种塑料在不同润滑状态下的摩擦因数。

表 3-8　几种塑料在不同润滑状态下的摩擦因数

塑料名称	摩擦因数		
	无润滑	水润滑	油润滑
UHMWPE	0.10～0.22	0.05～0.10	0.05～0.08
PTFE	0.04～0.25	0.04～0.08	0.04～0.05
PA66	0.15～0.40	0.14～0.19	0.10～0.11
POM	0.15～0.35	0.10～0.20	0.05～0.10

摩擦因数的大小与温度有关。一般在 300℃ 以下，随温度升高，摩擦因数也增高；但温度在 300℃ 以上时，随温度升高，摩擦因数反而下降。

摩擦因数的大小与介质表面粗糙度有关。在一般情况下，介质的表面粗糙度越大，摩擦因数也越大。但也有例外情况，例如 PTFE 对钢而言，钢的表面粗糙度越小，其相应摩擦因数反而会越大。

摩擦因数的大小与相互接触物体所承载的负荷有关。一般在相当大的负荷范围内，摩擦因数随负荷的增大而缓慢下降。

② 塑料的耐磨性　塑料的耐磨性一般可用磨耗来表示。磨耗是指两个物体在相对摩擦过程中其接触面上的物质不断损失的现象，有时也称为磨损。通常用于表征磨耗的参数主要有磨损率、磨痕宽度、质量损失、体积损失等多种形式。

磨损率是指被磨试样的体积与摩擦功的比值，即单位摩擦功所磨试样的体积，其单位为 $mm^3/(N \cdot m)$。一般磨损率越大，其耐磨性越差，一般认为磨损率在 $1 \times 10^{-6} mm^3/(N \cdot m)$ 以下即为耐磨。

磨痕宽度是指材料表面与旋转轮表面摩擦时，在材料上产生的凹痕宽度，单位为 mm。

磨痕宽度越大，说明其耐磨性越不好。

质量损失是指在规定条件下，密度相近的两种材料，每转动 1000r 时产生的质量损失，单位为 kg/kr。一般质量损失值越大，其耐磨性越差。

体积损失是指在测试不同密度材料时，每转动 1000r 时产生的体积损失，单位为 mm^3/kr。一般体积损失越大，其耐磨性越差。

塑料的耐磨性也受温度、滑动介质及润滑状况等因素的影响。一般磨耗会随温度的上升而增大，而且增大幅度较大。温度每上升 100℃ 时，磨耗会增加近 1 倍之多。这说明材料在高温下的耐磨性不如低温下材料的耐磨性好。表 3-9 为聚酰亚胺（PI）在不同温度下的磨损率。

表 3-9　聚酰亚胺（PI）在不同温度下的磨损率

温度/℃	100	150	200	250	300
磨损率/[$mm^3/(N \cdot m)$]	2.33×10^{-5}	3.86×10^{-5}	4.21×10^{-5}	6.57×10^{-5}	8.59×10^{-5}

3.3.2　常用塑料的摩擦性和耐磨性如何？

塑料的品种很多，不同的品种其摩擦性和耐磨性有较大的差别。对于塑料的摩擦性，一般摩擦因数越大，摩擦性越高；反之，摩擦因数越小，摩擦性越低。常用低摩擦性塑料品种主要有 PTFE、UHMWPE、POM、PBT、PA 等，其中以 PTFE 的摩擦性最低。表 3-10 为几种塑料的摩擦因数。

表 3-10　几种塑料的摩擦因数

塑料名称	摩擦因数	塑料名称	摩擦因数
PTFE	0.04	PBI	0.27
UHMWPE	0.05~0.11	PI	0.29
POM	0.14	PSF	0.4
GFPBT	0.16	ABS	0.486
PA6	0.18		

对于塑料的耐磨性，一般磨耗越低，则耐磨性越好。常用耐磨性较好的塑料品种主要有氯化聚醚、POM、PA、UHMWPE、PEEK、PBT、PI 及 PF 等。但塑料的耐磨性与金属、陶瓷相比要偏低一些，很难满足工业上的需要，为此要对塑料进行耐磨改性，以提高其耐磨性。

但应注意的是，塑料摩擦性好并不意味着耐磨性也好，有的塑料摩擦性好，而耐磨性却很差，如 PTFE 摩擦因数极小，摩擦性最好，但不耐磨。而塑料耐磨性好的，也不一定摩擦性最好。如酚醛树脂的耐磨性相当好，但摩擦因数较大，摩擦性较差。在生产应用中要求耐磨的场合，一般要求塑料应具有较好的耐磨性，同时也具有较好的摩擦性。但相对而言，耐磨性更为重要。

3.3.3　塑料耐磨性和摩擦性改性有哪些方法？

（1）塑料耐磨性改性方法

塑料耐磨性改性方法主要有塑料添加、塑料共混、表面层化等方法。

① 塑料添加　塑料添加改变耐磨性是在树脂中加入耐磨材料而提高耐磨性的一种方法。添加耐磨材料在改变塑料耐磨性的同时，对摩擦因数改性效果各有所不同，有时会使摩擦因数下降，而有时反而会使摩擦因数升高。

② 塑料共混　塑料共混改变耐磨性是指在塑料中添加适量的耐磨性好的塑料品种以提

高塑料耐磨性的方法。在单一塑料组分中加入其他刚性大、耐磨性好的塑料改性组分，可取长补短，消除各单一塑料组分耐磨性上的缺点，使材料的耐磨性及其综合性能得到改善。

③ 表面层化　塑料表面层化改变耐磨性主要是指在塑料材料表面进行有机耐磨涂料、无机耐磨涂料的喷涂处理或进行表面金属电镀处理等，使塑料表面形成一层耐磨层，而提高其耐磨性的一种方法。

（2）塑料摩擦性改性方法

塑料摩擦性改性方法主要有塑料添加、塑料共混、塑料表面处理等方法。

① 塑料添加　塑料添加改变摩擦性即在树脂中添加可降低摩擦因数的助剂，从而提高其摩擦性的方法。

② 塑料共混　塑料共混改变摩擦性是指在塑料中添加适量的塑料品种以提高塑料摩擦性的方法。通常在塑料基体中加入少量摩擦性好的塑料，通过共混改性即可使基体塑料的摩擦性获得显著的改善。常用摩擦性好的塑料品种主要是 PTFE、有机硅（SI）、UHMWPE 及 LDPE 等。

③ 塑料表面处理　塑料表面处理改变摩擦性是指对塑料表面进行适当的化学处理，以改变其化学组成与化学结构，从而提高塑料摩擦性的方法。常用的表面处理方法主要有表面接枝、表面等离子处理、表面氧化处理、表面磺化处理、表面渗碳处理以及激光相变处理等。通常采用等离子表面处理改性塑料的摩擦性效果十分明显，如等离子处理 PEEK 时，其摩擦因数可降低一半以上，磨耗率最多可下降至原来的 1/10 左右。表 3-11 为等离子处理 PEEK 的摩擦性及耐磨性变化。

表 3-11　等离子处理 PEEK 的摩擦性及耐磨性变化

项目		PEEK	PEEK/PTFE	PEEK/PTFE/石墨/CF(70/10/10/10)
摩擦因数	未处理	0.42	0.36	0.28
	处理后	0.23	0.18	0.17
磨耗率/[mm³/(N·m)]	未处理	17.3×10^{-6}	9×10^{-6}	1×10^{-6}
	处理后	1.2×10^{-6}	0.8×10^{-6}	0.4×10^{-6}

需注意的是，改变塑料的耐磨性与摩擦性虽是两种改性，但一般很难分开。即在改变耐磨性的同时，可能也提高了摩擦性；而在改变摩擦性的同时，又可能提高了耐磨性。因此，两种改性往往同时进行。

3.3.4　塑料添加改变摩擦性的添加剂有哪些类型？各有何特性？

（1）添加剂的类型

塑料添加改变摩擦性即在塑料中添加可降低摩擦因数的添加剂，从而提高其摩擦性的方法。常用的以改变塑料摩擦性为主的添加剂主要是一类起润滑作用的润滑剂，它们与塑料的相容性较差，在加工或使用过程中，润滑剂分子很容易从塑料内部迁移至表面，并且在塑料与其接触材料的界面处形成定向排列的润滑剂层，这种由润滑剂分子层所构成的润滑界面对塑料和与其接触的材料起到隔离作用，可降低塑料与其接触材料表面的摩擦因数，故减少了两者之间的摩擦，提高其塑料的摩擦性。一般而言，润滑剂的分子链越长，越能使两个摩擦面远离，润滑效果越好，润滑效率越高。常用的润滑剂有液体润滑剂、固体润滑剂两种类型。

（2）各类添加剂的特性

① 液体润滑剂　液体润滑剂以改善摩擦性为主，同时也可适当改善耐磨性。液体润滑剂常用的品种主要有硅油（二甲基硅油、甲基苯基硅油、羟基硅油及聚醚硅油等）、润滑油及机械油三种。它们与塑料的相容性差，可游离在制品的表面。从而起到油润滑的作用，达

到降低摩擦因数的目的。

对于不同树脂，液体润滑剂加入量有所不同，一般 POM 中液体润滑剂加入量在 5%～20%范围内；PA 塑料中液体润滑剂加入量在 10%左右。如硅油改性 POM 摩擦性时，POM/硅油用量比为 100/8，所得 POM 材料的摩擦因数由纯 POM 的 0.35 下降到 0.091，磨耗率由 2.6×10^{-5} mm^3/(N·m) 下降到 1.68×10^{-6} mm^3/(N·m)。采用硅油改性 ABS 摩擦性时，ABS/硅油用量比为 98/2，制得材料的摩擦因数由纯 ABS 的 0.486 下降为 0.35，摩擦性得到明显提高。

② 固体润滑剂　固体润滑剂以改变摩擦性为主，同时也可明显改善耐磨性。固体润滑剂的主要品种有 PE 蜡、铅、氧化铅、石墨、二硫化钼（MoS$_2$）等。如石墨改性 PI 摩擦性时，PI/石墨用量比为 87/13，制得 PI 材料对 45$^\#$ 钢摩擦因数由纯 PI 的 0.33 下降到 0.15，同时耐磨性也明显提高，其磨耗率由纯 PI 对 45$^\#$ 钢的 1×10^{-6} mm^3/(N·m) 下降为 1×10^{-7} mm^3/(N·m)。采用 MoS$_2$ 改性 PI 摩擦性时，PI/石墨用量比为 87/13，制得 PI 材料对铝、青铜的摩擦因数由纯 PI 的 0.28 下降到 0.11，同时磨耗率下降至原来的 1/10 左右，耐磨性明显提高。

3.3.5　塑料添加改变耐磨性的添加剂有哪些类型？各有何特性？

塑料添加改变耐磨性是在塑料中加入耐磨添加剂来提高耐磨性的一种方法。耐磨添加剂通常是具有高硬度、高模量的或具有低表面能、低摩擦因数的一类高耐磨材料。常用的耐磨添加剂有无机粉末、金属粉末、纤维类和硬质填料等几种类型。

无机粉末类耐磨添加剂的主要品种有石墨、二硫化钼、二氧化硅、氮化硼等。其中以石墨和二硫化钼最常用且效果最好。采用石墨作为耐磨添加剂时，要求选用高分散型石墨，粒径应小于 1.5μm，pH=6～7，石墨一般应经 250 目筛过筛处理。如采用石墨对 POM 进行耐磨性改性时，POM/石墨用量比为 95/5，制得复合材料的磨损率由纯 POM 的 2.9×10^{-6} mm^3/(N·m) 下降为 1.01×10^{-6} mm^3/(N·m)，而采用二硫化钼时，制得复合材料的磨损率为 1.59×10^{-6} mm^3/(N·m)。

采用二氧化硅时，要求二氧化硅的杂质应少，纯度≥99.6%，粒径小于 30μm。如采用纳米 SiO$_2$ 改性不饱和聚酯（UP）时，不饱和聚酯耐磨性可提高 3 倍左右，纳米 SiO$_2$ 改性不饱和聚酯（UP）配方如表 3-12 所示。

表 3-12　纳米 SiO$_2$ 改性不饱和聚酯（UP）配方

材料名称	用量/phr	材料名称	用量/phr
UP	100	纳米 SiO$_2$	4
过氧化甲乙酮（固化剂）	1	环烷酸钴（促进剂）	0.55
有机润滑剂	1～2	其他	适量

金属粉末类耐磨添加剂的主要品种有锡青铜粉、青铜粉、巴氏合金粉、高锡铝合金粉、铜粉等。采用锡青铜粉时，一般要求：锡青铜粉锡含量为 6%，锌含量为 6%，铅含量为 3%，经 200～250 目筛过筛处理。

纤维类耐磨添加剂主要包括玻璃纤维（GF）、碳纤维（CF）、芳纶及各类晶须等。碳纤维主要是指 PAN 纤维。采用玻璃纤维时，一般要求：无碱、无蜡、无胶黏剂，表面经过偶联处理，直径一般在 10nm 左右，长径比为（5～10）:1，经 200 目筛过筛处理。如采用纤维对 PTFE 进行耐磨性改性时，PTFE/CF/GF 配比为 75/10/15，制得复合材料的磨痕宽度达 3.7mm，摩擦因数也稍有增加，为 0.17。

此外，各种硬质填料，如 CaCO$_3$、陶土、硅灰石粉等，也有一定的耐磨改性效果。生产中，也可采用各种耐磨剂复合使用，以增加耐磨效果。如某企业采用锡青铜粉、石墨、二硫化钼复合改性 PTFE 的耐磨性，制得复合材料的磨痕宽度≤5.5mm，摩擦因数≤0.21。其配方如表 3-13 所示。

表 3-13　某企业耐磨 PTFE 配方

材料名称	用量/phr	材料名称	用量/phr
PTFE	60	二硫化钼	5
GF	12	石墨	3
锡青铜粉	20	其他	适量

3.3.6　共混改性塑料摩擦性有何特性？

对于塑料摩擦性的改性，采用与其他塑料共混的方法一般可以使复合材料得到良好的综合性能。共混耐磨改性塑料时是采用加入少量的低摩擦性塑料品种，由于其表面张力及表面能低，加入基体塑料中后会形成一个不相容的分散相，并且以极小的微粒分散其中。在使用或加工过程中，这些低表面能的微粒会迁移至基体塑料的表面，而形成一层低表面能的"膜层"，从而使塑料表面的摩擦因数降低，获得良好的摩擦性。常用摩擦性好的塑料品种主要是 PTFE、有机硅、UHMWPE 及 LDPE 等。与添加液体润滑剂和固体润滑剂改性塑料摩擦性相比，由于共混型改性是采用低摩擦性塑料，与基体塑料的相容性和分散性要好于液体润滑剂和固体润滑剂，又由于其分子量高，因此在加工或使用过程中不容易产生流失，耐久性要好，而且对基体塑料的其他性能影响小。而采用液体润滑剂或固体润滑剂时，由于分子量小，与塑料的相容性差，迁移性大，因而会影响塑料的机械强度、耐热性等，用量大时由于大量的润滑剂迁移至塑料表面，会引起"霜白"现象，而影响制品的外观、热封性及印刷性等。

如 PI 具有突出的化学稳定性和耐水性，耐辐射，阻燃性好，氧指数高达 47%；同时还具有突出的耐高温性，在空气中长期使用温度为 260℃，抗蠕变性、耐磨性好。但摩擦性一般，摩擦因数为 0.29，因此在一些高要求的耐磨场合应用时，还需改善其摩擦性。某企业采用 PTFE 与 PI 共混，PI/PTFE 共混比为 87/13，共混物的摩擦因数达到 0.18，摩擦性明显得到改善。

又如 PPS 耐高温、耐腐蚀、不燃，具有卓越的刚性、抗蠕变性、电绝缘性以及优良的粘接性，被广泛应用于制造电机、电器、仪表零部件、防腐化工制品、无润滑轴承等。但摩擦因数相对较高，摩擦性一般，因此有时也需对其进行摩擦性的改善。如某企业采用 PTFE/PPS 进行耐磨性改性，PPS/PTFE 共混比为 70/30，所得共混物的摩擦因数明显降低，可达到 0.13，而且比纯 PPS 具有较高的韧性、耐腐蚀性及耐磨性，特别适合制作轴承。

POM 的硬度大、模量高，而且冲击强度、弯曲强度、疲劳强度和耐磨性均较优异，如果采用 PTFE 与其共混，即可得到摩擦因数更低、摩擦性更为优异的复合材料。如均聚 POM 与 PTFE 共混，共混比为 80/20，共混物的摩擦因数下降为 0.11，磨损率由 $2.6 \times 10^{-5} mm^3/(N \cdot m)$ 下降为 $1.83 \times 10^{-6} mm^3/(N \cdot m)$。

3.3.7　共混改性塑料耐磨性有何特性？

塑料共混改性是在一种基体塑料中加入少量的其他种塑料，通过共混使基体塑料某方面的性能获得显著的改善。共混塑料耐磨性是在塑料中加入一定量的硬度大、高模量或具有低表面能、低摩擦因数的耐磨性塑料品种，通过共混而获得高耐磨性材料的一种方法。常用耐磨性好的塑料品种主要是 PI、PPS、LCP、UHMWPE、PTFE、LDPE 及聚苯酯等。

如采用高熔点、全芳香聚酯 LCP 共混改性 PTFE 的耐磨性，当 PTFE/LCP 共混比为 80/20 时，共混物的磨耗率最大可下降至原来的 1/100。采用 UHMWPE 共混改性 PBT，PBT/UHMWPE 共混比为 95/5，共混物的磨损率可下降至原来的 1/20 左右。又如采用 UHMWPE 和 PTFE 复合共混改性 POM 的耐磨性，其配方如表 3-14 所示，共混物的磨耗率可下降至原来的 1/3.5 左右。

表 3-14 共混改性 POM 的耐磨性配方

材料名称	用量/phr	材料名称	用量/phr
POM	83	UHMWPE	10
PTFE	5	石墨	2
其他	适量		

3.3.8 表面层化法改性塑料耐磨性的层化材料有哪些?

塑料表面层化改性的耐磨性材料有很多种，如无机耐磨涂料、有机耐磨涂料及金属镀层等。

① 无机耐磨涂料 常用于塑料耐磨层化处理的无机耐磨涂料主要有石墨、MoS_2、陶瓷粉、SiO_2、SnO_2、TiO_2、SiC（金刚砂）、SiN 及 Cr_2O_3 等。这些材料可以直接采用高温喷涂等方法附着在塑料制品上，也可以配成涂料，喷涂在塑料制品表面上。因采用高温喷涂法难度较大，因此一般多采用配成涂料后再喷涂的方法。

采用耐磨涂料喷涂时，关键应注意耐磨涂料的配制，通常耐磨涂料的配方主要由基料、耐磨材料、添加剂等几部分组成。基料也称为黏合剂，主要采用环氧树脂（EP）、酚醛树脂（PF）、不饱和树脂（UP）、丙烯酸、PTFE、PI 及 PPS 等；耐磨材料主要采用石墨、MoS_2、陶瓷粉等；添加剂主要是指分散剂及润滑剂等。某企业环氧金刚砂耐磨涂料与环氧二硫化钼石墨耐磨涂料的配方如表 3-15 和表 3-16 所示。

表 3-15 环氧金刚砂耐磨涂料的配方

材料名称	用量/phr	材料名称	用量/phr
EP	100	金刚砂(200 目)	100
DBP	20	丙酮	适量
乙二胺	8	其他	适量

表 3-16 环氧二硫化钼石墨耐磨涂料的配方

材料名称	用量/phr	材料名称	用量/phr
EP	100	细 SiO_2	1
DBP	10	TiO_2	30
铁粉	15	多缩水甘油醚	10
石墨	20	三亚乙基四胺	适量
MoS_2	80	其他	适量

② 有机耐磨涂料 有机耐磨涂料主要由耐磨性树脂与黏合剂、稀释剂及其他添加剂组成。常用于 PTFE、PI、PA12、聚硅氧烷、丙烯酸及有机硅等耐磨涂料中。有机涂料的耐磨性通常没有无机涂料的耐磨性好，但是有机涂料的摩擦表面非常光亮，有时还透明。

如采用环氧树脂（EP）与 PA12 制备有机 PA12 的耐磨涂料时，PA12/EP 配比为 67/33，可使塑料的磨耗量在 9.9mg 以下。

又如有机硅透明耐磨涂料，配方如表 3-17 所示。用于 PMMA 表面的涂层时，可使其耐磨性提高 140 倍以上；而用于 PES 表面的涂层时，可使 PES 的耐磨性提高 150 倍以上。

表 3-17　有机硅透明耐磨涂料配方

材料名称	用量/phr	材料名称	用量/phr
甲基丙烯酰氧基丙基三甲氧基硅烷	100	有机弱酸	适量
水	350	溶剂	适量
EP	适量		

3.4　耐热改性实例疑难解答

3.4.1　塑料的热学性能应如何表征？

塑料的热学性能通常包括耐热温度和耐低温温度。耐热温度主要用热变形温度、马丁耐热温度及维卡软化点来表征；耐低温温度一般可用脆化温度表示。

① 热变形温度　热变形温度是衡量塑料耐热性好坏的主要指标之一，也是一种最常用、最重要的指标，已为大多数国家所采用。

热变形温度的定义为：将一个具有尺寸要求的矩形试样，放在跨距为 100mm 的支架上，并且在两支架中点处，施加规定的负荷（1.81N/mm² 和 0.45N/mm² 两种），将受荷试样浸在导热的液体介质中，以 120℃/h 的速度升温，当试样中点达到规定的相应标准变形量时，读取相应的温度即为热变形温度。

由于有两种负荷，所以在热变形温度中一般要注明为何种负荷，但因大负荷一般常用，所以不标注负荷时，即为大负荷。一般只有热变形温度很低，比常温高不了多少时，才选用小负荷。

② 马丁耐热温度　马丁耐热温度也是衡量塑料制品耐热性的一个重要指标。马丁耐热温度是指试样在一定弯曲力矩作用下，在一定等速升温环境中发生弯曲变形，当达到规定变形量时的温度。

由于马丁耐热温度适用范围受到限制，不如热变形温度通用，主要用于热固性塑料及一些增强塑料。

③ 维卡软化点　维卡软化点也是衡量塑料耐热性的指标之一。维卡软化点是指在规定条件下，刺入试样深度为 1mm 时，试样所处的温度。

上述三种塑料耐热性指标的关系为：维卡软化点＞热变形温度＞马丁耐热温度。如 ABS 的维卡软化点、热变形温度、马丁耐热温度分别为 160℃、86℃ 和 75℃。常用塑料耐热性能如表 3-18 所示。

表 3-18　常用塑料耐热性能

树脂	热变形温度/℃	维卡软化点/℃	马丁耐热温度/℃	树脂	热变形温度/℃	维卡软化点/℃	马丁耐热温度/℃
HDPE	80	120	—	PC	134	153	112
LDPE	50	95	—	PA6	58	180	48
EVA		64	—	PA66	60	217	50
PP	102	110	—	PA1010	55	159	44
PS	85	105	—	PET	98	—	80
PMMA	100	120	—	PBT	66	177	49
PTFE	58	110	—	PPS	240	—	102
ABS	86	160	75	PPO	172	—	110
PSF	185	180	150	PI	360	300	—
POM	98	141	55	LCP	315	—	—

④ 脆化温度　塑料的刚性随环境温度的下降而逐渐升高，当达到某一温度时，材料由

刚性转变为脆性。脆化温度是指把试样以悬臂方式安装于规定的夹具中，置于低温介质中恒温，当试样达到某一预定低温后，用规定的冲头以规定的速度打击试样，当试样破坏率达到50%时的温度即为脆化温度。常用塑料的脆化温度如表 3-19 所示。

表 3-19　常用塑料的脆化温度

树脂	脆化温度/℃	树脂	脆化温度/℃	树脂	脆化温度/℃
PVC	−50～60	EPR	−71	LLDPE	−75
PS	−30	SBR	−55	PTFE	−95
PP	−35	LDPE	−60	PC	−100
ABS	−40	EVA	−70	热塑性弹性体	−100～140

3.4.2　塑料耐热性改性有哪些方法？

塑料耐热性改性的方法主要有添加改性、共混改性、交联、形态控制及层化处理等。

添加的方法是改变塑料耐热性的一种最重要而且有效的方法，添加方法改变塑料耐热性按其成本的高低可分为填充和增强两部分。

塑料共混改变耐热性即在低耐热树脂中混入高耐热树脂，从而提高其耐热性。这种方法虽然耐热性提高幅度不如添加改变耐热性，但可以在改变耐热性的同时基本不影响其原有其他性能。

塑料交联改变耐热性是在大分子链之间形成固定的化学键，从而增加了大分子运动的难度。当温度升高后，大分子链也只有在高温下才可以运动，而在原来相应非交联热变形温度下，不发生变形，而提高了其热变形温度。

形态控制主要是指在成型过程中控制塑料的结晶、取向及后处理，其中取向是一种有效的耐热改性方法。

塑料层化改变塑料的耐热性是在塑料制品的表面上附着一层耐热材料，从而提高其耐热性的一种改性方法。依层化材料的不同又可分为耐热镀层和耐热涂层两大类。

3.4.3　塑料添加改变耐热性的添加剂有哪些类型？

添加方法改变塑料耐热性可分为填充、增强及添加耐热改性剂三种类型。

① 塑料的填充改变耐热性　塑料的填充改变耐热性的填充剂主要是指大部分无机矿物填料，它们可明显提高塑料的耐热温度。常用的耐热填料有碳酸钙、滑石粉、硅灰石、云母、烧陶土、铝矾土及石棉等。例如，云母的最高使用温度可达 1000℃，是最有效的耐热改性填料。对于无机填料，一般熔点越高，其耐热性越好。常用几种填料的熔点如表 3-20 所示。

表 3-20　常用几种填料的熔点

填料	熔点/℃	填料	熔点/℃	填料	熔点/℃
$CaCO_3$	1339	二氧化硅	1670～1750	硅灰石	1540
云母	1420	TiO_2	1450	玻璃微珠	1650
高岭土	1785	粉煤灰	1858	$BaSO_4$	1580

如 PBT 中添加滑石粉，PBT/滑石粉用量比为 70/30 时，PBT 的热变形温度可由 55℃ 提高到 150℃。PP 中添加滑石粉，PP/滑石粉用量比为 55/45 时，PP 的热变形温度可由 102℃ 提高到 125℃。而 PBT/云母（70/30）的热变形温度可由 55℃ 提高到 162℃。

② 塑料的增强改变耐热性　塑料的增强改变耐热性常用的耐热纤维主要有石棉纤维、玻璃纤维、碳纤维、晶须、聚酰胺纤维及丙烯酸酯纤维等。

如 PBT 中添加 24％玻璃纤维时，其热变形温度由 66℃提高到 210℃；PET 中添加 25％玻璃纤维后，热变形温度由 98℃提高到 200℃；PP 中其热变形温度由 102℃提高到 130℃；HDPE 中添加 30％玻璃纤维时，热变形温度由 49℃提高到 127℃；而 PA6 中添加 30％玻璃纤维时，热变形温度由 58℃提高到 218℃。

　　③ 塑料添加耐热改性剂改变耐热性　耐热改性剂主要为苯基马来亚胺类，在塑料中每加入 1％耐热改性剂，可提高其耐热温度 2℃左右。如在 ABS 中加入 20％苯基马来亚胺，热变形温度可达 125～130℃。

3.4.4　塑料共混改变耐热性的树脂有哪些类型？

　　塑料共混改变耐热性即在低耐热树脂中混入高耐热树脂或液晶聚合物等，从而提高其耐热性。这种方法虽然耐热性提高幅度不如添加改变耐热性，但是可在改变耐热性的同时对塑料的其他性能基本没有影响。常用的耐热性优异的树脂有聚苯醚（PPO）、氯化聚醚、聚芳砜（PAR）、聚酰亚胺、聚醚砜（PES）、聚苯并咪唑（PBI）、聚硼二苯基硅（PBP）、聚醚醚酮（PEEK）等。其中以 PPS、PI、PBI 及 PAR 几种最常用。液晶聚合物（LCP）的热变形温度可达到 355℃。

　　共混主要是在一些热变形温度较低的树脂中混入热变形温度高的树脂。需要改性的树脂有 LDPE、HDPE、LLDPE、PP、PVC、PS、PET、PBT、PA6、PA、PA1010、ABS、PTFE 及 PMMA 等，其热变形温度低于 100℃。

　　如 ABS 共混 PC 后，热变形温度可由 93℃提高到 125℃左右；ABS 与 20％PSF 共混时，共混物的热变形温度可达 112℃左右；HDPE 与 20％PC 共混后，维卡软化点可由 124℃提高到 146℃左右。

3.4.5　塑料形态控制改变耐热性的方法有哪些？

　　塑料形态控制主要是指结晶、取向及后处理，其中取向是一种有效的耐热改性方法。

　　① 塑料双向拉伸改变耐热性　双向拉伸改变耐热性是通过拉伸使结晶颗粒变细，结晶排列更紧密，结晶度更高，取向度增大，从而提高其耐热性。

　　塑料膜或片制品经过双向拉伸工艺处理后，可使其热变形温度提高至少 10℃以上。如 PP 经过双向拉伸后，热变形温度可由原来的 102℃升高到 130℃；而 PET 经过双向拉伸后，热变形温度可由原来的 98℃升高到 150℃。

　　② 塑料退火处理改变耐热性　塑料退火处理改变耐热性是通过退火处理，降低制品的内应力、完善不规整的晶体结构及促进继续结晶。塑料制品经过退火处理后，可普遍使其热变形温度提高 10℃左右。如 ABS 的热变形温度为 93℃，经过退火处理后，可升高到 106℃左右。

3.4.6　塑料层化改变耐热性的树脂有哪些类型？

　　塑料层化改变塑料的耐热性是在塑料制品的表面上附着一层耐热材料，从而提高其耐热性的一种改性方法。依层化材料的不同又可分为耐热镀层和耐热涂层两大类。

　　① 塑料镀层改变耐热性　镀层一般为一些耐较高温度的金属，具体有铜、镍及铬等，金属镀层改变耐热性的效果十分明显。如镀层以 7.6μm 的铜为底层，而以 12.7μm 的铬为面层时，可分别使 PVC 制品的热变形温度由 77℃上升到 107℃；PS 塑料制品的热变形温度由 85℃上升到 113℃；PMMA 塑料制品的热变形温度由 100℃上升到 122℃；ABS 塑料制品的热变形温度由 93℃上升到 101℃；PF 制品的热变形温度由 200℃上升到 254℃。

　　② 塑料涂层改变耐热性　用于塑料涂层改变耐热性的涂层材料为耐热涂料，其具体组

成分为两部分，即漆基和耐热添加剂。漆基为各种树脂类材料，如黏结剂、不饱和聚酯、酚醛、硝基漆、丁腈橡胶及有机硅清漆等。

耐热添加剂为一些耐热性材料，具体品种有耐热金属材料、耐热填料，如 SiO_2、ZnO、Al_2O_3、TiO_2、Cr_2O_3、炭黑、碳纤维、玻璃纤维、石棉、云母、滑石粉以及聚硼硅氧烷等。如在漆基中加入聚硼硅氧烷和铝微粉组成悬浊液，即为耐热涂料。某耐热涂料配方为：有机硅清漆 100 份，铝粉 20 份，聚硼硅氧烷 6～7 份。

3.4.7　塑料耐低温改性有哪些方法？

塑料耐低温改性是指改善树脂的低温脆性，即降低其脆化温度。在我国最低气温可达 $-40℃$ 左右。因此，要求塑料制品的脆化温度一般应在 $-50℃$ 以下。所以 PS、PP 及 ABS 等塑料的耐低温性都不能满足要求，一般需进行耐低温改性。常用的耐低温改性方法主要为共混法和添加法两种。

① 塑料共混改变耐低温性　塑料共混改变耐低温性是指在耐低温性差的树脂中加入耐低温性树脂，从而降低其脆化温度。常用的耐低温性优异的共混物主要有热塑性弹性体和橡胶弹性体、PTFE、PA 及 LDPE 和低分子量 PE 等，其中热塑性弹性体又可分为聚酯类热塑性弹性体（脆化温度在 $-140℃$ 左右）、聚烯烃类热塑性弹性体（脆化温度在 $-120℃$ 左右）、聚氨酯类热塑性弹性体（脆化温度在 $-100℃$ 左右）。其中以低分子量 PE、PC 及热塑性弹性体类最常用。如 70% 的 PVC 与 25.2% 的 EVA 和 9.6% 的一氧化碳共混，其共混物的脆化温度可下降到 $-70℃$ 左右。

② 塑料添加改变耐低温性　塑料添加改变耐低温性是指在耐低温性差的树脂中加入一些小分子改性剂，从而降低其脆化温度。最常用的添加剂为耐寒增塑剂，在配方中一般需加入量越少，则说明耐寒增塑剂的耐低温性越好。几种耐寒增塑剂在 $-50℃$ 下保持低温柔顺性时，需加入量一般分别为：癸二酸二(2-乙基)己酯（DOS）45 份左右，己二酸二异辛酯（DOA）48 份左右，己二酸异辛异癸酯 50 份左右，壬二酸二异辛酯 53 份左右。

③ 塑料双向拉伸改变耐低温性　塑料薄膜经过双向拉伸后，可以降低其脆化温度。如 PP 经双向拉伸后，脆化温度可由 $-35℃$ 降低到 $-51℃$ 左右；PVC 经双向拉伸后，脆化温度可由 $-50℃$ 降低到 $-60℃$ 左右；PET 经双向拉伸后，脆化温度可由 $-40℃$ 降低到 $-70℃$ 左右。

第4章

塑料共混改性实例疑难解答

4.1 塑料共混改性原理疑难解答

4.1.1 何谓塑料共混改性？塑料共混改性有哪些类型？

① 塑料共混改性的定义 所谓塑料共混改性是指以一种塑料为基体，掺混另一种或多种小组分的塑料或其他类型的聚合物，通过混合与混炼，形成一种新的表观均匀的复合体系，使其性能发生变化，以改善基体塑料的某些性能。塑料的共混不仅是塑料改性的一种重要手段，更是开发具有崭新性能新型材料的重要途径。当前，塑料的共混改性已被广泛用于塑料工业中。塑料共混物是一个多组分体系，在此多组分塑料体系中，各组分始终以自身相对独立的形式存在。在显微镜下观察可以发现，其具有类似金属合金的相结构（即宏观不分离，微观非均相结构），故塑料共混物通常又称为塑料合金或高分子合金。正如金属合金具有单一金属无法比拟的优异性能一样，塑料合金也同样具有单一塑料难以具备的优异性能。

② 塑料共混改性的类型 塑料共混体系主要有塑料与塑料的共混、塑料与橡胶的共混两种类型。一般来说，塑料共混物各组分之间主要靠分子次价力结合，即物理结合，而不同于共聚物是不同单体组分以化学键的形式连接在分子链中，但在高分子共混物中不可避免地也存在少量的化学键。例如在强剪切力作用下的熔融混炼过程中，可能由于剪切作用使得大分子断裂，产生大分子自由基，从而形成少量嵌段或接枝共聚物。此外，近年来为强化参与共混聚合物组分之间的界面粘接而采用的反应增容措施，也必然在组分之间引入化学键。

4.1.2 塑料共混改性的目的有哪些？

塑料共混改性的主要目的是改善塑料的某些性能，以获得综合性能优异的塑料材料。由于塑料材料品种很多，不同的塑料品种其性能差异很大，另外，塑料的不同用途、不同的应用环境等对塑料的性能要求不一样，因此对于不同的塑料、不同的用途、不同的应用环境的塑料改性的目的有所不同。一般来讲，对于塑料共混改性的具体目的主要有以下几方面。

① 综合均衡各塑料组分的性能，以改善材料的综合性能 在单一塑料组分中加入其他塑料或聚合物改性组分，可取长补短，消除各单一塑料品种性能上的缺点，使材料的综合性能得到改善。如聚丙烯密度小，透明性好，其力学性能、硬度和耐热性均优于聚乙烯，但抗冲击性差，尤其是低温抗冲击性、耐应力开裂性及柔韧性都不如聚乙烯。如将聚丙烯与聚乙

烯共混，制得的两者共混物既保持了聚丙烯较高的拉伸强度、压缩强度和聚乙烯的高冲击强度的优点，又克服了聚丙烯冲击强度低、耐应力开裂性差的缺点。

② 将少量的塑料或其他聚合物作为另一种塑料的改性剂，以获得显著的改性效果　在一种基体塑料中加入少量的某种塑料或其他类聚合物，通过共混改性可以使基体塑料某些方面的性能获得显著的改善。例如，在硬质聚氯乙烯中加入 10%～20% 的丁腈橡胶或氯化聚乙烯或 EVA 等，可使硬质聚氯乙烯的冲击强度大幅度提高，同时又不像加入增塑剂那样明显降低热变形温度，从而可以获得性能优异，又可满足结构器件使用要求的硬质聚氯乙烯材料。

③ 改善塑料的加工性能　对于性能优异但较难加工的塑料与熔融流动性好的塑料或其他类聚合物共混改性，可以方便地成型。例如，难熔融、难溶解的聚酰亚胺与少量的熔融流动性良好的聚苯硫醚共混后，既可很容易地实现注塑成型，又不影响聚酰亚胺的耐高温和高强度的特性。

④ 可制备具有特殊性能的聚合物材料　采用具有特殊性能的塑料共混改性，可获得全新功能的新材料。例如，用溴代聚醚作为聚酯的阻燃剂，两者共混后可得到耐燃性聚酯，用聚氯乙烯与 ABS 共混也可大大提高 ABS 的耐燃性；用折射率相差较悬殊的两种树脂（如 PMMA 与 PE）共混可获得彩虹的效果，可制备彩虹膜等产品；利用硅树脂的润滑性可以使共混物具有良好的润滑性；利用拉伸强度相差悬殊，相容性又很差的两种树脂共混后发泡，可制成多孔、多层材料，其纹路酷似木纹。

⑤ 提高塑料材料的性价比　对某些性能卓越，但价格昂贵的工程塑料或特种塑料，可通过共混，在不影响使用要求的条件下，降低原材料的成本，提高性价比。如聚碳酸酯、聚酰胺、聚苯醚等与聚烯烃的共混。

⑥ 回收利用废弃聚合物材料　随着绿色环保理念的不断深入，各种废料的回收利用亦将成为聚合物共混改性普遍关注的问题。如用弹性体或纤维对废旧聚丙烯进行增韧改性、用不同树脂制备高分子合金等，经过改性后的废旧聚丙烯的某些力学性能可达到或超过原树脂制品的性能。

4.1.3　塑料共混改性方法有哪些?

塑料共混改性的方法主要有物理方法和化学方法两种。物理方法应用最早，工艺操作方便，比较经济，对大多数塑料品种都适用，至今仍占重要地位。化学方法制备的塑料共混物性能较为优越，近几年发展较为迅速。

物理共混法是依靠塑料之间或塑料与橡胶分子链之间的物理作用实现共混的方法，按共混方式可分为机械共混法（包括干粉共混法和熔融共混法）、溶液共混法（共溶剂法）和乳液共混法。

化学共混法是指在共混过程中塑料之间或塑料与橡胶之间产生一定的化学键，并且通过化学键将不同组分的塑料连接成一体以实现共混的方法，它包括共聚共混法、IPN 法形成互穿网络聚合物共混物反应挤出共混法、和分子复合技术等。

（1）物理共混法

① 机械共混法　将不同种类的塑料或塑料与橡胶通过混合或混炼设备进行机械混合便可制得塑料共混物。根据混合或混炼设备和共混操作条件的不同，可将机械共混法分为干粉共混法和熔融共混法两种。

a. 干粉共混法　将两种或两种以上不同品种塑料粉末在球磨机、螺带式混合机、高速混合机、捏合机等非熔融的通用混合设备中加以混合，混合后的共混物仍为粉料。干粉共混的同时，可加入必要的各种助剂（如增塑剂、稳定剂、润滑剂、着色剂、填充剂等）。所得的塑料共混物料可直接用于成型或经挤出后再用于成型。干粉共混法要求塑料粉料的粒度尽量小，而且不同组分在粒径和密度上应比较接近，这样有利于混合分散效果的提高。由于干粉共混法的混合分散效果相对较差，故此法一般不宜单独使用，而是作为熔融共混的初混过程；但可应用于难溶、难熔及熔融温度下易分解聚合物的共混，例如氟树脂、聚酰亚胺、聚苯醚和聚苯硫醚等树脂的共混。

b. 熔融共混法　熔融共混法是将塑料各组分在软化或熔融流动状态下（即黏流温度以上）用各种混炼设备加以混合，获得混合分散均匀的共混物熔体，经冷却、粉碎或粒化的方法。为增加共混效果，有时先进行干粉混合，作为熔融共混法中的初混合。熔融共混法由于共混物料处在熔融状态下，各种塑料或塑料与橡胶分子之间的扩散和对流较为强烈，共混合效果明显高于其他方法。尤其在混炼设备的强剪切力作用下，有时会导致一部分塑料分子降解并生成接枝或嵌段共聚物，可促进塑料与塑料或塑料与橡胶分子之间的相容。所以熔融共混法是一种最常采用、应用最广泛的共混方法。其工艺过程如图 4-1 所示。

熔融共混法要求共混塑料各组分易熔融，各组分的熔融温度和热分解温度应相近，各组分在混炼温度下，熔体黏度也应接近，以获得均匀的共混体系。塑料各组分在混炼温度下的弹性模量也不应相差过大，否则会导致塑料各组分受力不均匀而影响混合效果。

熔融共混设备主要有开炼机、密炼机、单螺杆挤出机和双螺杆挤出机。开炼机共混操作直观，工艺条件易于调整，对各种物料适应性强，在实验室应用较多。密炼机能在较短的时间内给予物料以大量的剪切能，混合效果、劳动条件、防止物料氧化等方面都比较好，较多用于塑料和橡胶共混。单螺杆挤出机熔融共混具有操作连续、密闭、混炼效果较好、对物料适应性强等优点。用单螺杆挤出机共混时，其各组分必须经过初混合。单螺杆挤出机的关键部件是螺杆，为了提高混合效果，可采用各种新型螺杆和混炼元件，如屏障型螺杆、销钉型螺杆、波型螺杆等或在挤出机料筒与口模之间安置静态混合器等。采用双螺杆挤出机可以直接加入粉料，具有混炼塑化效果好、物料在料筒内停留时间分布窄（仅为单螺杆挤出机的 1/5 左右）、生产能力高等优点，是目前熔融共混和成型加工应用越来越广泛的设备。

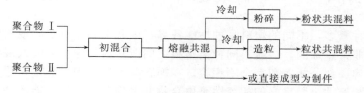

图 4-1　熔融共混工艺过程

② 溶液共混法（共溶剂法）　将共混塑料各组分溶于共溶剂中，搅拌混合均匀或将塑料各组分分别溶解再混合均匀，然后加热驱除溶剂即可制得塑料共混物。

溶液共混法要求溶解塑料各组分的溶剂为同种，或虽不属同种，但能充分互溶。此法适用于易溶塑料和共混物以溶液态被应用的情况。因溶液共混法混合分散性较差，而且需消耗大量溶剂，工业上无应用价值，主要适于实验室研究工作。

③ 乳液共混法　将不同塑料分别制成乳液，再将其混合搅拌均匀后，加入凝聚剂使各种塑料共沉析制得塑料共混物。此法因受原料形态的限制，共混效果也不理想，故主要适用于塑料乳液。

（2）化学共混法

① 共聚共混法　此法有接枝共聚共混法与嵌段共聚共混法之分，其中以接枝共聚共混法更为重要。接枝共聚共混法的操作过程是：在一般的聚合设备中将一种塑料溶于另一种塑

料或其他聚合物的单体中，然后使单体聚合，即得到共混物。所得的塑料共混体系包含着两种均聚物及一种塑料为骨架接枝上另一种塑料的接枝共聚物。由于接枝共聚物促进了两种均聚物的相容性，所得的共混物的相区尺寸较小，制品性能较优。近年来此法应用发展很快，广泛用来生产橡胶增韧塑料，如高抗冲聚苯乙烯（HIPS）、ABS 塑料、MBS 塑料等。

② IPN 法　这是利用化学交联法制取互穿网络聚合物共混物的方法。互穿网络共聚物（IPN）技术可以分为分步型 IPN（简记为 IPN）、同步型 IPN（SIN）、互穿网络弹性体（IEN）、胶乳型 IPN（LIPN）等。IPN 的制备过程是：先制取一种交联聚合物网络，将其在含有活化剂和交联剂的第二种聚合物单体中溶解，然后聚合，第二步反应所产生的聚合物网络就与第一种聚合物网络相互贯穿，通过在两相界面区域不同链段的扩散和纠缠达到两相之间良好的结合，形成互穿网络聚合物共混物。

③ 反应挤出共混法　反应挤出共混技术是目前在国外发展最活跃的一项共混改性技术，这种技术是将塑料聚合物共混反应（聚合物与聚合物之间或聚合物与单体之间）、塑料的混炼和塑料的成型加工，在双螺杆挤出机中一步完成。采用的双螺杆挤出机一般长径比较大，而且开设有排气孔，以满足塑料的混炼、反应的要求。

④ 分子复合技术　分子复合技术是指将少量的硬段高分子作为分散相加入柔性链状高分子中，从而制得高强度、高弹性模量的共混物。

4.1.4　何谓共混物的相容性？提高共混物相容性的方法有哪些？

（1）共混物的相容性

所谓共混物的相容性是指塑料共混物各组分彼此相互容纳，形成宏观均匀材料的能力。塑料共混物的相容性包括热力学上的相容性和工艺相容性。所谓塑料共混物热力学相容性是指两种塑料或塑料与橡胶两者在任何比例共混的情况下都能形成稳定的均相体系的能力。工艺相容性是指两种材料共混时的分散难易程度和所得共混物的动力学稳定性。对于塑料而言，工艺相容性有两方面的含义：一方面是指可以混合均匀的程度，即分散颗粒大小的比较，若分散得越均匀、越细，则表示相容性越好；另一方面是指相混合的塑料分子间的作用力，即亲和性比较，若分子间作用力越相近，则越易分散均匀，相容性越好。

由于塑料品种繁多，不同的塑料品种性能各异，因此不同塑料之间或塑料与橡胶之间相互容纳的能力是非常悬殊的，一般不同种类塑料之间或塑料与橡胶之间共混时可能出现三种形态，即完全相容、部分相容和完全不相容。在塑料共混体系中，总是希望其共混组分之间具有尽可能好的相容性，因良好的相容性是聚合物共混物获得良好性能的一个重要前提。但由于塑料之间或塑料与橡胶之间的性能差异，要达到完全相容很难，因此在塑料共混体系中常见的是“部分相容”的两相体系。

（2）提高共混物相容性的方法

对于塑料性能相差较大的品种，其相容性较差，共混改性时难以达到应有的改性效果。生产实际中应尽量改善其相容性，以得到均匀的共混体系，获得良好的共混效果。通常生产中提高共混体系相容性的方法主要有利用分子链中官能团间的相互作用、改变分子链结构、加入相容剂、形成互穿网络、交联和改变共混工艺条件等。

① 利用分子链中官能团间的相互作用　如果参加共混的塑料分子链上含有某种可相互作用的官能团，它们之间的相容性必定好。例如，聚甲基丙烯酸甲酯（有机玻璃）与聚乙烯酸、聚丙烯酸或聚丙烯酸铵等，由于分子键之间可以形成氢键，因此具有较好的相容性。又如，塑料分子链上分别含有酸性和碱性基团，共混时可以产生质子转移，分子链间可生成离子键或配位键。离子键的键能要强于氢键，所以塑料之间相容性更好。因此通常在共混改性

技术中，常常采用向分子链引入极性基团的方法来改善塑料的相容性，并且收到较好的效果。

② 改变分子链结构　首先，通过对高分子链的化学改性（如氯化、磺化等），就有可能明显改善共混体系的相容性。如 PE 氯化形成氯化聚乙烯，就可以与 PMMA 较好地相容。其次，通过共聚的方法改变塑料聚合物分子链结构，也是一种增加塑料之间相容性的常用而有效的方法。如聚苯乙烯是极性很弱的塑料，一般很难与其他塑料相容，但苯乙烯与丙烯腈的共聚物（SAN），由于改变了分子中的链结构，就可与聚碳酸酯、聚氯乙烯和聚砜等许多塑料共混相容。又如，非极性的聚丁二烯与聚氯乙烯很难相容，但丁二烯与丙烯腈的共聚物与聚氯乙烯却具有很好的相容性；聚乙烯与聚氯乙烯难以相容，但乙烯与乙酸乙烯的共聚物（EVA）也能与聚氯乙烯很好地相容。同样道理，乙烯与丙烯酸的共聚物可与尼龙-6 组成相容体系，而聚乙烯与尼龙-6 则不能。

③ 加入增容剂　增容剂指的是那些能够促进塑料共混体系各组分相容的物质。又称为相容剂或增混剂。通常增容剂能卓有成效地解决共混体系中因热力学不相容而导致宏观相分离、两相界面黏合力差、应力传递效率低、力学性能不好，甚至综合性能低于单一组分塑料的性能等问题。

④ 改善加工工艺　共混体系各组分之间的相容性在很大程度上还依赖于共混加工设备和加工工艺。对于各组分相容性好的共混体系，如果没有很好的加工设备和加工工艺，也不能达到良好的混容；反之，如果相容性差的共混体系，若采用加工性好的设备，以及合理的工艺条件，可以借助高温和强剪切力的作用，增加各级分相间的接触面，也可改善共混体系各组分之间的相容性，使之形成较好的共混相容体系。

温度是共混过程中的重要条件，在绝大多数情况下，提高共混加工温度可提高共混塑料各组分的相容性，可使本来不相容的组分转化为相容或部分相容。但当温度升高到某一温度或降低到某一温度（称为最高临界温度或最低临界温度）时，又可能使本来已相容的共混体系产生相分离。

机械共混时，强烈的剪切力可以强迫两种完全不相容或相容性不好的塑料发生分子链绕缠，因而扩大了相间的接触，增加了链段的扩散程度，因而可增加相容性。有时在强烈的剪切力和加热的作用下，共混物的分子链发生部分断裂，生成不同组分之间接枝或嵌段共聚物，该共聚物都是很好的增容剂，可增加组分之间的相容性，即所谓的机械力-化学作用增加相容性。

⑤ 共混物组分间发生交联　共混物组分间的交联作用一般可分为化学交联和物理交联两种。如采用辐射的方法可使 LDPE 和 PP 产生化学交联，以改善 LDPE 与 PP 的相容性。结晶作用属于物理交联，如 PET/PP 和 PET/尼龙-66，由于取向纤维组织的结晶，使已形成的共混物形态结构稳定，从而体系相容性增加。

⑥ 共溶剂法和 IPN 法　两种互不相容的塑料常可在共同溶剂中形成真溶液。将溶剂除去后，相界面非常大，以致很弱的塑料-塑料或塑料-橡胶相互作用就足以使形成的形态结构稳定。

互穿网络聚合物（IPN）技术是改善共混物相容性的新方法。其原则是将两种聚合物结合成稳定的相互贯穿的网络，从而提高其相容性。

4.1.5　什么是共混物的单相连续结构？

所谓共混物的单相连续结构是指塑料共混物中的两个相或多个相中只有一个是连续相。此连续相可看成分散介质，称为基体，其他的相分散于连续相中，称为分散相。在共混体系中，每一相都以一定的聚集形态存在，而且各相之间相互交错，因此连续性较小的相或不连续的相就被分成很多的微小区域，这种区域称为相畴或微区。共混物的单相连续结构是非晶聚合物构成的多相共混体系的一种形态结构。单相连续的形态结构又因分散相相畴的形状、大小以及与连续相结合情况的不同而表现为分散相形状不规则、分散相较规则、分散相为胞状结构或香肠状结构及分散相为片状结构等多种形式。

① 分散相形状不规则　分散相由形状很不规则、大小极为分散的颗粒所组成。机械共混法制得的共混物一般具有这样的形态结构。图 4-2 为采用 PS 与橡胶通过机械共混法制得 HIPS 共混物的形态结构，共混体系中 PS 为连续相，而橡胶为分散相。在一般情况下，在共混体系中含量较大的组分构成连续相，含量较小的组分构成分散相，分散相的颗粒尺寸通常为 $1 \sim 10 \mu m$。

② 分散相较规则　分散相颗粒（一般为球形）内部不包含或只包含极少量的连续成分，如苯乙烯-丁二烯-苯乙烯三元嵌段共聚物（SBS）中，苯乙烯是连续相，丁二烯是分散相，当丁二烯含量为 20％时，丁二烯颗粒以球形分散在连续相苯乙烯中。图 4-3 为 SBS 三元嵌段共聚物（丁二烯含量为 20％）形态结构的电子显微镜照片。

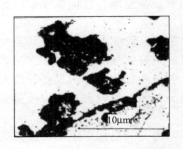

图 4-2　采用 PS 与橡胶通过机械
共混法制得 HIPS 共混物的电子显微镜照片
（黑色不规则颗粒为橡胶分散相）

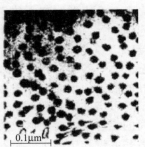

图 4-3　SBS 三元嵌段共聚物
（丁二烯含量为 20％）形态结构
的电子显微镜照片

③ 分散相为胞状结构或香肠状结构　即分散相颗粒内尚包含连续相成分所构成的更小颗粒，在分散相内部又可把连续相成分所构成的更小的包容物当成分散相，而构成颗粒的分散相成分则成为连续相，这时分散颗粒的截面形似香肠。接枝共聚共混法制得的共混物多数具有这种形态结构。如乳液接枝共聚法制得的 ABS 共混物，这种类型的 ABS 是橡胶颗粒（颗粒粒径为 $0.1 \sim 0.5 \mu m$）和树脂基体构成的两相共混物，如图 4-4 所示。

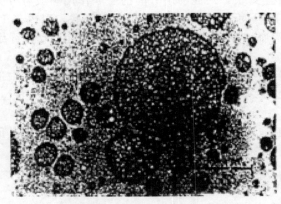

图 4-4　乳液接枝共聚法制得的 ABS 共混物形态结构的电子显微镜照片

④ 分散相为片状结构　分散相为片状结构是指分散相呈微片状均匀分散于连续相中，

当分散相浓度较高时，进一步形成了分散相的片层。当分散相的熔体黏度大于连续相的熔体黏度，共混时采用适当的剪切速率及适当的增容技术就有可能形成这样的形态结构，如图 4-5 所示。

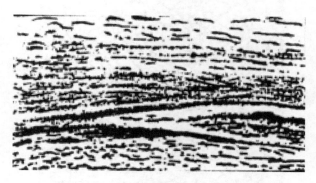

图 4-5　分散相为片状聚合物共混物的形态结构

4.1.6　什么是共混物的两相共连续结构？

共混物的两相共连续结构又称为两相互锁或交错结构，所谓共混物的两相共连续结构是指共混物中每一组分都没有形成典型的连续相，只是以明显的交错排布结构形式存在，很难分清哪个是分散相哪个是连续相。两相共连续结构主要包括层状结构和互锁结构两种。通常以嵌段共聚物为主要成分的塑料共混物，当其两组分含量相近时容易形成这种两相共连续结构。如在 SBS 嵌段共聚物中，当丁二烯含量在 60％左右时，共混物中苯乙烯和丁二烯两相相互交错，而形成两相共连续的形态结构。图 4-6 为 SBS（B 在 60％左右）嵌段共聚物的电子显微镜照片。

0.1μm

图 4-6　SBS（B 在 60％左右）嵌段共聚物的电子显微镜照片
（图中黑色为聚丁二烯嵌段相，白色为聚苯乙烯嵌段相）

在通常情况下，塑料共混物可在一定的组成范围内发生相的逆转，原来是分散相的组分变成连续相，而原来是连续相的组分变成分散相。在相逆转的组成范围内，常可形成两相互锁或交错的共连续形态结构，使共混物的力学性能提高。交错层状的共连续结构在本质上并非热力学稳定结构，但由于塑料屈服应力的存在，此结构可长期稳定存在。

4.1.7　什么是共混物的相互贯穿的两相连续结构？

对于塑料共混物的形态结构通常可形象地用海-岛结构和海-海结构来描述。一般可把两相结构中的连续相比作海，分散相则比作岛，分散相分散在连续相中就好比是海岛分散在大海中一样，对于单相连续的共混结构即为海-岛结构，而相互贯穿网络的两相连续结构即可看成海-海结构。在 IPN 中，两种聚合物网络相互贯穿，使得整个体系成为一个交织网络，两个相都是连续相。在 IPN 中，两个相的连续程度可以不同，连续性较大的相一般对性能影响也较大。两组分的相容性越大、交联度越大，则 IPN 两相结构的相畴越小。如顺式聚丁二烯与聚苯乙烯共混，当顺式聚丁二烯/聚苯乙烯共混比为 24/50 时，在一定条件下即可形成相互贯穿两相连续（IPN）结构。图 4-7 为顺式聚丁二烯/聚苯乙烯共混物相互贯穿形态结构的电子显微镜照片。

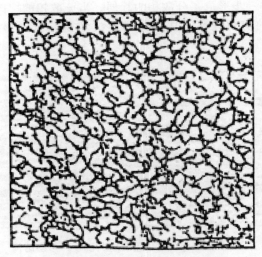

图 4-7　顺式聚丁二烯/聚苯乙烯共混物
相互贯穿形态结构的电子显微镜照片
（黑色部分为聚丁二烯）

4.1.8　塑料共混物两相之间的界面层对共混物性能有何影响？界面层在共混体系中的作用是什么？

（1）塑料共混物两相之间的界面层对共混物性能的影响

两种塑料或塑料与橡胶共混时，共混体系存在三个区域结构，即两种共混塑料或橡胶各自独立的区域以及两种聚合物之间形成的过渡区，即界面层。界面层的结构与性质，决定共混物之间的相容程度与相间的黏合强度，对共混物的性能会有很大影响。

在两相共混体系中，由于分散相颗粒的粒径很小（通常为微米数量级），具有很大的比表面积。分散相颗粒的表面，亦可看成是两相的相界面。

界面层的结构主要是指界面层的厚度和界面的黏合力的大小。对于热力学不相容的塑料或橡胶在共混过程中，首先是两者相互接触，其次是两者大分子链段相互扩散，这种大分子链段相互扩散的过程就是两相界面层形成的过程。塑料（或橡胶）大分子链段的相互扩散时，若两种大分子具有相近的活动性，则两种大分子链段以相近的速率相互扩散；若两种大分子的活动性相差很大，则两相之间扩散速率差别很大，甚至发生单向扩散。

两种共混物大分子链段相互扩散的结果是两相均会产生明显的浓度梯度，因一种共混物向另一种共混物扩散时，其浓度会逐渐减小，最终会形成两种共混物共存区，这个区域即为界面层。

① 界面层厚度　在一般情况下，界面层厚度越大，界面也越模糊，共混物的机械强度就越高。界面的厚度主要取决于两聚合物的相容性。相容性差的两聚合物共混时，两相间有非常明显和确定的相界面；两种聚合物相容性好，则共混体中两相的大分子链段的相互扩散程度大，两相界面层厚度大，相界面较模糊；若两种聚合物完全互容，则共混体最终形成均相体系，相界面完全消失。

界面层厚度 ΔL 约为几纳米到数十纳米。例如共混物 PS/PMMA 用透射电镜法测得的 ΔL 为 5nm。高度分散（即相畴很小）时，界面层的体积可占相当大的比例，例如当分散相颗粒直径在 100nm 左右时，界面层可达总体积的 20% 左右。因此界面层可视为具有独立特性的第三相。

② 界面的黏合　对于两组分塑料共混物，两共混物的相界面的黏合好坏和链段的扩散程度，对共混物的性能，尤其是力学性能具有决定性的作用。黏合越好，扩散性越高，力学性能越优异。

两共混物相界面间的黏合力大小，一方面取决于两共混物大分子间的化学结合（如接枝和嵌段共聚物之间）；另一方面，则取决于两相间的次价力。对于大多数塑料共混物，尤其是机械共混物来说，两相之间主要是以次价力作用黏合。而次价力的大小主要决定于界面张力，两相的界面张力越小，黏合强度就越高。从两共混物的分子链段相互扩散考虑，次价力黏合又与两共混物之间的相容性有关，相容性越好，链段相互扩散程度越高，界面厚度越大，界面也越模糊，界面的黏合强度就越高，共混物的力学性能就越优异。

③ 界面层的性质　界面层的性质主要是指界面层的稳定性。其稳定性与界面层的组成结构有很大关系。在共混体系中若有其他添加剂时，添加剂在两种共混物组分单独相中和在界面层中的分布一般也不相同，具有表面活性的添加剂、增容剂以及表面活性杂质会向界面层集中，这可增加界面层的稳定性；当聚合物分子量分布较宽时，由于低分子量级分表面张力较小，因而它会向界面层迁移。这有利于提高界面层的热力学稳定性，但往往会使界面层的机械强度下降。

（2）界面层的作用

由于在两相共混体系中，分散相颗粒的表面都可看成是两相的相界面，而分散相颗粒的比表面相当巨大，因此共混体系相界面也是相当巨大，从而可以产生力的传递效应、光学效应及诱导效应等多种效应。

① 力的传递效应　力的传递效应是指在共混体系受到外力作用时，相界面层可以传递作用力。如当材料受到外力作用时，作用于连续相的外力会通过相界面传递给分散相；分散相颗粒受力后发生变形，又会通过界面将力传递给连续相。为实现力的传递，要求两相之间具有良好的界面结合。

② 光学效应　光学效应是由于相界面层的塑料有不同的光学性能，而会产生一些特殊的光学现象。通常可利用两相体系相界面的光学效应，制备具有特殊光学性能的材料。如将PS 与 PMMA 共混，可以制备具有珍珠光泽的材料。

③ 诱导效应　相界面层的诱导效应主要是指诱导结晶等，如在以结晶塑料为基体的共混体系中，适当的分散相组分可以通过界面效应产生诱导结晶的作用。通过诱导结晶，可形成微小的晶体，避免形成大的球晶，从而可提高材料的性能。

4.1.9　塑料共混体系中共混物的选择原则有哪些？

由于不同塑料品种分子结构不同，其性能也有所不同，因此有些塑料品种会有较好的相容性，而对于多数塑料品种来说，其相容性很小或不具有相容性，对于不相容或相容性小的塑料品种，虽然可以通过一定的工艺手段使之共混，但实际上并不是任意两种塑料或橡胶共混都能得到满意的效果，有的即使能达到较为满意的共混效果，但可能共混工艺较复杂，难以控制，或稳定性差、成本高。在实际生产中，一般要求共混工艺应尽量简单，共混物的性能稳定，成本低等。因此，在塑料共混改性时合理选择共混物相当重要，一般在选择共混物时应注意以下几方面的原则。

① 化学结构相似原则　共混体系中若各共混物的分子结构相似，则容易获得相容的共混物。所谓结构相似，是指各共混物的分子链中含有相同或相近的结构单元，如 PA6 与 PA66 分子链中都含酰氨基团，有相似的分子结构，因此其两者有较好的相容性。

② 极性相近原则　共混体系中各共混物之间的极性越相近，其相容性越好。如 PE 与 PP 都属于非极性塑料，因此两者共混时即具有较好的相容性。

③ 溶度参数相等或相近原则　共混体系中，各共混物溶度参数相等或相近时，共混物有较好的相容性。通常溶度参数相近是指两共混物的溶度参数差小于 0.5，即 $|\delta_1 - \delta_2| < 0.5$，一般对于塑料来说，分子量越大，其差值应越小。但应注意，溶度参数相近原则仅适用于非极性组分共混体系。

④ 黏度相近原则　组成共混体系的各共混物的黏度越接近，越能混合均匀，而且不易出现离析现象，共混物的性能亦越好。

⑤ 表面张力相近原则　在共混体系中，通常应尽量使共混物的表面张力接近，这样可使两种共混物之间的表面张力相差很小，以保持两相之间的浸润和良好接触。一般两种共混物之间的表面张力越相近，两相间的浸润、接触与扩散就越好，界面的结合也越好，共混物的性能就越优良。如常用的共混体系 PE/BR、PVC/NBR、EVA/NR 等均遵循表面张力相近的原则。

⑥ 分子链段渗透性相近原则　当两种共混物相互接触时，会发生链段之间的相互扩散。若两种共混物大分子具有相近的活动性，则两种大分子的链段就以相近的速率相互扩散，形成模糊的界面层，界面层厚度越宽，共混物的性能越优异。若两种聚合物的大分子链段的活动性相差悬殊，则两种共混物分子间渗透差，两相之间有非常明显和确定的相界面，共混物的性能很差。

4.1.10　在共混过程中影响共混物形态结构的因素有哪些？

在共混过程中影响共混物形态结构的因素主要有相容性、配比、黏度、内聚能密度和制备方法等诸多因素。

(1) 相容性

塑料之间的相容性是能否获得均匀混合的形态结构的共混物的主要因素。一般两种塑料之间的相容性越好，就越容易相互扩散而达到均匀的混合，界面层厚度也就越宽，相界面越模糊，相畴越小，两相之间的结合力也越大。通常对于共混塑料来说，完全相容和完全不相容的共混体系，均不利于共混改性的目的（尤其是指力学性能改性）。一般当两种塑料之间有适中的相容性时，有利于制得相畴大小适宜、相之间结合力较强的多相结构的共混产物。

如 PVC 与丁腈橡胶（NBR）共混抗冲改性时，由于 PVC 的溶度参数 δ 为 $9.7(MJ/m^3)^{1/2}$，而丁腈橡胶（NBR）当其 AN 含量在 20% 左右时的溶度参数 δ 为 $8.6(MJ/m^3)^{1/2}$，如表 4-1 所示，与 PVC 是部分相容体系，相畴适中，两相结合力较大，冲击强度很高。NBR 中 AN 含量超过 40% 时，PVC 与 NBR 两者的 δ 很接近，基本上完全相容，共混物近于均相，相畴极小，冲击强度亦低。

表 4-1　不同丙烯腈含量的丁腈橡胶的溶度参数

丙烯腈含量/%	51	41	33	29	21	0
溶度参数/$(MJ/m^3)^{1/2}$	10.2	9.6	9.4	9.1	8.6	8.2

塑料的分子量及其分布对共混物界面层及两相之间的结合力亦有影响。一般塑料的分子量减小时，相容性增加。塑料的分子量分布较宽时，分子量较低的倾向于向界面层扩散，在一定程度上起到乳化剂的作用，增加两相之间的黏合力。

但应注意的是，在混合加工过程中，塑料之间的相容性可能发生变化。一般当应力引起塑料产生了不可逆变化如沉淀、结晶等时，共混塑料之间的相容性会降低；而当应力引起塑料可逆性变化，如使分散相珠滴发生可逆形变，而表现出弹性效应时，所储存的弹性能会使珠滴破碎而产生均化作用，使共混物之间的相容性增大。应力使相容性增大的现象常称为应力均化。

（2）配比

共混组分之间的配比，是影响共混物形态的一个重要因素，它是决定连续相和分散相组分的重要因素。一般当共混物中两聚合物的初始浓度和内聚能相接近时，则用量多的组分容易形成连续相，用量少的组分容易形成分散相。

在熔融共混制备的两相共混体系中，随着组分含量的变化，在某一组分的形态由分散相转变为连续相的时候，或由连续相转变为分散相的时候，会出现一个两相连续的过渡形态。如在 SBR/PS 共混物中，当 PS 含量在 10％左右时，SBR 呈连续相，PS 呈分散相；随着 PS 含量增多，在 40％左右时，PS 逐渐粘连，但 PS 仍为分散相，SBR 仍为连续相；当 PS 再增加至 50％左右时，则两个相都是连续相，构成交错贯穿结构；当 PS 含量再进一步增加至 60％左右时，则发生相逆转，由原来连续相 SBR 转换成了分散相，分散相 PS 转换成了连续相；再增加 PS 含量至 90％左右时，PS 仍为连续相，SBR 仍为分散相。PS 含量对其相结构形态的影响如图 4-8 所示。

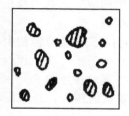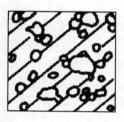

▢ SBR　▨ PS

图 4-8　PS 含量对其相结构形态的影响

又如采用熔融共混制备的 PVC/PP 共混物中，共混体系的形态结构随两种组分的体积比变化为：当 PVC/PP 体积比为 80/20 时，共混物组分含量较多的 PVC 为连续相，组分含量较少的 PP 为分散相；在体积比为 60/40 时，该共混物形态为两相连续的交错贯穿结构；在体积比为 40/60 和 20/80 时，PP 变为连续相，PVC 变为分散相。

应注意的是，在共混过程中，共混物形态结构的组分含量与共混体系组分的特性有关，并且与共混组分的熔体黏度有关。

（3）黏度

对于熔融共混体系，共混塑料的熔体黏度也是影响共混物形态的重要因素。一般熔体黏度对于共混物形态影响的基本规律是"软包硬"的法则。即黏度低的一相（软相）总是倾向于生成连续相，而黏度高的一相（硬相）则总是倾向于生成分散相。

但共混物的形态还要受组分配比的制约，因此它是黏度与配比的综合影响的结果。共混组分的熔体黏度与配比对共混物形态的综合影响，可以用图 4-9 来表示。当共混物中某一组分含量（体积分数）大于 74％时，这一组分一般来说是连续相（如在 A-1 区域，A 组分含量大于 74％，A 组分为连续相）；当组分含量小于 26％时，这一组分一般来说是分散相。

组分含量在 26％～74％之间时，连续相和分散相将取决于配比与熔体黏度的综合影响。由于受熔体黏度的影响，根据"软包硬"的规律，在 A-2 区域，当 A 组分的熔体黏度小于 B 组分时，尽管 B 组分的含量接近甚至超过 A 组分，A 组分仍然可以成为连续相。在 B-2 区域，亦有类似的情况。在由 A 组分为连续相向 B 组分为连续相转变的时候，会有一个相转变区存在（如图中的阴影部分）。在这样一个相转变区内，当 A 组分与 B 组分熔体黏度接近于相等时，共混物可能会有两相连续的海-海结构出现。当共混物形态为海-岛结构且分散相粒子接近于球形时，若分散相黏度与连续相黏度接近于相等，则分散相颗粒的粒径可达到一个最小值。

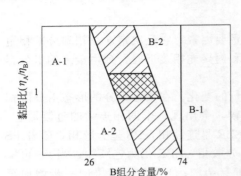

图4-9 共混组分的熔体黏度与配
比对共混物形态的综合影响

（4）内聚能密度

一般内聚能密度大的聚合物，其分子间作用力大，不易分散，因此，在共混物体系中趋向于形成分散相。如共混比为25/75的CR/NR共混物中，尽管CR占75份，但其在共混物中仍然为分散相。其原因为CR的内聚能密度值大。

（5）制备方法

同种聚合物共混物采用不同的制备方法，其形态结构会有很大不同。

① 一般而言，接枝共聚共混法制得的产物，其分散相为较规则的球状颗粒；熔融共混法制得的产物，其分散相的颗粒较不规则且尺寸也较大。但有一些例外，如聚丙烯与乙丙橡胶的机械共混物，分散相乙丙橡胶颗粒是规则的球形。这大概是由于聚丙烯是结晶的，熔化后黏度较低，界面张力的影响起主导作用的缘故。

② 用本体法和本体悬浮法制备高抗冲聚苯乙烯（HIPS）和ABS时，丁腈橡胶颗粒中包含有80%～90%（体积分数）的树脂（PS）。树脂包容物的产生主要是由于相转变过程的影响。用同样的方法制备橡胶增韧的环氧树脂时无相转变过程，因此橡胶颗粒中不包含环氧树脂。以乳液聚合法制得的ABS，橡胶颗粒中包含有约50%（体积分数）的树脂，橡胶颗粒的直径亦较小。不同制备方法所制得的ABS的形态结构如图4-10所示。

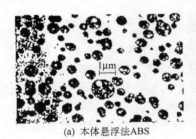

(a) 本体悬浮法ABS

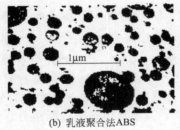

(b) 乳液聚合法ABS

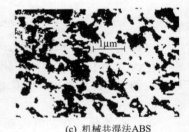

(c) 机械共混法ABS

图4-10 不同制备方法所制得的ABS的形态结构

此外，共混工艺条件如温度、共混时间、剪切应力、助剂及加料次序等因素都可以影响共混物的形态结构，进而影响共聚物的性能。

4.1.11 塑料共混组分的性质对共混物的性能有何影响？

（1）透气性和可渗性

由于单一的塑料品种一般难以满足制品对于机械强度、透过作用的高度选择性等多方面的要求，故常需借助于共混方法来制得综合性能优异的共混物制品。如PP与PA共混制得高阻隔性的燃油箱，聚乙烯吡咯烷酮与聚氨酯共混制得高性能的渗析膜等。

对于共混物，一般其连续相对共混物的透气性起主导作用。对液体和蒸气的透过性称为可渗性。被共混物所吸附的蒸气或液体常常发生明显的溶胀作用，显著改变共混物的松弛性能。因此共混物对蒸气或液体的渗透系数常依赖于浓度。共混物对蒸气或液体的平衡吸附量与共混中两组分分子间的作用力有关。

（2）共混物的电性能

共混物的电性能主要取决于连续相的电性能。如聚苯乙烯/聚氧化乙烯，当聚苯乙烯为连续相时，共混物的电性能接近于聚苯乙烯的电性能。当聚氧化乙烯为连续相时，则与聚氧化乙烯电性能相近。

（3）光学性能

由于复相结构的特点，大多数共混物是不透明的或半透明的。改善共混物透明性的方法有：减小分散相颗粒尺寸，但分散相颗粒太小时常使韧性下降；最好的办法是选择折射率相近的组分。若两组分折射率相等，则不论形态结构如何，共混物总是透明的。如 MBS 树脂（它由苯乙烯-丁二烯共聚物与甲基丙烯酸甲酯-苯乙烯-丁二烯三元共聚物共混而得）的透明性就很好，用 MBS 与 PVC 共混，所制得的抗冲改性 PVC 具有很好的透明性。

由于两组分折射率的温度系数不同，共混物的透明性与温度有关，常常在某一温度范围透明度达极大值，这对应于两组分折射率最接近的温度范围。

若两相体系的两种聚合物折射率相差较大时，则会具有珍珠般的光泽。例如，PC/PM-MA 共混物可制得具有珍珠光泽的共混材料。

（4）共混物的热性能

共混物的热性能包括热容、热传导、热膨胀、耐热性和熔化等。对于共混物的耐热性，则取决于所选用的塑料组分及助剂。如采用增塑剂增韧的塑料，会因增塑剂的加入使体系的耐热性下降较大，若采用共混增韧也会使耐热性有所降低，但其影响不如增塑剂明显，如采用橡胶增韧的环氧树脂时，通过对橡胶的类型和含量的优化，可以在大幅度提高韧性的同时，维持其耐热性的要求，如果选用一些高性能的热塑性塑料如聚砜、聚醚醚酮、聚苯醚增韧，对其耐热性的影响更小。

（5）力学性能

共混物的力学性能包括其热-力学性能（如玻璃化温度）、力学松弛性能以及模量和强度等。

① 玻璃化转变　塑料共混物的玻璃化转变有两个主要特点：一般有两个玻璃化温度；玻璃化转变区的温度范围有不同程度的加宽。而起决定性作用的是两种塑料的互溶性。两个玻璃化转变的强度与共混物的形态结构及两相含量有关。以介电损耗角正切 $\tan\delta$ 表示玻璃化转变强度，有以下规律：构成连续相组分的 $\tan\delta$ 峰值较大，构成分散相组分的 $\tan\delta$ 峰值较小；在其他条件相同时，分散相的 $\tan\delta$ 峰值随其含量的增加而提高；分散相 $\tan\delta$ 峰值与形态结构有关，一般而言，起决定性作用的是分散相的体积分数。如 PS 与橡胶共混制备 HIPS 时，机械共混法 HIPS 橡胶相颗粒中不包含聚苯乙烯，本体聚合法 HIPS 分散相颗粒中包含 PS，故在相同组分比时，后者的分散相所占的体积分数较大，所以，其分散相的 $\tan\delta$ 峰值较大。

另外，分散相颗粒大小对玻璃化温度亦有影响。当颗粒尺寸减小时，由于机械隔离作用的增加，分散相的玻璃化温度会有所下降。此外，某些情况下会出现与界面层对应的转变峰。

② 力学松弛性能　共混物力学松弛性能的最大特点是力学松弛时间谱的加宽。一般均相塑料在时间-温度叠合曲线上，玻璃化转变区的时间范围在 10^9 s 左右，而塑料共混物的这一时间范围可达 10^{16} s。共混物内特别是在界面层，存在两种聚合物组分的浓度梯度。共混物恰似由一系列组分和性能递变的共聚物所组成的体系，因此，松弛时间谱较宽。由于力学松弛时间谱的加宽，共混物具有较好的阻尼性能，可作防震和隔声材料。

③ 模量和强度　共混物的弹性模量与各组分的含量及各组分本身的弹性模量有关，一般而言，当模量较大的组分构成连续相，模量较小的组分为分散相时，共混物的模量较大。若模量较小的组分构成连续相，模量较大的组分构成分散相时，共混物的模量较小。

塑料共混物是一种多相结构的体系，各相之间相互影响，又有明显的协同效应，其机械强度并不等于各组分力学性能的简单平均值。如在橡胶增韧塑料中，影响冲击强度的因素可从基体特性、橡胶相结构及相间黏合三方面来考虑。

一般增加基体树脂本身的韧性及分子量可提高冲击强度。如采用韧性较大的增韧塑料 ABS 增韧 PVC 时，由于银纹和剪切带的相互作用，当 ABS 的含量达到一定值时，共混物的冲击强度可达一个最大值，如图 4-11 所示。在橡胶含量一定时，颗粒尺寸越大，粒子数越少，颗粒间距越大，显然这对引发银纹和终止银纹都不利，增韧效果不佳，但是，颗粒尺寸太小不能终止银纹，也没有明显的增韧效果。因此对一定的增韧体系，存在一个临界的橡胶颗粒尺寸。

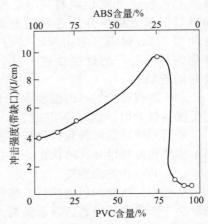

图 4-11 PVC/ABS 共混物冲击强度与基体组成的关系

在橡胶颗粒尺寸基本不变的情况下，一定范围内，橡胶含量增大，橡胶粒子数增多，引发银纹，终止银纹的速率相应增大，对材料的冲击韧性提高有利。但是橡胶含量过高，会引起其他性能下降。橡胶相与基体之间应有较好的相容性。只有塑料基体和橡胶颗粒在界面层内两种分子相互渗透，形成很强的界面黏结力，橡胶颗粒以一定的尺寸均匀分散在基体中，才有最佳的增韧效果。橡胶的交联度也有最适宜的范围。交联度过大，橡胶相模量过高，难以发挥增韧作用；交联度过小，在加工中，橡胶颗粒易变形破碎，也不利于发挥增韧效能。最佳交联度是凭经验决定的。此外，还有橡胶的玻璃化温度、橡胶颗粒间的距离等。

④ 黏合力　只有当橡胶相与基体树脂之间有良好的黏合力时，橡胶相才能有效地发挥作用。为增加两相之间的黏合力，可采用接枝共聚共混或嵌段共聚共混的方法，所生成的共聚物起增容剂的作用，可大大提高冲击强度。

⑤ 其他力学性能　共混物的其他力学性能主要包括拉伸强度、伸长率、弯曲强度、硬度等，以及表征耐磨性的磨耗，对弹性体还应包括定伸应力、拉伸永久变形、压缩永久变形、回弹性等。在对塑料基体进行弹性体增韧时，在冲击强度提高的同时，拉伸强度、弯曲强度等常常会下降。

如 PVC/MBS 共混体系的拉伸强度、弯曲强度随 MBS 用量增大而呈下降之势，如图 4-12 所示。在 PVC/ABS 共混物中添加 SAN 作为增韧剂时，当 SAN 用量为 3 质量份以内时，共混物的冲击强度、拉伸强度、伸长率、屈服强度都随 SAN 用量增大而呈上升趋势。

对于共混物的耐磨性，某些弹性体与塑料共混，可提高塑料的耐磨性。如粉末丁腈橡胶（如 P83）与 PVC 的共混增韧改性时，共混物的耐磨性可得到提高。

4.1.12　塑料共混对熔体的流变性有何影响？

（1）塑料共混物熔体的黏度

塑料共混时，其共混物的熔体黏度的变化较为复杂，常有可能出现以下三种情况的变化。

① 小比例共混就产生较大的黏度下降。如聚丙烯与苯乙烯-甲基丙烯酸四甲基哌啶醇酯（PDS）共混物和 EPDM 与含氟弹性体（Viton）共混时，当 PDS 或 Viton 分散相的用量较小时，共混物的黏度下降幅度较大，而随其用量的增加，黏度变化则趋于平缓，如图 4-13

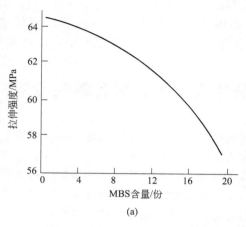

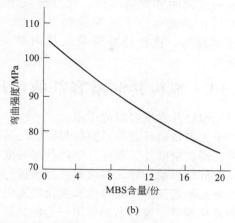

图 4-12　PVC/MBS 拉伸强度和弯曲强度随 MBS 用量的变化

所示。这种小比例共混使黏度大幅度下降的原因主要是由于少量不相混溶的第二种共混组分沉积于流道壁，因而产生了管壁与熔体之间滑移所致。

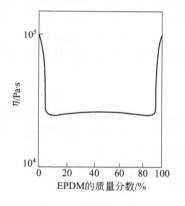

图 4-13　EPDM/Viton
共混物与组分的关系

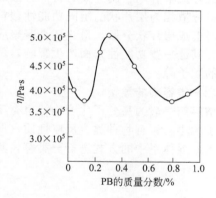

图 4-14　PS/PB 共混物熔体黏
度随 PB 用量的变化关系

② 由于两相的相互影响及相的转变，当共混比改变时，共混物熔体黏度可能出现极大值或极小值。如 PS 与聚丁橡胶（PB）共混时，当 PB 用量较小时，共混物熔体黏度下降较大，会出现极小值，而当 PB 用量逐渐增多时，共混物熔体黏度会逐渐增大，PB 用量增大至一定程度时，共混物熔体黏度会呈现下降趋势，而使共混物熔体黏度出现极大值，如图4-14 所示。

③ 共混物熔体黏度与组成的关系受剪切应力大小的影响，如共聚 POM 和 CPA（44%己内酰胺和 37%己二酸乙二醇酯、19%癸二酸己二醇酯的共聚物）共混物熔体黏度与组成的关系对剪切应力十分敏感，当共混物中 CPA 用量较小时，共混物熔体黏度随剪切应力增大而变小；当共混物中 CPA 用量较大时，共混物熔体黏度随剪切应力增大有增大趋势。

（2）塑料共混物熔体的弹性

共混物熔体流动时的弹性效应随组分比而改变，在某些特殊组成下会出现极大值与极小值，并且常与黏度的极小值相对应，弹性的极小值与黏度的极大值相对应。如 PE/PS 共混物在熔体黏度为极小值时，其弹性为极大值。

　　单相连续的共混物熔体，例如橡胶增韧塑料熔体，在流动过程中会产生明显的径向迁移作用，结果产生了橡胶颗粒从器壁向中心轴的浓度梯度。一般而言，颗粒越大，剪切速率越高，这种迁移现象就越明显，这会造成制品内部的分层作用，从而影响制品的强度。

4.1.13　塑料共混增容剂的作用是什么？增容剂有哪些类型？

　　（1）塑料共混增容剂的作用

　　由于大多数塑料之间及塑料与橡胶之间的互容性较差，使共混体系难以达到所要求的分散程度。即使借助外界条件，使两种塑料或橡胶在共混过程中实现均匀分散，也会在使用过程中出现分层现象，导致共混物性能不稳定和性能下降。增容剂是指在共混的塑料或塑料与橡胶组分之间起到增加相容性和强化界面黏结作用的共聚物，增容剂也称为相容剂、界面活化剂和乳化剂等。增容剂的作用一是使共混物各组分之间易于相互分散，以得到宏观上均匀的共混产物；二是改善共混组分之间相界面的性能，增加相间的黏合力，从而使共混物具有长期稳定的优良性能，防止共混物出现相分离现象，以改善共混物的综合性能，尤其是力学性能。

　　此外，增容剂在制造具有特殊分散形态的聚合物共混物时，可起到使形态稳定的作用，如制造分散相为层片状的阻隔功能性塑料时，就必须借助于增容剂的帮助，否则即使共混物混炼时形成层片状分散，最终还会凝聚成球粒，消除了所需的功能性。增容剂对塑料共混物还能在其他一些功能性方面产生影响，例如离子导电性的提高，光学双折射性的消除，抗静电性的赋予等。

　　（2）增容剂的类型

　　增容剂一般为高分子化合物，也有反应型低分子化合物。增容剂的分类方法很多，有按照分子大小、聚合物种类、反应性质（即在聚合物共混体系中的作用）进行分类，还有按照其加入共混体系中的方式进行分类等，其分类方式如图 4-15 所示。

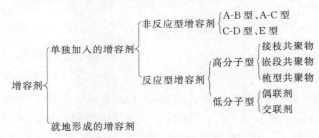

图 4-15　增容剂的分类

　　① 非反应型增容剂　非反应型增容剂多为两种成分构成的高分子聚合物。从结构上看，大多数为嵌段共聚物和接枝共聚物。其分类若以 A、B 分别代表组成共混物的两个组分，可以将此类增容剂分为四种类型。

　　a. A-B 型　聚合物 A 及聚合物 B 形成的嵌段或接枝共聚物。

　　b. A-C 型　聚合物 A 及能与聚合物 B 相容或反应的 C 形成的嵌段或接枝共聚物。

　　c. C-D 型　由非 A 非 B，但分别能与它们相容或反应的聚合物 C 及聚合物 D 组成的接枝或嵌段共聚物。

　　d. E 型　由非 A 非 B 的两种单体组成的能与聚合物 A 及聚合物 B 相容或反应的无规共聚物。

　　表 4-2 为非反应型增容剂的类型及应用实例。

表 4-2　非反应型增容剂的类型及应用实例

类型	增容剂组成	聚合物 A	聚合物 B	增容剂组成	聚合物 A	聚合物 B
A-B	PS-*b*-PMMA/PA-*g*-PMMA	PS	PMMA	PS-*g*-PA6	PS	PA6、EPDM
	PS-*b*-PP	PS	PP	EPDM、EPR	PE	PP
	PS-*b*-PE/PS-*g*-PE	PS	LDPE	SI	PS	PIP
	PS-*b*-PA/PS-*g*-PA	PS	PA	CPE	PVC	LDPE
	PS-*g*-PPO	PS	PPO	PAN-*ω*-AC-cell	AC-cell	PAN
	PS-PEA	PS	PEA	PP-EPDM	PP	EPDM
	PS-PB	PS	PB	AC-cell-PAN	AC-cell	PAN
	PS-*b*-PI	PS	PI	PMMA-*g*-PF	PMMA	PF
	PP-*g*-PA6	PP	PA6	PEO-*g*-PDMS	PEO	PDMS
A-C	PS-PBA	PS-MMA	PC	PDMS-*g*(*b*)-PMMA	PE	PDMS
	PP-*g*-PMMA	PP	PA6	PS-*b*-PCL、SEBS	PS	PVC
	CPE、S-*g*-EP、SIS	PS	PE	PCL-*b*-PS、CPE	PVC	PS、PE、PP
	SEBS	PS	PPO	SEBS	PET	HDPE
	SBS/SEBS	PS	PP	氢化 SP	PS	LDPE、PE
	PS-*g*-EEA	PS	PPO	氢化 SIS、SEBS	PET	PE
C-D	PS-*g*-PMMA	PPE	PVDF	PB-PCL	PVC	LDPE
	PS-PMMA	PPE	SAN	EVA	PVC	BR
	SEBS	PPO	PA	BR-*b*-PMMA	SAN	SBR
	SEBS	PET	PE	EAA	PA	PE
E	EPDM(无规)	PP	LDPE	MAH-acryate(无规)	PC	PA6

② 反应型增容剂　反应型增容剂是一种分子链中带有活性基团（如羧基、环氧基）的聚合物。由于其非极性聚合物主体能与共混物中的非极性聚合物组分相容，而极性基团又能与共混物中的极性聚合物的活性基团反应，故能起到较好的相容作用。

反应型增容剂按照其含有的活性基团，可分为马来酸（酐）型、丙烯酸型、环氧改性型、噁唑啉改性型和链间盐形式等。表 4-3 为反应型增容剂的类型及应用实例。

表 4-3　反应型增容剂的类型及应用实例

增容剂	共混物	增容剂	共混物
酸或酸酐改性 PO/EVA	PO/PA(PC、PET)	聚己内酰胺	PVC/PS
EPR、EPDM 等	PO/EVOH、PS/EVOH	SMAH	PC/PA(PBT)
离子聚合物	PO/PA	酸酐改性 SEBS	PA/PPO、PP/PA(PC)、PS/PO、PE/PET
有机硅改性 PO	PA/聚酯		
噁唑啉改性 PS	PS/PA(PC、PO)、PA/PC	聚酰亚胺共聚物	PA/PC
聚苯氧基树脂	PC/ABS(SMC)、PE/ABS	过氧化聚合物	EPR/工程塑料

③ 低分子型增容剂　低分子型增容剂也属于反应型增容剂，它可与共混聚合物组分发生反应。常用低分子型增容剂主要有对甲基苯磺酸、亚磷酸三苯酯、过氧化物、氨基硅烷、环氧硅烷或含多官能团的环氧等，不同的低分子型增容剂的应用有所不同。表 4-4 为一些低分子型增容剂的应用。

表 4-4　低分子型增容剂的应用

增容剂	聚合物 B	增容剂	聚合物 B
对甲基苯磺酸	PET/ PA6	多官能化单体＋过氧化物	PVC/ LDPE
PF＋六亚甲基四胺＋交联剂	PA6/ NR	有机官能化钛酸酯	POM/丙烯基聚合物
过氧化物	PMMA/丙烯基聚合物	聚酰胺	PBT/ EPDM-*g*-富马酸
双马来酰亚胺或氯化石蜡	PVC/ PP	过氧化物	PE/ PP
氨基硅烷、环氧硅烷或含多官能团的环氧等	PPE /PA66	二羟甲基酚衍生物	PP/NBR、PA6/NBR
过氧化物＋三嗪三硫酚或 TAIC＋ MgO	PBT/MBS、PBT/NBR	亚磷酸三苯酯	PA6/PA66
	PC/芳香族 PA	Lewis 酸	PS/EPDM
	PVC/ PE	EVACO 交联剂	EVA/EVACO、HDPE/EVACO
		过氧化物＋双马来酰亚胺	PP/NR

反应型增容剂与非反应型增容剂的比较如表 4-5 所示。

表 4-5　反应型增容剂与非反应型增容剂的比较

项目	反应型	非反应型
优点	(1)添加少量即有很大的效果； (2)对于相容化难控制的共混物效果大	(1)容易混炼； (2)使共混物性能变差的危险性小
缺点	(1)由于副反应等原因可能使共混物的性能变差； (2)受混炼及成型条件制约； (3)价格较高	需要较大的添加量

4.1.14　共混物中选用反应型增容剂和非反应型增容剂各有何特点？增容剂作用的原理如何？

（1）反应型增容剂和非反应型增容剂的特点

① 共混物中选用反应型增容剂的特点

a. 添加量少，效果明显。一般加入 3%～5%（质量分数），最多可达 20%（质量分数）左右。

b. 对于相容化难控制的共混物效果大，主要用于烯烃和苯乙烯系列树脂采用共聚法引入羧酸（酐），或用于 PA 与聚烯烃或苯乙烯系树脂共混等。

c. 使用反应型增容剂时，共混体系易产生副反应，可能会影响共混物的性能和质量，混炼和成型条件不易控制。

d. 反应型增容剂不仅可以使塑料合金具有各共混组分的优良性能，还可以增加和改善某些性能，并且兼具其他用途，如涂料、表面改性剂等。

② 共混物中选用非反应型增容剂的特点

a. 使所增容的共混物容易混炼。

b. 共混物中没有副反应的影响，对共混物性能变差的影响危险性小。

c. 增容效率不高，通常需要较大的添加量。

（2）增容剂的增容作用原理

在塑料共混过程中，增容剂的增容作用有两方面含义：一是使共混物各组分之间易于相互分散，以得到宏观上均匀的共混产物；二是改善共混组分之间相界面的性能，增加相间的黏合力，从而使共混物具有长期稳定的优良性能。增容剂分子中具有能与共混各组分进行物理或化学的结合基团，是能将不相容或部分相容组分变得相容的关键。由于增容剂的种类、制造方法较多，产品的结构不一，因此各种增容剂在共混物中的作用机理是完全不同的。

① 非反应型增容剂的增容作用原理　对于非反应型增容剂来说，一般是两组分的接枝或嵌段共聚物，根据"相似相容"原理，共聚物分子链中的不同链段，通过范德华力或链段的扩散作用与共混体系内两组分塑料或橡胶相混容，从而达到增容目的。非反应型增容剂的增容效果主要通过降低两相之间的界面能、促进相分散、阻止分散相再凝聚以及强化相间的黏合力等途径来实现。

② 反应型增容剂的增容作用原理　反应型增容剂的增容作用是借助于分子中的反应性基团，与共混体系内两组分聚合物发生化学反应，通过化学链实现增容目的，也称为化学增容。化学增容的概念包括外加反应型增容剂与共混聚合物组分反应而增容，也包括使共混聚合物组分官能化，并且凭借相互反应而增容。如在 PE/PA 共混体系中可外加入羧化 PE，或使 PE 羧化后再与 PA 共混。反应型增容剂尤其适用于那些相容性很差且含有易反应官能团的塑料之间的共混增容。

4.1.15 塑料共混过程中应如何制备增容剂？

① 非反应型增容剂的制备方法 非反应型增容剂主要是各种嵌段和接枝共聚物，非反应型增容剂的制备方法可分为预先专门制备和共混过程中直接合成两种。在塑料共混过程中的直接合成，一方面可以是利用共混物各组分在共混过程中的变化自行产生，如两种塑料或橡胶共混物在高温熔融混炼过程中，由于强剪切、温度等作用产生大分子自由基，进而形成了含有链段的嵌段或接枝共聚物，其客观上就起到了增容效果，因而这些嵌段或接枝共聚物即是在共混过程中直接产生的增容剂。

为了能更有效地在共混过程中直接合成所需的增容剂，一般应是有目的、有控制地进行。通常在共混物中加入适量的引发剂，使其在一定的温度和一定的混炼作用下合成增容剂。在共混时主要的控制因素为过氧化物引发剂用量、混炼时剪切作用及温度。过氧化物常用过氧化二苯甲酰、过氧化二异丙苯。熔融混炼设备已由开放式双辊筒混炼机向双螺杆挤出机转移。双螺杆挤出机不仅有强化的剪切、混炼效果，而且便于控制稳定的混炼条件。至于混炼温度主要考虑聚合物组分的熔化温度和分解温度，还应兼顾对直接合成增容剂结构及数量的影响。

② 反应型增容剂的制备方法 反应型增容剂的制备方法也有预先专门制备和共混过程中直接产生两种方法。反应型增容剂的制备主要是要在共混组分中引入预定的可反应增容的官能团。主要的反应型增容剂是羧化 PE、羧化 PP、羧化 PS 等，它们是为促进非极性的聚烯烃（PE、PP、PS 等）与极性的聚酰胺（PA）的相容而设计的。如合成含羧基的反应型增容剂时，大多采用与丙烯酸类单体共聚的方法获得，如将丙烯腈、丁二烯、丙烯酸进行无规共聚，就得到含羧基的丁腈橡胶（羧化 NBR）；又如将丙烯酸酯-丙烯酸无规共聚物（MMA）与甲基丙烯酸（MAA）的混合物放在反应器中与丁苯弹性体接枝共聚，也得到此种类型增容剂，它们都适用于作为 PA 共混体系增容。共混反应时，一般可在混炼设备（开放式混炼机、双螺杆挤出机等）中完成，但最好采用先进的排气式反应挤出机。

4.1.16 增容剂在塑料共混中的应用如何？

(1) 增容剂在聚烯烃类共混物中的应用

PE、PP、PS 等塑料品种之间的性能具有良好的互补性，但缺乏良好的相容性，因此通常需通过增容作用来提高共混物之间的界面结合力，以形成均匀稳定的共混体系。

① 共混物中 PE、PP 两组分有一定的相容性，但其界面黏结力还是不足，对于强度要求较高的制品难以达到力学性能要求。而当采用 EPR（乙烯-丙烯共聚物橡胶）作为增容剂时，PP/PE 共混物性能可得到明显改善。在共混体系中加入 20% EPR 后，其延伸率大为提高，并且与 PP/HDPE 共混组分比基本符合线性关系，从而间接证明了增容后该共混物形态结构的均化以及相界面黏结的强化。

② PS/LDPE 共混物中加入增容剂 PS-LDPE 接枝共聚物后，可明显改善材料的拉伸强度，其拉伸强度的提高幅度随着接枝共聚物添加量的增加而加大。

加氢（PB-b-PS）共聚物在 PE/PS 共混体系中能起到良好的增容效果，因其嵌段结构分别与 PE/PS 极为相似，对 LDPE/PS 共混物增容效果极为明显。在 LDPE/PS 共混体系中仅加入 1%（质量分数）的加氢（PB-b-PS）共聚物，就能使分散相粒径由不加时的 $20\mu m$ 降至 $1.5\mu m$ 左右，从而使共混物的拉伸强度大为提高。

③ 在 PP/PS（70/30）共混物中加入 PP-g-PS 10 份，使单独共混时的明显相分离形态转化为精细的两相形态结构，PS 分散相降至 $1\mu m$ 以下。

④ 将 AS 与 PS 的嵌段共聚物作为 ABS/PS 共混物的增容剂，其增容效果亦很明显。加

入 10 份的嵌段共聚物，试样的冲击强度为不加的 3 倍左右。

（2）增容剂在聚酰胺（PA）类共混物中的应用

由于 PA 与其他聚合物的难混溶性，通常可采用反应型增容剂增加其与共混物的相容性，所选用的反应型增容剂大都是以含羧基和酸酐基的共聚物为主。

将 MAH 接枝的 PP 作为增容剂加入 PA、PP 混合物中，经挤出机熔融混炼得到增容的 PA/PP 共混物（MAH 基与 PA 末端氨基反应），与普通 PA/PP 共混物对比，由于相容性的提高，两者断裂面的电子显微镜照片呈现极大的差异。未增容的试样，分散相粒子粗大、光滑，界面黏结力弱，而增容处理的试样分散相粒径极小，界面模糊，几乎成为均相。

PA/EPDM 共混物经羧化 EPDM 接枝聚合物的增容，冲击强度获得大幅度提高。经增容改性的 PA/EPDM 共混物，甚至在 −20℃时，仍有很高的冲击强度，可以满足低温使用环境的要求，但普通 PA/EPDM 共混物在 13℃时已因冲击强度过低而失去了使用价值。

在 PA6/ABS（60/40）共混物中加入 2 份反应型增容剂（主干含羧基，支链为 PM-MA），经 247℃熔融混炼，产物的延伸率比未增容的同样共混物高出 6 倍多，冲击强度提高 1 倍。

某些特制的非反应型增容剂也可能在 PA 共混体系中起到良好的增容效果。例如 PS-b-MMA 加到不相容的 PA6/PVDF 共混体系中，其形态结构明显均化。

（3）增容剂在其他聚合物共混物中的应用

为了提高 PBT、PPO、PPS（聚苯硫醚）等耐高温树脂与其他聚合物的相容性，改善其综合性能，扩充它们的应用领域，也常需借助于增容剂。如以 MAH 接枝的 EPDM 作为 PBT/EPR 共混物的反应型增容剂，其增容效果卓越，MAH 中的酸酐基与 PBT 末端所含的羟基反应生成了 PBT 与 EPDM 的接枝物，因而促进了两聚合物的相容。

PBT 与 PPO（聚苯醚）完全不相容，而且成型性极差，当使用带有环氧基的 PS 接枝共聚物作为增容剂，相容性得以提高，并且使力学性能、加工性能全面改善，从而创制出一种新型的聚合物合金。它有可能取代 PA/PPO 而占领市场。

PPS/PPO 共混物由于相容性差，需加入增容剂才能获得良好的共混效果。如使用 5 份含环氧基的反应型增容剂，PPS/PPO(70/30) 共混物的拉伸强度提高了约 50%，断裂伸长率增加了 60% 左右。

4.2 聚乙烯共混改性实例疑难解答

4.2.1 对 PE 进行共混改性的主要作用是什么？

PE 具有韧性好、质轻、价廉、来源广等许多优良性能，但由于其软化点低、强度不高、易应力开裂、不易染色、耐大气老化性差等缺点，限制了 PE 的应用。通常对 PE 与其他塑料进行共混，可以改善其性能，从而扩大 PE 类塑料的应用领域。一般对于 PE 的共混，其改性的目的主要有以下几方面。

① 采用不同密度 PE 进行共混，改善 PE 的物理力学性能　不同密度聚乙烯的应用特性，具有很大的差异，如高密度聚乙烯（HDPE）与低密度聚乙烯（LDPE）相比，前者具有较高的硬度、拉伸强度、软化温度以及良好的耐化学药品性，而扯断伸长率和缺口冲击强度却低于 LDPE。此外，线型低密度聚乙烯（LLDPE），它的多数性能又介于 HDPE 和 LDPE 之间。由于上述特性，HDPE 适于制造各种容器、油罐管道、阀门、衬垫、齿轮、轴承等零部件，而 LDPE 多用于制造包装薄膜、农用薄膜、软板、泡沫制品及电绝缘材料等，

而 LLDPE 主要适于制造各种薄膜及泡沫制品等。当不同种类 PE 共混并用时，可弥补单一 PE 品种性能的不足，从而制得性能更优良的制品，扩大 PE 的应用范围。

由于 LDPE 较为柔软，它的强度和气密性较差，而 HDPE 又表现出硬度高，缺乏柔韧性，如在 LDPE 中加入 HDPE 或 HDPE 中加入 LDPE 可改善 LDPE、HDPE 的力学性能，当 HDPE/LDPE 共混比例为 50/50 时，共混物的断裂伸长率不变，拉伸强度最大。在 LDPE 中加入 20%～30% 的 HDPE，所得的共混薄膜的药品渗透性、透气性下降，为 LDPE 薄膜的 25%～50%，而且刚性、强度得到提高，透光性好，用于包装薄膜时，其厚度可减少一半，从而使成本降低。

高密度聚乙烯（HDPE）与线型低密度聚乙烯（LLDPE）共混，制成 HDPE/LLDPE 共混物的拉伸强度、冲击强度增加。再如低密度聚乙烯（LDPE）与线型低密度聚乙烯（LLDPE）共混，制成 LDPE/LLDPE 共混物的拉伸强度增加、断裂伸长率增加。LDPE 中加入 MDPE 制得的共混物适宜制作耐热性较好的容器，如医疗器具，可在沸水中进行消毒处理。

② 改善 PE 的柔韧性　PE 中加入热塑性弹性体、聚异丁烯、氯化聚乙烯、EVA 及各种橡胶类物质，可达到改性 PE 柔性的目的。HDPE 中掺入 SBS，柔韧性优于 HDPE，该共混物加工性优良，可制作薄膜。苯乙烯-异戊二烯嵌段共聚物（SIS）可分别与 HDPE、LDPE 掺混，当 SIS 含量为 5% 时，共混物的抗蠕变性高于 LDPE。PB 与 PE 共混，可制作软硬不同的各种缓冲材料和包装材料。

③ 改善 PE 的印刷性　用聚丙烯酸酯类树脂改性 HDPE，可提高 PE 黏结油墨的能力。如在 HDPE 中加入 5%～20% 的 PMMA 可改善其印刷性，但拉伸强度、伸长率有所降低。氯化聚乙烯（CPE）与 PE 共混，可明显提高 PE 与油墨的黏结力。若 CPE 氯含量较大，则添加量小，如氯含量 55% 的 CPE 与 HDPE 共混，CPE 含量为 5%，共混物与油墨的黏结力高于 HDPE 约 3 倍。

④ 改善 PE 的耐燃性　CPE 掺入 PE 中可提高 PE 的耐燃性，若使耐燃改性效果更佳，可同时加入三氧化二锑。

⑤ 改善 PE 的发泡性　在 PE 中加入适量的 PB、PS、EVA 等可改善其发泡性。如 PB 与 PE 共混，PB 含量小于 30% 时，可提高泡沫塑料的稳定性。

⑥ 改善填充 PE 的强度　通常在填充 PE 中加入羧化 PE，如 PE-g-MAH 等，能起偶联剂作用，可改善 PE 与填料（如 $CaCO_3$ 等）的界面结合力，从而提高了 PE 中填充剂的加入量以及填充塑料的强度等。

4.2.2 HDPE 与 LDPE 共混时，成型加工过程中应注意哪些问题？

HDPE 与 LDPE 共混并用时，可改善 HDPE 硬度大、冲击韧性不足的缺陷。HDPE 与 LDPE 采用不同比例的共混，可制得不同冲击韧性的制品。一般 HDPE/LDPE 共混物的拉伸强度随 LDPE 含量的增加而下降，断裂伸长率增加，抗冲击性提高。当 LDPE 含量达到 25% 时，共混物的拉伸强度可降至 18MPa 左右，断裂伸长率可增至 400% 左右。共混物注塑成型时，LDPE 的加入对注塑级 HDPE 的影响不大，在 200℃ 时，纯 HDPE 与含 5%～20%LDPE 共混物的流动性较为接近。

如某企业采用熔体流动速率为 12.3g/10min、密度为 0.95g/cm³ 的 HDPE 与熔体流动速率为 1.3g/10min、密度为 0.92g/cm³ 的 LDPE 共混生产容量为 8L 的塑料桶时，共混物不同配比的生产工艺及制品性能如表 4-6 所示。

表 4-6　某企业 HDPE/LDPE 共混物不同配比的生产工艺及制品性能

HDPE/LDPE 共混比例	注塑压力 /MPa	塑化温度 /℃	成型周期 /s	制品拉伸 强度/MPa	制品断裂 伸长率/%	跌落 试验	落锤冲 击试验
HDPE(100)	10.5	160～190	15	26	170	较差	较差
HDPE/LLDPE (95/5)	11	160～190	15	24	258	良好	良好
HDPE/LLDPE (90/10)	11.5	160～190	16	22.4	306	良好	良好
HDPE/LLDPE (80/20)	12	160～190	17	18.3	382	良好	良好

4.2.3　HDPE 与 LLDPE 共混时，成型加工过程中应注意哪些问题？

HDPE 与 LLDPE 共混并用时，可改善纯 HDPE 的脆性，提高韧性和强度，降低能耗和制品成本，同时还可改善 HDPE 成型加工的工艺条件，有利于生产大型注塑制品。共混时，共混物的性能随 HDPE/LLDPE 的共混比不同而不同，一般共混物的屈服应力随 HDPE 含量的减少而降低，拉伸模量和弯曲模量随 LLDPE 的增加而下降；当 LLDPE 的含量大于 20% 时，共混物的冲击强度会随 LLDPE 含量的增加而增大。共混物的结晶度一般比 HDPE 低，而比 LLDPE 要高。另外，不同共混比例的 HDPE/LLDPE 成型工艺也会有所不同。某企业采用 HDPE/LLDPE 不同比例共混注塑成型塑件时的成型工艺及制品性能如表 4-7 所示。

表 4-7　某企业采用 HDPE/ LLDPE 不同比例共混注塑成型塑件时的成型工艺及制品性能

HDPE/LLDPE 共混比例	注塑压力 /MPa	塑化温度 /℃	制品质量 /g	制品拉伸强度 /MPa	制品断裂伸长率 /%
HDPE/LLDPE (85/15)	9	一段:150 二段:175 三段:195 喷嘴:205	1620	24.4	220
HDPE/LLDPE (80/20)	9	一段:150 二段:180 三段:220 喷嘴:210	1665	22.7	433.3
HDPELLDPE (70/30)	9	一段:150 二段:180 三段:210 喷嘴:220	1705	20.7	300
HDPE(100)	9	一段:150 二段:195 三段:235 喷嘴:245	1810	26.7	62.7

4.2.4　HDPE 与 CPE 共混制备阻燃电缆料时应注意哪些问题？

HDPE 具有优异的电绝缘性、良好的力学性能，但易燃、冲击强度低，因此用于电线电缆时，常需进行抗冲、阻燃改性。CPE 是具有优良阻燃性的弹性体，即对 HDPE 具有增韧作用，可提高 HDPE 的抗冲击性，又可提高 HDPE 的阻燃性，同时还可降低其他低分子阻燃剂（如三氧化二锑、溴系阻燃剂等）在体系中的加入量，由于三氧化二锑及卤素阻燃剂与 HDPE 相容性差，在 HDPE 树脂中添加量不可太多，否则会降低 HDPE 的力学性能。另外，也可使 HDPE/卤锑体系的抗冲击性得到改善。

在 HDPE 的阻燃体系中，一般随 CPE 用量的增加，共混体系的冲击强度、阻燃性提高，CPE 含量达到 20%左右时，体系的冲击强度会明显增强。当 CPE 含量达到 25%时，共混物的氧指数达到最大值，CPE 含量继续增大时，氧指数又逐步下降。

对于溴系阻燃剂，在溴含量相同的情况下，不同阻燃剂其阻燃效果不同；FR-A、FR-D 两个阻燃体系在加工过程中分解严重，使起阻燃作用的溴量变少，表现出热稳定性差的阻燃体系，氧指数低。FR-C 的氧指数较高，但它与 HDPE 树脂的相容性差，起霜严重，而且冲击强度较低，而 FR-B 阻燃性虽稍差，但相容性很好，冲击强度较大，故 FR-B 为 HDPE 较合适的阻燃剂。

对于无机阻燃剂 $Al(OH)_3$、红磷等单独用于 HDPE，阻燃效果不很理想，当两者并用后有一定的协同效应，氧指数有所提高，但 $Al(OH)_3$ 添加量较大。因此对共混物的物理力学性能影响较大，同时还会影响共混物的加工工艺性能，因此一般不宜采用红磷/$Al(OH)_3$ 阻燃体系，而红磷与含溴阻燃剂有明显的协同作用，而且用量较少，是一种较好的阻燃体系。

炭黑通常作为辅助阻燃剂，炭黑加入 HDPE 阻燃共混体系，氧指数明显提高，而且与炭黑加入量成正比，但加入一定量后，氧指数变化就平缓了。

如某企业采用 HDPE 与 CPE 共混制备阻燃电缆料时，其配方如表 4-8 所示，制得的阻燃电缆料既具有良好的阻燃性能，还具有良好的力学性能，其氧指数达到 26.7%，拉伸强度为 19.1MPa，冲击强度为 346J/m，伸长率为 380%。

表 4-8　HDPE 与 CPE 共混制备阻燃电缆料配方

原料	用量/phr	原料	用量/phr
HDPE	70	无机阻燃剂	8
CPE	20	炭黑	25
磷溴复合阻燃剂	15	复合稳定剂	2
其他助剂	适量		

4.2.5　HDPE 与 PA6 共混应注意哪些问题？

HDPE 与 PA6 共混时，共混物具有独特的微观结构与特性，在一定条件下，能形成层状结构，使共混物具有一定的阻隔性。HDPE/PA6 共混物还具有较低的吸湿性，以及良好的低温韧性。HDPE/PA6 对有机物如烃类化合物、有机溶剂有很好的阻隔性，是汽油、柴油、有机溶剂良好的包装用材。可用于制造汽车油箱、有机溶剂包装桶，同时，HDPE/PA6 共混物的隔氧性也很好，作为食品保鲜包装材料具有广阔的应用前景。

在 HDPE/PA6 共混物的形态结构中，HDPE 基体形成连续相，而 PA6 呈层状分散于 HDPE 中，其形态特征是分散相 PA6 呈细微薄片状，当达到足够浓度时，便可形成连续的片网在基体中构成层状，这种微观结构赋予 HDPE/PA6 共混物优良的阻隔性。这种层状结构的形成主要依靠两聚合物的黏度差、合理的共混挤出工艺条件。由于 PA6 的黏度高，HDPE 的黏度低，在共混挤出过程中，低黏度的 HDPE 包裹 PA6，在一定的剪切力作用下，两组分产生变形塑化。而由于 PA6 的黏度较高，变形的难度较 HDPE 大，所以，PA6 被充分拉伸，取向形成微细层流。

HDPE/PA6 共混物的力学性能随组分配比的变化而变化。当 HDPE/PA6 共混物中 PA6 含量增加时，合金的拉伸强度提高，而冲击强度下降，伸长率的变化则随 PA6 含量增加先升高后降低。HDPE/PA6 共混物性能与增容剂的用量有关，一般共混物的屈服应力会随增容剂用量的增加而下降，而拉伸模量会随增容剂的增加而增加，如图 4-16 所示。

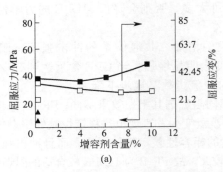
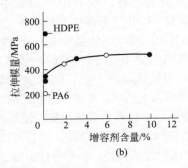

图 4-16 HDPE/PA6 共混物性能与增容剂的用量的关系

4.3 聚丙烯共混改性实例疑难解答

4.3.1 PP 共混改性的主要作用是什么？

聚丙烯除具有良好的拉伸强度、压缩强度及硬度外，还具有优良的耐热性、耐化学腐蚀性、电绝缘性等性质。聚丙烯加工成型容易，主要采用注塑成型，制备建筑、机械部件、电工零件等，也可采用挤出、吹塑工艺方法制造薄膜材料、板材、管材和纤维材料等。但具有较大的成型收缩率，低温易脆裂，耐磨性不足，热变形温度不高，耐光性差等。PP 具有低温脆性，成型收缩率较大，热变形温度高，耐光性、耐磨性差，不易染色等，使 PP 的应用受到限制，为了改善 PP 的低温脆性等，通常可通过共混改性的方法来加以实现。

① 改善低温脆性，提高冲击强度　改善低温脆性，提高冲击强度，常可采取 PP 与 PE、乙丙共聚物（EPR）、顺丁橡胶（BR）异丁烯、热塑性弹性体（SBS 或 SIS）、聚丁二烯等共混的方法。其中 PP/PE 共混物适于大型容器注塑；PP/ BR 及 PP/EPR 以 100/30 共混，其增韧效果显著，可生产容器、建筑防护材料、劳动安全帽；PP/丁基橡胶共混物能提高耐环境应力开裂性，适宜制取工业用及日用容器，也可制作各种用途的管道和薄膜。

② 改善耐磨性、耐热性、染色性　一般采用 PP 与 PA 共混，可明显改善 PP 耐磨性、耐热性和染色性；PP 与某些改性 PI 共混，可得到热稳定性好、易染色的共混物；PP 与 EVA 共混，可改善加工性、印刷性、耐应力开裂性及抗冲击性。

4.3.2 聚丙烯与高密度聚乙烯共混应注意哪些方面？

聚丙烯与聚乙烯共混可改善聚丙烯的韧性，增大低温下落球冲击强度。聚丙烯与聚乙烯均为结晶聚合物，两种聚合物的共混物组成了相容性不良的多相体系。共混物中的两相组成各自生成了结晶结构。如 PP/HDPE 共混物，其中 HDPE 含量较少时，共混物中两组分分别构成晶态。当共混物中 HDPE 含量较多时，会使其中的聚丙烯球晶破坏形成碎片，结果增强了两相界面的相互作用，从而改善了共混物的力学性能。当 PP/HDPE 共混物中 HDPE 分子量越大，致使共混物的拉伸强度也越大，如 PP/HDPE 共混物中含 40% 的 HDPE，它与 PP/UHMWPE 共混物含 10% 的 UHMWPE 时相比，具有相同的拉伸强度。

① 共混物性能　聚丙烯与高密度聚乙烯并用，制成 PP/HDPE 共混物。经过两者的并用可调整共混物的拉伸强度，改善共混物的韧性。共混物的拉伸强度一般随聚乙烯含量的增加而下降，共混物的冲击强度一般随聚乙烯含量的增加而增大。例如聚丙烯（结晶度 58%，$M_w = 217000$）与高密度聚乙烯（结晶度 76%，$M_w = 132000$）经 200℃、15min 的条件共

混，制成 PP/HDPE 共混物的屈服应力是随 PP 含量的增加而增大，当 PP 含量为 25%～90% 时，共混物的实际断裂应力出现最低值。当 PP 含量为 75% 时，共混物的屈服伸长率及断裂伸长率都出现最低值。PP/HDPE（75/25）共混物具有最高的拉伸模量，达到 730MPa。

② 共混工艺 PP 与 HDPE 经单螺杆挤出机共混挤出，挤出温度为 200～230℃，可制得力学性能良好的共混物。在挤出过程中，提高挤出机的转速，可增大共混物的拉伸强度。挤出机挤出温度在 220℃ 时较 250℃ 的共混物有较高的拉伸强度。

PP/HDPE 共混物经 135℃ 的退火处理后，共混物的屈服强度可明显地增大，屈服伸长率有一定的下降。如 PP/HDPE（50/50）共混物，退火处理前屈服强度为 27.7MPa，而经过退火处理，屈服强度增至 34.2MPa，共混物的屈服伸长率在退火处理前后变化不大。PP 的弹性模量退火前为 734MPa；退火后为 894MPa；HDPE 的弹性模量，退火前为 725MPa，退火后为 821MPa；而 PP/HDPE（50/50）共混物的弹性模量，退火前为 615MPa，退火后为 800MPa。它们经过退火处理，弹性模量也都有所增大。

PP 与 HDPE 经 190～210℃ 的共混挤出，制成共混物，可将共混物进行退火处理，即将共混物加热到一定温度，保温若干时间，然后缓慢冷却。结果使共混物消除或减弱内应力、降低脆性，改善了力学性能。PP/HDPE（80/20）共混物，退火处理前，拉伸强度为 3.3×10^7 Pa，断裂伸长率为 9.0%，经过退火处理后，拉伸强度增至 3.7×10^7 Pa，扯断伸长率达到 13%。共混物的冲击强度，退火处理前为 28J/m，退火处理后降至 20J/m。

③ 共混增容剂 PP/HDPE 共混物可以利用乙丙无规共聚物（EPM）或乙烯-丙烯嵌段共聚物等作为增容剂，增容剂用量为 1%～20%。PP/HDPE 共混物以乙丙无规共聚物（EPM）为增容剂，增大聚丙烯与聚乙烯相容效果。共混物所用的增容剂 EPM 的商品牌号为 Dutral 和 Epcar。共混物的单螺杆挤出机挤出条件为 210℃、220℃、230℃、220℃。不同共混比 PP/HDPE 共混物的弹性模量随 EPM 增容剂用量的增加而下降。此外，PP/HDPE 共混物的拉伸强度也随 EPM 增容剂用量的增加而下降。

在 PP/HDPE 共混物中，20% 的乙丙橡胶可明显地增大共混物的断裂伸长率及冲击强度，但乙丙橡胶在共混物中增量，将明显地降低共混物的弹性模量及屈服强度。在 PP/HDPE 共混物中含 5% 的乙丙橡胶，具有最高的屈服强度。如 PP/HDPE（50/50）共混物，屈服强度达到 32MPa。在 PP/HDPE 共混物中乙丙橡胶（Epcar）含量为 15% 时，共混物的冲击强度最高。如 PP/HDPE（75/25）共混物，冲击强度高达 92kJ/m²。

PP/HDPE（90/10）共混物中采用 EPDM 作为增容剂时，共混物的弹性模量、拉伸强度随 EPDM 用量的增加会出现明显下降，而冲击强度、断裂伸长率则明显提高。

4.3.3 聚丙烯与超低密度聚乙烯共混时，其性能主要发生哪些变化？

超低密度聚乙烯（ULDPE）是第四代聚乙烯，具有优异的柔软性、韧性，高的冲击强度和拉伸强度，而且断裂伸长率高，有突出的耐穿刺性和很好的耐环境应力开裂性，结晶性低，成型收缩率小，由于其密度低，因而相同产品的得率较高。超低密度聚乙烯与聚丙烯（PP）共混可以明显改善 PP 的韧性、拉伸强度、耐环境应力开裂性等。

目前 ULDPE 主要有 ULDPE-1 和 ULDPE-2 两个品种，ULDPE-1 的密度为 0.89～0.906g/m³，熔体流动速率约为 18g/10min，平均分子量（M_w）约为 48000；ULDPE-2 的密度为 0.89～0.900g/m³，熔体流动速率约为 3.9g/10min，平均分子量（M_w）约为 70000。与 PP 共混时，对 PP 的熔融温度、结晶温度、弯曲模量和断裂伸长率等都有影响，而且采用不同的 ULDPE 品种时，其影响程度有所不同。如采用单螺杆挤出机对 PP/UL-

DPE-1 和 PP/ULDPE-2 分别共混时，共混挤出机各段温度分别为：一段 210℃，二段 220℃，三段 230℃，机头 220℃。制得共混物的性能影响如下。

① 熔融温度 采用 ULDPE 与 PP 共混中，当 ULDPE 用量较少时，共混物中 ULDPE 与 PP 的熔融温度会随 ULDPE 用量的增加而提高；当 ULDPE 的用量超过 60％以后，共混物中 ULDPE 与 PP 的熔融温度会随 ULDPE 用量的增加而降低；ULDPE 的用量在 40％～60％范围内，共混物具有较高的熔融温度。而 PP /ULDPE-1 共混物中 ULDPE 与 PP 的熔融温度要比 PP/ULDPE-2 共混物的熔融温度要高，如图 4-17 所示。

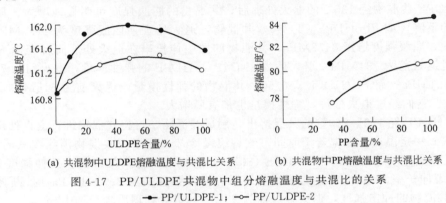

(a) 共混物中ULDPE熔融温度与共混比关系   (b) 共混物中PP熔融温度与共混比关系

图 4-17 PP/ULDPE 共混物中组分熔融温度与共混比的关系
●—PP/ULDPE-1；○—PP/ULDPE-2

② 结晶温度 当 ULDPE 与 PP 共混时，共混物的结晶温度会随 PP 用量的增加而升高，而共混物的结晶温度会随 ULDPE 用量的增加而降低。而 PP 与 ULDPE 共混时，PP 的结晶温度要比 PP/ULDPE 共混物的结晶温度要高，ULDPE-1 的结晶温度也要比 ULDPE-2 高，如图 4-18 所示。

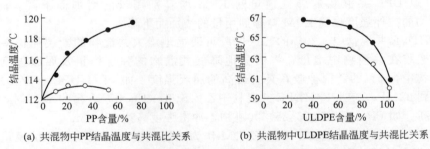

(a) 共混物中PP结晶温度与共混比关系   (b) 共混物中ULDPE结晶温度与共混比关系

图 4-18 PP/ULDPE 共混物中组分结晶温度与共混比的关系
●—PP/ULDPE-1；○—PP/ULDPE-2

③ 共混物的密度 当 ULDPE 与 PP 共混时，共混物的密度会随 ULDPE 用量的增加而降低，而在同样共混比例的情况下，PP/ULDPE-1 共混物的密度要比 PP/ULDPE-2 共混物的密度要稍高些，如图 4-19 所示。

④ 共混物的弯曲模量及断裂伸长率 PP/ULDPE 共混物的弯曲模量随 ULDPE 用量的增加而下降，而在同样共混比例的情况下，PP/ULDPE-1 共混物的弯曲模量要比 PP/UL-DPE-2 共混物要稍低些，如图 4-20 所示。PP/ULDPE 共混物的断裂伸长率会随 ULDPE 用量的增加而有所下降。

4.3.4 聚丙烯与低密度聚乙烯共混时，共混物的性能与哪些因素有关？

聚丙烯（PP）与低密度聚乙烯（LDPE）共混时，共混物的性能与混炼程度、LDPE 的用量、相容剂及交联剂等有关。

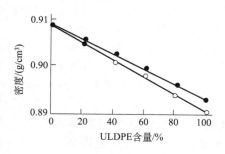

图 4-19 PP/ULDPE 的密度
与 ULDPE 含量的关系
—●—PP/ULDPE-1；—○—PP/ULDPE-2

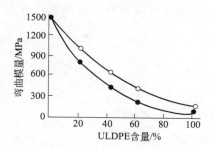

图 4-20 PP/ULDPE 的弯曲模量
与 ULDPE 含量的关系
—●—PP/ULDPE-1；—○—PP/ULDPE-2

① 混炼程度　采用不同长径比螺杆的挤出机对 PP 与 LDPE（50/50）进行共混，共混时挤出机各段温度分别控制为 210℃、215℃、215℃、215℃、210℃，PP/LDPE 共混物的弹性模量会随挤出机螺杆的长径比增大（即混炼程度提高和混炼时间延长）而增大，如图 4-21 所示。螺杆长径比为 20 时，PP/LDPE（50/50）共混物的弹性模量达 20GPa 以上，而且共混物的低温弹性模量比 PP 要高，如图 4-22 所示。

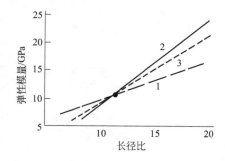

图 4-21 PP/LDPE 的弹性模量与螺杆长径比的关系
1—PP/LDPE（100/0）；2—PP/LDPE（0/100）；
3—PP/LDPE（50/50）

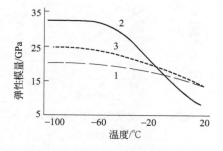

图 4-22 PP/LDPE 的弹性模量与温度的关系
1—PP/LDPE（100/0）；2—PP/LDPE（0/100）；
3—PP/LDPE（50/50）

② LDPE 的用量　PP 与 LDPE 共混时，其共混物的弹性模量会随 LDPE 用量的增加而增加，屈服应力与断裂应力会随 LDPE 用量的增加而减少，屈服应变与断裂应变则会增加。如 PP/LDPE 共混物采用注塑成型时，注塑机喷嘴温度为 200～210℃，机筒前段温度为 200～220℃，后段温度为 170～180℃，制得 PP/LDPE 共混物的弹性模量与共混比的变化关系如图 4-23 所示，PP/LDPE 共混物不同共混比时的应力与应变值如表 4-9 所示。

表 4-9　PP/LDPE 共混物不同共混比时的应力与应变值

PP/LDPE 用量比	屈服应力/MPa	断裂应力/MPa	屈服应变/%	断裂应变/%
100/0	18.03	21.91	12.23	35.22
80/20	13.56	4.78	12.27	114.6
60/40	11.04	8.08	14.10	117.4
50/50	9.85	8.41	14.49	82.08
40/60	8.15	5.23	15.23	79.50
20/80	5.46	6.9	18.73	78.89
0/100	3.56	9.7	92.37	119.8

③ 相容剂　PP/LDPE 共混物采用聚丙烯与马来酸酐的接枝物（PP-g-MA）作为增容剂时，增容性共混物的拉伸强度、冲击强度及断裂伸长率明显增大。当 PP 与 LDPE（50/50）共混时，共混条件为 185℃、30min，制得共混物中无增容剂时，拉伸强度约为 12.4MPa，断裂伸长率约为 14％，冲击强度约为 8.5J/m，当加入 10％ PP-g-MA 为增容剂后，拉伸强度增至 14.6MPa，断裂伸长率为 33％，冲击强度为 14J/m。增容剂的用量也会影响共混物的力学性能，适当增加增容剂的用量会提高共混物的机械强度。

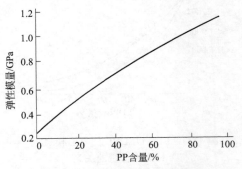

图 4-23　PP/LDPE 共混物的弹性模量与共混比的变化关系

④ 交联剂　PP 与 LDPE 共混时，加入适量的交联剂有助于提高共混物的机械强度及熔体的黏度。PP/LDPE 共混物中常用的交联剂主要是过氧化二异丙苯（DCP）、二叔丁基过氧化物等。一般共混物中加入少量的交联剂，共混物的拉伸强度、断裂伸长率及熔体的黏度会有所增大，如图 4-24～图 4-26 所示。共混物的储存模量随交联剂及 LDPE 的用量增大而增大，如图 4-27 所示。

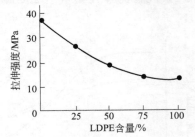

图 4-24　交联剂对 PP/LDPE 拉伸强度的影响

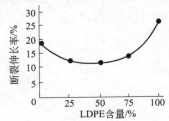

图 4-25　交联剂对 PP/LDPE 断裂伸长率的影响

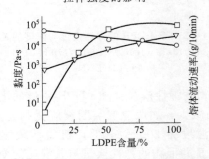

图 4-26　交联剂对 PP/LDPE 黏度的影响
—○— 无有机过氧化物；—▽— 有机过氧化物 0.1％；
—□— 有机过氧化物 1.0％

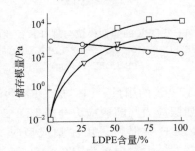

图 4-27　交联剂对 PP/LDPE 储存模量的影响
—○— 无有机过氧化物；—▽— 有机过氧化物 0.1％；
—□— 有机过氧化物 1.0％

4.3.5　PP 与 PE 共混抗冲改性时，PP 和 PE 种类及填料对其共混物性能有何影响？

① PP/PE 种类对共混物性能的影响　由于塑料共混时塑料基体本身的分子量及其分布对抗冲增韧效果会有明显的影响，因此 PP 与 PE 共混时，采用不同品种的 PP，其共混物的性能会有所不同。一般共混物基体的分子量越高，其增韧效果越好。如采用 PP 共聚物 EPS30R（熔体流动速率为 2.5g/10min 和 EPF30R（熔体流动速率为 12.0g/10min）与 PE 共混时，低熔

体流动速率（即高分子量）的 EPS30R 增韧效果明显优于高熔体流动速率（即低分子量）的 EPF30R，但采用 EPS30R 基体的共混物也存在流动性差、弯曲模量低的缺点。

采用不同的 PE 品种时，共混物的增韧效果也明显不同，一般采用高分子量的 PE 时增韧效果要好。如采用熔体流动速率为 2.0g/10min 的 HDPE（5410AA）、熔体流动速率为 8.0g/10min 的 HDPE（6070EA）和熔体流动速率为 2.5g/10min 的 LLDPE（0209AA）与 PP 共混时，低熔体流动速率（即高分子量）的 HDPE 5410AA 的增韧效果明显优于高熔体流动速率（即低分子量）的 HDPE 6070EA。LLDPE 0209AA 的增韧效果优于 HDPE 5410AA，模塑收缩率也最低。表 4-10 为不同的 PP 和 PE 品种共混的改性效果。

表 4-10　不同的 PP 和 PE 品种共混的改性效果

项目	EPS30R				EPF30R	
	HD 6070 EA	HD 6070 EA/HD 5410 AA(1∶1)	HD 5410 AA	LL 0209 AA	HD 5410 AA	LL 0209 AA
熔体流动速率(2.16kg)/(g/10min)	3.37	2.75	1.72	1.82	5.26	5.47
拉伸强度/MPa	29.98	28.75	27.65	25.12	29.14	27.52
断裂伸长率/%	398	420	475	485	430	450
弯曲模量/MPa	980	938	840	785	1120	1098
悬臂梁缺口冲击强度/(kJ/m)	22.83	30.92	不断	不断	10.52	22.13
模塑收缩率/%	1.64	1.58	1.40	1.31	1.54	1.33

共混物中 PE 的用量对其性能也有较大的影响，如 PP 与 LLDPE 共混时，随着 LLDPE 用量的增加，共混物的拉伸强度、弯曲模量和熔体流动速率迅速下降，断裂伸长率、悬臂梁缺口冲击强度和模塑收缩率提高。LLDPE 用量增至 30 份以上，悬臂梁缺口冲击强度迅速增大。

② 填料种类与用量对共混物性能的影响　在 PP/PE 共混物中加入无机填料（云母、滑石粉、碳酸钙等），可以提高刚性、耐热性，降低模塑收缩率和成本。但不同种类的填料其影响程度不同，采用云母的共混物的拉伸强度、悬臂梁缺口冲击强度最高，模塑收缩率最小。这主要是由于云母填料具有独特的有一定长径比的片层结构，但云母的价格昂贵。云母/滑石粉混合填料的效果也很好，弯曲模量和悬臂梁缺口冲击强度较高。硅灰石以及硅灰石/滑石粉混合填料的效果均较差。填料种类对共混物性能的影响如表 4-11 所示。

表 4-11　填料种类对共混物性能的影响

项目	滑石粉	云母	滑石粉/云母(1∶1)	硅灰石	硅灰石/滑石粉(1∶1)
熔体流动速率(2.16kg)/(g/10min)	5.47	5.06	4.83	5.13	4.84
拉伸强度/MPa	27.52	29.63	29.12	28.88	28.52
断裂伸长率/%	450	350	405	254	324
弯曲模量/MPa	1098	1331	1358	1211	1242
悬臂梁缺口冲击强度/(kJ/m)	22.13	36.36	23.67	14.44	17.24
模塑收缩率/%	1.33	1.22	1.27	1.26	1.29

4.3.6　共聚 PP 与 POE 并用共混 PP 时应注意哪些方面？

POE 是聚烯烃的热塑性弹性体，它既有优异的韧性，又有良好的加工性；分子量分布窄，与聚烯烃相容性好，具有较佳的流动性；没有不饱和双键，耐候性优于其他弹性体；有较强的剪切敏感性和熔体强度，可实现高速挤出。POE 共混改性 PP 时，POE 在 PP 基体内分散粒径较小，粒径分布较窄，对 PP 的增韧效果优于 EPDM、SBS 等其他增韧剂。一般随着 POE 用量的增加，材料的熔体流动速率、拉伸强度、弯曲弹性模量、洛氏硬度、热变形温度明显降低，而缺口冲击强度明显提高。当 POE 用量超过 15% 后，共混物的熔体流动速率下降速度减慢，弯曲弹性模量、洛氏硬度、弯曲强度等刚性方面的强度降低趋缓，缺口冲击强度的提高也减缓，如表 4-12 所示。但单独采用 POE 增韧 PP 时，POE 用量一般都比较大，这样会降低共混物的刚性，而且使材料成本提高。采用共聚 PP 与 POE 并用共混改性 PP，则可通过各组分间的协同作用达到良好的改性效果，并且可降低成本。

表 4-12　POE 用量（质量分数）对 PP 性能的影响

项目	用量为 0	用量为 5%	用量为 10%	用量为 15%	用量为 20%	用量为 25%
熔体流动速率/(g/10min)	23.2	18.4	13.8	10.7	8.6	6.2
弯曲强度/MPa	44	40	35	32	29	28
拉伸强度/MPa	33	31	28	26	24	22
弯曲弹性模量/MPa	1540	1430	1278	1145	1034	961
缺口冲击强度/(J/m)	35.6	83.1	120.8	268.2	368.4	404.2
洛氏硬度（R 标尺）	98	92	85	82	78	74
热变形温度/℃	118.2	110.4	102.7	95.1	89.3	84.8

① 共聚 PP 用量对共混物性能的影响　共聚 PP 不但是 PP 很好的相容剂，也是其良好的增韧剂。在 PP/共聚 PP/POE 的共混体系中，一般随共聚 PP 含量增加，体系的拉伸强度、弯曲强度、弯曲弹性模量、热变形温度均有所降低，而伸长率基本不变，冲击强度也有很大提高。由于共聚 PP 对 PP/POE 共混体系刚性的影响和成本因素，共聚 PP 的用量一般在 30%～35% 较合适。表 4-13 为共聚 PP 用量（质量分数）对共混物性能的影响。

表 4-13　共聚 PP 用量（质量分数）对共混物性能的影响

项目	用量为 20%	用量为 30%	用量为 35%	用量为 40%
拉伸强度/MPa	26	24	23	22
伸长率/%>	500	500	500	500
弯曲强度/MPa	31	29	27	26
弯曲弹性模量/MPa	1100	1048	967	878
缺口冲击强度/(J/m)	360.6	487.7	546.3	598.7
热变形温度/℃	94.1	88.6	83.3	78.2

② POE 用量对 PP/共聚 PP 共混体系性能的影响　在共混体系中保持共聚 PP 用量一定时，共混物的刚性、耐热性会随着 POE 用量的增加而降低，而缺口冲击强度则会明显提高，如表 4-14 所示。当共混物中 POE 用量达到 13% 时，缺口冲击强度有一个突变，可达到 500J/m，这主要是由于此时的共混体系中橡胶粒子间距小于临界值，而呈现出了良好的增韧效果。由于共混体系各组分的协同作用，当 POE 的用量为 13%～17% 时，既能达到良好的改性效果，其共混体系具有良好的综合性能，韧性、刚性、伸长率较高，又能大大降低成本。

表 4-14　POE 用量（质量分数）对 PP/共聚 PP 共混体系性能的影响

项目	用量为 0	用量为 10%	用量为 13%	用量为 15%	用量为 17%	用量为 20%
熔体流动速率/(g/10min)	15.7	11.9	8.6	7.8	6.5	4.8
拉伸强度/MPa	31	26	23	22	21	19
弯曲弹性模量/MPa	1275	1108	1012	972	927	830
弯曲强度/MPa	39	34	29	27	26	23
缺口冲击强度/(J/m)	68.0	231.1	500.2	550.0	601.8	680.2
热变形温度/℃	106.8	95.6	88.7	84.5	81.6	77.8

4.3.7　橡胶共混改性 PP 时，其配方体系的设计应考虑哪些方面？

橡胶共混改性 PP 时配方设计的关键是解决韧性增加、刚性下降的矛盾，尽量做到既提高韧性，又能提高刚性或保证 PP 原有刚性不出现明显下降。目前主要采用的方法是用橡胶增韧和复合增强同时进行，以使共混体系性能达到综合平衡。

一般均聚 PP 的脆化温度约为 −4℃，冲击强度低，耐高温老化性差；而共聚 PP 因受聚合工艺、催化剂等技术因素影响，不同批号的力学性能差异较大。因此，采用橡胶、增强剂平衡改性 PP 的韧性和刚性，并且加入抗氧剂、稳定剂来改善 PP 的耐高温开裂性。为增加共混料的相容性，还需适量加入增容剂。

① PP 的分子量　PP 的熔体流动速率是塑料加工中一个极为重要的参数，它表征了 PP 的加工流动性，并且间接地显示出 PP 的分子量大小，一般 PP 的熔体流动速率越小，其缺口冲击强度越大。一般 PP 的熔体流动速率小于 2.5g/10min 时，缺口冲击强度较大，而熔体流动速率大于 4g/10min 时，缺口冲击强度较低。这除了受其分子量影响之外，还与橡胶的相容性有关。

② 橡胶品种的选择与用量　增韧聚丁二烯类橡胶（SBS）、乙丙橡胶与 PP 共混相容性较好，是增韧 PP 的优良改性剂。聚丁二烯类弹性体 SBS 的玻璃化温度为 −90℃，用 SBS 共混改性的 PP 比 EPR、EPDM 具有更好的低温冲击性能和刚性。而 EPDM 对 PP 的增韧效果好。生产中一般采用不同品种的橡胶并用改性 PP 便可得到不同粒径的橡胶粒子，有利于对 PP 基体引发银纹和诱发剪切带而起到协同增韧作用。表 4-15 为不同品种的橡胶并用共混改性增韧 PP 的性能。

橡胶在共混体系中的用量对共混物性能影响较大，一般用量不能过大，否则会降低 PP 的刚性。橡胶用量为 10%～15% 时，共混 PP 在常温和 −30℃ 下既可具有较高的冲击韧性，又可保持一定刚性。

表 4-15　不同品种的橡胶并用共混改性增韧 PP 的性能

项目	PP/HDPE/EPDM/SBS	PP/HDPE/SBS
冲击强度/(kJ/m²)	9.04	4.51
拉伸强度/MPa	23.60	27.90

③ 增容协同作用　在增韧 PP 中可加入适当的增容剂以提高共混物中橡胶的表面张力，降低破碎能量，这样有利于橡胶粒子的细化和均化，使两相界面相互渗透发挥协同作用，以改善 PP 球晶的形态，提高 PP 的力学性能，如表 4-16 所示。配方体系中只加橡胶增韧时，必须提高其用量才能获得较高的冲击强度，但共混料的刚性下降。而在共混体系中加入 10%～15% 增容剂后，共混物的高、低温冲击韧性和刚性明显优于采用 20% 橡胶的增韧效果。

表 4-16　PP/增容剂/橡胶共混物的力学性能

PP/phr	增容剂/phr	橡胶/phr	缺口冲击强度/(kJ/m²)		拉伸屈服强度/MPa	断裂伸长率/%	弯曲强度/MPa
			23℃	−20℃			
100	0	0	8.4	3.5	33.9	>400	42.0
90	0	10	16.8	6.3	30.9	>500	44.1
80	0	20	17.7	7.6	27.5	>500	35.8
80	10～15	5～10	18.5	7.5	31.8	>500	42.3

④ 复合增强作用　随着橡胶的加入，PP 的热变形温度、刚性下降。通常可以采用复合增强的方法，即添加增强剂来改善，常用的增强剂主要是无机填料，如碳酸钙、滑石粉、玻璃纤维、云母等。填充玻璃纤维、云母可明显提高 PP 的刚性和热变形温度，使制品的成型收缩率下降，因此，需根据共混 PP 的不同要求选用适当的增强剂。表 4-17 为不同增强剂对 PP 的增强性能。

表 4-17　不同增强剂对 PP 的增强性能

项目	PP	PP/滑石粉	PP/碳酸钙	PP/玻璃纤维	PP/云母
弯曲强度/MPa	30.68	44.27	32.54	69.36	64.26
弯曲弹性模量/MPa	1331	4661	2903	6433	7171
热变形温度(1.77MPa)/℃	57.8	72.2	83.9	125	108
硬度(D)	68	72	68	69	73
成型收缩率/%	2.0	1.2	1.4	0.3	0.8

⑤ 热氧稳定体系　在干寒、湿热环境下使用的共混改性料一般要求有较好的耐热氧老化性。由于橡胶的耐热氧老化性较差，因此应对共混物进行抗热氧老化改性。通常可采用复合抗氧剂，如抗氧剂 AT、抗氧剂 1010 等，通过自由基抑制剂和过氧化物分解剂产生的协同效应来防止老化。

如某企业采用橡胶改性 PP 时，其配方如表 4-18 所示。共混物得到了良好的综合性能，拉伸强度约为 24.7 MPa，断裂伸长率约为 48%，弯曲强度约为 36.5 MPa，在温度为 23℃时，缺口冲击强度约为 97.8J/m，热变形温度约为 108℃。

表 4-18　某企业橡胶复合共混改性 PP 配方

原料	用量/phr	原料	用量/phr
PP	100	云母	10
SBS	5	热稳定剂	适量
EPDM	5	复合抗氧剂	适量
增容剂	12	其他助剂	适量

4.4　聚氯乙烯共混改性实例疑难解答

4.4.1　PVC 与 PE 类塑料的共混改性应注意哪些问题?

由于 PVC 热稳定性差，熔体黏度大，流动性差，成型加工困难。另外，PVC 刚性也大，抗冲击性差，耐寒性差，易老化变色等，成型加工过程中往往可通过加入不同聚合物与其共混，来改善 PVC 的性能。常用于 PVC 的共混物主要有 PE、PP、PS 和 ABS 等。

PVC 与 PE 共混能改善 PVC 熔体的流动性，提高制品的拉伸强度和抗冲击性等。共混物的流动性与 PVC 与 PE 的共混比有关，也与共混过程中的剪切速率大小有关。如当 PVC/LDPE 共混比为 60/40 时，共混物具有最低的黏度。此外，当共混物剪切速率为 $400s^{-1}$ 时，共混物的黏度最高。

由于 PVC 与 PE 分子结构不同，树脂的相容性差，共混时必须加入相容剂以提高两者的相容性，改善共混物的性能。用于 PVC/PE 共混物的相容剂主要有 CPE、聚丁烯、丙烯腈-苯乙烯共聚物（SAN）、氯乙烯-丙烯酸丁酯共聚物（VC/BA）等。其中 CPE 最为常用。

PVC/PE 共混物制备时，一般应先将 PVC 树脂、稳定剂及其他助剂充分混合均匀后，经塑化制成粒料，再与 PE 及相容剂共混、成型制品。PVC/PE 共混物中 PE 含量不同，则共混物的性能不同，一般 PE 含量较低时，共混物的冲击强度会随 PE 含量的增加而增加，含量较高时，则随 PE 含量的增加而降低，当用量超过一定值以后，冲击强度的下降趋于平坦。另外，共混物的性能也与增容剂的种类及用量有关。一般增容剂的用量增加，共混物的冲击强度提高。不同的成型加工条件对共混物的性能也有影响，采用 CPE 作为增容剂时，PVC/LDPE 共混物在混炼温度为 165~170℃下能获得较高的冲击强度，PVC/HDPE 共混物在混炼温度为 170~180℃下能获得较高的冲击强度。

4.4.2 PVC 与 LLDPE 共混时，增容剂对共混物的性能有哪些影响？

PVC 与 LLDPE 共混时，由于 PVC 本身有一定极性，而 LLDPE 则为非极性，因此两者共混时，相容性较差，为增加两者的相容性，共混时通常需加入适量的增容剂，以获得分散均匀、性能稳定的共混物。PVC 与 LLDPE 共混常用的相容剂主要有氯化聚乙烯（CPE）、乙烯-乙酸乙烯--氧化碳三元共聚物（EVC-CO）、聚丁二烯-b-聚甲基丙烯酸甲酯共聚物（PBD-b-PMMA）等，也可采用有机过氧化物（DCP）交联剂来增加共混物的相容性。

① 氯化聚乙烯（CPE）　CPE 与 PVC 和 LLDPE 都有较好的相容性，是其良好的相容剂，但不同氯含量的 CPE 对共混物性能的影响不同。一般采用氯含量较大的 CPE 时，共混物的拉伸强度较高。如在 PVC/LLDPE（50/50）共混物中分别加入 10％的氯含量为 38％、35％的 CPE，采用单螺杆挤出机共混后（挤出机温度前段在 160℃左右，中段在 180℃左右，后段在 200℃左右），以氯含量为 38％的 CPE 为增容剂的共混物，其拉伸强度达 15.5MPa，而以氯含量为 35％的 CPE 为增容剂的共混物，其拉伸强度为 12.5MPa。

另外，CPE 的用量不同对 PVC/LLDPE 共混物性能的影响也不同。一般 CPE 用量越大，共混物的拉伸强度越大，断裂伸长率越小。如在 PVC/LLDPE（50/50）共混物中分别加入 15％和 25％的 CPE，当 CPE 的用量为 15％时，拉伸强度为 13.7MPa，断裂伸长率为 36.5％，共混物中含 25％的 CPE 时，拉伸强度降至 11.7MPa，断裂伸长率增至 54％。

② EVC-CO　PVC/LLDPE 共混物利用 EVC-CO 作为增容剂，具有较好的增容效果，因此其用量一般较少。如在 PVC/LLDPE（80/20）共混物中加入 4％的 EVC-CO 时，共混物具有最高的拉伸强度，达到 15MPa，断裂伸长率达到 120％左右。

不同乙酸乙烯（VA）含量的 EVC-CO，其增容作用大小不同，一般 VA 含量高时。共混物的拉伸强度、断裂伸长率都要高。如采用 EVA-14（VA 含量为 14％）和 EVA-50（VA 含量为 50％）增容 PVC/LLDPE（80/20）共混物时，基本配方如表 4-19 所示。其用量分别为 4％，EVA-50 增容的共混物，拉伸强度约为 12.3 MPa，断裂伸长率约为 130％；而 EVA-14 增容的共混物，拉伸强度约为 11.3 MPa，断裂伸长率约为 118％。

表 4-19　PVC/LLDPE 共混增容基本配方

原料	用量/phr	原料	用量/phr
PVC	100	硬脂酸铅	1.5
LLDPE	20	硬脂酸钡	1.5
EVA	4	硬脂酸	0.5
DOP	30	其他助剂	适量
三碱式硫酸铅	3.0		

③ PBD-b-PMMA　PVC/LLDPE 共混物采用 PBD-b-PMMA 作为增容剂时，由于 PMMA 与 PVC 极性相似，而 PBD 与 LLDPE 极性相似，因此能对 PVC/LLDPE 共混物有良好的增容作用，共混物拉伸性能以及冲击强度都有明显增加。如在 PVC/LLDPE（88/12）共混物中加入 3％的 PBD-b-PMMA 为增容剂时，共混物的拉伸强度从 36MPa 增至 41MPa，断裂伸长率从 7％增至 11％，冲击强度从 8.4kJ/m^2 增至 25kJ/m^2。

④ DCP　采用少量有机过氧化物（DCP）交联剂在一定条件下，引发共混物发生交联，可以明显增加共混物的相容性，改善共混物的力学性能。如在 PVC/LLDPE（50/50）共混物中加入 1.5％的 DCP，在 180℃左右的温度下，混炼 3min，共混物的拉伸强度达 14MPa 左右，而未加 DCP 交联剂的共混物拉伸强度仅为 7.5MPa。

4.4.3 PVC 与 LDPE 共混可选用哪些增容剂？对其共混物性能各有何影响？

采用 LDPE 与 PVC 共混，不仅可改善 PVC 的抗冲击性，而且还可改善 PVC 熔体的流动性。在共混时为使共混物相良好地分散，获得良好的共混效果，一般需加入增容剂，常用的增容剂主要有顺丁橡胶、乙烯-甲基丙烯酸甲酯接枝共聚物[P(E-g-MMA)]、丙烯腈-丁二烯-苯乙烯共聚物（EBSAN）等。

在共混物中加入顺丁橡胶能起到良好的分散作用，能明显改善冲击强度，但共混物的拉伸强度会明显下降，断裂伸长率稍有增大。如果加入适量的有机过氧化物（DCP）交联剂及助交联剂，则可以明显提高共混物的拉伸性能。如采用 PVC/LDPE/BR（60/40/5）共混时，共混物拉伸强度近 6.0MPa，断裂伸长率为 10%，而采用 PVC/LDPE/BR/DCP（60/40/5/1）共混时，共混物的拉伸强度增至 9.2MPa，断裂伸长率增至 18%。一般 PVC/LDPE/BR 共混物的拉伸性能会随 DCP 用量的增加而增大。图 4-28 为 PVC/LDPE/BR（60/40/10）共混物断裂伸长率随 DCP 用量的变化。

PVC/LDPE 共混物中加入 P(E-g-MMA) 作为共混物的增容剂时，共混物的模量和拉伸强度都明显地增大，而且会随共混物中增容剂用量的增加而增大，但断裂伸长率变化不明显。如在 PVC/LDPE（60/40）共混物中添加 0～15% 的增容剂，共混物的拉伸强度如表 4-20 所示。为改善其拉伸性能，可适当加入有机过氧化物交联剂，如 BDPB 等，则可明显提高共混物的拉伸强度和断裂伸长率，但其用量一般不超过 1.0%。图 4-29 为 BDPB 对 PVC/LDPE（100/50）共混物拉伸性能的影响。

表 4-20　不同 P(E-g-MMA) 用量的 PVC/LDPE（60/40）共混物拉伸强度

共混物中增容剂含量/%	拉伸强度/MPa	共混物中增容剂含量/%	拉伸强度/MPa
0	6.0	10	12.7
2.5	11.0	15	12.6
5.0	12.5		

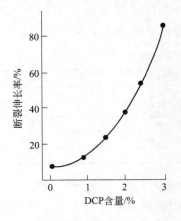

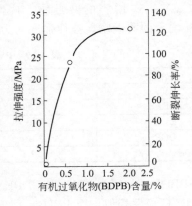

图 4-28　PVC/LDPE/BR（60/40/10）
共混物断裂伸长率随 DCP 用量的变化

图 4-29　BDPB 对 PVC/LDPE
（100/50）共混物拉伸性能的影响

在共混物中加入嵌段共聚物类的增容剂，如丙烯腈-丁二烯-苯乙烯共聚物（EBSAN）等，可增大组分的相容效果。一般用量在 1% 以下。但共聚物中各组分的含量不同时，增容效果也有所不同。EBSAN 共聚物常见型号及丙烯腈（AN）与丙烯腈-苯乙烯共聚物（SAN）含量如表 4-21 所示。不同型号的 EBSAN 增容 PVC/LDPE（90/10）共混物拉伸性能及韧性等如表 4-22 所示。

表 4-21　EBSAN 共聚物常见型号及 AN 与 SAN 含量

增容剂型号	SAN 中 AN 含量/%	嵌段共聚物中 SAN 含量/%
EBSAN-5	5	82
EBSAN-11	11	80
EBSAN-17	16.9	77
EBSAN-20	20.3	74

表 4-22　不同型号的 EBSAN 增容 PVC/LDPE（90/10）共混物性能

增容剂	增容剂用量/%	共混温度/℃	弹性模量/MPa	屈服应力/MPa	拉伸强度/MPa	屈服应变/%	断裂伸长率/%	韧性/MPa
—	0	180	1.3	37.8	29.9	5.9	16.4	5.0
EBSAN-5	1.0	180	1.3	39.0	28.7	6.1	12.7	3.8
EBSAN-11	1.0	180	1.2	36.9	27.8	5.7	13.5	3.7
EBSAN-17	1.0	180	1.3	39.9	33.1	5.9	22.0	7.2
EBSAN-20	1.0	180	1.4	46.4	25.7	6.3	43.6	14.6
—	0	200	1.3	36.2	21.3	5.0	13.4	4.5
EBSAN-17	1.0	200	1.3	39.0	32.5	6.3	24.5	6.2
EBSAN-20	1.0	200	1.2	41.7	34.1	7.2	20.2	6.6

PVC/LDPE 共混物也可利用乙烯-乙酸乙烯共聚物（EVA、VA 含量为 60％及 EVA、VA 含量为 45％）作为 PVC/LDPE 共混物的增容体系。如在再生利用的 PVC/LDPE 共混物中，加入增容剂 EVA-60，用量为 4％时，共混物的断裂应力随 LDPE 共混比的增大而增大。

4.4.4　聚氯乙烯与高密度聚乙烯的共混增容剂主要有哪些品种？对共混物性能有何影响？

聚氯乙烯（PVC）与高密度聚乙烯（HDPE）共混时，当 HDPE 含量为 15％～20％时，共混物的强度和伸长率会出现较低值，但加入增容剂后，共混物的拉伸强度、冲击强度会明显增大，而且会随增容剂用量的增加而增加。PVC/HDPE 共混物中常用的增容剂主要有粉末丁腈橡胶（P-NBR）、氯乙烯-丙烯酸丁酯共聚物（VC/BA）、氯化聚乙烯（CPE）及 1,3-二（叔丁基过氧丙基）苯等。

在 PVC/HDPE 共混物中加入适量的粉末丁腈橡胶（P-NBR，丙烯腈含量为 33％）作为增容剂，同时加入少量的过氧化二异丙苯（DCP）作为交联剂，异氰尿酸三烯丙酯（TAIC）作为助交联剂，共混物的拉伸强度和断裂伸长率会明显提高，如在 PVC/HDPE（50/50）共混物中添加 2.5％的粉末丁腈橡胶及适量的交联剂等，共混物拉伸强度增至 213MPa，断裂伸长率增至 90％。共混物中添加 15％的粉末丁腈橡胶，共混物拉伸强度增至 19.9MPa，断裂伸长率增至 190％。

PVC 与 HDPE 共混时，共混物的

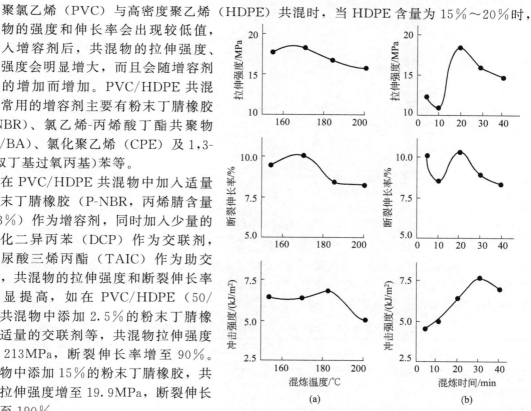

图 4-30　PVC/HDPE（45/55）共混物性能随混炼温度和混炼时间的变化

拉伸强度、冲击强度和断裂伸长率会随混炼温度及混炼时间不同而不同。随混炼温度的提高，共混物的拉伸强度、冲击强度和断裂伸长率会出现下降，而在混炼时间较短范围内，共混物的拉伸强度和冲击强度会随混炼时间增加而增大，而当混炼时间超过30min后，拉伸强度、冲击强度和断裂伸长率都会出现下降。如PVC/HDPE（45/55）共混物性能随混炼温度和混炼时间的变化如图4-30所示。

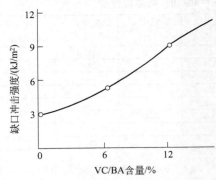

图4-31 PVC/HDPE（50/50）共混物冲击强度随VC/BA用量的变化（175～185℃）

PVC/HDPE共混物采用氯乙烯-丙烯酸丁酯共聚物（VC/BA）作为增容剂时，共混物的冲击强度会明显增加，而且随VC/BA用量的增加而增大。图4-31为PVC/HDPE（50/50）共混物在175～185℃的共混温度下，共混物冲击强度随VC/BA用量的变化。

PVC/HDPE共混物采用氯化聚乙烯（CPE）作为增容剂，当PVC/HDPE（100/15）共混物中含有4%的CPE时，共混物具有较高的断裂强度。在共混物中含有16%的CPE时，共混物具有较高的断裂伸长率。同时在不同的共混温度和混炼时间下，共混物的冲击强度有所不同。如PVC/HDPE/CPE（100/2.5/10）共混物经不同的混炼温度及不同的混炼时间对共混物的冲击强度如图4-32所示。结果表明，共混物在160℃混炼（混炼时间15min），共混物具有最高的冲击强度。共混物混炼15min时（混炼温度170℃），具有较高的冲击强度。

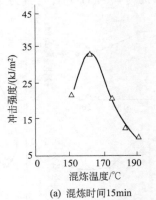

(a) 混炼时间15min

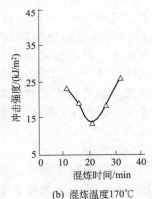

(b) 混炼温度170℃

图4-32 PVC/HDPE/CPE（100/2.5/10）共混物不同的混炼条件下的冲击强度

另外，采用1,3-二（叔丁基过氧丙基）苯交联剂也可起到增容作用，能明显提高共混物的性能。如在PVC/HDPE（95/5）及PVC/HDPE（85/15）共混物中，分别加入5%和15%的DOP，共混物的性能分别如表4-23所示。

表4-23 DOP对PVC/HDPE共混物性能的影响

项目	PVC/HDPE		PVC中DOP用量/%	
	95/5	85/15	5	15
屈服强度/MPa	57	43	67	55
拉伸强度/MPa	44	39	44	32
断裂伸长率/%	47	60	9	51
脆性温度/℃	−30	−50	20	12

4.4.5　PVC 与 PP 共混时应注意哪些问题？

PVC 与 PP 共混可以提高制品的拉伸强度和抗冲击性等。还可改善 PVC 的加工流动性。共混时为了改善 PVC 与 PP 的相容作用，应加入相容剂。常用的相容剂主要是 CPE、ABS、PP-g-MAH（PP 与马来酸酐接枝共聚物）等。

共混时共混的方法可以是先将 PP 在 170℃左右熔融塑化，加入相容剂后，再将 PVC 及其助剂的混合料加入共混。或者是先将 PP 在 170℃左右熔融塑化，再将 PVC、相容剂及其助剂加入共混。其共混物的性能会随共混的工艺条件不同而不同，如表 4-24 所示。

其共混物的性能会随 PP 用量的不同而不同，通常共混物的拉伸强度和冲击强度随 PP 用量的增加而增加。共混物的比例一般为 PVC/PP/CPE（50/50/10）、PVC/PP/ABS（50/50/10）等。

表 4-24　共混物的性能会随共混的工艺条件不同而不同

项目		拉伸强度/MPa	缺口冲击强度/(kJ/m²)	无缺口冲击强度/(kJ/m²)
混炼温度	160℃	22.47	6.53	31.25
	170℃	22.65	7.56	41.04
	180℃	17.94	4.95	18.58
混炼时间	2min	18.35	6.30	26.42
	5min	22.65	7.56	41.04
	10min	19.24	5.82	26.79
	15min	17.76	5.66	24.10

4.4.6　PVC 与 PS 共混时应注意哪些问题？

采用 PS 与 PVC 共混，可改善 PVC 的加工流动性，同时还可利用 PS 对 PVC 进行增韧作用，改善 PVC 的抗冲击性和拉伸性能。通常共混物随 PS 用量的增加，其屈服强度、断裂伸长率会有所下降。PS 用量在 12% 以下时，共混物的缺口冲击强度会随 PS 用量的增加而提高。

PVC 与 PS 共混时也必须加入相容剂，以改善两者的相容性。常用的增容剂主要有环氧苯乙烯-丁二烯嵌段共聚物（ESB）及其三聚物（ESB）$_3$、环氧化 SBS（ESBS）、CPE-g-PS 等，但采用不同的增容剂，其增容效果有所不同。

采用 ESB 作为 PVC/PS 共混物的增容剂时，其增容效果良好，共混物的拉伸性能会明显增加。如 PVC/PS（3/1）共混物，加入 30% 的 ESB（环氧乙烯含量为 42%）时，共混物的拉伸强度达 60MPa，断裂伸长率达 260%。如 PVC/PS（1/1）共混物，采用（ESB）$_3$（环氧乙烯含量为 45%）作为增容剂，其用量为 60%，共混物的拉伸性能出现较高值，其拉伸强度达 35MPa，断裂伸长率达 160%。

PVC/PS 共混物采用 ESBS 作为增容剂时，共混物的拉伸强度、断裂伸长率会明显增大。如 PVC/PS（70/30）共混物的拉伸强度在 15MPa 左右，而 PVC/ESBS（49）/PS（70/20/10）共混物的拉伸强度最高可达到 46MPa 左右，断裂伸长率在 60% 左右。而且共混物的断裂伸长率会随 ESBS 用量的增加而增大，但拉伸强度会有所下降。如 PVC/ESBS（49）/PS（40/40/20）共混物的拉伸强度约为 22MPa，断裂伸长率可达 170%。

PVC/PS 共混物以 CPE-g-PS 为增容剂，用量一般在 10% 左右。PVC/PS 共混物中加入 CPE-g-PS 时，冲击强度会提高。

4.4.7　PVC 与 ABS 共混时应注意哪些问题？

由于 ABS 分子结构中含有氰基，分子极性大，使其与 PVC 有较好的相容性。PVC/

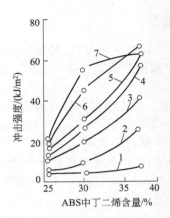

图 4-33 不同丁二烯含量的 ABS 对
PVC/ABS 共混物冲击强度的影响
1—丁二烯含量为 10％；2—丁二烯含量为 20％；
3—丁二烯含量为 30％；4—丁二烯含量为 40％；
5—丁二烯含量为 50％；6—丁二烯含量为 70％；
7—丁二烯含量为 100％；

ABS 共混物具有较好的加工性和抗冲击性，较好的耐腐蚀性，但共混物的耐候性、透明性较差。

当 PVC 中加入 ABS 后，两者可以充分均匀地分散，促进两组分的大分子链之间互相渗透与扩散，提高了相界面的结合力，同时能明显降低共混物的表观黏度，提高共混物熔体的加工流动性。共混物的性能会随 ABS 的用量不同而不同，一般随 ABS 用量的增加，冲击强度增加，熔体流动性增加，拉伸性能及耐热性能有所降低。当 PVC/ABS 共混比例为 70/30 时，由于两组分的相容性为最好，共混物能形成网络结构，此时共混物的抗冲击性最好。

PVC/ABS 共混物的性能会随其共混比及 ABS 中丁二烯含量的不同而有所不同，一般共混物随 ABS 用量的增加冲击强度会增大，而拉伸模量、屈服强度会有所下降，如表 4-25 所示。当 PVC/ABS 共混比为 60/40 时，共混物具有最高的应力值。而相同 ABS 用量时，共混物中 ABS 的丁二烯含量越低，共混物的屈服强度越高。图 4-33 为不同丁二烯含量的 ABS 对 PVC/ABS 共混物冲击强度的影响。

表 4-25　PVC/ABS 共混物不同共混比的拉伸性能

PVC/ABS	屈服强度/MPa	屈服伸长率/％	拉伸模量/MPa
100/0	53.7	5.0	1520
90/10	52.5	4.5	1360
80/20	50.5	4.5	1220
70/30	54.0	5.0	1066
60/40	55.7	4.5	1266
0/100	45.4	4.5	913

在生产中为了改善共混物的相容程度，以提高抗冲击性等，也可加入适量的增容剂，如 α-甲基苯乙烯-丙烯腈共聚物（α-SAN）等。PVC/ABS 共混物中采用 α-SAN 作为增容剂，一般共混物的拉伸强度会随 α-SAN 用量的增加而增大，当 α-SAN 用量小于 5％时，其缺口冲击强度会随 α-SAN 用量的增加而增大，但当 α-SAN 用量超过 5％以后，其缺口冲击强度则会随 α-SAN 用量的增加而下降，如图 4-34 所示。

PVC/ABS 共混物在成型时，成型工艺参数基本与 PVC 的成型相似。如某企业采用 PVC/ABS 共混物生产纺织纱管时，其配方如表 4-26 所示。工艺控制的条件为：机筒加料段

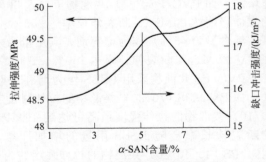

图 4-34　PVC/ABS 共混物强度
随 α-SAN 用量的变化

温度 160～165℃，压缩段温度 165～170℃，均化段温度 170～175℃，喷嘴温度 170～175℃，注塑压力 4MPa，注塑时间 8s。制品的冲击强度为 13.4kJ/m²。

表 4-26 采用 PVC/ABS 共混物生产纺织纱管的配方

原料	用量/phr	原料	用量/phr
PVC	70	硬脂酸铅	0.3
ABS	30	硬脂酸钙	0.6
三碱式硫酸铅	3.0	碳酸钙	10
硬脂酸	0.3	环氧大豆油	3
二碱式亚磷酸铅	1.5	其他助剂	适量

4.5 苯乙烯类塑料共混改性实例疑难解答

4.5.1 聚苯乙烯与 LLDPE 的共混应注意哪些问题？

PS 脆性大，冲击强度低，易应力开裂，耐热性较差，因此通常在应用过程中，需对其进行改性，以扩大其应用范围。PS 的改性主要有与其他组分的共聚和共混。PS 能与多种塑料共混，如 LLDPE、LDPE、HDPE、PP、PPO、ABS 等，其共混物的抗冲击性、耐热性、阻燃性都有所提高，并且能保持其透明性和表面光泽性、抗静电性等。

PS 与 LLDPE 共混时，LLDPE 用量在 60% 以下时，共混物的拉伸强度会随 LLDPE 含量的增加而下降。当采用分子量较小的 LLDPE 时，共混物熔体的黏度较低，而采用较高分子量的 LLDPE 时，共混物熔体的黏度则较高。

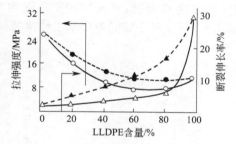

图 4-35 PS/LLDPE 共混物的拉伸性能
随 LLDPE 用量不同的变化
●，○ 拉伸强度；● PS/LLDPE+SEBS；
○ PS/LLDPE；▲，△ 断裂伸长率；
▲ PS/LLDPE+SEBS；△ PS/LLDPE

为增加 PS 与 LLDPE 之间的相容性，保证共混物具有较高的拉伸强度，通常需加入增容剂，常用的增容剂主要有 SEBS、SEP、SBS 及 SIS 热塑性弹性体等，用量一般约为 10%。

采用 SEBS 增容 PS/LLDPE 共混物时，加入 10% 的 SEBS 热塑性弹性体后，共混物具有较高的拉伸性能。如 PS/LLDPE（20/80）共混物，共混物中含 10% 的 SEBS，其拉伸强度达 13.8MPa，断裂伸长率达 700%。而共混物未加入 SEBS 时，拉伸强度只有 8.0MPa，断裂伸长率只有 580%。但 PS/LLDPE 共混物的拉伸性能会随 LLDPE 用量的不同而发生变化，如图 4-35 所示。

PS 与 LLDPE 共混并用时，采用 SBS 作为增容剂时，共混物的缺口冲击强度随 LLDPE 及 SBS 用量的增加而增大。图 4-36 为不同 LLDPE 及 SBS 用量的共混物缺口冲击强度。但共混工艺不同，其共混物的性能也有所不同，如 PS/LLDPE/SBS（85/15/5）共混物，其共混工艺及相应共混物的缺口冲击强度分别如下。

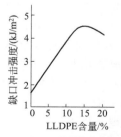

(a) PS/LLDPE共混比变化(SBS 5%)

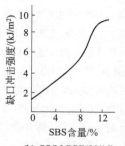

(b) PS/LLDPE(85/15)

图 4-36 不同 LLDPE 及 SBS 用量的共混物缺口冲击强度

① 将 PS、LLDPE、SBS 同时加入，混炼 5min 时，共混物的缺口冲击强度为 $4.5kJ/m^2$。

② 共混时先将 LLDPE 与 SBS 共混，再加入 PS，再混炼 5min，共混物缺口冲击强度为 $4.18kJ/m^2$。

③ 先将 PS 与 SBS 共混，再加入 LLDPE，再混炼 5min，共混物缺口冲击强度为 $3.73kJ/m^2$。

④ 先将 PS 与 LLDPE 共混 5min，再加入 SBS，再混炼 5min，共混物缺口冲击强度为 $5.31kJ/m^2$。

另外，PS/LLDPE 共混物中也可采用过氧化二异丙苯（DCP）作为交联剂，异氰尿酸三烯丙酯（TAIC）作为助交联剂，进行交联作用，以提高共混物的拉伸强度，交联剂的用量一般在 1.0% 左右。

4.5.2 聚苯乙烯与 LDPE 的共混应注意哪些问题？

PS 与 LDPE 共混并用时，由于 LDPE 的加入会使 PS 的拉伸强度和冲击强度出现一定程度的下降，其共混物性能会随 LDPE 用量的变化而发生改变，如图 4-37 所示。为了保持 PS 的强度和刚度，PS/LDPE 共混物中通常需加入增容剂，常用的增容剂主要有 SBS、SEBS、氢化聚丁二烯与聚苯乙烯接枝聚合物（HPB-*g*-PS）、SES 等。

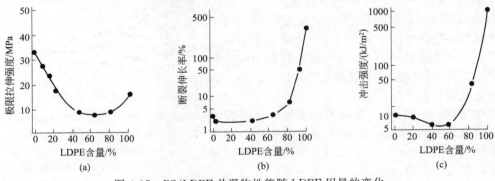

图 4-37　PS/LDPE 共混物性能随 LDPE 用量的变化

PS 与 HDPE 共混并用时，共混物的性能随 HDPE 含量的增加而变化，断裂伸长率增加，拉伸强度稍有下降。共混物的性能也与相容剂的种类及用量有关。当采用 SEBS 作为相容剂时，共混物随 SEBS 用量的增加，黏度下降，应力降低，拉伸强度下降，断裂伸长率和冲击强度提高。

聚苯乙烯与低密度聚乙烯共混采用氢化聚丁二烯与聚苯乙烯接枝聚合物（HPB-*g*-PS）作为增容剂，共混物的拉伸强度、断裂伸长率、冲击强度都有较大提高。其用量一般在 10% 左右。如 PS/LDPE（80/20）共混物中，加入 10% 的 HPB-*g*-PS 作为增容剂，拉伸强度在 26.5MPa 左右，断裂伸长率在 5% 左右，冲击强度在 40.5J/m 左右。而未加 HPB-*g*-PS 时，共混物的拉伸强度在 18.5MPa 左右，断裂伸长率在 2% 左右，冲击强度在 10J/m 左右。

PS/LDPE 共混物以热塑性弹性体 SBS 为增容剂，用量一般为 5%～15%。共混物的拉伸强度、断裂伸长率、冲击强度都有所提高。图 4-38 为 PS/LDPE（80/20）共混物性能随 SBS 用量的变化。采用 SBS 为 PS/LDPE 共混物增容剂时，如果加入少量的有机过氧化物 DCP 为交联剂，一般用量为 0.01%～0.1%，共混物的性能则能得到明显提高。如 PS/LDPE（80/20）共混物中加入 10% 的 SBS，同时加入 0.05% 的 DCP，共混物拉伸强度为 32MPa，断裂伸长率为 46%，冲击强度为 119J/m。但加入交联剂后，采用不同的共混工艺，共混物的性能会有所不同，常用的共混工艺主要有以下几种。

① 全部共混物组分同时进行混炼。

② PS、LDPE 及 DCP 同时混炼，混炼后加入 SBS 混合，制成共混物。

③ LDPE、DCP 混炼制成混合物，PS 与 SBS 混炼制成混合物，两种混合物共混，制成共混物。

④ LDPE 与 DCP 先混炼，然后再与 PS 混炼 5min，最后再与 SBS 混炼，制成共混物。

如 PS/LDPE（80/20）共混物中加入 DCP 交联剂时，采用不同的共混工艺，所得共混物的性能如表 4-27 所示。

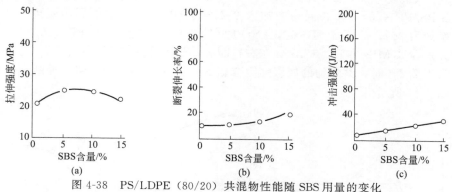

图 4-38　PS/LDPE（80/20）共混物性能随 SBS 用量的变化

表 4-27　PS/LDPE（80/20）共混物中加入 DCP 采用不同的共混工艺所得共混物的性能

共混物	拉伸强度/MPa	断裂伸长率/%	冲击强度/（J/m）
PS/LDPE/SBS	26.7	12	28.1
工艺一	23.2	8	14.6
工艺二	29.5	26	50.6
工艺三	26.8	23	40.7
工艺四	35	42	115.7
HIPS	—	—	80～133

4.5.3　聚苯乙烯与高密度聚乙烯的共混应注意哪些方面？

聚苯乙烯（PS）与高密度聚乙烯（HDPE）共混时，随共混中 HDPE 用量的增加，共混物的拉伸强度会下降，断裂伸长率增大，如图 4-39 所示。

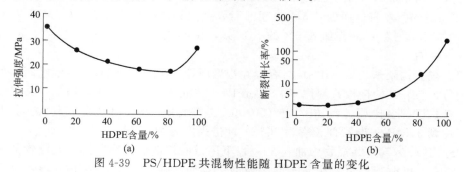

图 4-39　PS/HDPE 共混物性能随 HDPE 含量的变化

采用苯乙烯型热塑性弹性体 SEBS 作为 PS/HDPE 共混物的增容剂，具有良好的增容效果。如 PS/HDPE（80/20）共混物中加入 10% 的 SEBS 时，拉伸强度增至 40MPa，断裂伸长率约达 10%。共混物中未加 SEBS 时，共混物拉伸强度只有 26MPa，断裂伸长率只有 2%。另外，共混物熔体的黏度会随 SEBS 用量的增加而增大。PS/HDPE（80/20）共混物在 $100s^{-1}$ 剪切速率下，其黏度随 SEBS 用量的变化如图 4-40 所示。

4.5.4　聚苯乙烯与聚丙烯共混应注意哪些问题？

聚苯乙烯与聚丙烯共混并用时，两者的相容性较差，通常应加入适量的增容剂。常采用的增容剂主要有二嵌段共聚物 SB、三嵌段共聚物 SBS、五嵌段共聚物 SBSBS 等，最常用的是 SBS。采用 SBS 作为增容剂时，共混物的性能随 SBS 用量的增加而变化，共混物的拉伸强度和冲击强度增大，而且当 PS/PP 共混比为 75/25 时，共混物具有最高的拉伸强度。PS/PP（10/90）共混物中加入 2.5% 的 SBS 时，共混物的屈服强度约为 26MPa，断裂伸长率约为 7%；当 PS/PP（50/50）共混物中加入 2.5% 的 SBS，共混物的屈服强度约为 16MPa，断裂伸长率约为 2%。而不加 SBS 时，PS/PP（10/90）共混物、PS/PP（50/50）共混物的屈服强度分别在 27MPa 左右、12MPa 左右，断裂伸长率分别在 5% 左右、0.8% 左右；但当 SBS 用量大于 2.5% 时，共混物的屈服强度会随 SBS 用量的增加而下降，而断裂伸长率则会提高，如图 4-41 所示。

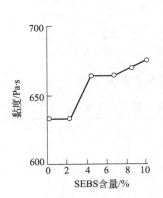

图 4-40　PS/HDPE（80/20）共
混物在 $100s^{-1}$ 剪切速率
下黏度随 SEBS 用量的变化

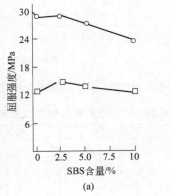 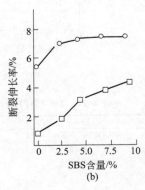

图 4-41　PS/PP 共混物性能随 SBS 用量的变化
─○─ PS/PP（10/90）；─□─ PS/PP（50/50）；

PS/PP 共混物中采用不同的增容剂，其共混物的性能改善程度有所不同，如在 PS/PP（76/19）共混物中加入 5% 的 SB 作为增容剂时，共混物的拉伸强度在 23.3MPa 左右，冲击强度在 12.5kJ/m² 左右；而加入 5% 的 SBS 时，共混物的拉伸强度在 34.1MPa 左右，冲击强度在 35.9kJ/m² 左右；若加入 5% 的 SBSBS，拉伸强度在 41.6MPa 左右，冲击强度在 22.3kJ/m² 左右。

采用有规立构聚苯乙烯（iPS）与有规立构聚丙烯（iPP）共混时，共混物所用的增容剂一般选用 iPS 与 iPP 的接枝共聚物（iPS-g-iPP），共混物中增容剂用量增加，共混物的拉伸性能及冲击强度都会提高。当 iPS/iPP（50/50）共混物中 iPS-g-iPP 用量为 20% 时，共混物的拉伸强度达到 34MPa，断裂伸长率为 30%，冲击强度为 22kJ/m²。

在 PS/PP（30/70）共混物中加入 30% 以下用量的长玻璃纤维共混，共混物的混炼温度在 230℃ 左右，可改善共混物模量、断裂应力以及冲击强度。在 PS/PP 共混物中增大玻璃纤维的填充量，可使共混物的无切口或有切口试样的模量、断裂应力以及冲击强度都增大，而断裂应变则减小。如 PS/PP（30/70）共混物中未填充玻璃纤维时，共混物的无切口断裂应力约为 36MPa，断裂应变约为 5.5%，有切口断裂应力约为 25MPa，断裂应变约为 1.7%。在共混物中填充 30% 玻璃纤维后，其无切口断裂应力增至 95MPa 左右，共混物的断裂应变降至 2% 左右，有切口断裂应力在 48MPa 左右，断裂应变在 1.1% 左右。

如 HIPS/PP（80/20）共混物，若采用 SBS 作为增容剂，共混物的断裂伸长率会随 SBS 用量的增加明显增大。而采用 SB 作为增容剂时，共混物的断裂伸长率会随 SB 用量的增加而有所下降，如图 4-42 所示。

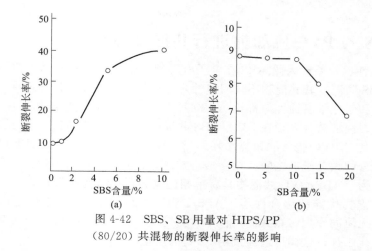

图 4-42　SBS、SB 用量对 HIPS/PP
（80/20）共混物的断裂伸长率的影响

4.5.5　聚苯乙烯与聚苯醚的共混改性应注意哪些问题？

PS/PPO 共混物有较高的拉伸强度、硬度、断裂伸长率及冲击强度。PS 与 PPO 共混时，两者有较好的相容性，可不加增容剂。

PPO 可与 PS 或 HIPS 共混，PS/PPO 共混物具有较高的拉伸强度和硬度，而 HIPS/PPO 共混物则具有较高的断裂伸长率和冲击强度，而且共混时，随共混物中 PPO 用量的增加，共混物的拉伸强度、弯曲强度和冲击强度都会有所增加。图 4-43 为 PS/PPO、HIPS/PPO 共混物中 PPO 含量对共混物性能的影响。HIPS/PPO 共混物中 PPO 含量为 50%～60% 时，共混物的缺口冲击强度最高，达到 14kJ/m²。

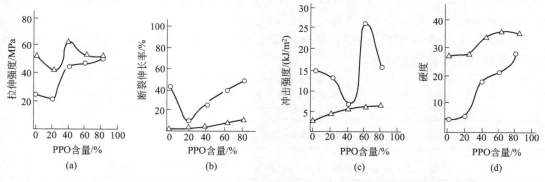

图 4-43　PS/PPO、HIPS/PPO 共混物中 PPO 含量对共混物性能的影响

为了改善 PS/PPO 共混物的相容性或某些性能，有时也可加入少量的 SEBS 或 SBS 作为增容剂。但共混物中加入第三组分苯乙烯型热塑性弹性体 SEBS 及 SBS 后，共混物的拉伸强度会随 SBS 共聚物的用量的增加而下降，表 4-28 为不同 SBS 用量的 PS/PPO（50/50）共混物的性能。在共混物中添加 8% 的线型 SBS 聚合物，共混物的拉伸强度在 62.4MPa 左右，而加入 20% 的 SBS 时，共混物的拉伸强度在 45MPa 左右，但共混物的缺口冲击强度有所增大。

表 4-28　不同 SBS 用量的 PS/PPO（50/50）共混物的性能

SBS 用量/%	5	8	12	15	16	20
拉伸强度/MPa	64.2	62.4	56.8	52.6	50.3	45
缺口冲击强度/(kJ/m²)	25.9	20.1	27.7	26.9	31.9	37.4
热变形温度/℃	135.4	132	129.1	124	120	114

4.5.6 ABS 与 PVC 应如何进行共混改性？

ABS 的阻燃性比较差，因此 ABS 在电子电气领域中应用时通常需提高 ABS 的阻燃性。采用 PVC 与 ABS 共混，其共混物不仅阻燃性好，而且冲击强度、拉伸强度、弯曲强度、铰接性、抗撕裂性和耐化学腐蚀性等都比 ABS 好。ABS/PVC 共混物还具有良好的加工性能，而且产品成本低，经济效益高。在 PVC/ABS 共混体系中，由于 ABS 分子结构中含有氰基，分子极性大，使其与 PVC 整体的相容性好。当 ABS 中加入 PVC 后，两者可以充分均匀地分散，促进两组分的大分子链之间互相渗透与扩散，相界面的结合力较大，具有理想的工程相容性。一般认为，ABS/PVC 共混物具有单相连续的形态结构或部分的 IPN 结构，从而赋予 ABS/PVC 共混物优异的综合性能。ABS/PVC 共混物优良的阻燃性是由 PVC 赋予的，但两组分之间并无协同作用。在共混过程中，为防止加入的大量 PVC 受热分解，常加入少量的阻燃剂三氧化二锑，这样可适当减小 PVC 的用量。

ABS/PVC 共混物的性能会随 PVC 用量的不同而有所不同，一般共混物随 PVC 用量的增加，冲击强度下降，而拉伸强度、伸长率和弯曲强度会逐步提高，基本符合线性加和关系。共混物的共混比在 50：50 左右时，ABS/PVC 共混体系可形成 IPN 的形态结构，其拉伸强度、伸长率和弯曲强度指标却高于线性加和值。

ABS/PVC 共混物一般都采用机械共混法生产，由于 PVC 的热稳定性差，在受热和剪切力作用下易发生降解和交联，在共混体系中应加入适量的热稳定剂、增塑剂、加工助剂和润滑剂等。由于 ABS 与各种助剂的相容性比 PVC 好，所以应先将 PVC 与各种助剂预混合后再加入 ABS。即共混工艺包括预混合和熔融共混两个阶段。

ABS 与 PVC 共混时，PVC 与 ABS 中的分散相即橡胶粒子相容性差，所以 ABS/PVC 共混物属于"半相容"体系。在生产中为了改善共混物的相容程度，以提高抗冲击性等，可加入适量的增容剂，如 α-甲基苯乙烯-丙烯腈共聚物（α-SAN）等。

如某企业采用 ABS/PVC 共混物注塑成型电视机壳，其配方如表 4-29 所示。其 ABS/PVC 共混改性工艺流程为：

表 4-29　某企业采用 ABS/PVC 共混物注塑成型电视机壳的配方

原料	用量/phr	原料	用量/phr
ABS	70	辅助稳定剂	1
PVC	30	硬脂酸	0.3
α-SAN	3	其他助剂	适量
铅盐复合稳定剂	4		

4.5.7 ABS 与 PC 共混改性时应注意哪些问题？

ABS 与 PC 共混改性的目的主要是为了改善 ABS 的耐热性，使其负荷热变形温度达到 100～120℃，同时还可改善 ABS 的冲击强度。ABS 与 PC 共混时，为了改善两者的相容性，一般应加入少量的相容剂，常用的相容剂主要有 ABS 与马来酸酐的接枝共聚物（ABS-g-MA）、PMMA、SAN、PVC 等。两者的共混比例可为 75/25～25/75，共混物的耐热性和冲击强度一般会随着 PC 用量的增加而提高。

ABS/PC 共混物的熔融温度比普通 ABS 要提高 10℃左右，因此成型工艺也应相应调整。通常采用 ABS/PC 共混物注塑成型时，其成型温度应提高 20～30℃，注塑压力应提高 20%以上。

4.5.8　ABS 与热塑性聚氨酯共混应注意哪些问题？

热塑性聚氨酯（TPU）是多嵌段共聚物，硬段由二异氰酸酯与扩链剂反应生成，它可提供有效的交联功能；软段由二异氰酸酯与聚乙二醇反应生成，它提供可拉伸性和低温柔韧性。因此，TPU 具有硫化橡胶的理想性质。对 ABS 来说，少量的 TPU 作为韧性组分，可提高 ABS 的耐磨耗性、抗冲击性、加工成型性和低温柔韧性。TPU 对低聚合度、低抗冲击性 ABS 树脂的增韧效果尤其明显。

ABS 与 TPU 的相容性非常好，其共混物具有双连续相。在 1/50～30/50 的共混比范围内，TPU 的抗开裂性大大提高。但 TPU 的加入会导致共混物的熔体黏度增加，加工流动性下降，而且共混物的黏度会随 TPU 用量的增加而增大，熔体流动性下降。图 4-44 为 TPU 用量对共混物熔体黏度的影响。因此 ABS 与 TPU 共混时应控制适当的共混比，以获得流动性好的 ABS/TPU 共混物，并且可用于制造形状复杂的薄壁大型制品及汽车部件、皮带轮、低载荷齿轮和垫圈等。

长时间处于 200℃以上的成型温度，TPU 容易分解。共混前，需将原料的水分含量降至 0.05%以下。

4.5.9　ASA 与 PC 共混有哪些特性？

ASA 与 PC 共混，可以制备耐热 ASA。ASA/AES 合金由于 ASA 的橡胶相 T_g 为-45℃，所以 ASA 树脂耐低温冲击强度不高，将 ASA 与 PC 共混，既保持了树脂的耐候性，又提高了树脂的耐寒性，可满足低温下的高冲击强度要求。ASA/PC 合金中 ASA 与 PC 具有一定的相容性，将 ASA 与 PC 共混可以大大提高冲击强度、热变形温度，同时，保持了优异的耐候性、光泽度，主要应用于汽车、商用机器设备、消费电子产品。ASA/PC 合金的特性主要有以下几方面。

① 力学性能　ASA/PC 合金的弯曲强度、弯曲模量、拉伸强度与 PC 相当，薄壁冲击强度高于 ASA，与 PC 相当。在厚壁制品应力开裂、低温冲击、缺口敏感性能方面优于 PC，在冲击强度方面显示出良好的协同效应，特别适合于制作结构制品。高的机械强度还有利于制品的薄壁设计，使制品轻量化。

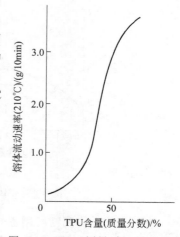

图 4-44　TPU 用量对 ABS/TPU 共混物熔体黏度的影响

② 耐温性能　ASA/PC 合金的热变形温度介于 ASA 和 PC 之间，呈现一定的线性关系。

③ 流变性能和加工性能　ASA/PC 合金的熔体指数比 PC 高，可成型大型薄壁制件，升高温度和压力都可以提高 ASA/PC 合金的熔体指数，升温比提高压力更有效。

④ 耐候性能　ASA/PC 合金的耐候性优于 ABS/PC 合金，不经涂装可直接应用于室外制品，也可用于室内制品，良好的耐候性意味着即使长期使用，也能保持着色制品鲜艳如初的色彩。选用合适的阻燃剂，可生产阻燃耐候的 ASA/PC 合金。

4.6 聚碳酸酯共混改性实例疑难解答

4.6.1 聚碳酸酯与 HDPE 应如何进行共混？

聚碳酸酯（PC）是透明且抗冲击性好的非结晶工程塑料，而且具有耐热、尺寸稳定性好、电绝缘性好等优点，但熔体黏度高，流动性差，尤其是制造大型薄壁制品时，因 PC 的流动性不好，难以成型，而且成型后残余应力大，易于开裂。此外，PC 的耐磨性、耐溶剂性也不好，而且价格也较高。

通过与 PE 共混改性，可以改善 PC 的加工流动性，并且使 PC 的韧性得到提高。此外，PC/HDPE 共混体系还可以改善 PC 的耐热老化性和耐沸水性。HDPE 是价格低廉的通用塑料，PC/HDPE 共混体系也可起降低成本的作用，使材料的性价比得到优化。因此，PC/PE 共混体系是很有开发前景的。

PC 与 HDPE 相容性较差，可加入 SBS、低密度聚乙烯接枝双酚 A 醚（LDPE-g-DBAE）、EVA、EPDM 等作为增容剂。采用 SBS 作为增容剂时，用量一般为 1%～6%，SBS 在共混物中用量不同，共混物的弹性模量、屈服强度及断裂伸长率不同，一般 SBS 在一定用量范围内时，共混物的弹性模量及断裂伸长率会随 SBS 用量的增加而增大，而屈服强度则会出现下降。如 PC/HDPE（80/20）共混物中采用 SBS 作为增容剂时，在 220℃ 条件下，共混物的弹性模量和屈服强度在 SBS 的用量在 3% 左右时达到最高值，而 SBS 的用量大于 3% 以后，弹性模量和屈服强度则会呈现下降趋势；共混物的断裂伸长率会随 SBS 用量的增加而增大，SBS 的用量在 5% 左右时能达到较高的值。SBS 用量对 PC/HDPE（80/20）共混物性能的影响如图 4-45 所示。

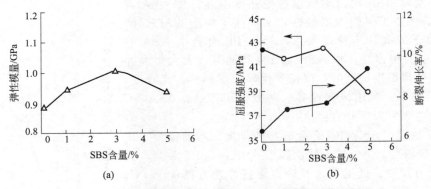

图 4-45　SBS 用量对 PC/HDPE（80/20）共混物性能的影响

PC/HDPE 共混物可用乙烯-乙酸乙烯酯共聚物（EVA）作为增容剂，通常 EVA 中的 VA 含量约为 28%，PC/HDPE 共混物 EVA 的用量一般为 3%～5%。其共混物的性能会随共混比的不同而不同，如 PC/HDPE/EVA 共混物采用挤出机共混挤出，其共混温度为 270～280℃（均化段），共混物的拉伸强度会随 HDPE 用量的增大而降低，而冲击强度则随 HDPE 用量的增大而先增大后减小。图 4-46 为 EVA 用量为 5% 时，PC/HDPE 共混物拉伸强度和冲击强度随共混比的变化。从图中可以看出，当 HDPE 用量在 5% 左右时，共混物具有较高的冲击强度，PC/HDPE（94/6）共混物的拉伸强度在 50MPa 左右，缺口冲击强度高达 70kJ/m^2。

PC 与 HDPE 共混的工艺可采用两步：第一步制备 PE 含量较高的 PC/PE 共混物；第二

步再将剩余的 PC 加入，制成 PC/PE 共混材料。在 PC 与 HDPE 共混时采用不同的共混方式及共混温度，共混物的性能会有较大差别，一般采用双螺杆挤出机共混时，共混物具有较高的拉伸强度及缺口冲击强度，而采用单螺杆挤出机共混时，共混物的拉伸强度及缺口冲击强度稍低些。图 4-47 为不同共混方式对 PC/HDPE 共混物性能的影响。

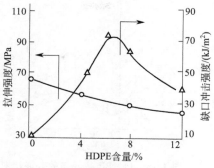

图 4-46　EVA 用量为 5％的 PC/HDPE 共混物性能随共混比的变化

4.6.2　聚碳酸酯与 PP 共混应注意哪些问题？

PC 与 PP 共混改性，可以改善 PC 的加工流动性，增大共混物模量，还可以改善 PC 的耐沸水性，降低成本等。但 PC 与 PP 的相容性较差，共混时一般需加入增容剂以提高共混物的均匀性，提高共混效果。PC 与 PP 共混常用的增容剂主要有 SEBS、聚丙烯与甲基丙烯酸缩水甘油酯共聚物（PP-g-GMA）、聚丙烯、苯乙烯与甲基丙烯酸丁酯接枝共聚物（PP-g-St/nBuMA）、聚丙烯与马来酸酐接枝共聚物（PP-g-MA）等。

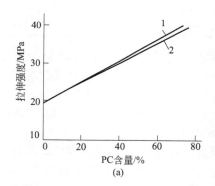 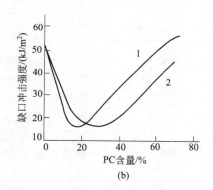

图 4-47　不同共混方式对 PC/HDPE 共混物性能的影响
1—双螺杆挤出机共混；2—单螺杆挤出机共混

PC/PP 共混物不同的共混比对共混物的熔体流动速率、扭矩、断裂伸长率、屈服强度及耐溶剂老化性等影响较大。

① 共混物的熔体流动速率以及扭矩会随共混比的变化而变化，一般 PC/PP 共混物的熔体流动速率会随 PP 用量的增加而增大，共混物的扭矩随 PP 的增量有所下降，如图 4-48 所示。

② 共混物的断裂伸长率随 PP 用量的增加而下降，而屈服强度随 PP 用量的增加变化较为复杂。当 PP 用量小于 20％时，共混物的屈服强度随 PP 用量的增加而增加，大于 20％以后，屈服强度随 PP 用量的增加而下降，PP 用量大于 70％后，共混物屈服强度随 PP 用量的增加而增加。图 4-49 为 PC/PP 共混物的拉伸性能与共混比的关系。从图中可见，共混比在 50/50 左右的共混物具有最低值。

③ PC/PP 共混物在柴油、机油中老化（老化条件 25℃、24h），共混物的屈服强度会随 PP 用量的增加而下降。当 PC/PP 共混物的共混比为 70/30 时，共混物在柴油、机油中经 25℃、24h 老化后，屈服强度具有最低的保持率，约 66.4％，如表 4-30 所示。

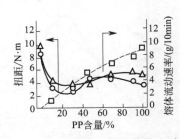

图 4-48　PC/PP 共混物的共混比对熔
体流动速率的影响

—△— 100℃时的扭矩；—○— 230℃时的扭矩；
-□- 熔体流动速率（230℃）

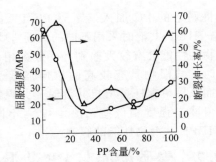

图 4-49　PC/PP 共混物的拉
伸性能与共混比的关系

表 4-30　不同共混比的 PC/PP 共混物在柴油、机油中的老化性能

PC/PP 共混比	屈服强度/MPa	断裂伸长率/%	屈服强度保持率/%
100/0	58.1	35.3	88.2
90/10	44.8	52.7	97.2
70/30	9.5	11.6	66.4
50/50	15.1	16.0	82.0
30/70	18.1	20.0	80.0
10/90	27.5	28.8	97.6
0/100	31.8	64.0	98.5

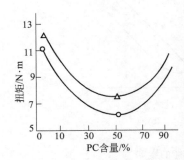

图 4-50　PC/PP 共混物的扭
矩与共混比的关系

—△— PC/PP 共混物；
—○— PC/PP/PP-g-St/nBuMA 共混物

不同的增容剂及用量对 PC/PP 共混物性能的影响也较大。一般共混物中随增容剂的加入，共混物的冲击强度、断裂伸长率、拉伸强度及弹性模量等都会增加。如 PC/PP 共混物采用 PP-g-GMA 作为增容剂时，不同共混比的共混物经混炼后，其性能如表 4-31 所示。如 PC/PP（30/70）共混物，共混物的弹性模量、拉伸强度、断裂伸长率及冲击强度都较低，在 PC/PP（30/70）共混物中加入增容剂 PP-g-GMA 达到 PC/PP/PP-g-GMA（30/50/20）时，共混物的拉伸强度达到 42.8MPa 左右，断裂伸长率达到 69.4% 左右。当 PC/PP 共混物采用 PP-g-St/nBuMA 作为增容剂，其用量在 4% 左右，共混物的混炼条件为 220℃、10min 时，PC/PP 共混物的扭矩与共混比的关系如图 4-50 所示。如 PC/PP（50/50）共混物，共混物的扭矩最低。PC/PP 共混物的弯曲模量、屈服强度及断裂强度与共混比的关系如图 4-51 所示。加入 4% 的 PP-g-St/nBuMA 作为增容剂的 PC/PP（30/70）共混物，其断裂强度在 20MPa 左右，而未加增容剂的 PC/PP 共混物，断裂强度在 10MPa 左右。

表 4-31　不同 PP-g-GMA 用量的 PC/PP/PP-g-GMA 共混物性能

PC/PP/PP-g-GMA 共混比	弹性模量/MPa	拉伸强度/MPa	断裂伸长率/%	冲击强度/(J/m)
19/90/0	702	26.4	122	109.8
10/80/10	844	32.8	197	134.5
20/80/0	674	674	31.4	58.3
20/70/10	799	30.7	64.5	67.2
30/70/0	625	22.5	5.7	47.3
30/65/5	725	30.5	32.6	56.3
30/60/10	803	36.2	49.7	67.4
30/50/20	874	42.8	69.4	78.9

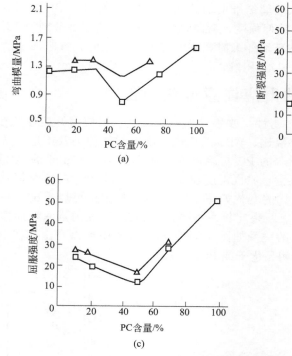

图 4-51 PC/PP 共混物的性能与共混比的关系

—□— PC/PP 共混物；—△— PC/PP/4%PP-*g*-St/nBuMA 共混物

采用接枝率为 0.31%的 PP-*g*-MA 作为增容剂时，采用双螺杆挤出机共混，其共混物含有 10%的 PP-*g*-MA 和不含增容剂时的拉伸强度、弯曲强度及冲击强度随共混比的变化如图 4-52 所示。

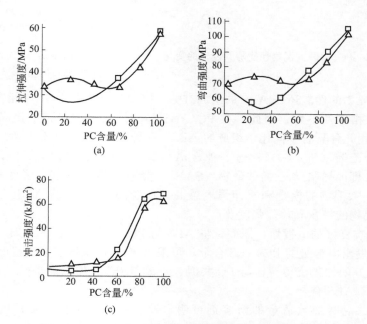

图 4-52 PP-*g*-MA 对 PC/PP 不同共混比性能的影响

—△— 共混物中不含 PP-*g*-MA；—□— 共混物中含 10%PP-*g*-MA

另外，在 PC/PP 共混物中可加入玻璃纤维增加其强度，如在 PC/PP/PP-g-MA 共混物中加入 25％的玻璃纤维时，共混物的拉伸强度、弯曲强度及缺口冲击强度分别为 72.5MPa、131.7MPa、16.9kJ/m^2。加入 36％的玻璃纤维时，共混物的拉伸强度、弯曲强度及缺口冲击强度分别为 81.4MPa、154.3MPa、17.4kJ/m^2。

4.6.3　聚碳酸酯与 ABS 共混应注意哪些问题？

PC 与 ABS 共混可提高 PC 的抗冲击性，改善其加工流动性及耐应力开裂性。在 PC 与 ABS 共混过程中，共混物的性能与共混比、ABS 的组成、增容剂的种类及用量、共混的工艺有关。如熔体流动速率为 11g/10min 的 PC 与熔体流动速率为 18g/10min 的 ABS（ABS 中含 PS 63％、AN 23％、B 14％）共混，共混温度在 220℃左右时，PC/ABS 共混物的屈服强度、屈服应变及断裂伸长率随共混比的变化如图 4-53 所示。从图中可以看出，共混物的屈服强度、断裂强度以及屈服伸长率、断裂伸长率都随共混物中 ABS 用量的增加而有所下降。共混物的缺口冲击强度与共混比的关系如图 4-54 所示。从图中可以看出，在 PC/ABS 配比为 60/40 时，共混物的抗冲击性明显优于纯 PC。

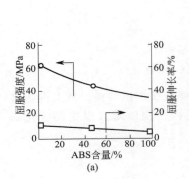 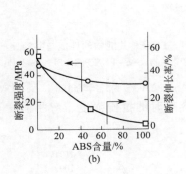 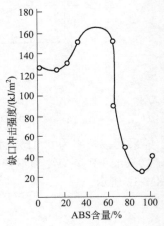

图 4-53　PC/ABS 共混物性能随共混比的变化

图 4-54　PC/ABS 共混物的缺口冲击强度与共混比的关系

PC/ABS 共混物的性能还与 ABS 的组成有关。PC 与 ABS 中的 SAN 相容性较好，而与 PB（聚丁二烯）相容性不好。因此，在 PC/ABS 共混体系中，不宜采用高丁二烯含量的 ABS。如分别采用几种具有不同化学组成的 ABS：一种 ABS 中含丙烯腈（AN）25％、丁二烯（B）16％和苯乙烯（St）59％；另一种含 AN 25％、B 50％和 St 25％；再一种含 AN 25％和 St 75％，即丙烯腈-苯乙烯共聚物（SAN）。分别与 PC 在 270℃温度下共混，其共混物中含 SAN 时，共混物的模量和拉伸强度最高。而含 B 为 16％的 ABS 共混物较含 B 为 50％的 ABS 共混物的模量和拉伸强度要高。

ABS 本身具有良好的电镀性，因而，将 ABS 与 PC 共混，可赋予 PC 以良好的电镀性。日本帝人公司开发出电镀级的 PC/ABS 合金，可采用 ABS 的电镀工艺进行电镀加工。

ABS 具有良好的加工流动性，与 PC 共混，可改善 PC 的加工流动性。GE 公司已开发出高流动性的 PC/ABS 合金。

PC 与 ABS 共混时加入适量的增容剂可明显改善共混物性能，常用的增容剂主要有 ABS 与马来酸酐的接枝共聚物（ABS-g-MA）、聚甲基丙烯酸甲酯（PMMA）、PVC 等。如采用 ABS-g-MA 增容 PC/ABS 共混物时，在温度 240℃左右进行共混，PC/ABS-g-MA 共混物的拉伸强度、弯曲强度及冲击强度显著地大于 PC 与未接枝的 ABS 共混物。当 PC/ABS-*g*-MA 共混比为 50/50 时，共混物的拉伸强度在 52MPa 左右，弯曲强度在 75MPa 左右，冲击强度在 600J/m 左右。而 PC/ABS（50/50）共混物，共混物的拉伸强度约为 47MPa，弯曲强度约为 50MPa，冲击强度约为 100J/m。又如 PC/ABS（65/35）共混物，共混物的断裂伸长率约为 6.92%，缺口冲击强度约为 52.7J/m。而 PC/ABS-*g*-MA（65/35）共混物的断裂伸长率达 51.2%，冲击强度达 745.1J/m。

　　PC 与 ABS 共混采用 PMMA 作为增容剂时，ABS 中丁二烯含量越大时，共混物的冲击强度、断裂伸长率也越大。如采用丁二烯含量为 18%、丙烯腈含量为 35%、苯乙烯含量为 47% 的 ABS 与 PC 共混（PC/ABS=30/70），共混温度为 240～270℃ 时，PMMA 对 PC/ABS（30/70）共混物冲击强度的影响如图 4-55 所示。从图中可以看出，PMMA 的用量在 6% 左右时，共混物具有最高的冲击强度。

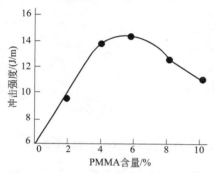

图 4-55　PMMA 对 PC/ABS（30/70）
共混物冲击强度的影响

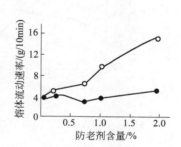

图 4-56　防老剂对 PC/ABS 共混物
的熔体流动速率的影响
─○─ 防老剂 TPP；─●─ 防老剂 KY-7910

　　PC 与 ABS 共混时，由于 ABS 耐老化性较差，故共混物中一般需加入防老剂，如防老剂 KY-7910 及防老剂 TPP 等。共混物中防老剂的用量会影响共混物熔体的流动性，同时还会影响共混物的力学性能。如 PC/ABS（70/30）共混物分别加入防老剂 KY-7910 及防老剂 TPP 时，共混物的熔体流动速率会随防老剂用量的增加而增大，熔体的流动性增加，其变化关系如图 4-56 所示。而共混物的冲击强度则随防老剂用量的增加而下降，如图 4-57 所示。

　　PC 与 ABC 共混时，也可采用聚氯乙烯（PVC）作为增容剂，在 PC/ABC 共混物中加入少量的 PVC 对 PC 的冲击强度有一定的改善。通常 PC/ABS 共混物中 PVC 增容剂用量为 1.5%～3%。PVC 对共混物的增容性能随共混比的不同而不同，如图 4-58 所示。

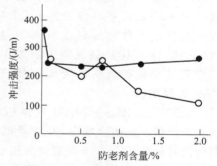

图 4-57　防老剂对 PC/ABS 共混
物的冲击强度的影响
─○─ 防老剂 TPP；─●─ 防老剂 KY-7911

　　此外，PC 与 ABS 共混时，其共混物的性能与共混工艺控制有关。如采用双螺杆挤出机共混时，在不同的机筒温度及螺杆转速下，共混物的缺口冲击强度不同。图 4-59 为 PC/ABS（70/30）共混物的缺口冲击强度与机筒温度及螺杆转速的关系。

4.6.4　PC 与 PA 共混应注意哪些问题？

　　在 PC 中加入 PA，可以改善 PC 的耐油性、耐化学品性、耐应力开裂性及加工性能，降低 PC 的成本，同时保持 PC 较高的耐冲击性和耐热性。

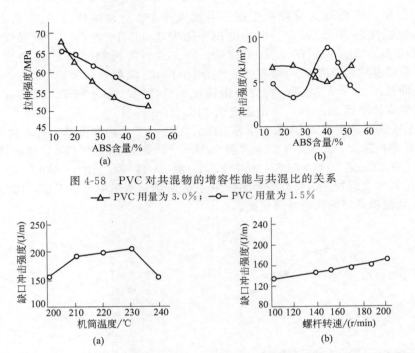

图 4-58　PVC 对共混物的增容性能与共混比的关系

─△─ PVC 用量为 3.0%；─○─ PVC 用量为 1.5%

图 4-59　PC/ABS（70/30）共混物的缺口冲击强度与机筒温度及螺杆转速的关系

PC 与 PA 的溶度参数相差较大，两者为热力学不相容，若直接共混，则难以得到具有实用价值的稳定的合金。通过加入增容剂和改性剂，借助共混加工中的温度场和力场的作用，改善和控制 PC/PA 共混物的相容性，可以获得高性能的 PC/PA 合金。常用的增容剂有 SMAH、丙烯酸类核-壳抗冲改性剂、SEBS 和 SEBS-g-MAH 等。

SMAH 与 PC 和 PA 均具有良好的相容性，PC/PA 合金中加入少量的 SMAH，可使共混物的拉伸强度和缺口冲击强度提高，弯曲强度略有降低。

丙烯酸类核-壳抗冲改性剂对 PC/PA6 共混物具有增容作用，它与马来酸酐类接枝共聚物并用，可更好地改善 PC/PA6 共混物的相容性。增容后的 PC 对 PA6 的结晶有成核剂的作用，使结晶温度升高，但却大大减缓 PA6 的结晶动力学过程和降低结晶度。PC/PA6（60/40）共混物中添加 5 份马来酸酐类增容剂、10 份丙烯酸类改性剂，通过双螺杆挤出机的剪切场与温度场进一步控制共混物的相形态，可以获得高性能的 PC/PA6 共混物。

SEBS 和 SEBS-g-MAH 增容 PC/PA6 共混物时，后者适合增容 PC 含量高的 PC/PA 共混物，而前者则适合增容 PC 含量低的 PC/PA 共混物。当 SEBS-g-MAH 与 SEBS 联用时，其配比将影响 PC/PA6 共混物的相形态和结晶性能，当组分比为 0/20 时，共混体系为共连续结构，即海-岛结构，体系表现为部分相容共混物特性，共混物的结晶度和结晶温度降低。PC/PA 共混体系中分别加入配比为 5/15、10/10、20/0 的 SEBS-g-MAH/SEBS，共混物的结晶度和结晶温度将依次提高，体系完全不相容。

4.6.5　PC 与 PS 共混应注意哪些问题？

PC 与 PS 共混可以改善 PC 的加工流动性，同时还可改善 PC 的拉伸强度等。但共混物的储能模量则会随 PS 用量的增加而下降。图 4-60 为 PC/PS 不同共混比的共混物在不同温度下的储能模量。

PC 与 PS 相容性较差，共混时可加入 PC-*g*-PS 作为增容剂。PC-*g*-PS 一般采用辐射接枝共聚法制备，接枝率在 29.2％左右。在共混物中加入增容剂可以使分散相（PS）的粒径减小，而且不同 PC/PS 共混比分散相的粒径不同，如图 4-61 所示，共混物中 PS 用量越大，其分散相粒径越大，加入增容剂后共混物分散相粒径比未加入时小，共混物分散相粒径也随 PC-*g*-PS 用量的增加而减小。图 4-62 为 PC/PS（70/30）共混物中 PC-*g*-PS 用量对分散相粒径的影响。从图中可以看出，PC/PS（70/30）共混物中含有 10％的增容剂 PC-*g*-PS，共混物分散相的粒径在 3μm 左右。

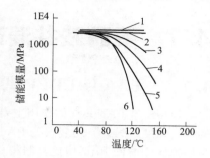

图 4-60　PC/PS 不同共混比的共混物在不同温度下的储能模量
1—PC/PS（100/0）；2—PC/PS（80/20）；3—PC/PS（60/40）；4—PC/PS（40/60）；5—PC/PS（20/80）；6—PC/PS（0/100）

PC/PS 共混物的拉伸强度、冲击强度及硬度都会受增容剂的影响，共混物中加入增容剂 PC-*g*-PS 后，其共混物的模量、拉伸强度、冲击强度及硬度都明显地提高。图 4-63 为 PC/PS 共混物在含有 6％的增容剂时，共混物的物理力学性能随共混比的变化。从图中可以看出，PC/PS（40/60）共混物中含有 6％的 PC-*g*-PS 时，共混物的拉伸强度达 57MPa 左右，而不含 PC-*g*-PS 时，共混物的拉伸强度约为 50MPa。

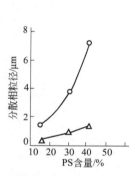

图 4-61　PC/PS 共混比对分散相粒径的影响
—○— 共混物中未含增容剂；—△— 共混物中含 6％的增容剂

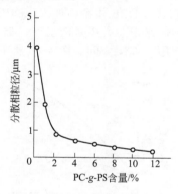

图 4-62　PC-*g*-PS 用量对 PC/PS（70/30）共混物分散相粒径的影响

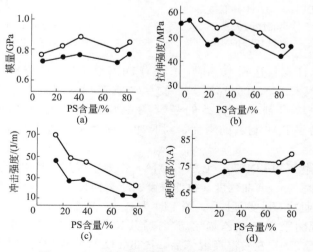

图 4-63　PC/PS 共混物性能随共混比的变化
—○— 共混物中含有 6％的 PC-*g*-PS；—●— 共混物中不含有 PC-*g*-PS

4.7 聚酰胺共混改性实例疑难解答

4.7.1 PA6 与 LDPE 共混应注意哪些问题？

LDPE 与 PA6 共混的作用主要是：一方面明显改善 PA6 的吸水性；另一方面提高 PA6 的冲击强度；另外，还能改变 PA6 的结晶度或结晶形态，提高透明性。用 LDPE 增韧 PA6 与用弹性体增韧 PA6 相比，制得的增韧 PA6 的弯曲强度与拉伸强度下降减少，既保持了 PA6 的刚性基本不变，又提高了 PA6 的韧性，具有很高的实用价值。

由于 PE 是属于非极性聚合物，而 PA6 是极性聚合物，因此 LDPE 与 PA6 之间不具有热力学相容性，共混时必须对 PE 进行改性或加入增容剂，否则成型过程中共混物熔体易发生相分离，制品冲击强度差，表面光泽性也差，受力后易发生剥离而破裂。对 LDPE 进行改性主要是在 LDPE 分子链中引入极性基团，即使用高活性反应单体与 LDPE 接枝。目前采用的增容剂主要有马来酸酐接枝改性 PE（PE-g-MAH）、LDPE 与丙烯酸丁酯及马来酸酐的接枝共聚物 LDPE-g-(BuA-co-MA)、马来酸酐、马来酸酐接枝改性三元乙丙橡胶（EP-DM-g-MAH）等。但采用不同的增容剂时，PA6/LDPE 共混物的性能变化有所不同。

在 PA6/LDPE 体系中加入 LDPE-g-MAH，能有效地改善共混组分间的相容性，而且共混物不论是干态，还是低温下，都具有明显的增韧效果，而未接枝 LDPE 对 PA6 来说没有增韧作用，如图 4-64、图 4-65 所示。

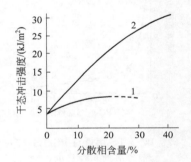

图 4-64　PA6/LDPE-g-MAH 共混体系
干态冲击强度与共混比的关系
1—PA6/LDPE；2—PA6/LDPE-g-MAH

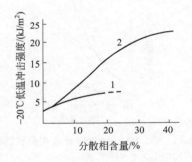

图 4-65　PA6/LDPE-g-MAH 共混体系
低温冲击强度与共混比的关系
1—PA6/LDPE；2—PA6/LDPE-g-MAH

当 LDPE-g-MAH 含量达到 40% 时，PA6/LDPE 合金的冲击强度比纯 PA6 高 5～6 倍。如某企业采用 PA6/LDPE（100/10）共混物生产汽车用线卡时，在共混物中加入 2% 的 LDPE-g-MAH 作为增容剂后，制品的悬臂梁缺口冲击强度达 82kJ/m²，拉伸强度为 45.3MPa，制品保持了 PA6 材料的刚性，同时冲击韧性又得到了大幅度提高，而且制品具有良好的光泽性。

PA6/LDPE 共混物采用 LDPE-g-(BuA-co-MA) 作为增容剂，其用量为 2.4% 时，共混物经 250℃共混后，其拉伸模量、弯曲强度、拉伸强度、断裂伸长率以及吸水性会随共混物中 LDPE 用量的增加而下降，而冲击强度则上升。图 4-66 为 PA6/LDPE 共混物性能随共混比的变化。

PA6/LDPE 共混物采用巯基乙烯-乙酸乙烯共聚物（EVASH）作为增容剂，其用量为 1%～10%，共混物经 250℃左右温度混炼后，PA6/LDPE 共混物的拉伸性能及弹性模量会随 EVASH 用量的增加而有所增大。当 PA6/LDPE（50/50）共混物中 EVASH 用量在 10% 左右

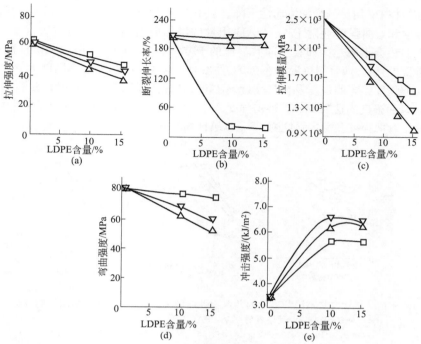

图 4-66　PA6/LDPE 共混物性能随共混比的变化
—□—PA6/LDPE；　—△—PA6/LDPE/LDPE-g-(BuA-co-MA)，DG=6.7%；
—▽—PA6/LDPE/LDPE-g-(BuA-co-MA)，DG=12.1%

时，共混物的屈服强度在 22MPa 左右，断裂伸长率在 80% 左右。共混物中未添加增容剂时，屈服强度约为 10MPa，断裂伸长率约为 10%。另外，共混物的增容剂 EVASH 中 SH 浓度不同时，其增容效果也有所不同，一般 EVASH 中 SH 的浓度越大，共混物的弹性模量越大。表 4-32 为 PA6/LDPE（20/80）共混物采用不同 SH 浓度的 EVASH 的共混物性能。

表 4-32　PA6/LDPE（20/80）共混物采用不同 SH 浓度的 EVASH 的共混物性能

EVASH 用量/%	[SH]含量/(mmol/100g)	屈服强度/MPa	断裂伸长率/%	弹性模量/MPa
0	—	7.3	11	207
5	0	9.1	11	182
5	13.8	9.8	15	208
5	41.7	9.7	33	212
5	65.4	10.8	51	215

4.7.2　PA6/PP 共混物中增容剂对其性能有何影响？

PA6 与 PP 共混时，由于 PP 的加入，PA6/PP 合金的吸水性大为改善，通常体系中 PA6 含量在 70% 以下时，合金的吸水性很小且变化不大，PA6 含量超过 80% 时，合金的吸水性急剧上升。PP 对 PA6 还有一定的增韧作用，PA6/PP 共混物的拉伸强度比纯 PA6 略低，冲击强度略有提高。

PP 是非极性聚合物，PA6 是极性聚合物，它们具有极差的相容性，为改善两者的相容效果，必须应用各种结构的增容体系。常用的增容剂主要有 PP-g-MAH、聚丙烯与丙烯酸丁酯的接枝共聚物（PP-g-BA）、EPR-g-MAH、SEBS-g-MAH、离子交联聚合物。共混物的力学性能与增容剂的种类、分子量大小及其用量有关，同时 PP 的分子量、用量及共混挤出温度等对共混物的性能也有较大影响。

PA6/PP 共混物采用聚丙烯与马来酸酐接枝共聚物（PP-g-MAH）作为增容剂时，PP-g-MAH 的用量会直接影响共混物的性能。由于接枝 PP 的存在，共混物熔体的流动性会有所降低，而且随接枝 PP 用量的增加流动性下降。当 PP-*g*-MAH 用量在 5％以下时，共混物的拉伸强度、冲击强度和弯曲强度会随 PP-*g*-MAH 用量的增加而增加，但用量过大（接近 10％）时，其强度的增大趋势会不明显。如在不同共混比的 PA6/PP 共混物中，PP-*g*-MAH 的用量分别为 2.4％、4.8％及 9.1％，而且混炼温度在 240℃左右时，含 4.8％的 PP-*g*-MAH 的 PA6/PP 共混物具有较高的拉伸强度、弯曲强度及冲击强度。PA6/PP 的共混比为 80/20 时，共混物的拉伸强度高达 49MPa，弯曲强度高达 82MPa，冲击强度高达 80J/m。图 4-67 为 PA6/PP 不同共混比时共混物的拉伸强度、弯曲强度及冲击强度随 PP-*g*-MAH 增容剂用量的变化。

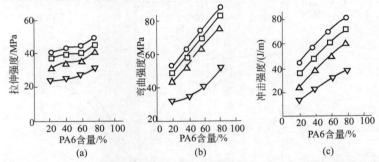

图 4-67　PA6/PP 不同共混比的共混物性能随 PP-*g*-MAH 增容剂用量的变化
▽— PA6/PP 无增容剂；△— PA6/PP 含 2.4％PP-*g*-MAH；
○— PA6/PP 含 4.8％PP-*g*-MAH；□— PA6/PP 含 9.1％PP-*g*-MAH

　　PA6/PP 共混物采用 PP-*g*-BA 作为增容剂时，其用量为 5％～10％。共混物在温度 220℃左右进行混炼，PA6/PP/PP-*g*-BA 不同共混比时，共混物的性能变化如图 4-68 所示。从图中可以看出，PA6/PP 共混物中含有 4.8％的 PP-*g*-BA 增容剂，共混物产生最高强度与模量；共混物中不含有增容剂，模量与强度最低。在共混物中 PP-*g*-BA 用量增至 9.1％时，共混物的模量及强度又明显地下降。

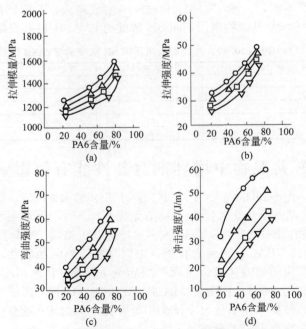

图 4-68　不同 PP-*g*-BA 用量的 PA6/PP 共混物的性能随共混比的变化
▽— PA6/PP 中无 PP-*g*-BA；△— PA6/PP 中含 2.4％PP-*g*-BA；
○— PA6/PP 中含 4.8％PP-*g*-BA；□— PA6/PP 中含 9.1％PP-*g*-BA

PA6 与 PP 共混时，也可采用苯乙烯-乙烯共聚物、丁烯-苯乙烯共聚物与马来酸酐的接枝聚合物（SEBS-*g*-MAH）、乙丙橡胶（EPR）与马来酸酐的接枝共聚物（EPR-*g*-MA，乙烯 43%，丙烯 57%，马来酸酐 1.14%）作为增容剂。当共混物中分别加入 20% 的 SEBS-*g*-MAH 和 EPR-*g*-MA 时，在 240℃左右的温度下进行混炼，共混物的屈服强度、模量都随 PP 用量的增加而下降，当 PP 含量为 30% 时，PA6/PP 共混物具有最高的冲击强度，如图 4-69 所示。PA6/PP 共混物的冲击强度随增容剂 EPR-*g*-MA 用量的变化如图 4-70 所示。

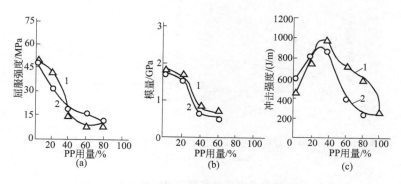

图 4-69　不同增容剂的 PA6/PP 共混物性能随 PP 用量的变化
1—添加 20%SEBS-*g*-MA；2—添加 20%EPR-*g*-MA

PA6/PP 共混物采用接枝共聚物作为增容剂时，不同接枝含量的共聚物，其对共混物性能的影响不同，如采用 SEBS-*g*-MA 作为增容剂时，在 SEBS-*g*-MA 中 MAH 的用量对 PA6/PP/SEBS（80/20/10）共混物的物理力学性能有明显的影响。当 MAH 用量为 0.8% 时，共混物的屈服强度为 45.4MPa，断裂强度为 35.5MPa，断裂伸长率为 92%，缺口冲击强度为 176J/m。而 MAH 用量达到 2.0% 时，共混物屈服强度达到 50.4MPa，断裂强度达到 39.3MPa，断裂伸长率为 110%，缺口冲击强度高达 945J/m。

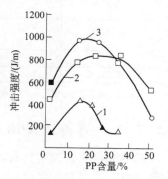

4.7.3　填充剂对 PA6/PP 共混物性能有何影响？

PA6/PP 共混物中加入填充剂，其共混物的强度、刚度等性能会随填充剂用量的增加而增大。如采用云母粉填充 PA6/HIPS/PP（80/15/5）共混物时，其力学性能变化如图 4-71 所示。从图中可以看出，随云母粉用量增加共混物的强度、刚度及韧性有明显增加，当云母粉用量达 20% 时，共混物的拉伸强度、弯曲强度及冲击强度分别提高 20%、60% 和 8%，断裂伸长率却下降了 75%。

图 4-70　PA6/PP 共混物的
冲击强度随增容剂
EPR-*g*-MA 用量的变化
1—含 10%EPR-*g*-MA；
2—含 15%EPR-*g*-MA；
3—含 20%EPR-*g*-MA

不同的填充剂对不同共混比 PA6/PP 共混物性能的影响不同。如采用 PA6/HIPS/PP（80/15/5）及 PA6/HIPS/PP（70/15/15）共混物分别与滑石粉、云母粉及玻璃纤维共混时，其填充共混物的物理力学性能分别如表 4-33 所示。从表中可看出，PA6/HIPS/PP（80/15/5）共混物与 20% 云母粉共混时，其共混物的拉伸强度在 59.4MPa 左右，弯曲强度在 81MPa 左右，缺口冲击强度在 65.7J/m 左右，断裂伸长率在 19% 左右。

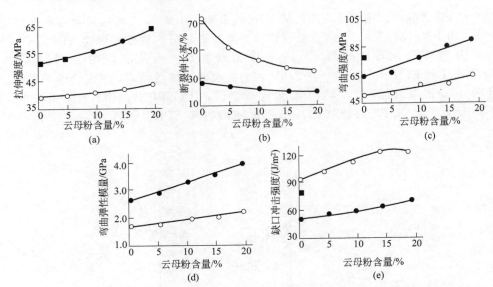

图 4-71 云母粉用量对 PA6/HIPS/PP（80/15/5）共混物性能的影响
—●— 干态；—○— 湿态

表 4-33 填充共混物的物理力学性能（干态）变化

项　目		拉伸强度/MPa	断裂伸长率/%	弯曲强度/MPa	弯曲弹性模量/GPa	缺口冲击强度/(J/m)
A₁		50	76	51.5	1.64	61.2
A₁/滑石粉	90/10	47.8	39	58.4	2.08	55.3
	80/20	49.6	27	64.8	2.50	44.8
A₁/云母粉	90/10	53.2	50	64.7	2.61	62.9
	80/20	59.4	19	81.0	3.64	65.7
A₂		46.0	112	48.6	1.34	44.1
A₂/玻璃纤维	90/10	70.3	4	84.1	2.56	65.8

注：A₁ 表示 PA6/HIPS/PP（80/15/5）；A₂ 表示 PA6/HIPS/PP（70/15/15）。

4.7.4 制备 PA66/PP 共混物应注意哪些问题？

PA66/PP 共混物具有较低的吸湿性，共混物的韧性、尺寸稳定性较 PA66 有所提高。PA66/PP 共混物制备时由于 PA66 熔点较高，而在高温下，PP 易发生热降解，因此在生产过程中，应注意适当增加抗氧剂的用量以及减少物料的停留时间。再有就是尽可能降低熔融共混挤出温度，以保证共混物的性能不受加工条件的影响。

PA66 与 PP 共混的相容性差，共混时需加入增容剂，常用的增容剂主要是苯乙烯-乙烯-丁烯-苯乙烯共聚物（SEBS）与马来酸酐（MA）的接枝共聚物（SEBS-g-MA）。PA66/PP 共混物中加入不同用量的 SEBS-g-MA 时，其性能会明显不同，而且随 PA66/PP 共混比的不同，性能的变化关系也不同。如在 PA66/PP（75/25）及 PA66/PP（50/50）共混物中，SEBS-g-MA 增容剂含量变化，共混物的拉伸强度、断裂伸长率、冲击强度及模量的变化如图 4-72 所示。从图中可以看出，PA66/PP（75/25）共混物的拉伸强度、冲击强度及模量都高于 PA66/PP（50/50）共混物，而断裂伸长率稍低于 PA66/PP（50/50）共混物。PA66/PP（75/25）共混物的拉伸强度随 SEBS-g-MA 用量的增加而增大，而 PA66/PP（50/50）共混物则会出现下降趋势；PA66/PP（75/25）共混物的冲击强度会随 SEBS-g-MA 用量的增加而出现先增大后下降的趋势，PA66/PP（50/50）共混物的冲击强度会随 SEBS-g-MA

用量的增加而呈现下降趋势。

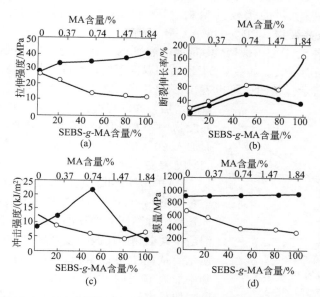

图 4-72　PA66/PP 共混物中 SEBS-*g*-MA 含量变化对共混物性能的影响
●—PA66/PP（75/25）；○—PA66/PP（50/50）

　　共混物采用不同马来酸酐（MA）含量的 SEBS-*g*-MA 时，不同含量对共混物性能的影响不同。如分别在共混比为 0/100、12.5/87.5、25/75、50/50、75/25、87.5/12.5、100/10 的 PA66/PP 共混物中，加入 20% 的 SEBS-*g*-MA，共混物在 260～280℃ 温度下进行混炼，在增容剂 SEBS-*g*-MA 接枝共聚物中，马来酸酐（MA）含量变化对共混物的应力与应变的影响如图 4-73 所示。从图中可以看出，在 PA66/PP（75/25）共混物中，在 SEBS-*g*-MA 中 MA 含量较高时，共混物的应力较高，而在 PA66/PP（50/50）共混物中，当 SEBS-*g*-MA 中 MA 含量较高时，使共混物产生的应力则较低。

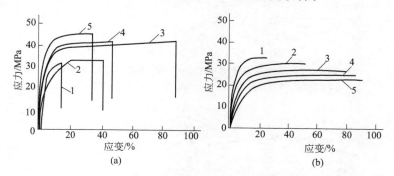

图 4-73　SEBS-*g*-MA 中 MA 含量变化对 PA66/PP 共混物应力、应变的影响
1—SEBS-*g*-MA 中 MA 含量 0；2—SEBS-*g*-MA 中 MA 含量 0.37%；
3—SEBS-*g*-MA 中 MA 含量 0.74%；4—SEBS-*g*-MA 中 MA 含量 1.47%；
5—SEBS-*g*-MA 中 MA 含量 184%

4.7.5　PA1010/PP 共混物增容剂有哪些？对共混物性能各有何影响？

　　PA1010 是癸二胺和癸二酸缩聚物，PA1010 与 PP 共混时，其两者相容性差，因此必须加入增容剂以提高共混改性的效果及共混物的性能。PA1010/PP 共混物常用的增容剂主要有聚丙烯与丙烯酸（AA）的接枝共聚物（PP-*g*-AA）及聚丙烯与甲基丙烯酸环氧丙酯（GMA）的熔融接枝共聚物（PP-*g*-GMA）等。

采用 PP-*g*-AA 作为 PA1010/PP 共混物增容剂时，共混物的拉伸强度和冲击强度会随 PP-*g*-AA 用量的增加而增大。如在 205℃ 左右的温度下进行混炼，共混物的拉伸强度及冲击强度的变化如图 4-74 所示。从图中可以看出，PA1010/PP（75/25）共混物中随着 PP-*g*-AA 用量的增加，共混物的拉伸强度和冲击强度都在增加，当共混物中不加 PP-*g*-AA 时，拉伸强度在 40MPa 左右，而加入 20％ 的 PP-*g*-AA 后，共混物的拉伸强度增至 62MPa 左右。

PA1010/PP 共混物采用 PP-*g*-GMA 作为增容剂时，增容剂 PP-*g*-GMA 可明显提高共混物的屈服强度及断裂伸长率。如不同共混比的 PA1010/PP 共混物经 230℃ 共混后，共混物的屈服强度及断裂伸长率的变化如图 4-75 所示。从图中可以看出，当 PA1010/PP（50/50）共混物中加入 10％ 的 PP-*g*-GMA 时，屈服强度达到 32MPa，断裂伸长率达 400％ 左右。而不加 PP-*g*-GMA 时，共混物屈服强度在 8MPa 左右，断裂伸长率在 100％ 左右。在

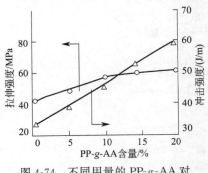

图 4-74 不同用量的 PP-*g*-AA 对 PA1010/PP（75/25）共混物性能的影响

PA1010/PP（20/80）共混物中，加入不同含量的 PP-*g*-GMA 时，共混物的屈服强度及断裂伸长率的变化如图 4-76 所示。从图中可以看出，在 PA1010/PP（20/80）共混物中 PP-*g*-GMA 含量在 10％ 左右时，共混物的屈服强度最高，达到 32MPa，断裂伸长率在 200％ 左右。

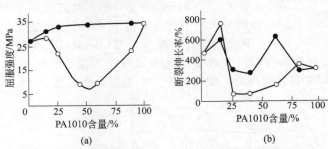

(a)   (b)

图 4-75 不同共混比时 PA1010/PP 共混物性能的变化
—○— 共混物中无 PP-*g*-GMA；—●— 共混物中有 PP-*g*-GMA（10％）

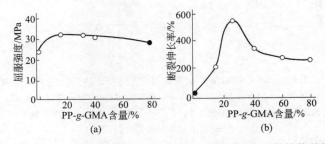

(a)   (b)

图 4-76 PP-*g*-GMA 用量对 PA1010/PP（20/80）共混物性能的影响

4.7.6 PA6 与 ABS 共混应注意哪些问题？

PA6 与 ABS 共混时，由于 ABS 中的丁二烯链段的玻璃化温度很低，在低温及低湿度

时，赋予共混物优良的耐冲击性，因此在 PA6 中加入少量 ABS 可显著提高 PA6 的韧性、刚性、硬度及耐电弧性，还具有较佳的冲击强度、耐热翘曲性，优良的流动性和外观，在电子电气、汽车、家具、体育用品等领域具有极为广阔的市场。

但 PA6 和 ABS 是不相容体系，其共混物的力学性能较差，一般应添加增容剂，以提高两者的相容性及共混物性能。PA6/ABS 合金的增容剂主要有 ABS-g-MAH、苯乙烯接枝马来酸酐（S-g-MAH）。PA6/ABS 合金是结晶/非结晶共混体系，体系的形态结构呈细微的相分离状态。在体系中加入增容剂，能使 ABS 分散相尺寸变得细小。

采用 ABS-g-MAH 作为增容剂时，ABS-g-MAH 的制备方法是：首先应将 ABS 树脂在80℃下真空干燥 6h，然后与不饱和羧酸、引发剂（过氧化二异丙苯等）按一定配比混合均匀，再经单螺杆挤出机反应挤出。ABS-g-MAH 增容的 PA6/ABS 共混体系，熔体的流动性会随体系中 ABS-g-MAH 用量的增加而下降，而其热变形温度则会有所上升。如某企业采用 ABS 与PA6 共混生产汽车配件，其配方如表 4-34 所示，制品的缺口冲击强度达 $13.2kJ/m^2$，热变形温度在 1.82MPa 负荷下达 81.4℃。当 ABS-g-MAH 用量一定时，PA6/ABS 共混物的性能会随共混比的不同而不同，共混物的屈服强度、冲击强度会随体系中 ABS 用量的增加而下降，而断裂伸长率则会增大。表 4-35 为 ABS-g-MAH 用量为 15% 时 PA6/ABS 共混物性能随共混比的变化，表 4-36 为 PA6/ABS-g-MAH/ABS 共混比对共混物性能的影响。

表 4-34　某企业采用 ABS 与 PA6 共混生产汽车配件时的配方

原料	配比/phr	原料	配比/phr
PA6	90	MAH	6.0
ABS	10	DCP	1.0
ABS-g-MAH	15	其他	适量

表 4-35　PA6/ABS 共混物性能随共混比的变化

PA6/ABS	屈服强度/MPa	断裂伸长率/%	冲击强度/(kJ/m²)
100/0	69.57	68.9	4.86
70/30	61.74	104.5	4.68
60/40	58.75	96.1	3.95
44/56	56.56	92.9	3.81

注：共混体系中 ABS-g-MAH 用量为 15%。

表 4-36　PA6/ABS-g-MAH/ABS 共混比对共混物性能的影响

项　目	PA6/ABS-g-MAH/ABS (70/10/20)	PA6/ABS-g-MAH/ABS (70/15/15)	PA6/ABS-g-MAH/ABS (70/10/20)
熔体流动速率/(g/10min)	0.29	0.26	0.20
热变形温度(1.82MPa)/℃	79	81	82
缺口冲击强度/(kJ/m²)	11.4	12.3	13.3
拉伸强度/MPa	44.6	44.3	37.9

PA6/ABS 共混物采用 S-g-MAH 作为增容剂，S-g-MAH 用量一般为 2%~8% 时，共混物的拉伸强度、冲击强度和弯曲强度会明显提高。当 PA6/ABS 共混比一定时，共混物的拉伸强度、冲击强度和弯曲强度会随 S-g-MAH 用量的增加而增大。但当 PA6/ABS 共混比不同时，共混物的拉伸强度、冲击强度和弯曲强度变化不同。图 4-77 为在不同增容剂用量时，PA6/ABS 共混物性能随共混比的变化。

此外，在 PA6/ABS 合金中加入一定的弹性体可提高合金的韧性，用于 PA6/ABS 共混体系的弹性体有 SBS、SEBS、MBS 等热塑性弹性体，但这些弹性体与 PA6 的相容性不好，需将 MAH 或丙烯酸及其衍生物与热塑性弹性体接枝，使其带有能与 PA6 反应的基团。

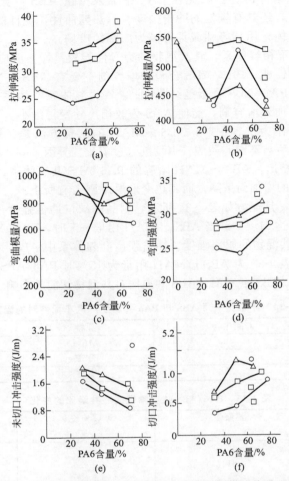

图 4-77　不同增容剂用量时 PA6/ABS 共混物性能随共混比的变化
—○— PA6/ABS；—□— PA6/ABS 2%S-g-MA；—△— PA6/ABS 5%S-g-MA

4.7.7　PA1010 与 ABS 共混应注意哪些问题？

　　PA1010 具有坚韧、耐磨、耐溶剂、耐油、易成型加工等特点，但缺点是低温和干态冲击强度低，尺寸稳定性差，吸水后性能下降。与 ABS 共混，可使 PA1010 的吸水性、尺寸稳定性等性能得到改善，成本下降。PA1010/ABS 共混物可用于仪器、仪表外壳，具有较好的耐候性、耐化学腐蚀性等优点，用于汽车配件如散热器格栅等，在耐热性、耐候性等方面明显优于纯 ABS。

　　PA1010 与 ABS 为不相容体系，共混时，必须加入增容剂。甲基丙烯酸环氧丙酯（GMA）、马来酸酐和苯乙烯的共聚物（PS-MAH-GMA）、苯乙烯和甲基丙烯酸环氧丙酯（GMA）的共聚物（SG）及 SMAH、ABS-g-MAH 等均可作为 PA1010/ABS 合金的增容剂。增容剂的用量和体系组分配比对合金性能有较大的影响。

　　共混采用 PS-MAH-GMA 作为增容剂时，PA1010/ABS 共混物的屈服强度、屈服伸长率、弹性模量明显增大。但 PA1010/ABS 不同共混比时，共混物各性能变化有所不同。随 ABS 用量的增加其屈服强度、拉伸强度先出现下降而后增大。当 ABS 用量在 40% 左右时，共混物的拉伸强度出现最低值；当 ABS 用量在 50% 左右时，屈服强度出现最低值。共混物的屈服伸长率随 ABS 用量的增加会不断下降，而弹性模量则增加。图 4-78 为 PA1010/ABS 共混物在 230～240℃温度下共混，共混物各性能随共混比的变化。

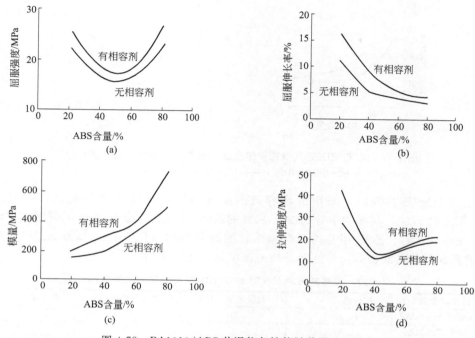

图 4-78　PA1010/ABS 共混物各性能随共混比的变化

4.8　其他塑料共混改性实例疑难解答

4.8.1　PET 可与哪些塑料共混？共混时应注意哪些问题？

（1）PET 共混塑料品种

PET 在注塑成型过程中，改性其成型加工性能及物理力学性能最为有效的方法是与其他聚合物共混，共混物可用于注塑成型各种电子电气、汽车、机械工业中的各种阀门、排气零件，小型电动机及变压器、电容器罩壳、齿轮、泵壳体、皮带轮以及钟表零件等。目前用于 PET 共混改性的塑料材料主要有 PE、PP、PS、PA、PC、PBT 等。

（2）PET 共混时应注意的问题

① PET 与 HDPE 共混　PET 与 HDPE 共混可提高 PET 的冲击强度等。共混时由于两者增容性较差，必须加入增容剂，以提高共混改性的效果。PET 与 PE 常用的增容剂主要有苯氧基聚合物（phenoxy）、C_5（乙烯-甲基丙烯酸共聚物与苯氧基聚合物、乙氧基钠的共混物）、乙烯-丙烯酸乙酯-甲基丙烯酸缩水甘油酯的共聚物（E-EA-GMA）、乙烯-甲基丙烯酸缩水甘油酯的共聚物（E-GMA）、SEBS-g-MA、SBS、PP-g-MA、乙烯-甲基丙烯酸共聚物（Surlyn 8660）以及 PE-g-MA 等。

PET 与 HDPE 共混时加入增容剂能明显提高共混物的性能，而且共混物的性能与共混比有关。如 PET/HDPE（75/25）共混物中加入 5％的 C_5 为增容剂时，共混物的拉伸强度在 50MPa 左右，断裂伸长率在 50％左右；而不加 C_5 时，共混物的拉伸强度在 32MPa 左右，断裂伸长率在 8% 左右。PET/HDPE 共混物的断裂伸长率随 HDPE 含量的增大而增大，但拉伸强度则随 HDPE 用量的增加而下降。图 4-79 为 PET/HDPE 共混物拉伸强度和断裂伸长率随共混比的变化。

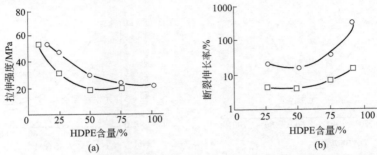

图 4-79　PET/HDPE 共混物拉伸强度和断裂伸长率随共混比的变化
—□— PET/HDPE；—○— PET/HDPE+C_5(5%)

PET 与 HDPE 共混时，采用的增容剂的品种不同，共混改性的效果也不同。如在 PET/HDPE（70/20）共混物中分别加入 10% 的乙烯-丙烯酸乙酯-甲基丙烯酸缩水甘油酯共聚物（E-EA-GMA）、乙烯-甲基丙烯酸缩水甘油酯共聚物（E-GMA）以及 SEBS-g-MA 共聚物为增容剂，其共混物的拉伸性能及冲击强度如表 4-37 所示。

表 4-37　增容剂品种不同对 PET/HDPE 共混物性能的影响

共混物及增容剂	拉伸强度/MPa	屈服强度/MPa	断裂伸长率/%	冲击强度/(J/cm²)
PET/HDPE/E-EA-GMA	32	26	380	84
PET/HDPE/E-GMA	39	27	480	115
PET/HDPE/SEBS-g-MA	32	22	540	123

PET 与 HDPE 共混时增容剂用量不同，共混物的性能不同。如 PET/HDPE 共混物中分别加入 5%、10% 的 PP-g-MA 为增容剂，在 285℃ 左右的温度下进行共混时，共混物性能变化如表 4-38 所示。

表 4-38　增容剂用量不同对 PET/HDPE 共混物性能的影响

共混物及增容剂	弹性模量/MPa	屈服应力/MPa	断裂伸长率/%
PET/HDPE/PP-g-MA(25/70/5)	622.8	22.4	557.0
PET/HDPE/PP-g-MA(20/70/10)	638.6	25.64	494.3

② PET 与 LDPE 共混　共混一般采用聚乙烯与马来酸酐的接枝共聚物（LDPE-g-MA）作为增容剂。增容剂的加入会使共混物的拉伸强度、断裂伸长率及冲击强度明显提高。但不同接枝率的 LDPE-g-MA 增容效果稍有不同。表 4-39 为 PET/LDPE 共混物中加入 20% 具有不同接枝率的 LDPE-g-MA 时共混物的性能。

表 4-39　PET/LDPE 共混物中加入 20% 具有不同接枝率的 LDPE-g-MA 时共混物的性能

PET/LDPE/LDPE-g-MA	LDPE-g-MA 接枝率/%	拉伸强度/MPa	缺口冲击强度/(J/m²)
80/20/20	2.39	45.9	1.53
80/20/20	3.45	47.8	1.65
80/20/20	4.58	45.5	1.65
80/20/20	4.81	46.4	1.58

PET/LDPE 共混物的性能随其共混比不同而不同，图 4-80 为 PET/LDPE 共混物中加入 20% 的 LDPE-g-MA 时，共混物性能随共混比的变化。从图中可看出，当共混物中 LDPE 的用量在 50% 以下时，共混物的拉伸强度、冲击强度和断裂伸长率随 LDPE 用量的

增加而下降，大于 50％以后，冲击强度和断裂伸长率则会出现增大的趋势。

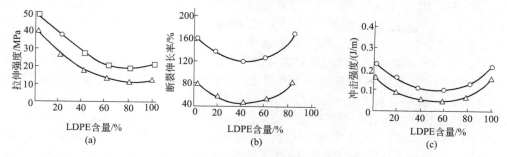

图 4-80　PET/LDPE 共混物性能随共混比的变化
—○— PET/LDPE/LDPE-*g*-MA（80/20/20）；—△— PET/LDPE（80/20）

③ PET 与 LLDPE 共混　PET 与 LLDPE 共混时采用的增容剂主要有 EVA、EVA-*g*-MAH、乙烯-甲基丙烯酸共聚物、马来酸二乙酯接枝线型低密度聚乙烯（DEM-*g*-LLDPE）等作为增容剂。

PBT/LLDPE 共混物不同共混比时，共混物的拉伸强度、弯曲强度及冲击强度都会随之变化。图 4-81 为 PBT/LLDPE 共混物在 280℃左右的共混温度下，共混物性能随共混比的变化。从图中可以看出，当 PBT/LLDPE 共混比为 80/20 时，共混物具有最高的拉伸强度，达到 28MPa 左右；具有较高的弯曲强度，达到 55MPa 左右；此时，共混物具有较低的冲击强度，在 40J/m 左右。

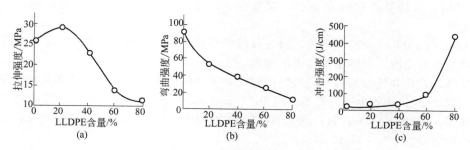

图 4-81　PBT/LLDPE 共混物性能随共混比的变化

PBT 与 LLDPE 共混时增容剂用量对共混物性能有较大影响。如在 PBT/LLDPE（70/30）共混物中加入 1.0％的 EVA-*g*-MAH 为增容剂时，共混物的拉伸强度在 35.3MPa 左右，而加入 5％的 EVA-*g*-MAH 时，拉伸强度在 33MPa 左右。图 4-82 为 PBT/LLDPE（70/30）共混物性能随增容剂用量的变化。

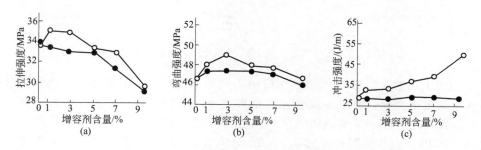

图 4-82　PBT/LLDPE（70/30）共混物性能随增容剂用量的变化

④ PET 与 PP 共混　PET 与 PP 共混时需加入相容剂，常用的相容剂主要有 SEBS、SEBS-g-MAH、PP-g-MAH 等。PET/PP 共混物的冲击强度提高，弯曲强度和弯曲模量下降。PET/PP（80/20）共混物中加入 5% 的 SEBS-g-MAH 时，共混物的弯曲强度达 45MPa，弯曲模量为 1380MPa，缺口冲击强度为 8.4kJ/m²。

⑤ PET 与 PS 共混　PET 与 PS 共混可提高 PET 的拉伸强度和弹性模量等，但抗冲击性下降。PET 与 PS 常用的相容剂主要是苯乙烯与甲基丙烯酸缩水甘油酯的接枝共聚物（S-g-GMA），一般用量为 5%～10%。PET/PS（75/25）共混物中加入 5% 的 S-g-GAH 时，共混物的断裂伸长率在 9.6% 左右，模量在 544MPa 左右，冲击强度在 12.1J/m 左右。

⑥ PET 与 PC 共混　PET 与 PC 共混，可达到取长补短的效果，大大提高 PET 的抗冲击性，得到高抗冲的 PET；加入乙烯-甲基丙烯酸的钠盐可加快成型时的结晶速率，可缩短成型周期。

4.8.2　PBT 可与哪些塑料共混？共混时应注意哪些问题？

聚对苯二甲酸丁二醇酯（PBT）的结晶速率快，可高速成型，耐候性、电绝缘性、耐化学药品性、耐磨性优良，吸水性低，尺寸稳定性好，填充纤维可大幅度提高其物理力学性能。PBT 的缺点是缺口冲击强度较低。另外，PBT 在低负荷（0.45MPa）下的热变形温度为 150℃，但在高负荷（1.82MPa）下的热变形温度仅为 58℃。PBT 的这些缺点可通过共混改性加以改善。常用于 PBT 共混的塑料品种主要有 LDPE、LLDPE、ABS、PA66、PC 等。

① PBT 与 LLDPE 共混　LDPE 和 LLDPE 对 PBT 均有一定的增韧作用，特别是 LLDPE 的增韧效果更好，在要求韧性不很高的场合，不需用弹性体而可使用 PE 增韧 LLDPE 与 PBT 共混，既能提高 PBT 的韧性，又能在一定程度上保持 PBT 的刚性，同时还具有成本低的优势。

LLDPE 与 PBT 的相容性较差，通过接枝共聚使 PE 官能化或使用 EVA 与马来酸酐的接枝共聚物作为增容剂，能增加两者的相容性。

PBT/LLDPE 共混物具有不同共混比时，共混物的拉伸强度、弯曲强度及冲击强度的变化如图 4-83 所示。从图中可以看出，当 PBT/LLDPE 共混比为 80/20 时，共混物具有最高的拉伸强度，达到 28MPa 左右；具有较高的弯曲强度，达到 55MPa 左右；此时，共混物具有较低的冲击强度，在 40J/m 左右。

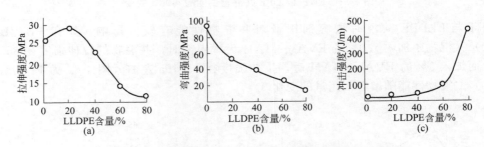

图 4-83　不同共混比时 PBT/LLDPE 共混物强度的变化

在 PBT/LLDPE（70/30）共混物中应用不同的增容剂，共混物的拉伸强度、弯曲强度及冲击强度都发生变化，如图 4-84 所示。结果表明，在 PBT/LLDPE（70/30）共混物中添加 1.0% 的 EVA-g-MAH，共混物的拉伸强度增至 35.3MPa；添加 1.0% 的 EVA，拉伸强度也达到 33MPa。在共混物中添加 3.0% 的 EVA-g-MAH，弯曲强度、冲击强度、拉伸强度均比添加 EVA 体系高，这说明极性增容剂与 PBT 有一定的化学结合，体系相容性的提高表现出其力学性能的提高。

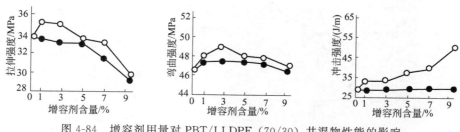

图 4-84　增容剂用量对 PBT/LLDPE（70/30）共混物性能的影响
—○— EVA-*g*-MAH；　—●— EVA

② PBT 与 ABS 共混　PBT 与 ABS 共混是充分地利用 PBT 的结晶性和 ABS 的非结晶性特征，使得该共混物具有优良的加工成型性、尺寸稳定性、耐药品性以及可涂装性。PBT/ABS 合金广泛用于汽车、摩托车的内外装饰件，小家电部件、光学仪器、办公设备部件与外壳；玻璃纤维增强 PBT/ABS 制品表面光洁、耐高温烧结涂覆、耐汽油，可用于摩托车发动机罩及其他部件；碳纤维增强 PBT/ABS 具有良好的加工流动性，高刚性、低挠度、表面光洁、柔性好，并且具有良好的防电磁干扰功能，可用于手提电脑、笔记本电脑理想的外壳材料。

PBT/ABS 共混物是典型的不相容体系，共混过程中需加增容剂。增容剂主要采用苯乙烯-丙烯腈-甲基丙烯酸缩水甘油酯（S-AN-GMA）。PBT/ABS（75/25）共混物在 250℃ 左右的温度下，当不含增容剂时，共混物的缺口冲击强度约 15.5J/m，断裂伸长率约 10%，加入 5% 的 S-AN-GMA 后，共混物的缺口冲击强度达 18.6J/m，断裂伸长率约 12%。

③ PBT 与 PA66 共混　PBT 可与聚酰胺共混，利用聚酰胺共混力学性能高的优点，提高 PBT 的强度。PBT 与 PA66 有一定的相容性，共混时，PA66 中的酰氨基可与 PBT 中的酯基易发生酯交换反应。为了提高共混物的性能，一般 PBT 与 PA66 共混时应加入一定的增容剂。采用的增容剂主要是环氧化聚合物如环氧树脂，共混过程中环氧树脂与 PBT、PA66 反应形成 PBT-*co*-Epoxy-*co*-PA66 共聚物，能有效地提高 PBT 与 PA66 之间的相容性。通常，随增容剂环氧树脂用量增加，合金的拉伸强度、冲击强度等力学性能均随之上升，而且只要添加 3% 以下的环氧树脂，就能产生很好的增容作用。如在 PBT/PA66（70/30）共混物中加入 3% 的环氧树脂时，共混物的冲击强度达 30J/m 左右，拉伸强度达 43MPa 左右，断裂伸长率达 10% 左右；而不加环氧树脂时，拉伸强度约为 22MPa，断裂伸长率约为 3%。

在 PBT/PA66 共混物中采用环氧树脂作为增容剂时，如果再配以增容剂复合物，如以聚丁二烯为芯、丙烯酸为外壳的共聚物（EXL-3386）及聚丁二烯为芯、甲基丙烯酸甲酯为外壳的共聚物（KCA-102）等，共混物的冲击强度比使用单一的环氧树脂要高得多。如在加入了 3% 的环氧树脂的 PBT/PA66（70/30）共混体系中，加入 10% 的 EXL-3386 时，共混物的冲击强度达 80J/m 左右。图 4-85 为 PBT/PA66 共混物不同共混比的性能变化。

④ PBT 与 PC 共混　PBT/PC 共混物具有优良的抗低温冲击、耐高温热老化和耐化学药品性能。适合用于汽车的外装饰部件、办公自动化和通信设备部件。PBT/PC 共混物中，为增加共混物的抗冲击性，一般加入弹性体作为第三组分，如 EPDM、丙烯酸酯及有机硅类弹性体。为提高共混体系的相容性，共混过程中添加增容剂。适合 PBT/PC 共混体系的增容剂有苯乙烯-马来酸酐共聚物（S-*g*-MAH）、苯乙烯-甲基丙烯酸缩水甘油酯共聚物（S-*g*-GMA）以及聚乙烯接枝共聚物（PE-*g*-MAH）等。

PBT 与 PC 共混过程中，易发生酯交换反应，同时体系中微量水分的存在会引起水解反

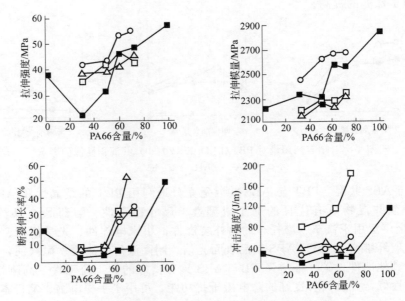

图 4-85　PBT/PA66 共混物不同共混比的性能变化
■—PBT/PA66；　○—PBT/PA66+3%环氧树脂；
△—PBT/PA66+3%环氧树脂及 10%KCA-102；
□—PBT/PA66+3%环氧树脂及 10%EXL-3386

应，这两种反应均导致 PBT、PC 降解。

4.8.3　聚苯醚可与哪些塑料共混？共混时应注意哪些问题？

聚苯醚（PPO）是一种耐较高温度的工程塑料，其玻璃化温度为 210℃，脆化温度为 −170℃，在较宽的温度范围内具有良好的力学性能和电性能。PPO 具有高温下的耐蠕变性，而且成型收缩率和热膨胀系数小，尺寸稳定，适于制造精密制品。PPO 还具有优良的耐酸性、耐碱性、耐化学药品性，水解稳定性也极好。PPO 的主要缺点是熔体流动性差，成型温度高，制品易产生应力开裂。由于 PPO 本身在加工性能上的不足，必须加以改性才能应用。PPO 共混是 PPO 最主要的改性方法。PPO 可与多种塑料共混改性，如 PS、PA、PBT、PPS、ABS、PTFE 等，而形成综合性能优异的共混物。

① PPO 与 PS 共混　PPO 与 PS 的相容性良好，可以任意比例与 PS 共混。PPO/PS 共混物具有很多优异的性能，如 PPO/PS/弹性体共混物的力学性能与纯 PPO 相近，加工流动性明显优于 PPO，而且保持了 PPO 成型收缩率小的优点，可以采用注塑、挤出等方式成型，特别适合于制造尺寸精确的结构件。但 PPO/PS 共混物的耐热性比纯 PPO 低。纯 PPO 的热变形温度（1.82MPa 负荷下）为 173℃，改性 PPO 的热变形温度因不同品级而异，一般在 80～120℃之间。PPO/PS 共混物的耐油性和耐溶剂性也较差，主要用于制造电子、电气行业中的高压插头、插座、壳体等。

② PPO 与 PA 共混　PPO/PA 共混物具有优异的力学性能、耐热性、尺寸稳定性和良好的耐溶剂性。热变形温度可达 190℃，冲击强度达到 20kJ/m² 以上，主要适于汽车外装件材料。

非结晶性的 PPO 与结晶性的 PA 共混，可以使两者性能互补，但 PPO 与 PA 的相容性差，因此，PPO 与 PA 共混的关键是改善两者相容性。PPO 与 PA 共混时主要采用反应型增容剂，如 MAH-g-PS。如果加入的是一种弹性体增容剂，如 SEBS-g-MAH、

SBS-*g*-MAH 等，则可以进一步提高 PPO/PA 共混物的冲击强度。

③ PPO 与 PBT、PPO 与 PET 共混　PPO 与 PBT、PPO 与 PET 共混是为了解决 PPO/PA 共混物吸水率大，不能注塑大型精密制件而开发的第二代 PPO 合金新品种。PPO/PBT 共混物吸水率小，尺寸稳定性以及力学性能不因吸水而变化，同时又具有高耐热性、高冲击强度，PPO/PBT 共混物在潮湿环境中仍能保持其物理性能，更适合于制造电气零部件。PPO/PBT 共混物也是非结晶性聚合物与结晶性聚合物的共混体系，PPO 是非结晶性树脂，与结晶性 PBT 和 PET 的相容性差，因此，共混时应添加增容剂。PPO 与 PBT 或 PET 共混时主要采用反应增容：一种方法是添加反应型增容剂、环氧偶联剂、含环氧基或酸酐基团的苯乙烯系聚合物，如 SMAH、苯乙烯-甲基丙烯酸缩水甘油酯等；另一种方法是先将 PPO 进行化学改性，使其带上可与 PBT 或 PET 反应的基团，如羧基、氨基、羟基、酯基等，再与 PBT 或 PET 共混。

4.8.4　聚甲醛可与哪些塑料共混？共混时应注意哪些问题？

聚甲醛（POM）是高密度、高结晶性的聚合物，其密度为 $1.42g/cm^3$，是通用型工程塑料中最高的。POM 具有硬度高、耐磨、自润滑、耐疲劳、尺寸稳定性好、耐化学药品等优点。但是，POM 的抗冲击性不是很高，冲击改性是 POM 共混改性的主要目的。由于 POM 大分子链中含有醚键，与其他聚合物相容性较差，因而 POM 与其他塑料共混改性有一定难度。与 POM 共混的聚合物主要是热塑性聚氨酯（TPU）、PTFE 以及 EPDM 等弹性体。

① POM 与 TPU 共混　POM 与 TPU 共混可制得高增韧的 POM，其悬臂梁冲击强度可达到 $907kJ/m^2$，比未增韧的 POM 提高可达 8 倍左右。POM 与 TPU 的共混，增容问题是关键。增容剂主要是甲醛与一缩乙二醇的缩聚，缩聚物经 TDI 封端，再经丁二醇扩链制成。将该增容剂应用于 POM/TPU 共混物，在 POM/TPU 的比例为 90：10、相容剂用量为 TPU 用量的 5% 时，共混物的冲击强度可达 $18kJ/m^2$，如图 4-86 所示。从图中可以看出，在增容剂用量在 10% 以下时，共混物的冲击强度、拉伸强度和断裂伸长率都随增容剂用量的增加而增大。

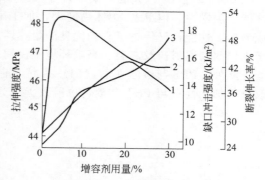

图 4-86　增容剂用量对 POM/TPU（90：10）共混物性能的影响

1—拉伸强度；2—缺口冲击强度；3—断裂伸长率

② POM 与 PTFE 共混　POM 本身有一定的自润滑性，但在高速、高负荷的情况下作为摩擦件使用时，其难以满足需要，制品会因摩擦发热而变形，而 PTFE 具有良好的自润滑性，POM 与 PTFE 共混可改善 POM 的自润滑性，适用于制造滑动摩擦制品。

4.8.5　聚苯硫醚可与哪些塑料共混？各有何特点？

聚苯硫醚（PPS）亦称聚亚苯基硫醚，主要用于制造电机、电器、仪表零部件、防腐化工制品、无润滑轴承等。PPS 突出的特点是耐高温、耐腐蚀、不燃，而且具有卓越的刚性、抗蠕变性、电绝缘性以及优良的粘接性、低摩擦因数。但 PPS 韧性差、熔融过程黏度不稳定（在空气中加热产生氧化交联）以及价格较昂贵。为了提高 PPS 韧性、降低成本及改善其加工性能，可采用 PPS 与其他塑料共混的方法。目前用于与 PPS 共混改性的塑料品种主要有 PA、PS、ABS、AS、PPO、PC、PSF（聚砜）、PEEK（聚醚醚酮）、PES（聚醚砜）等。

① PPS 与 PA 共混　PPS 与 PA6、PA66 等在高温下共混能制得工程上混溶性很好的高分子合金，该共混物具有高韧性。PPS 与 PA 共混以 60～97 份 PPS/40～3 份 PA 为宜，共混操作可首先干混，干混料经 120℃ 干燥后，通过螺旋挤出机熔融混炼，共混挤出温度为 280～310℃，挤出的共混物冷却造粒。此种共混物适用于注塑成型。

② PPS 与苯乙烯类聚合物共混　PPS 与 PS、ABS、AS 等共混，可以大大改善 PPS 的成型加工性能，使其可在较低温度和压力下成型。ABS 对 PPS 还具有一定增韧作用，但拉伸性能和热性能有所下降。

③ PPS 与 PC 共混　PPS/PC 共混物具有优良的力学性能、电气性能及加工性能。在配比上，若以改进 PPS 的冲击强度为主，则可以使用较高含量的 PC；若提高 PC 的耐燃烧性，则应减少 PC 用量。

④ PPS 与 PTFE 共混　PPS 与 PTFE 共混可制得优良的耐磨和低摩擦因数材料，特别适合制作轴承。PPS/PTFE 共混物比纯 PPS 有较高的韧性和耐腐蚀性，而以 PTFE 为主的共混物（例如含 20%～40% PPS 的 PTFE），其抗蠕变性、压缩强度、气体阻隔性均优于 PTFE，更适合制造衬垫材料。

⑤ PPS 与 PSF 共混　聚砜（PSF）具有优异的力学性能，同时具有很高的热变形温度、热分解温度和绝缘性。但加工性差，耐燃性、耐腐蚀性不够，与 PPS 共混，性能上有极好的互补性，共混物可用于制造齿轮、轴承、电气开关、绝缘罩、容器和薄膜等。可采用熔融共混法使 PPS 和 PSF 共混。

⑥ PPS 与 PPO 共混　聚苯硫醚（PPS）与聚苯醚（PPO）都具有优良的电性能、力学性能、阻燃性，但 PPO 熔体黏度大，加工困难。与 PPS 共混改性后，大大改善了 PPO 的成型加工性能，又保持了它们优良的耐热性、阻燃性、耐腐蚀性和力学性能。该共混物可用于制作耐高温材料及高温、高频环境下使用的电子电气元件。

此外，PPS 与聚酰亚胺（PI）共混，能提高 PPS 的耐热性和电气绝缘性，降低成本，改善其加工性；与 PBT 共混，也能改善 PBT 的加工性、耐腐蚀性和阻燃性等。

第5章

塑料功能改性实例疑难解答

5.1 塑料阻隔性改性实例疑难解答

5.1.1 何谓塑料的阻隔性？影响塑料阻隔性的因素有哪些？

（1）塑料的阻隔性

塑料的阻隔性是指塑料制品对小分子气体、液体、水蒸气、香味及药味等的屏蔽能力。用于表征塑料阻隔能力大小的指标称为透过系数。透过系数是指一定厚度（1mm）的塑料制品，在一定压力（1MPa）、一定温度（23℃）、一定湿度、单位时间（1d）、单位面积（1m²）内透过小分子物质的体积或质量。透过系数常以 O_2、CO_2 和水蒸气三种小分子物质为标准。对于气体透过系数的单位为 $cm^3 \cdot mm/(m^2 \cdot d \cdot MPa)$，对于液体为 $g \cdot mm/(m^2 \cdot d \cdot MPa)$。一般塑料的透过系数越小，说明其阻隔能力越高。

（2）影响塑料阻隔性的因素

塑料的阻隔性主要与塑料本身内在结构及塑料使用的环境有关。所谓塑料本身的内在结构是指聚合物的内聚力、聚集态及表面极性。一般聚合物的内聚力越大，其阻隔性越好；聚合物的聚集态越紧密，越有序，其阻隔性越好。这主要反映在结晶度和取向上。通过提高结晶度及进行双向拉伸处理等都可提高塑料的阻隔性；极性聚合物对非极性气体和液体的阻隔性好，非极性聚合物则对极性气体或液体的阻隔性好。

塑料使用的环境主要是指环境温度、湿度及压力等。

① 环境温度 塑料的阻隔性受温度的影响较大。一般随温度的升高，塑料的阻隔性急剧下降。图 5-1 为几种塑料的阻隔性随温度的变化。温度对塑料阻隔性的影响往往会妨碍包装材料的高温蒸煮灭菌处理等。不同塑料材料阻隔性对温度的敏感性不同，其中以 PVDC（聚偏氯乙烯）的阻隔性对温度最敏感，而 PA 的阻隔性对温度的敏感性最小。所以 PA 虽在室温下阻隔性不太高，但在高温下其阻隔性基本不下降，反而好于 EVOH（乙烯-乙烯醇共聚物）和 PVDC 等高阻隔性材料。

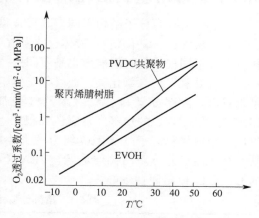

图 5-1 几种塑料的阻隔性随温度的变化

② 湿度 一般随湿度的增大，塑料材料的阻隔性会下降，但湿度对塑料阻隔性的影响

不如温度的影响大。图 5-2 为几种塑料的透氧性随湿度的变化。从图中可以看出，EVOH 对氧气的阻隔性受湿度影响最大，PVDC 对氧气的阻隔性受湿度影响最小。而对于 PA 的阻隔性通常开始会随湿度升高而升高，当湿度达到 40％以后，其阻隔性随湿度的继续升高而下降，非晶尼龙的阻隔性则随湿度的升高而稍有升高。在实际应用中，受湿度影响较大的阻隔材料如 EVOH，一般不作为包装材料的表层材料，往往是作为中间层材料，这样可防止因湿度升高而引起的阻隔性下降。

③ 压力　压力对于塑料材料的阻隔性的影响主要取决于塑料制品内外压差。一般随着塑料制品内外压差的增大，塑料的阻隔性下降。

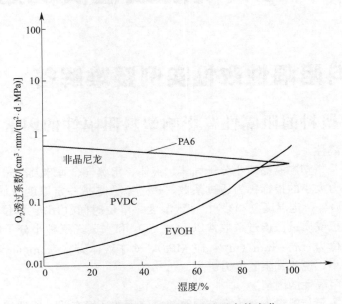

图 5-2　几种塑料的透氧性随湿度的变化

5.1.2　常用塑料的阻隔性各有何特点？

由于塑料本身分子结构不同，其聚合物的内聚力、聚集态及表面极性也不同，对于小分子气体（氧气、二氧化碳）、液体、水蒸气、香味等的透过能力会相差很大，而且同一种塑料材料对不同气体的阻隔能力也是不同的。塑料包装材料对几种气体的透过系数如表 5-1 所示。一般对氧气、二氧化碳、氮气等气体阻隔性好的，对水蒸气的阻隔性则小。从表 5-1 中可以看出，大部分塑料材料对水蒸气则都具有优异的阻隔性，如聚烯烃（HDPE、PP、LDPE）及 HPVC 的水蒸气阻隔性都很好。而其中 PVDC 对气体及水蒸气都具有优异的阻隔性。塑料材料对于气体阻隔能力的大小顺序为：EVOH＞PVDC＞LCP＞PAN（聚丙烯腈）＞非晶尼龙＞双向拉伸尼龙＞PEN（聚萘二甲酸乙二醇酯）＞PET。而聚烯烃类材料的 O_2 及 CO_2 阻隔性不好。

表 5-1　塑料包装材料对几种气体的透过系数

塑料品种	O_2 的透过系数 /[cm³·mm/(m²·d·MPa)]	CO_2 的透过系数 /[cm³·mm/(m²·d·MPa)]	H_2O 的透过系数 /[g·mm/(m²·d·MPa)]
EVOH	0.1	—	14～18
PVDC 及共聚物	0.3～5	1.2	0.2～6
LCP	—	10	—

续表

塑料品种	O_2 的透过系数 /[cm³·mm/(m²·d·MPa)]	CO_2 的透过系数 /[cm³·mm/(m²·d·MPa)]	H_2O 的透过系数 /[g·mm/(m²·d·MPa)]
PAN	8	16	50
非晶尼龙(MXD6)	12	—	12
双向拉伸 PA	12	140	100
PEN	12～22	56	5～9
PET	49～90	280	18～30
HPVC	50～200		3～4
HDPE	1500		9～51
PP	1500		2.5～7
PS	2500	18000	70～110
LDPE	4200	—	10～15

一般规定，塑料的气体透过系数小于 $38cm^3·mm/(m^2·d·MPa)$ 时即为阻隔性材料。因此在实际应用中，EVOH、PVDC、PAN、PA 类、PEN、PET 等塑料材料常常用于阻隔性材料；其中 EVOH、PVDC、PAN 为高阻隔性材料，而 PA 类、PEN、PET 为中等阻隔性材料。EVOH、PVDC、PAN 虽阻隔性十分优异，但其加工性能不好，一般不单独使用，常用于共混、复合及涂层。此外，聚三氟乙烯（PCTFE）的阻隔性很好，其阻隔性甚至好于陶瓷；因其又具有优异的自润滑性，而常用于真空系统密封材料。聚酰亚胺（PI）的透过系数也很小，属于阻隔性树脂。

5.1.3 提高塑料的阻隔性的方法有哪些？共混改性塑料的阻隔性有何特点？

（1）提高塑料的阻隔性的方法

塑料材料与金属、玻璃及陶瓷等传统包装材料相比，其阻隔能力不高，又由于塑料对气体、水蒸气的阻隔能力具有较强的选择性，同时还很难兼具良好的力学性能和加工性能等方面的要求，因此这往往会限制塑料材料在包装领域中的应用。目前塑料应用于包装领域时，大都是经过改性以提高其阻隔性，满足包装方面要求。

对于塑料阻隔性的改善方法主要有共混改性、复合改性、形态控制改性、添加改性、表面处理改性、交联改性和饱和处理改性。

（2）共混改性阻隔性的特点

具有不同阻隔性的塑料共混是提高塑料阻隔性的一种常用且有效的方法，按其共混形态结构不同，又可分为一般共混、层状共混及互穿网络共混三种。

① 一般共混 一般共混是指共混物的共混结构中一相为连续相，另一相为分散相，分散常以海-岛结构存在。共混组分中分散相为阻隔性中等以上的树脂，如 PVDC、EVOH、PVA（聚乙烯醇）、PA、PEN 及 PET 等；而共混组分中的连续相可用一般阻隔性树脂，常用的为 LDPE、LLDPE、HDPE、PP、PVC 及 PS 等。一般共混既可以是二元共混，也可以是三元或多元共混，但至少有一种阻隔性树脂。如 PET/PA6/PVA（90/1/9）共混后，共混物的透氧系数为 $0.25cm^3·mm/(m^2·d·MPa)$。

塑料共混时，不同的共混比其阻隔性是不同的，如 PET/共聚聚酯采用不同的共混比进行共混时，共混物对 CO_2 的透过系数如表 5-2 所示。从表中可以看出，随共聚聚酯用量增加，共混物对 CO_2 的透过系数越小，即对 CO_2 的阻隔性越好。

又如 PET/MXD6（非晶尼龙）二元共混时，不同共混比对 CO_2 的透过系数如表 5-3 所示。

表 5-2　PET/共聚聚酯不同共混比对 CO$_2$ 的透过系数

PET/共聚聚酯共混比	100/0	80/20	60/40	50/50	40/60	20/80
CO$_2$ 透过系数/[cm^3·mm/(m^2·d·MPa)]	87	54	43	40	35	29

表 5-3　PET/MXD6 不同共混比对 CO$_2$ 的透过系数

PET/MXD6 共混比	100/0	95/5	90/10	85/15
CO$_2$ 透过系数/[cm^3·mm/(m^2·d·MPa)]	87	54	43	40

　　② 层状共混　　层状共混是提高塑料阻隔性的一种高效方法。共混时，共混物的共混结构形态为两相连续，即一般树脂为连续相，而阻隔性树脂也为连续相。共混物中阻隔性树脂以微薄的片状结构连续地分散于一般树脂的片状连续相中，形成两相都为连续相，从而基本达到复合的阻隔效果。层状的具体结构如图 5-3 所示。当气体如图中箭头方向进入共混物制品时，首先顺利通过层；当气体达到阻隔树脂层时，气体则难以通过，加之阻隔树脂为连续相片状结构，气体只有如图 5-3 所示箭头方向绕过层而进入下一个一般树脂层，再顺利穿过下一个一般树脂层而透过共混制品。由于阻隔树脂层的连续相作用，增长了气体的透过路径，从而大大阻缓了气体的透过性，提高了共混材料的阻隔性。层状共混与一般共混相比，是一种更有效的阻隔改性方法。对于同组分的共混物，层状共混的阻隔性要比一般共混的阻隔性大 10 倍以上。

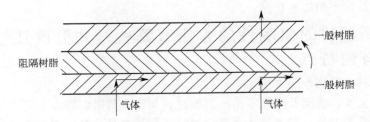

图 5-3　层状的共混结构示意图

　　层状共混的组分基本与一般共混相同，通常一般树脂主要是指 LDPE、HDPE、LLDPE、PP 及 PS 等；阻隔树脂是指阻隔性好的 PA、PET、PBT、PC、EVOH 及 PVDC 等。有时为了提高一般树脂层与阻隔树脂层界面的结合力，需加入相容剂。相容剂主要是指离子型共聚物、改性 PE 接枝共聚物。但采用相容剂时，其用量一般不宜太大，用量太大会使层状结构被侵蚀分散而形成海-岛结构。如 HDPE/PA 层状共混时，其相容剂 EAA 的加入量以 PA 的 10%～20% 为宜。

　　层状共混时，一般要求层状分散结构次连续相组分的黏度应大于主连续相组分的黏度。因此，对共混塑料品种的分子量及分子量分布必须合适地选择；一般主连续相组分要选择熔体流动速率大的原料，而次连续相组分要选择熔体流动速率小的原料。

　　另外，层状共混的成型条件也是共混物能否形成层状结构的最关键的因素。合理控制共混物的熔融温度可以使分散相的黏度大于连续相的黏度，从而形成层状结构。如 HDPE/PA 共混物的黏度与熔融温度的关系如图 5-4 所示。从图中可以看出，在 T_A 到 T_B 两温度之间的熔融温度范围内，可以保证分散相 PA 的黏度大于连续相 HDPE 的黏度，从而保证分散相形成层状连续相。具体温度控制时，温度在 T_B 以下到熔点 T_A 以上即可。

　　剪切速率有两方面作用：一方面，增大剪切速率可以使黏度下降，控制两相的黏度比；另一方面，适当增大剪切速率有利于层状分散相的剪切和拉伸变形，有利于形成层状结构。共混时，剪切速率太小，不足以使分散相液滴产生变形、取向；如果过大，又容易使分散相液滴产生破碎，产生不稳定的湍流。通过控制剪切速率，可使分散相的粒径以形成拉伸后 $0.5\sim50\mu m$ 或稍大点为宜，但两相体系中分散相的尺寸不得小于 $0.2\mu m$。

共混时，冷却温度要尽量低些，以使形成的层状结构迅速定型，固定住层状结构。另外，在共混物成型过程中进行适当的拉伸有利于熔体形成片状，而形成层状的分散结构。

在共混过程中还应注意加料的顺序，一般性树脂要先加入，而阻隔性树脂后加入，共混时间一般为 $3\sim5min$ 时，有利于形成层状分散结构。同时还要注意原料的干燥处理。

如 HDPE/EAA/PA（60/35/5）层状共混时，共混温度控制在 $230\sim245℃$，螺杆转速控制在 $40r/min$ 左右，共混物可得到良好的层状结构。

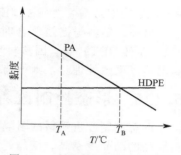

图 5-4　HDPE/PA 共混物黏度与熔融温度的关系

③ 互穿网络共混　互穿网络共混是指两种共混物以网络形式混在一起，其中一种聚合物以化学键形式混入另一种聚合物中，两种聚合物以化学键紧密相连，分子内部很密实，可妨碍小分子物质的扩散，从而提高其阻隔性。如在 HDPE 中加入 5% 的 PA 及偶联剂，经过强力混炼，可得到互穿网络共混结构，阻隔性大大提高。

5.1.4　复合改性塑料的阻隔性有何特点？

复合是改善塑料阻隔性的一种有效方法，复合可以是两层或多层复合。一般层数越多，阻隔效果越好。对于相容性好的塑料可以直接复合，对于相容性差的塑料则需采用适当的黏合层，如 PU 类黏结剂层等。常用于复合的材料有 LDPE、LLDPE、HDPE、PP、EVA、PA、PET、EVOH、PVDC、铝箔及纸等。复合方法有熔融共挤复合与干式复合等。

一般单层树脂阻隔性不太好，但进行多层复合以后，其阻隔性会大大提高，不过一般树脂之间复合，总的阻隔效果不会太好，只适于阻隔性要求不高的场合，如酱油、醋的包装等。一般性复合材料有 LDPE、HDPE、LLDPE、PP、PS 及 PVC 等。如 LDPE/LLDPE、LDPE/HDPE、LDPE/HDPE/LDPE、LDPE/LLDPE/LDPE 及 LDPE/HDPE/LLDPE/LDPE 等。

一般树脂与中等阻隔树脂复合时，通常外层为一般树脂，而内层为中等阻隔树脂。复合层数以三层以上居多，而且由于两种树脂的相容性不太好，往往需加入黏合层，因此复合材料的层数以三层和五层居多。复合材料中的一般树脂为 LDPE、LLDPE、HDPE、PP、PS 及 PVC 等，而中等阻隔树脂为 PA、PET 及 EVA 等。如 HDPE/黏合剂/PA（PET）（8/1/2）三层复合，又如 PP/黏合剂/EVA/黏合剂/PP 五层复合，PP/黏合剂/EVA（10/90）/EVA（30/70）/EVA（10/90）/黏合剂/PP 七层复合，复合材料的透氧系数为 $50cm^3\cdot mm/(m^2\cdot d\cdot MPa)$，阻隔性高于单纯 PP 膜 30 倍之多。

中等阻隔树脂与中等阻隔树脂复合时，常用的中等阻隔树脂有 MXD6、PA6、PA66、PEN、PET、EVA 及 PBT 等。常见的复合方式有 PA6/PA66、PA/PET、PET/PBT、PEN/PET。这种复合方式因复合材料的相容性比较好，一般不需加入黏合层，复合层数也不高，一般为二层及三层复合。

一般树脂与高阻隔树脂复合时，一般树脂为 LDPE、HDPE、LLDPE、PP 及 PS 等，常用于外层。高阻隔树脂为 EVOH、MXD6 及 PVDC 等，常用于内层，可以防止阻隔性受湿度的影响。复合时由于两种复合材料之间的相容性差，常加入黏合剂层，如 HDPE/黏合剂/EVOH/黏合剂/HDPE、PP/黏合剂/EVOH/黏合剂/PP、PP/黏合剂/PVDC/黏合剂/HDPE 等。

中等阻隔树脂与高阻隔树脂复合时，由于两种复合材料之间相容性比较好，所以一般不加黏合层。常用的中等阻隔树脂为 PET、PA 及 EVA 等。高阻隔树脂为 EVOH、PVDC、

PAN 及 MXD6 等。如 PET/EVOH/PET（6μm），复合膜的透氧系数比 PET 下降 180%。

另外，塑料与铝箔复合时，复合中常用的塑料主要有 OPP（双向拉伸 PP）及 OPET（双向拉伸 PET）等。因塑料与铝箔的相容性不好，必须采用黏合剂。当复合材料需要进行高温蒸煮灭菌处理时，则可选取水溶性 PVA；反之，则可选用 PU 黏合剂。

5.1.5　形态控制改善塑料的阻隔性有何特点？

形态控制改进塑料的阻隔性主要是指塑料的结晶及取向两个方面。对结晶方面而言，塑料制品的结晶度越高、结晶越规整及结晶尺寸越小都不利于小分子气体、液体的透过，有利于提高其阻隔能力。常用提高结晶度与降低结晶尺寸的方法主要有降低熔融加工温度、添加成核剂、缓慢冷却、退火处理。

对于取向而言，取向度越高，一方面制品的紧密度越高，另一方面取向可提高结晶度并降低结晶尺寸，两方面都可提高阻隔性。成型过程中的取向不大，提高取向的有效方法为进行双向拉伸。塑料经过双向拉伸，不仅结晶尺寸可大大降低，而且结晶度也可提高。这一方面是由于拉伸可以使原来的结晶破碎而变小；另一方面拉伸增加取向，使小分子排列更加规整而有序，可提高结晶度和排列紧密度，从而双向拉伸可使塑料制品的阻隔性普遍提高。常用的双向拉伸塑料有 PP、PA 及 PET 等。如 PET/EVOH（82/18）共混时，未拉伸的薄膜，透氧系数比纯 PET 膜下降约 22%，双向拉伸后，透氧系数下降约 75%。

5.1.6　何谓添加改进塑料的阻隔性？

添加改进塑料的阻隔性主要包括两个方面，一方面为添加吸氧剂，另一方面为添加相关填料。

吸氧剂是一种可自发而缓慢地同氧气反应从而吸收氧的物质。吸氧剂不能无限期地发挥吸氧作用，其寿命有一定期限，当其与氧气反应完毕后，就丧失了吸氧性。吸氧剂主要有大豆渣活性铁、海波（硫化硫酸钠）加活性铁粉、活性炭加特种油类及金属粉、BHA（双羟基甲基茴香醚）或 BHT（双羟基甲基醚）、木素加吸附材料、二亚硫酸钠及亚硫酸钠、乙二醇和苯酚以及金属氧化物加氧化促进剂和填料等。添加吸氧剂的方法只用于：短期使用的阻隔包装材料；消除包装容器内原有残留的氧气，从而增加保鲜时间；消除包装容器内包装物自行施放的氧气。如一些多孔疏松的面包则会自行施放氧气；开始时包装物内氧气含量为 0.5%；加入面包后，不久氧气含量即上升为 2%；加入吸氧剂后，氧气含量可下降为 0.1% 以下。

大部分填料对塑料的阻隔性都会有不同程度的提高，其中效果明显的为片状填料，主要有白垩、云母、滑石粉、活性白土、氢氧化铝、玻璃片、陶瓷粉、蒙脱石、石墨、水滑石、蛭石、磷酸铝、碳化硅藻片、白云母等。层状填料的阻隔作用类似于层状共混，可以形成层状复合材料。另外，超细填料也比普通填料的阻隔效果好。填料的阻隔改性效果不太高，但可明显降低材料阻隔性对温度的依赖性。如采用云母填充 HDPE 时，其配方如表 5-4 所示，填充后材料的阻氧性比 HDPE 提高 60 倍以上。

表 5-4　云母填充 HDPE 配方

材料	用量/phr	材料	用量/phr
HDPE	100	聚异丁烯橡胶	15
云母	10	其他	适量

5.1.7　表面处理改进塑料的阻隔性有何特点？

表面处理包括表面涂层处理和表面化学处理两种。表面涂层处理是指在一般塑料制品上涂覆一层高阻隔性的有机材料和无机材料，它是一种十分有效的阻隔改性方法。表面化学处理是指在塑料制品表面进行化学反应，改变其表面化学性质，如提高其表面极性及内聚能密度等，从而达到提高阻隔性的目的。

表面涂层处理的有机涂层材料为高阻隔树脂，如 EVOH、PVDC 及 PAN 等，其中 PVDC 最为常用。有机涂层的阻隔效果与相应的复合相当。有机涂层的涂覆方法有浸染法和喷涂法两种。其容器内涂一般采用浸染法，而外涂则常采用喷涂法。有机涂层的基材一般为 PE、BOPP、BOPET 及 BOPA 等。有机涂液的组成主要由高阻隔树脂、溶剂、稀释剂等组成。PVDC 涂覆配方如表 5-5 所示。

表 5-5　PVDC 涂覆配方

材料	用量/phr	材料	用量/phr
PVDC 乳胶	50	石蜡(防粘连剂)	2.5
四氢呋喃和甲乙酮(溶剂)	30	甲苯(稀释剂)	15
二十碳酸(离模剂)	2	其他	适量

有机涂覆的涂覆工艺一般为：基材表面电晕处理→涂 PU 黏合剂（涂布量 0.3～0.6g/m^2）→烘干（80～90℃）→PVDC（EVOH）涂覆→红外线干燥（50～60℃）→烘干（100～110℃）→卷曲。

涂覆材料的涂布量一般为 5g/m^2，涂层越厚，透过系数越小，阻隔性越高。如 PET 涂覆 1mm 的 PVDC 后，透氧系数为 0.72cm^3·mm/(m^2·d·MPa)，透水系数为 0.86cm^3·mm/(m^2·d·MPa)，基本上接近纯 PVDC 的阻隔性。

无机阻隔涂层主要为金属涂层和石英（SiO$_2$）涂层两类。金属涂层主要为镀铝。铝镀层厚度在 2×10^{-5}mm 左右。塑料涂层方法常用真空镀膜工艺，其工艺为：基材→上底涂层→真空镀→上表涂层。

塑料涂 SiO$_2$、Al$_2$O$_3$、TiO$_2$ 也用真空镀和化学沉积方法。如在 PET 上镀 0.15～0.2μm 透明的 SiO$_2$ 膜后。透氧系数下降 2/3，透水系数下降 1/2。

表面化学处理的化学反应主要包括磺化、氯磺化、氟化、等离子体及渗氮等。如以稀释氟气体作为吹塑气体进行吹塑成型，或在产品上用氟液体或含氟液体进行处理，都可在制品内表面形成一层氟碳层（氟代烃），从而改变了聚烯烃容器的表面极性、内聚能密度和表面张力，降低了小分子气体气味的扩散作用，从而提高其阻隔性。HDPE 吹塑桶进行上述氟化处理后，其透氧系数可下降 3/4。

5.1.8　何谓交联和饱和处理改进塑料的阻隔性？

① 交联改进塑料的阻隔性　塑料制品经过大分子之间相互反应而形成交联结构后，其大分子之间更加紧密，从而防止或延缓小分子气态、液态的扩散，达到提高阻隔性的目的。用于阻隔的交联可用化学交联、辐射交联及硅烷交联方法。

② 饱和处理改进塑料的阻隔性　这种方法主要适于碳酸类饮料的盛装容器。为防止 CO$_2$ 经过容器壁很容易地逸出瓶外，可使瓶壁在未盛装前，用 CO$_2$ 饱和处理，使盛装后 CO$_2$ 扩散困难。处理工艺为：在型坯成型前，以高压把 CO$_2$ 注入型坯的熔体内，对型坯做 CO$_2$ 吸收的饱和处理。用饱和处理方法，可使容器阻隔性提高达 2 倍以上。对于真空保鲜包装容器，也可以用 O$_2$ 进行饱和处理，以防止氧气的进入。

5.2　塑料磁性改性实例疑难解答

5.2.1　何谓复合磁性塑料？复合磁性塑料有哪些类型？

磁性塑料是指具有一定磁性的塑料材料。塑料的磁性是通过适当的改性而获取的，具体的改性方法主要有添加磁性填料和共混磁性树脂两种，也有用涂层方法获取磁性的。一般称用改性方法获取的磁性塑料为复合磁性塑料。

复合磁性塑料虽然其磁性不及磁铁的磁性好（对于塑料复合磁体而言，最大磁能面积一般要求大于 9kT·A/m），但其具有力学性能好、加工性能优异、尺寸精度高及相对密度小等优点，因而应用比较广泛。可用于一些磁性要求不高的场合，如电冰箱门密封条、儿童磁力写字板及医疗用品方面等。

塑料复合磁体的多种类型根据共混的磁性材料分，可分为铁氧体类和稀土类两大类型，各类型又各有各向同性和各向异性之分，具体分类一般为：

$$
塑料复合磁体
\begin{cases}
铁氧体类
\begin{cases}
各向同性 \\
各向异性
\end{cases} \\
稀土类
\begin{cases}
热固性（各向异性）\\
热塑性（各向异性）
\end{cases}
\end{cases}
$$

稀土类塑料复合磁体的磁性比铁氧体类塑料复合磁体的磁性大，其中最大磁能面积可比铁氧体类塑料复合磁体的磁性大 1.7～17 倍之多，但其价格昂贵，要比铁氧体类复合磁性塑料高出 60 多倍。

5.2.2 添加改进塑料的磁性有何特点？其配方设计应注意哪些问题？

（1）添加改进塑料磁性的特点

添加改进塑料的磁性是一种在通用树脂中添加大量磁性材料而使其获得磁性的一种方法，这是一种最常用的改进磁性方法。添加改进塑料磁性用的材料最主要是磁粉，磁粉有铁氧体类磁粉和稀土类磁粉两大类。

铁氧体类磁粉的磁性能一般，但由于其价格低而常用。铁氧体类磁粉有钡铁氧体（$BaO·6Fe_2O_3$）和锶铁氧体（$SrO·6Fe_2O_3$）两种，其中，由于锶铁氧体单畴半径大，磁各向异性常数大，因而比较常用。

稀土类磁粉的磁性能十分优异，一般可高出铁氧体类磁粉 1.7～17 倍，但因价格太高，应用往往受到限制。稀土类磁粉有 1 对 5 型和 2 对 17 型两种。其中，1 对 5 型为稀土元素与过渡元素比例为 1：5，主要品种为 SmO_5。而 2 对 17 型为稀土元素与过渡元素比例为 2：17，主要品种为 Sm：$(Co, Fe, Cu, Zr, Hf, Nb, Ni, Mn)_{17}$。

（2）添加改进塑料磁性的配方设计

添加改进塑料磁性的配方通常主要由磁粉、树脂（黏合剂）、加工助剂等几部分组成。

磁粉决定复合材料的磁性能，其加入量很大，一般占整个配方的 80%～95%。其中稀土类磁粉的加入量可比铁氧体类磁粉少一些。

由于磁粉与树脂的相容性差，而且加入量又大，因此一般需对磁粉进行偶联处理。偶联剂可选用钛酸酯类偶联剂，加入量为 0.2%～2%。偶联剂除可提高与树脂的相容性外，还可改善复合磁体的加工流动性，使表观黏度下降明显。值得注意的是，一个磁粉配方中偶联剂和界面活性剂不能同时使用，否则两者会产生对抗作用。有时为促进磁粉的均匀分散，需加入界面活性剂，具体品种有脂肪酸、金属皂类、酯类、酰胺类和烃类等。

树脂在复合磁体中起到黏合剂作用，它可使分散的磁粉粘接起来，并且提供适当的流动性，使之可成型为具有一定强度的磁性制品。树脂在配方中的占有量比较小，一般只占整个配方的 10%～20%。对树脂的主要要求为树脂应具有优异的加工流动性，从而使高磁粉填充的复合体可以进行塑性加工。树脂有橡胶型和塑料型两大类。

① 橡胶型　主要品种有氯化聚乙烯、氯磺化乙烯橡胶及丁腈橡胶等。

② 塑料型 热塑性树脂具体品种有 PA、PS、PVC、PE、PPS、EVA、PBT 及 PMMA 等，热固性树脂主要品种有 EP 及 PF 等。其中以 PA、EVA 及 PS 三种塑料因流动性好最常用。

加工助剂的目的在于改善复合体系的加工性能。由于磁性塑料配方中磁粉的占有量大，而磁粉的加工流动性差，从而使磁性塑料的加工性能变差，严重者难以加工，因而必须加入加工助剂。

常用的加工助剂主要有两类：一类是改善加工流动性，主要品种为润滑剂及增塑剂，如 DOP 等，也可加入高流动性树脂，如 LDPE、ACR 等；另一类是改善加工稳定性，主要为光稳定剂、热稳定剂，如环氧大豆油等。氯化聚乙烯磁体配方如表 5-6 所示，其最大磁能面积达 10kT·A/m 以上。

表 5-6 氯化聚乙烯磁体配方

材料	用量/phr	材料	用量/phr
CPE(氯含量 28%～30%)	4.5	DOP	5.5
铁氧体类磁粉(1～1.2μm)	90	其他	适量

5.2.3 何谓共混改进塑料的磁性？

共混改进塑料的磁性是指在通用树脂中混入具有高磁性的聚合物，从而使之具有磁性的改性方法。共混改进塑料磁性远不如添加改进塑料磁性常用，仍处于开发阶段。

目前已开发的磁性聚合物有 PPH、金属钒与四氰乙烯聚合物、聚碳烯和聚席夫碱的铁螯合物等。日本在 PPH 聚合物（聚双 2,6-吡啶基辛二腈）的基础上，合成出了 PPH·$FeSO_4$ 强磁性体，其磁性可与磁铁矿石媲美，相对密度为 1.2～1.3，颜色为黑色。金属钒与四氰乙烯聚合物通常可在 77℃ 以下保持较好的磁性。

由于磁性聚合物的加工性能与力学性能不好，单独加工和单独使用都十分困难，往往需要与通用树脂进行共混，如与 HDPE、PA 及 EVA 共混等，一般共混物中通用树脂所占的比例比较小。

5.3 塑料夜光性改性实例疑难解答

5.3.1 何谓塑料夜光剂？夜光剂有哪些类型？各有何特点？

（1）塑料夜光剂的定义及类型

塑料夜光剂是指添加到塑料中后，塑料通过阳光或其他光的照射而吸收，储存光能并在黑暗处能自动发光的塑料助剂。

塑料夜光剂目前主要有两大类型：一类是金属硫化物类，是最先获得应用的塑料夜光剂，一般称为第一代塑料夜光剂；另一类是稀土类。金属硫化物类又可分为两种类型：一种是过渡金属硫化物体系，如 ZnS、CdS 等；另一种是碱土金属硫化物体系，如 MgS、CaS、SrS 等。过渡金属硫化物体系 ZnS：Cu 夜光物质经逐步完善，在加入 Co、Tm 等激活剂后，发光时间由原来的 200min 可延长至 500min 左右，但其最大缺点是不耐紫外线，在紫外线照射下会逐渐衰变，颜色发黑。碱土金属硫化物体系主要有 CaS、(Ca，Sr) S、(Ca，Mg) S、(Sr，Mg) S 及 SrS 体系，激活剂多为 Bi^{3+} 或者 Eu^{2+} 等稀土离子，例如红色夜光物质 CaS：Eu^{2+}。其中 (Mg，Sr) S：Eu^{2+} 的起始亮度最好，发光时间与 CaS：Eu^{2+} 相近。该体系的最大优点是颜色鲜艳，弱光下吸光速率快。

稀土类夜光剂主要有稀土铝酸盐类、稀土硅酸盐类、稀土氧化物类等，是第二代夜光剂。稀土铝酸盐类夜光剂由于其发光性能稳定、发光效率高、发光时间长、无放射性伤害、来源丰富及综合性能较好，故在塑料加工领域得到了广泛应用。稀土铝酸盐类夜光剂主要有

$SrAl_2O_4$：Eu^{2+}，Dy^{3+} 以及 Eu^{2+} 激发的 $CaAl_2O_4$、$SrAl_4O_{25}$、$SrAl_4O_7$、$BaAl_2O_4$ 等。$SrAl_2O_4$：Eu^{2+}，Dy^{3+} 是典型的夜光物质，$SrAl_2O_4$ 是其组成的基础物质，简称基质，Eu^{2+} 是激活离子（激活剂），Dy^{3+} 即为助激活离子（敏化剂）。塑料夜光剂中不加入激发物质则很难有夜光发出，助激发物质的加入能提高发出夜光的质量，即能提高发出夜光的强度与延长自动发出夜光的时间。

（2）塑料夜光剂的特点

金属硫化物体系的显著特点是发光颜色丰富，可覆盖从蓝色到红色的发光区域；缺点是化学性质不稳定，发光强度低，时间短。

稀土铝酸盐类夜光剂的特点如下。

① 发光效率高。铝酸盐类夜光剂在可见光区具有较高的量子效率，添加到塑料中的用量很少，有利于降低夜光塑料的制造成本。

② 发光时间长。对于硫化物体系，发光时间一般为 $3\sim5h$，目前铝酸盐类夜光物质在 Eu^{2+} 激活时，其发光亮度达到人眼可辨认水平的时间可达 2000min 以上。

③ 化学性质稳定。由于铝酸盐类夜光剂的组成和结构特殊，它能够耐酸碱，耐辐射，抗氧化和抗紫外线强，使用寿命长，耐候好，可以长期在空气和一些特殊的环境下使用。同时由于这类物质化学性质稳定，因此还具有荧光猝灭温度高的特点。

④ 没有放射性危害。由于在硫化物体系中要通过添加钴等放射性元素提高其发光强度和发光时间，因而对人体和环境具有一定的危害性，而铝酸盐类夜光剂不需添加这类元素，所以这类夜光剂对人体和环境十分安全，是目前主要用于塑料夜光剂的物质。表 5-7 为铝酸盐类与硫化物类塑料夜光剂的性能比较。

表 5-7　铝酸盐类与硫化物类塑料夜光剂的性能比较

夜光剂	类别	发光色	发光时间/min	发光效率	放射性
$CaAl_2O_4$：Eu,Nd	稀土铝酸盐类	紫色	＞1000	高	无
$SrAl_{14}O_{25}$：Eu,Dy	稀土铝酸盐类	蓝绿色	＞4000	高	无
$SrAl_2O_4$：Eu,Dy	稀土铝酸盐类	黄绿色	＞4000	高	无
ZnS：Cu	硫化物类	黄绿色	$200\sim250$	低	无
ZnS：Cu,Co	硫化物类	黄绿色	500	低	有
CaS：Eu,Tm	硫化物类	红色	45	低	无

5.3.2　塑料夜光剂的作用机理如何？

塑料夜光剂之所以能在接收阳光或其他光照后将光能储存在塑料材料内并能在黑暗处自动发光，是与其特殊结构和组成相联系的。虽然塑料夜光剂有多种类型，但是它们发光的过程大体一致，具体由三个步骤组成：基质晶格吸收激发能；基质晶格将吸收的激发能传递给激活离子，使其激发；被激发的离子发光而返回基态。图 5-5 为塑料夜光剂的发光过程。从图中可以看出，组成塑料夜光剂的基质、激活剂、敏化剂分别起到不同的作用，共同完成吸光—储光—发光的作用。塑料夜光剂基质中激活剂形成激活中心，敏化剂形成敏化中心，若基质的吸收不产生辐射，则 A 吸收激发能后产生辐射（包括热扩散）发光；而 S 吸收激发能，并且将能量传递给 A，再由 A 辐射出来，这样形成敏化发光。

不同类型的塑料夜光剂发光过程虽然大致相同，但它们发光的具体机理可能不一样，塑料夜光剂发光机理主要

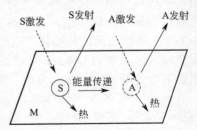

图 5-5　塑料夜光剂的
发光过程示意图
（M 为基质晶格；A 为激活剂；
S 为敏化剂）

有能量传递机理、电子转移机理、空穴转移机理等。

能量传递是缺陷与稀土离子之间的能量传递过程。对于 Ce^{3+}、Pr^{3+}、Tb^{3+} 三价稀土离子，它们容易形成 +4 氧化态，因此在基质体系中三种元素可以分别以 +3 和 +4 两种氧化态在体系中共存，这样，RE^{4+} 可以作为空穴陷阱中心，RE^{4+} 能够成为电子陷阱中心，这些被缺陷中心所捕获的空穴和电子在热扰动下进行复合，释放出的能量传递给三价稀土离子，激发其基态电子到激发态，最终导致三价稀土离子在黑暗处自动发光。但在还原气氛中，这些稀土离子的 +4 氧化态是不易形成的，这时塑料夜光剂在紫外线或激光激发下，产生电子和空穴，并且可分别被不同的缺陷所捕获。激发停止后，缺陷中的电子和空穴复合产生的能量传递给稀土离子。由于 Ce^{3+}、Pr^{3+}、Tb^{3+} 相对其他稀土离子来说具有较低的 $5d-4f$ 跃迁能量，因此电子和空穴复合释放出的能量与 Ce^{3+}、Pr^{3+}、Tb^{3+} 离子的相应能级匹配，又由于电子和空穴陷阱的深度比较合适，所以在室温下就可以观察到这些离子的自动长时间发光。需要指出的是，以碱土离子作为组分的基质体系中，氧离子空位起了至关重要的作用，因为氧离子空位可以捕获电子成为电子陷阱，至于空穴陷阱可以是体系中存在的 Al^{3+} 离子空位或其他缺陷，甚至是 Ce^{3+} 等稀土离子，这些体系中氧离子空位的存在已经被电子顺磁共振波谱（EPR）所证实。

5.3.3　夜光塑料有哪些制备方法？

夜光塑料的制备通常根据其夜光剂的添加方法及塑料制品或材料生产工艺的不同而不同，主要方法有直接添加法、母料加入法、原位聚合加入法等。

① 直接添加法　直接添加法是最简单的方法，直接将塑料夜光剂粉末与树脂混合，为了混合分散均匀，最好与粉状树脂混合，如树脂为聚丙烯（PP）时，选用粉状聚丙烯较好，并且在混合时加入分散剂，如液体石蜡、矿物油等。

如采用直接添加法制备夜光聚碳酸酯（PC）塑料，工艺过程为：将 PC 于 120℃下烘 3～10h，夜光粉于 80℃下烘 3～10h。按质量比称取 PC 与分散剂及其他组分，将 PC 与扩散剂等投入混合机中混合均匀。再称取剩余材料投入混合机中混合 3～5min，直至塑料夜光剂均匀地附于 PC 颗粒的表面。将混合好的原料投入双螺杆挤出机的加料斗，经熔融挤出造粒。其挤出工艺为：双螺杆挤出机 1～4 区温度 230～250℃，机头温度 235～245℃，停留时间 1～2min，挤出压力 12～16MPa。

② 母料加入法　为了将塑料夜光剂在树脂中分散得更为均匀，首先将夜光剂高浓度地分散于某种高分子中，再将该母料分散到塑料中。这种加入法不但可以提高塑料夜光剂的分散程度，而且还可减少塑料夜光剂在加工过程中与机械的摩擦，降低由于加工导致塑料夜光剂性能劣化的程度。

如采用夜光母料加入法制备聚丙烯夜光塑料，工艺过程为：按照配方比例称取 SBS 环烷油和塑料夜光剂，在高速捏合机中混合，然后取出物料用双螺杆挤出机造粒，从而得到 SBS 夜光母料，母料中的塑料夜光剂的含量可以达到 80%。再将苯乙烯-丁二烯-苯乙烯共聚物（SBS）夜光母料与 PP 按照一定比例混合，塑料夜光剂的质量分数可在 10% 左右，再通过挤出造粒得到夜光 PP 料。夜光 PP 料可用挤出工艺或注塑工艺加工成塑料制品。SBS 夜光母料也可与 PP 按照一定比例混合后直接进行挤出成型或注塑成型生产夜光塑料制品，但夜光剂的分散性要差些。

③ 原位聚合加入法　塑料夜光剂原位聚合加入法是在高分子合成时加入夜光剂，此时塑料夜光剂可以与塑料高分子发生化学键的结合。实践证明，采用该法加入夜光剂，塑料的夜光性能一般不受影响，但塑料材料的物理力学性能得到提高，也简化了后续加工的工艺，省去了加工前的塑料夜光剂的分散混合工艺。该法主要可用于如尼龙类塑料、聚甲基丙烯酸

甲酯（PMMA）等，利用其单体浇铸成型的塑料。

如采用原位聚合工艺制备夜光尼龙 6 塑料，工艺过程为：先取质量分数为 95% 的己内酰胺、2% 的氨基己酸和 3% 的水加入反应器中，在 N_2 保护下置于恒温油浴槽内，待单体熔融后逐步升温，温度达到 140℃时开始搅拌，到 255℃加入塑料夜光剂，反应 4~5h，得到黏稠尼龙 6 熔融产品，反应结束后迅速将熔融物倒出，经水浴后成为条状固体聚合物，在室温下真空烘干，剪碎即可得到夜光尼龙 6 塑料粒料。

5.3.4 塑料夜光剂应用应注意哪些问题？

塑料夜光剂既可用于热塑性塑料，也可用于热固性塑料，但为了充分发挥塑料夜光剂的作用，用于制造浅色或透明的夜光塑料制品效果较好。目前广泛应用的稀土铝酸盐类塑料夜光剂制得的夜光塑料综合性能较好。为了制得客户满意的夜光塑料，在塑料夜光剂的使用过程中应注意如下问题。

① 塑料夜光剂的分散均匀性及对塑料物理力学性能的影响。现在广泛使用的塑料夜光剂是无机物，而塑料属于有机高分子材料，无机物与有机高分子材料相容性差，粉状塑料夜光剂在其中分散均匀困难。再就是无机物分子与有机高分子材料分子相容性差，导致彼此之间作用力小，从而影响塑料的物理力学性能。为了解决塑料夜光剂与有机高分子材料分散性及相容性差的问题，在混合过程中通过加入分散剂来改善塑料夜光剂的分散性，通过加入偶联剂来改善塑料夜光剂与塑料分子之间的相互作用。

② 稀土铝酸盐类接触金属后产品发黑问题。在夜光塑料制品的制造过程中，无论哪种添加方法，均要注意塑料夜光剂，特别是稀土铝酸盐类塑料夜光剂与设备的金属零部件摩擦会导致夜光性能下降，严重时会导致塑件出现发黑等现象。如稀土铝酸盐类塑料夜光剂加入塑料后通过塑料机械的加工，其发光效果下降严重，有的产品甚至发黑失去夜光性能。

在制备夜光塑料过程中，避免夜光塑料发黑问题的措施主要有两方面：一方面可以对塑料夜光剂进行包覆处理，即将塑料夜光剂用其他物质包覆，在塑料夜光剂颗粒上形成包覆膜后再加入塑料原料中；另一方面是尽量减少塑料夜光剂与机械表面的摩擦，如在塑料原料中加入外润滑剂，可较大程度地防止塑料夜光剂性能劣化的现象。对塑料夜光粉的包覆现在采用的主要物质有硬脂酸、硅烷偶联剂、二甲基硅油、二氧化硅及有机高分子材料等。它们分别具有润滑偶联及防止夜光剂与金属接触摩擦等作用，从而提高了塑料夜光剂的发光效果。

③ 夜光剂的使用量一般为 10%~20%。通常夜光剂用量越大，光亮度越大并越持久。但是发光效果的增加幅度比夜光粉比例增加的幅度小很多，并且余辉时间也差别不大。这主要是由于在发光粉含量较高的基体中，发光粉的每个颗粒并不能都作为有效的发光体，其中一部分发光粉颗粒会被周围的发光粉颗粒遮挡，不能有效地吸光和发光。因此，可以断定制品中过高的发光粉添加量对于有一定厚度的塑料制品来讲，意义并不大。

④ 对于同样的夜光粉，粒径越大，夜光粉的发光性能越好。这是由于粒径越大，晶粒越完整，激发停止后可以发光更亮，给电子和空穴移动的空间越大，受激发后积蓄的能量更多，余辉时间更长。制备发光塑料时，应根据工艺条件来选择材料的粒度范围。如要添加颜（染）料着色时，要谨慎选用，以免降低发光强度。

5.4 塑料抗菌改性实例疑难解答

5.4.1 什么是抗菌塑料、纳米抗菌塑料及抗菌母料？

抗菌塑料是一类具有抑菌和杀菌性能的新型材料，是指在塑料中添加抗菌剂，使塑料制品本身具有抑菌性，在一定时间内将黏附在塑料上的细菌杀死或抑制其繁殖。抗菌塑料与一般塑料的区别主要在于，其中加入了一定量的抗菌剂，抗菌剂是一种对一些细菌、霉菌、真菌、酵母菌等微生物高度敏感的化学成分，在塑料中的添加量一般很少，在不改变塑料的常规性能和加工性能的前提下，起到杀菌的功效。

纳米抗菌材料添加在塑料中，制成纳米抗菌塑料，使塑料制品除保持原有性能之外，还具有优异的纳米材料特性和抗菌功能，具有广阔的应用前景。纳米抗菌塑料与普通抗菌塑料相比，具有耐老化，耐高温，综合性能优良，抗菌性稳定、长久等优点，扩大了应用范围，提高了应用等级。

抗菌母料是由抗菌剂加工成的高浓度母粒，将抗菌母料加入塑料中进行加工，有利于抗菌剂的分散，能够充分发挥其抗菌效果。制备抗菌塑料一般采用向树脂中添加抗菌剂或抗菌母料的方法。

5.4.2 塑料中常用的抗菌剂有哪些类型？各有何特点？

塑料用抗菌剂可分为无机抗菌剂、有机抗菌剂、天然类抗菌剂和复合抗菌剂等几大类型。

① 无机抗菌剂 无机抗菌剂主要包括单质、氧化物和多种化合物，现有的无机抗菌剂主要是以银离子、铜离子、锌离子等和一些纳米材料为主（如纳米二氧化钛等）的抗菌剂。无机抗菌剂中银、铜、锌等主要是以离子状态存在的，通过离子交换或其他形式与载体结合。由于这些金属离子有着与细菌或霉菌的活性霉中心强有力的结合能力，而具有抗菌的能力。在这些金属离子当中，银离子的抗菌能力最好，而且银离子的杀菌作用与它的价态有关。一般来说，三价的银离子抗菌能力最强，一价的银离子抗菌能力最弱。银离子的化学结构决定了它具有很好的抗菌能力。在一定波长光的照射下，银离子能起到催化活性中心的作用，可以使周围空间产生原子氧，而原子氧可杀菌，银离子可强烈地吸引细菌有机体中的巯基，破坏细胞合成霉的活性，细菌就会被杀死。而且银离子能从死菌体中游离出来，继续与其他细菌接触，进行杀菌，因而可循环利用，所以它具有持久性。

纳米二氧化钛的作用机理是：利用光催化作用，纳米粒子在吸收光能后生成离子-空穴对，离子-空穴对与表面吸附的水、空气反应，生成化学活性很强的氢氧自由基（·OH）和超氧化物阴离子自由基（·O_2^-），攻击细菌有机体，致使细菌细胞体内的有机物分解，从而达到杀菌的目的。

无机抗菌剂中的抗菌离子一般都是依附在某一种载体上，一般载体要求多孔，比表面积大，吸附性好，无毒，化学稳定性和热稳定性好，同时又不破坏抗菌成分，具有持久的缓释性能，对塑料制品的性能没有不良影响等。因而现在较常用的载体主要有天然沸石、磷酸复盐、黏土、可溶性玻璃、硅胶、陶瓷、活性炭、二氧化钛和聚合氧化铝等。但应用中要注意无机抗菌剂的离子变色问题。

② 有机抗菌剂 有机抗菌剂主要有香醛、乙基香草醛类化合物、季铵盐类和双胍类。此外，醋酸洗必泰、甲氧苯青霉素、醇类、酚类、有机金属类、吡啶等也可作为抗菌剂，对痢疾杆菌、大肠杆菌、金黄色葡萄球菌等菌种都有很好的杀菌效果。抗菌机理一般认为是与细菌、霉菌的细胞膜表面阴离子结合，或与巯基反应，破坏蛋白质和细胞膜的合成系统，抑制细菌和霉菌繁殖。有机抗菌剂通常易洗脱，而且耐热性较差。

③ 天然类抗菌剂 天然类抗菌剂中属动物类的主要有甲壳质和壳聚糖，属植物类的有桧柏、艾蒿、芦荟等。甲壳质和壳聚糖主要是从蟹、虾、贝类的壳和昆虫的外皮中精制提炼而得，壳聚糖的抗菌机理主要是分子内含有活性基团—NH_2，故对多种菌类具有抗菌能力。在酸性条件下，壳聚糖分子中的 HN^{3+} 与细胞壁解离出的阴离子结合，阻碍细胞壁的生物合成，阻止细胞壁内外物质的输送，从而阻止细菌的大量繁殖。

④ 复合抗菌剂 复合抗菌剂是为了解决某种单一抗菌剂的抗菌性能缺点，结合其他抗

菌剂抗菌性能方面的优点，使其具有更强的抗菌性能，延长了材料的抗菌时间。理想的抗菌剂应具有高效、快速、广谱、低毒、无味、稳定性好等特点。

无机抗菌剂是通过载体缓慢释放抗菌离子来完成抗菌目的，其载体及金属离子都具有很低的毒性，它最突出的特点是耐久性及安全性好，但有些金属离子（如银离子）易生成氧化物或经光催化被还原成金属单质，故常有颜色易迁移的缺点。有机、天然类抗菌剂具有速效、防霉效果优良等特性，但它同时具有毒性较大、耐热性较差、药效持续时间短等缺点。而复合抗菌剂结合了各自的优点，使复合抗菌剂既具有无机抗菌剂的耐久性、安全性，又具有有机抗菌剂的速效性，因而是抗菌剂主要的发展方向。表 5-8 为不同类型抗菌剂性能的比较。

表 5-8　不同类型抗菌剂性能的比较

性能	无机抗菌剂	有机、天然类抗菌剂	复合抗菌剂
安全性	较高	较低/较高	较高
耐热性	高	较低	较高
毒性	低	较高/较低	较低
抗菌性	范围广、时间长	范围窄、时间短	范围广、时间长
细菌耐药性	不易产生	可能产生/易产生	不易产生

5.4.3　抗菌塑料的制备方法有哪些？

抗菌塑料的制备目前主要有三种方法：一是将抗菌剂直接与塑料混合，分散在塑料中制成抗菌塑料；二是将抗菌母粒与塑料掺混加工；三是在制品成型工艺中将抗菌剂嵌入塑料表面。

抗菌剂直接添加法是将抗菌剂直接与塑料混合，抗菌剂直接添加法工艺简单，但抗菌剂在塑料中分散性较差，抗菌剂颗粒容易团聚，抗菌效果较差，抗菌剂利用不充分，使用成本增加。

抗菌母粒是抗菌剂分散在载体树脂中的高度浓缩体，抗菌剂含量为 10%～40%。抗菌母粒与塑料一起加工，或与塑料一起再次共混分散，有利于抗菌剂的分散和抗菌作用的发挥，是目前已普遍接受和广为应用的技术途径。合理的抗菌母粒设计和使用，可大大节约抗菌剂使用成本。在制品成型阶段加工抗菌塑料产品，主要目的是为了节约抗菌剂的用量。

在制品成型工艺中将抗菌剂嵌入塑料表面，是在制品成型阶段直接加工抗菌塑料产品。这样可节约抗菌剂的用量，控制成本。其方法是将超细的抗菌剂粒子制成喷雾液，喷涂在塑料模具表面，在塑料注塑成型时抗菌剂就进入塑料件的表面；或者将抗菌剂与塑料制成薄膜，然后将薄膜附在模具表面，在塑料成型时将抗菌塑料膜结合到制件表面。使用这种抗菌成型技术，可以大大节约抗菌剂的用量，但设备投资较大。

如某抗菌保鲜 PVC 膜，其配方如表 5-9 所示。采用直接法制备时，首先是将原料按配方比例混合在一起，在 220～230℃ 的温度下熔融，再挤出吹制成 PVC 膜，其抗菌性能如表 5-10 所示。

表 5-9　某抗菌保鲜 PVC 膜配方

材料	用量/phr	材料	用量/phr
PVC	100	二己基二酸	4
二异壬基己二酸	28	环氧大豆油	10
磷酸锆钠银抗菌剂	0.43	消泡剂	0.3
稳定剂	适量		

表 5-10　某抗菌保鲜 PVC 膜抗菌性能

菌种	加抗菌剂				不加抗菌剂			
	开始时	>1h	>3h	>6h	开始时	>1h	>3h	>6h
大肠杆菌/个	3×10^5	10	<10	<10	2.6×10^5	2.6×10^5	2.2×10^5	2.2×10^5
金黄色葡萄球菌/个	2.6×10^5	1.3×10^5	<10	<10	2.6×10^5	2.6×10^5	2.2×10^5	2.2×10^5

参 考 文 献

[1] 桑永. 塑料材料与配方. 北京：化学工业出版社，2009.
[2] 王文广. 塑料改性实用技术. 北京：中国轻工业出版社，2000.
[3] 戚亚光，薛叙明. 高分子材料改性. 北京：化学工业出版社，2009.
[4] 于文杰，李杰等. 塑料助剂与配方设计技术. 北京：化学工业出版社，2010.
[5] 杨中文. 塑料成型工艺. 北京：化学工业出版社，2009.
[6] 辛浩波. 塑料合金及橡塑共混改性. 北京：中国轻工业出版社，2000.
[7] 王文广. 塑料配方设计. 北京：化学工业出版社，2002.
[8] 温耀贤. 功能性塑料薄膜. 北京：机械工业出版社，2009.
[9] 许健. 塑料材料. 北京：中国轻工业出版社，1998.
[10] 张玉龙. 塑料配方与制备手册. 北京：化学工业出版社，2009.
[11] 张玉龙. 塑料粒料制备实例. 北京：机械工业出版社，2004.
[12] 吴立峰. 塑料着色配方设计. 北京：化学工业出版社，2002.
[13] 樊新民. 车剑飞. 工程塑料及其应用. 北京：机械工业出版社，2006.